高等职业教育精品工程系列教材

电力电子技术

（第3版）

邵黎明　张　涛　主　编

臧桂美　副主编

電子工業出版社
Publishing House of Electronics Industry
北京·BEIJING

内容简介

本书第 1、2 版均印制约 2 万册。

本书是一本阐述电力电子技术基础及应用的教材，全书分 10 章，由浅入深地介绍了电力电子技术中的常用电力电子器件（晶闸管、双向晶闸管、可关断晶闸管、大功率晶体管、功率场效晶体管和绝缘栅双极型晶体管等）的工作原理、特征和应用技术；电力电子几种类型变换电路（可控整流电路、逆变电路、交流变换电路、直流变换电路等）的工作原理及应用实例，以及软开关技术的内容、相控技术和 PWM 控制技术在上述各种典型电路及电力电子装置中的应用。另外，书中还编排了适当的实验和实训项目等内容。

本书实用性较强，将课程内容与典型应用融为一体，注重培养读者的专业应用能力。本书配有免费的电子教学课件、习题参考答案，可登录华信教育资源网免费下载。

本书既可作为高职高专电类专业教材或培训教材，也可供相关专业工程技术人员参考。

图书在版编目（CIP）数据

电力电子技术 / 邵黎明，张涛主编. —3 版. —北京：电子工业出版社，2018.6

ISBN 978-7-121-34392-6

Ⅰ. ①电… Ⅱ. ①邵… ②张… Ⅲ. ①电力电子技术—高等职业教育—教材 Ⅳ. ①TM76

中国版本图书馆 CIP 数据核字（2018）第 122899 号

责任编辑：郭乃明　　特约编辑：范　丽
印　　刷：北京七彩京通数码快印有限公司
装　　订：北京七彩京通数码快印有限公司
出版发行：电子工业出版社
　　　　　北京市海淀区万寿路 173 信箱　邮编　100036
开　　本：787×1 092　1/16　印张：16.25　字数：416 千字
版　　次：2003 年 9 月第 1 版
　　　　　2018 年 6 月第 3 版
印　　次：2024 年 8 月第 9 次印刷
定　　价：39.00 元

凡所购买电子工业出版社图书有缺损问题，请向购买书店调换。若书店售缺，请与本社发行部联系，联系及邮购电话：（010）88254888，88258888。

质量投诉请发邮件至 zlts@phei.com.cn，盗版侵权举报请发邮件至 dbqq@phei.com.cn。

本书咨询联系方式：（010）88254561，34825072@qq.com。

前　　言

本书是根据高职高专电类专业的《电力电子技术教学基本要求》，并参照有关行业的职业技能鉴定规范及高级技术工人等级考核标准，在第2版的基础上修订的。在修订过程中，我们遵循注重基础、定性为主、理论联系实际、突出能力培养的原则，注意融合电力电子新器件及其应用技术，在原有基础上进行了丰富和查漏补缺，内容上增加了变频器的介绍等。全书除第 10 章（综合实训）外，每章后面都附有习题，以帮助学生巩固所学的知识。建议教学课时分配如下表所示。

序　号	内　　容	总学时	讲课	实验实训	机动
1	绪论	2	2		
2	第 1 章　晶闸管	10	10		
3	第 2 章　可控整流电路	16	12	4	
4	第 3 章　有源逆变电路	10	8	2	
5	第 4 章　晶闸管的触发电路	10	6	4	
6	第 5 章　全控型器件	8	8		
7	第 6 章　无源逆变电路	10	6	4	
8	第 7 章　交流变换电路	6	4	2	
9	第 8 章　直流变换电路	6	4	2	
10	第 9 章　软开关技术	4	2	2	
11	第 10 章　电力电子技术实训				
合计		88	62	20	6

本书由邵黎明和张涛担任主编，由臧桂美担任副主编，参加编写的还有常州轻工职业技术学院李月芳、章丽红、俞亚珍、林若云和孙庆，其中邵黎明编写了第 1、2 章的全部内容以及第 5 章的部分内容；张涛负责全书的统稿工作；孙庆编写了第 3、6 章的全部内容和第 7 章的部分内容；剩余部分由林若云等其他参编人员共同编写。本书在编写体系和内容取舍方面进行了一些尝试。由于编者水平有限，错漏之处在所难免，敬请读者批评指正。联系邮箱：34825072@qq.com。

编　者

2018 年 1 月

目 录

绪　论

电力电子技术是电力、电子和控制相结合的边缘学科，自 1958 年第 1 个工业用普通晶闸管诞生以来，电力电子技术有了很大的发展，由各种电力电子元器件组成的功率变换装置，应用于从航空航天到家用电器的各个领域。

电力电子技术主要是电力半导体元器件及其应用技术，随着电子技术的不断发展，新型电力半导体元器件不断涌现。目前更是充分地利用现代控制技术和微电子技术，使电力半导体元器件向高频、高效、小型及智能化方面发展。电力电子设备发展的特点是：

（1）微机和现代控制理论的应用，使电力电子设备走出了过去仅将交、直流变换用于一般工业直流电源的初级阶段，开拓了高科技领域的应用。

（2）完善的电路理论及新的设计方法，使产品性能更先进，更符合生产实际的需要。

（3）微电子技术与电力电子技术开始相互渗透结合，使电力电子设备效率提高，速度更快，使用更方便。

（4）电路拓扑技术和结构标准化加快了新产品的开发步伐。

变流电路以电力半导体元器件为核心，通过不同电路的拓扑和控制方法来实现对电能的转换和控制。它的基本功能是使交流（AC）和直流（DC）电能互相转换。它有以下几种类型：

（1）可控整流器 AC/DC。把交流电压变换成为固定或可调的直流电压，如应用于直流电动机的调压调速、电解与电镀设备等。

（2）有源逆变器 DC/AC。把直流电压变换成为频率固定或可调的交流电压，如应用于直流输电、牵引机车制动时的电能回馈等。

（3）变频器 AC/AC。把频率固定或变化的交流电变换成频率可调或固定的交流电，应用于变频电源、不间断电源 UPS、变频调速等设备。交流调压器把交流电压变为大小可调或固定的交流电压，应用于灯光控制、温度控制等。

（4）直流斩波器 DC/DC。把固定或变化的直流电压变换为可调或固定的直流电压，应用于电气机车、城市电车牵引等。

（5）无触点功率静态开关。接通或切断交流、直流电流通路，取代接触器、继电器。

总之，由于电力半导体元器件制造技术的发展，主电路结构和控制技术的开发，以及设备应用技术的开发，使电力电子技术在大功率整流、直流传动、交流传动、直流输电、功率变换、晶闸管电源、电力电子开关等方面的应用日益扩大。

电力电子技术课程是高职院校电力及电气类专业的一门主干专业课程。它的任务是：讲授晶闸管（SCR）、绝缘栅双极型晶体管（IGBT）等电力电子元器件的工作原理、特性参数及应用技术的基本理论知识，并通过实践环节，培养学生具有安装、调试和维修电力电子元器件组成的各种设备的能力，使学生掌握电力电子技术的基本知识和基本技能，为学习其他专业知识和职业技能打好基础，增强以后对职业变化的适应能力。

学生通过理论学习与实践训练，应达到以下要求：

（1）掌握电力电子技术中的基本概念和基本分析方法。

（2）掌握常用电力电子元器件的特性、主要参数、选用方法及应用范围。

（3）理解基本电路的原理、结构和用途。

（4）能独立完成教学基本要求中规定的实验与实训项目。

（5）能正确使用常用电子仪器仪表观察实验现象，记录有关数据，并能通过分析比较得出正确结论。

（6）能阅读和分析常见的电力电子电路原理图及电力电子设备的电路方框图。

（7）具有借助工具书和设备铭牌、产品说明书、产品目录（手册）等资料，查阅电子元器件及产品的有关数据、功能和使用方法的能力。

（8）能正确选用电力电子元器件并组成常用电路。

（9）能初步判断和分析由电力电子元器件为主所构成的设备的一般故障，并能处理此类设备的简单故障。

电力电子技术所涉及的知识面广，内容多，在学习中应注意复习电工基础、电子技术、电动机与电气控制等课程的内容，在讲授和学习中要着重于物理概念及分析问题的方法，重视实验实训和读图等应用能力的培养。

第1章 晶 闸 管

本章重点：

（1）普通晶闸管（SCR）、双向晶闸管（TRIAC）、光控晶闸管（LTT）等元器件的结构、工作原理、特性和使用方法。

（2）晶闸管的驱动，过电压和过电流的保护及晶闸管的串、并联运用。

晶闸管是晶体闸流管的简称，按照 IEC（国际电工委员会）的定义，晶闸管是指具有三个及以上的 PN 结，主电压—电流特性至少在一个象限内具有导通、阻断两个稳定状态，且可在这两个稳定状态之间进行转换的半导体元器件。显然，这是指一个由多种元器件组成的家族，而广泛使用的普通晶闸管则是这个家族中的一员，俗称可控硅整流器（SCR，Silicon Controlled Rectifier），简称可控硅，其规范术语是反向阻断三端晶闸管。

1.1 晶闸管的结构和工作原理

晶闸管是一种既具有开关作用，又具有整流作用的大功率半导体元器件，应用于可控整流、变频、逆变及无触点开关等多种电路。只要对它提供一个弱电触发信号，就能控制强电输出。所以说，它是半导体元器件从弱电领域进入强电领域的桥梁。按外部结构分类，晶闸管可分为塑封式、螺栓式（螺旋式）、平板式和模块式；按派生系列分，晶闸管可分为普通型、双向型、快速型、逆导型及可关断型。

1.1.1 晶闸管的结构

晶闸管是具有三个 PN 结的三端元器件，元器件外部有三个电极：阳极 A、阴极 K 和门极 G，其外形如图 1.1（a）～（e）所示，晶闸管的电气符号如图 1.1（f）所示。

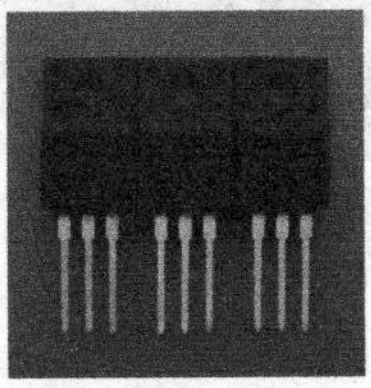

（a）

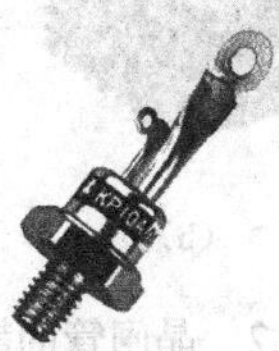

（b）

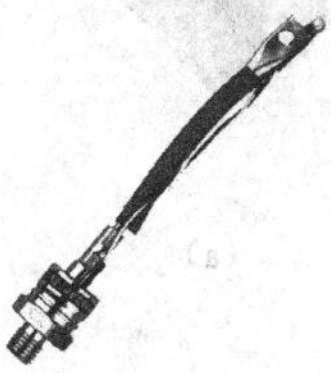

（c）

图 1.1 晶闸管的外形及符号

（d）　　（e）　　（f）

图 1.1　晶闸管的外形及符号（续）

小窍门——如何判断晶闸管引脚极性：

对于螺栓式普通晶闸管，有螺纹的一端为阳极，线径较细的一端为门极，线径较粗的一端为阴极。对于平板式普通晶闸管，引线端为门极，平面端为阳极，另一端为阴极。对于塑封式普通晶闸管，中间引脚一般为阳极。

如果外部特征不明显，根据“门极和阴极间有一个 PN 结，门极和阳极间有两个 PN 结”，可确定阳极。再用万用表 ×1Ω 挡（此时不可使用 ×10kΩ 挡）测量剩余两引脚间阻值，阻值较小（约为几十至几百欧）时，黑表笔所接引脚为门极。

如果三引脚两两之间均断路或短路（阻值很小），说明管子可能已经损坏。

晶闸管是大功率元器件，工作时产生大量的热量，因此额定电流大于 5A 的晶闸管必须安装散热器（且必须保证符合相关规定的冷却条件，使用中若冷却系统发生故障，应立即停用，或将负载减至原来的三分之一以短时间应急使用）。螺旋式晶闸管紧栓在铝制散热器上，采用自然散热冷却方式，如图 1.2（a）所示。平板式晶闸管由两个彼此绝缘的散热器紧夹在中间，散热方式可以采用风冷或水冷，以获得较好的散热效果，如图 1.2（b）、（c）所示。

对于平板式散热器，如果采用强制风冷方式，则进口温度不应高于 40℃，出口风速不应低于 5m/s。如果采用水冷方式，则冷却用水的流量不应小于 4L/min，进水水温不应超过 35℃。使用中以上条件不能满足时，应立即降低工作电流，避免元器件因过热而损坏。

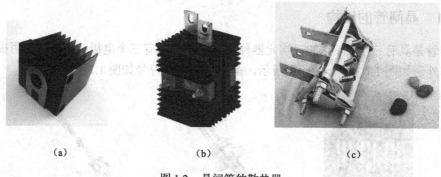

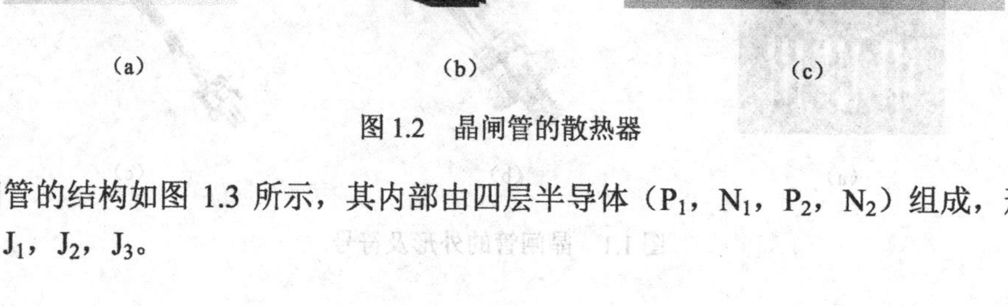

（a）　　（b）　　（c）

图 1.2　晶闸管的散热器

晶闸管的结构如图 1.3 所示，其内部由四层半导体（P_1，N_1，P_2，N_2）组成，形成了三个 PN 结 J_1，J_2，J_3。

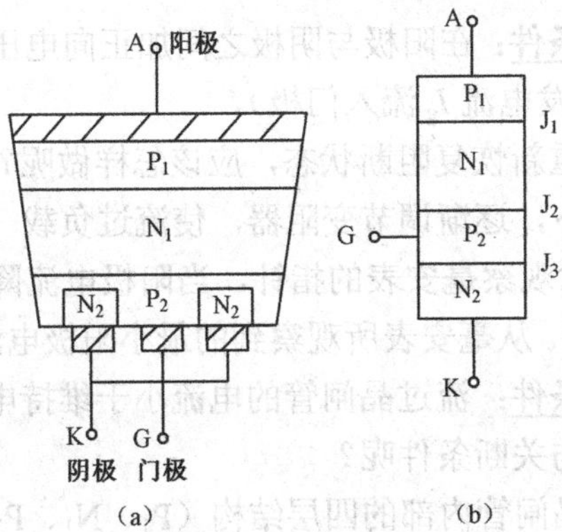

图 1.3　晶闸管的内部结构

1.1.2　晶闸管的工作原理

实验 1： 为了弄清楚晶闸管是怎样工作的，我们可按如图 1.4 所示电路做一个实验。

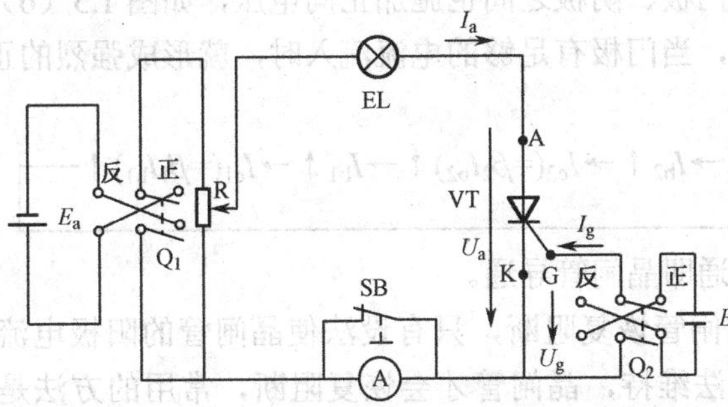

图 1.4　晶闸管导通/关断实验电路图

晶闸管的阳极 A 经负载（白炽灯）、变阻器 R、双向刀开关 Q_1 接至电源 E_a 的正极，阴极 K 经毫安表、双向刀开关 Q_1 接至电源 E_a 的负极，组成晶闸管主电路。流过晶闸管阳极的电流设为 I_a。晶闸管阳极、阴极两端电压 U_a 称为阳极电压。

晶闸管门极 G 经双向刀开关 Q_2 接至门极电源 E_g，阴极 K 经 Q_2 与 E_g 另一端连接，组成晶闸管的触发电路。流过门极的电流设为 I_g（也称触发电流），门极与阴极之间的电压称为门极电压 U_g。

实验方法如下：

（1）当 Q_1 拨向反向，Q_2 无论拨向何位置（断开、拨为正向或反向）灯都不会亮，说明晶闸管没有导通，此时晶闸管处在<u>反向阻断状态</u>。

（2）当 Q_1 拨向正向，Q_2 断开或拨为反向，灯还是不亮，说明晶闸管仍没有导通，此时晶闸管处在<u>正向阻断状态</u>。

（3）当 Q_1 拨向正向，Q_2 拨向正向，灯就亮了，说明晶闸管已导通，此时的晶闸管处在<u>正向导通状态</u>。

（4）晶闸管导通后，断开门极刀开关 Q_2，灯仍然亮着，说明晶闸管一旦导通后维持阳极电压不变，门极对管子不再具有控制作用。

由此得出**晶闸管导通的条件**：在阳极与阴极之间加正向电压 U_a，同时在门极与阴极之间加正向电压 U_g（此时有一触发电流 I_g 流入门极）。

那么如果要想使晶闸管重新恢复阻断状态，应该怎样做呢？

实验 2：在灯亮的情况下，逐渐调节变阻器，使流过负载（灯泡）的电流逐渐减少，这时应按下停止按钮 SB，注意观察毫安表的指针，当阳极电流降到某数值，毫安表的指针突然回到零，说明晶闸管已关断。从毫安表所观察到的最小阳极电流称为晶闸管的维持电流 I_H。

由此得出**晶闸管关断的条件**：流过晶闸管的电流小于维持电流 I_H。

如何理解晶闸管的导通与关断条件呢？

可从如图 1.5（a）所示晶闸管内部的四层结构（P_1、N_1、P_2、N_2）来分析。晶闸管采用扩散工艺形成三个 PN 结 $J_1(P_1N_1)$、$J_2(N_1P_2)$、$J_3(P_2N_2)$，并分别从 P_1、P_2、N_2 引出阳极 A、门极 G、阴极 K 三个电极。若在晶闸管的阳极、阴极之间加反向电压时，由于 J_1 和 J_3 呈反向阻断状态，所以几乎没有电流流通。相反，即在阳极、阴极之间加正向电压，而门极不加电压时，由于中间的 PN 结 J_2 呈反向阻断状态，所以晶闸管也不会导通。只有当阳极、阴极之间加上正向电压，同时门极、阴极之间也施加正向电压，如图 1.5（b）所示，此时，晶闸管等效成两个互补三极管，当门极有足够的电流流入时，就形成强烈的正反馈，即：

$$I_g\uparrow \rightarrow I_{b2}\uparrow \rightarrow I_{c2}(=\beta_2 I_{b2})\uparrow \rightarrow I_{b1}\uparrow \rightarrow I_{c1}(=\beta_1 I_{b1})\uparrow \rightarrow (I_g\uparrow)$$

瞬时使两晶体管饱和导通即晶闸管导通。

若要使已导通的晶闸管恢复阻断，只有设法使晶闸管的阳极电流减少到小于维持电流 I_H，使其内部正反馈无法维持，晶闸管才会恢复阻断，常用的方法是在晶闸管两端加反向电压。

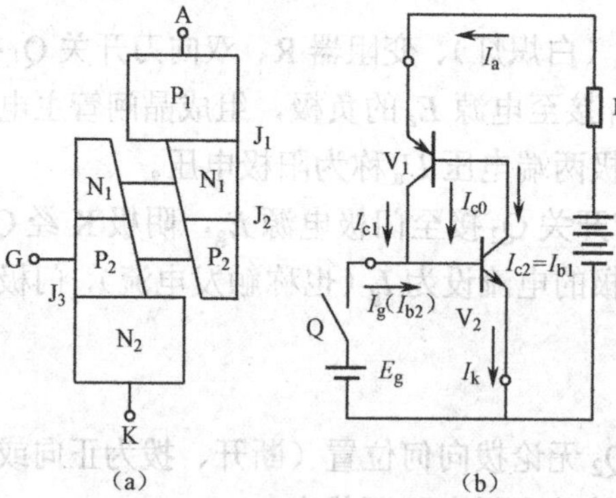

图 1.5　晶闸管的工作原理

想一想：晶闸管与二极管有什么相同点和不同点？

提示：二者同属于半导体元器件，都具有单向导电特性，但要使晶闸管导通，还必须另加控制信号（U_g）。另外，二者的外形差别也很大，因为普通二极管作为信息传感的载体，主要起整流、稳压、隔离等作用，功率较小；而晶闸管主要起可控整流、交流调压等作用，或者作为无触点开关使用，功率相对较大。

1.2 晶闸管的特性

1.2.1 阳极伏安特性

晶闸管的阳极伏安特性是指阳极与阴极之间电压和阳极电流的关系，如图 1.6 所示。

当门极电流 I_g=0 时，正向电压未上升到正向转折电压 U_{BO} 时，晶闸管都处于正向阻断状态，只有很小的正向漏电流。当电压上升到 U_{BO} 时，晶闸管导通，正向电压降低。导通后元器件的阳极伏安特性与整流二极管正向伏安特性相似，称为正向转折或“硬开通”。一般采用给门极输入足够的触发电流的方式，使转折电压明显降低以使晶闸管导通。如图 1.6 所示，由于 I_g 从 I_{g1} 到 I_{g5} 逐渐增大，相应的电压逐渐降低。晶闸管一旦导通，则其阳极伏安特性与整流二极管的正向伏安特性相似。

注意：多次“硬开通”会损坏管子，通常不允许晶闸管这样工作。

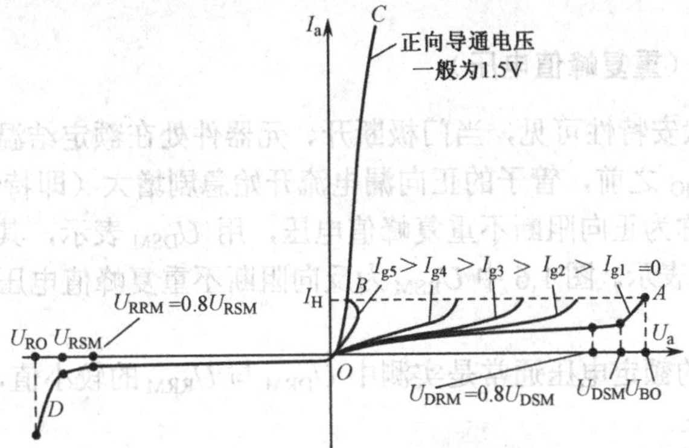

图 1.6 晶闸管阳极伏安特性

晶闸管的反向伏安特性曲线如图 1.6 中第 3 象限所示，它与整流二极管的反向伏安特性相似。处于反向阻断状态时，只有很小的反向漏电流。若反向电压增大到反向击穿电压 U_{RO} 时，晶闸管将永久性损坏，因此，实际使用时晶闸管两端可能承受的最大峰值电压必须小于管子的反向击穿电压，否则管子将被损坏。

1.2.2 晶闸管的门极伏安特性

晶闸管的门极和阴极间有一个 PN 结 J_3，如图 1.5（a）所示，它的伏安特性称为门极伏安特性。如图 1.7 所示，它的正向特性不像普通二极管那样具有很小的正向电阻及较大的反向电阻，有时它的正、反向电阻是很接近的。图 1.7 表示了晶闸管确定产生导通门极电压、电流的范围。

因晶闸管门极特性偏差很大，即使同一额定值的晶闸管，其特性也不同，所以在设计门极电路时必须考虑其特性。

1.3　晶闸管的主要参数

在实际使用过程中，我们往往要根据实际的工作条件对管子进行合理的选择，以达到满意的技术经济效果。如何正确地选择管子呢？

这主要包括两个方面：一方面要根据实际情况确定所需晶闸管的额定值；另一方面应根据额定值确定晶闸管的型号。

晶闸管的各项额定参数在晶闸管制成后，由厂家经过严格测试而确定，作为使用者来说，只需要能够正确地选择管子就可以了。

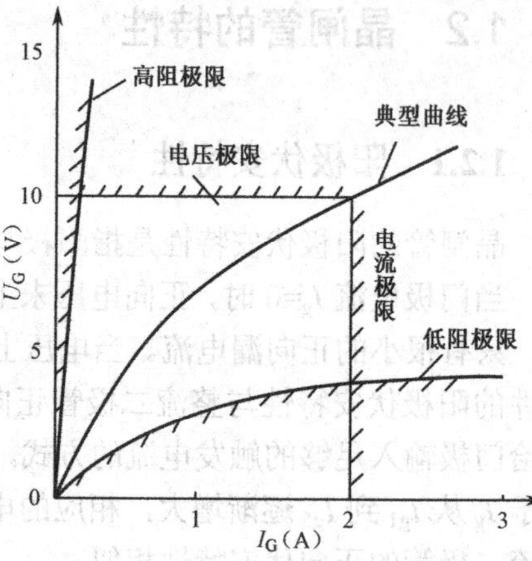

图 1.7　晶闸管门极伏安特性曲线

1.3.1　电压参数

1．额定电压 U_{Tn}（重复峰值电压）

从图 1.6 所示的伏安特性可见，当门极断开、元器件处在额定结温时，管子阳极电压 U_a 升到正向转折电压 U_{BO} 之前，管子的正向漏电流开始急剧增大（即特性曲线急剧弯曲处），此时对应的阳极电压称为正向阻断不重复峰值电压，用 U_{DSM} 表示，其值的 80%称为正向重复峰值电压，用 U_{DRM} 表示。图 1.6 中 U_{RSM} 为反向阻断不重复峰值电压，U_{RRM} 为反向重复峰值电压。

晶闸管铭牌标出的额定电压通常是实测中 U_{DRM} 与 U_{RRM} 的较小值，取相应的标准电压级别，电压级别见表 1.1。

表 1.1　晶闸管的正反向重复峰值电压标准级别

级别	正、反向重复峰值电压（V）	级别	正、反向重复峰值电压（V）	级别	正、反向重复峰值电压（V）
1	100	8	800	20	2000
2	200	9	900	22	2200
3	300	10	1000	24	2400
4	400	11	1100	26	2600
5	500	12	1200	28	2800
6	600	14	1400	30	3000
7	700	16	1600		

例如，测得某晶闸管正向阻断重复峰值电压值为 840V，反向重复峰值电压为 960V，取小者为 840V，按表 1.1 中相应电压等级标准为 800V，此元器件铭牌上即标出额定电压 U_{Tn} 为 800V，电压级别为 8 级。

由于晶闸管耐受过压、过流的能力都较差，因此实际工作时，外加电压峰值瞬时超过反向不重复峰值电压时即可造成永久损坏，并且由于环境温度升高或散热不良，均可能使其正、反向转折电压值下降，特别是使用中会出现各种过电压，因此选用元器件的额定电压值应比实际工作时的最大电压大 2～3 倍。

2. 通态平均电压 $U_{T(AV)}$（管压降）

当晶闸管流过正弦半波的额定电流平均值和处于稳定的额定结温时，晶闸管阳极与阴极之间电压降的平均值称为通态平均电压，简称管压降 $U_{T(AV)}$，其标准值分组列于表 1.2 中。管压降越小，表明晶闸管耗散功率越小，管子质量就越好。

表 1.2　晶闸管的正向通态平均电压的组别

组别代号	正向平均电压（V）	组别代号	正向平均电压（V）
A	$U_{T(AV)}\leqslant 0.4$	F	$0.8<U_{T(AV)}\leqslant 0.9$
B	$0.4<U_{T(AV)}\leqslant 0.5$	G	$0.9<U_{T(AV)}\leqslant 1.0$
C	$0.5<U_{T(AV)}\leqslant 0.6$	H	$1.0<U_{T(AV)}\leqslant 1.1$
D	$0.6<U_{T(AV)}\leqslant 0.7$	I	$1.1<U_{T(AV)}\leqslant 1.2$
E	$0.7<U_{T(AV)}\leqslant 0.8$		

3. 门极触发电压 U_{GT} 及门极不触发电压 U_{GD}

在室温下，晶闸管施加 6V 正向阳极电压时，使管子完全导通所必需的最小门极电流相对应的门极电压，称为门极触发电压 U_{GT}；在室温下，未能使晶闸管由阻断态转入导通态，门极所施加的最大电压称为门极不触发电压 U_{GD}。U_{GT} 是晶闸管能够被触发导通门极所需要的最小值，由于触发信号通常为脉冲形式，只要不超过晶闸管的允许值，脉冲电压的幅值可以大大高于 U_{GT}，这两个数值是设计触发电路的重要参考依据。

1.3.2　电流参数

1. 额定电流 $I_{T(AV)}$（晶闸管的额定通态平均电流）

在室温为 40℃和规定的冷却条件下，元器件在电阻性负载的单相工频正弦半波、导通角不小于 170° 的电路中，当结温不超过额定结温且稳定时，所允许的最大通态平均电流，称为额定通态平均电流 $I_{T(AV)}$。将此电流按晶闸管标准系列取相应的电流等级（见表 1.3），称为晶闸管的额定电流。

按 $I_{T(AV)}$的定义，由图 1.8 可分别求得正弦波的额定通态平均电流 $I_{T(AV)}$、电流有效值 I_T 和电流最大值 I_m 的三者关系为：

$$I_{T(AV)}=\frac{1}{2\pi}\int_0^{\pi} I_m \sin\omega t \mathrm{d}(\omega t)=\frac{I_m}{\pi} \tag{1-1}$$

$$I_T=\sqrt{\frac{1}{2\pi}\int_0^{\pi}(I_m \sin\omega t)^2 \mathrm{d}(\omega t)}=\frac{I_m}{2} \tag{1-2}$$

各种有直流分量的电流波形，其电流波形的有效值 I 与平均值 I_d 之比，称为这个电流的波形系数，用 K_f 表示为：

$$K_f=I/I_d \tag{1-3}$$

因此，在正弦半波情况下电流波形系数为：

$$K_f=I_T/I_{T(AV)}=\pi/2\approx 1.57 \tag{1-4}$$

例如，对于一只额定电流 $I_{T(AV)}$=100A 的晶闸管，按式（1-4）其允许的电流有效值应为 157A。

表 1.3　KP 型晶闸管元器件主要额定值

参数 系列	通态平均电流 $I_{T(AV)}$（A）	断态重复峰值电压 U_{DRM}、反向重复峰值电压 U_{RRM}(V)	断态不重复平均电流 $I_{DS(AV)}$、反向不重复平均电流 $I_{RS(AV)}$(mA)	额定结温 T_{Jm}(℃)	门极触发电流 I_{GT}(mA)	门极触发电压 U_{GT}(V)	断态电压临界上升率 du/dt(V/μs)	通态电流临界上升率 di/dt (A/μs)	浪涌电流 I_{TSM}（A）
KP1	1	100～3000	≤1	100	3～30	≤2.5			20
KP5	5	100～3000	≤1	100	5～70	≤3.5			90
KP10	10	100～3000	≤1	100	5～100	≤3.5			190
KP20	20	100～3000	≤1	100	5～100	≤3.5			380
KP30	30	100～3000	≤2	100	8～150	≤3.5			560
KP50	50	100～3000	≤2	100	8～150	≤4			940
KP100	100	100～3000	≤4	115	10～250	≤4			1880
KP200	200	100～3000	≤4	115	10～250	≤5	25～1000	25～500	3770
KP300	300	100～3000	≤8	115	20～300	≤5			5650
KP400	400	100～3000	≤8	115	20～300	≤5			7540
KP500	500	100～3000	≤8	115	20～300	≤5			9420
KP600	600	100～3000	≤9	115	30～350	≤5			11160
KP800	800	100～3000	≤9	115	30～350	≤5			14920
KP1000	1000	100～3000	≤10	115	40～400	≤5			18600

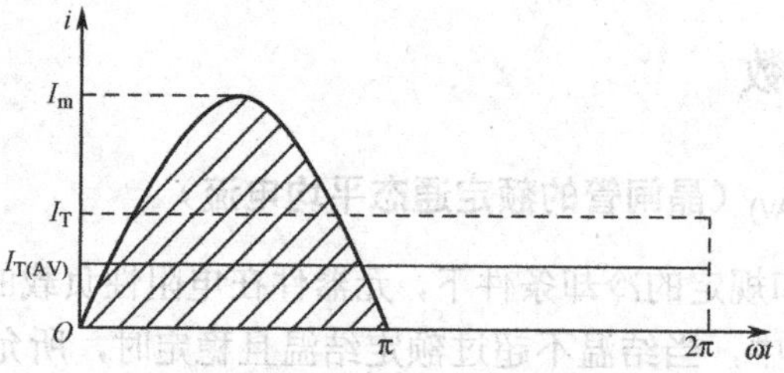

图 1.8　晶闸管的通态平均电流、有效值及最大值三者间的关系

晶闸管允许流过电流的大小主要取决于元器件的结温，在规定的室温和冷却条件下，结温的高低仅与发热有关，造成元器件发热的主要因素是流过元器件的电流有效值和元器件导通后管芯的内阻，一般认为内阻不变，则发热取决于电流有效值。因此在实际中选择晶闸管额定电流 $I_{T(AV)}$应按以下原则：所选的晶闸管额定电流有效值 I_T 大于元器件在电路中可能流过的最大电流有效值 I_{Tm}。考虑到晶闸管元器件的过载能力比一般电气产品小得多，因此，选择时考虑 1.5～2 倍的安全余量是必要的，即

$$I_T = 1.57 I_{T(AV)} = (1.5\sim 2) I_{Tm}$$

$$I_{T(AV)} = (1.5\sim 2) I_{Tm} / 1.57 \tag{1-5}$$

所以，$I_{T(AV)}$取表 1.4 相应标准系列值。

可见在实际使用时，不论晶闸管流过的电流波形如何，导通角有多大，只要遵循式（1-5）来选择晶闸管的额定电流，其发热就不会超过允许范围。典型例子如表 1.4 所示。

在使用中，当散热条件不符合规定要求时，如室温超过 40℃、强迫风冷的出口风速不足 5m/s 等，则元器件的额定电流应立即降低使用，否则元器件会由于结温超过允许值而损坏。

比如，按规定应采用风冷的元器件实际采用自冷时，则电流的额定值应降低到原有值的30%～40%，反之如果改为采用水冷时，则电流的额定值可以增大30%～40%。

表 1.4　四种电流波形平均值均为 100A，晶闸管的通态额定平均电流（暂不考虑余量）

流过晶闸管电流波形	平均值 I_{dT} 与有效值 I_T	波形系数 $K_f=\frac{I_T}{I_{dT}}$	通态额定平均电流 $I_{T(AV)}\geqslant\frac{I_T}{1.57}$
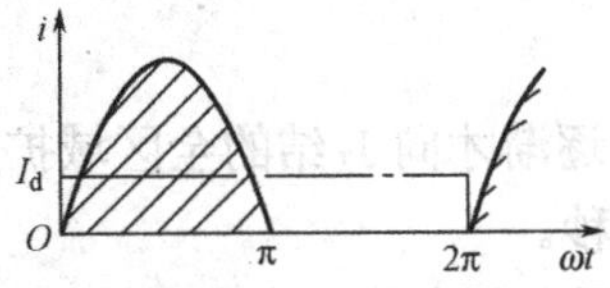	$I_{AT}=\frac{1}{2\pi}\int_0^{\pi}I_{m1}\sin\omega t\mathrm{d}(\omega t)$ $=\frac{I_{m1}}{\pi}$ $I_T=\sqrt{\frac{1}{2\pi}\int_0^{\pi}(I_{m1}\sin\omega t)^2\mathrm{d}(\omega t)}$ $=\frac{I_{m1}}{2}$	1.57	$I_{T(AV)}\geqslant\frac{I_T}{1.57}$ =100A 选100A
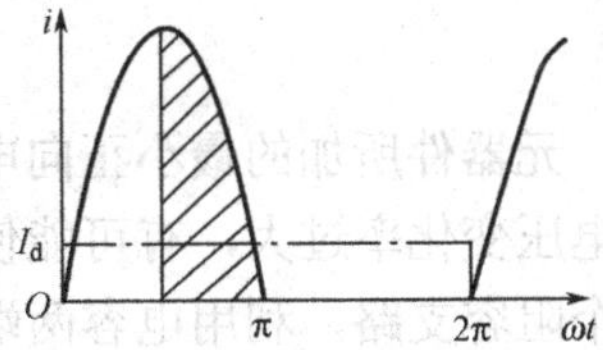	$I_{AT}=\frac{1}{2\pi}\int_{\pi/2}^{\pi}I_{m2}\sin\omega t\mathrm{d}(\omega t)$ $=\frac{I_{m2}}{2\pi}$ $I_T=\sqrt{\frac{1}{2\pi}\int_{\pi/2}^{\pi}(I_{m2}\sin\omega t)^2\mathrm{d}(\omega t)}$ $=\frac{I_{m2}}{2\sqrt{2}}$	2.22	$I_{T(AV)}\geqslant\frac{2.22\times100\text{A}}{1.57}$ ≈141A 选200A
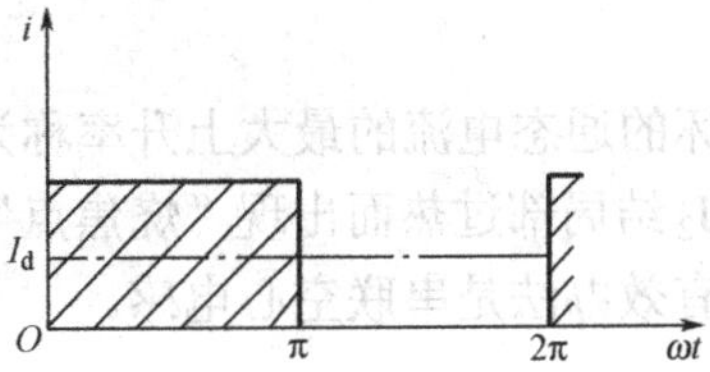	$I_{dT}=\frac{1}{2\pi}\int_0^{\pi}I_{m3}\mathrm{d}(\omega t)$ $=\frac{I_{m3}}{2}$ $I_T=\sqrt{\frac{1}{2\pi}\int_0^{\pi}I_{m3}^2\mathrm{d}(\omega t)}$ $=\frac{I_{m3}}{\sqrt{2}}$	1.41	$I_{T(AV)}\geqslant\frac{1.41\times100\text{A}}{1.57}$ ≈89.7A 选100A
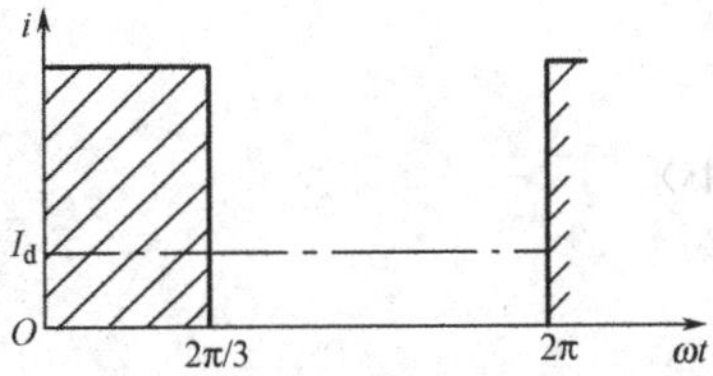	$I_{dT}=\frac{1}{2\pi}\int_0^{2\pi/3}I_{m4}\mathrm{d}(\omega t)$ $=\frac{I_{m4}}{3}$ $I_T=\sqrt{\frac{1}{2\pi}\int_0^{2\pi/3}I_{m4}^2\mathrm{d}(\omega t)}$ $=\frac{I_{m4}}{\sqrt{3}}$	1.73	$I_{T(AV)}\geqslant\frac{1.73\times100\text{A}}{1.57}$ =110A ≈200A

2. 维持电流 I_H 与擎住电流 I_L

在室温下门极断开时，晶闸管从较大的通态电流降至刚好能保持导通的最小阳极电流称为维持电流 I_H。维持电流与元器件额定电流、结温等因素有关，额定电流大的晶闸管其维持电流大。维持电流大的元器件容易关断。由于晶闸管的离散性，同一型号的不同晶闸管其维持电流也不相同。判断晶闸管是否由通转断，通过判断其阳极电流是否小于 I_H 即可确定。

在晶闸管加上触发电压，当元器件从阻断状态刚转为导通状态时就去除触发电压，此时要保持元器件维持导通所需要的最小阳极电流，称为擎住电流 I_L。对同一个晶闸管来说，通

常擎住电流 I_L 比维持电流 I_H 大数倍。晶闸管加上触发电压就可能导通，但去掉触发电压后能否继续导通，要看阳极电流是否大于 I_L。

3．门极触发电流 I_{GT}

门极触发电流 I_{GT} 是指在室温下，晶闸管施加 6V 正向阳极电压时，使元器件由断态转入通态所必需的最小门极电流。同一型号的晶闸管，由于门极特性的差异，其 I_{GT} 相差很大。

1.3.3 动态参数

1．门极的开通时间 t_{gt} 和关断时间 t_q

当触发电流输入门极，先在 J_2 结靠近门极附近形成导通区，逐渐才向 J_2 结的全区域扩展，这段时间称为门极开通时间，用 t_{gt} 表示，它一般不超过几十微秒。

在额定结温下，元器件从切断正向阳极电流到元器件恢复正向断态能力为止，这段时间称为关断时间，用 t_q 表示，它一般为几百微秒。

2．断态正向电压临界上升率 du/dt

在额定结温和门极断路情况下，使元器件从断态转入通态，元器件所加的最小正向电压上升率称为断态正向电压临界上升率，用 du/dt 表示。若阳极电压变化率过大，有可能使元器件误导通。为了限制断态电压上升率，可以给元器件并联一个阻容支路，利用电容两端电压不能突变的特性来限制电压上升率。另外，利用门极的反向偏置也会达到同样的效果。

3．通态电流临界上升率 di/dt

在规定条件下，元器件在门极开通时能承受而不导致损坏的通态电流的最大上升率称为通态电流临界上升率。如果阳极电流上升率过快，就会造成 J_2 结局部过热而出现“烧焦点”，使用一段时间后，元器件将永久性损坏。限制电流上升率的有效办法是串联空心电感。

1.3.4 晶闸管的型号

按国家规定，KP 型普通晶闸管的型号及其含义如下：

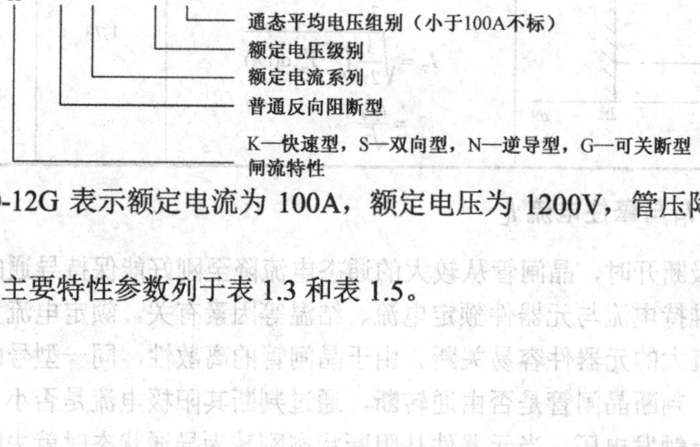

例如，KP100-12G 表示额定电流为 100A，额定电压为 1200V，管压降为 1V 的普通晶闸管。

晶闸管 KP 型主要特性参数列于表 1.3 和表 1.5。

表 1.5　KP 型晶闸管元器件的其他特性参数

参数 系列	断态重复平均电流 $I_{DR(AV)}$、反向重复平均电流 $I_{RR(AV)}$(A)	通态平均电压 $U_{T(AV)}$(V)	维持电流 I_H（A）	门极不触发电流 I_{GD}(mA)	门极不触发电压 U_{GD}(V)	门极正向峰值电流 I_{GFM}(A)	门极反向峰值电压 U_{GRM}(V)	门极正向峰值电压 U_{GFM}(V)	门极平均功率 $P_{G(AV)}$ (W)	门极峰值功率 P_{GM} (W)	门极控制开通时间 t_{gt}(μs)	电路换向关断时间 t_q(μs)
KP1	<1	①	实测值	0.4	0.3	-	5	10	0.5	-	典②型值	典②型值
KP5	<1			0.4	0.3	-	5	10	0.5	-		
KP10	<1			1	0.25	-	5	10	1	-		
KP20	<1			1	0.25	-	5	10	1	-		
KP30	<2			1	0.15	-	5	10	1	-		
KP50	<2			1	0.15	-	5	10	1	-		
KP100	<4			1	0.15	-	5	10	2	-		
KP200	<4			1	0.15	-	5	10	2	-		
KP300	<8			1	0.15	4	5	10	4	15		
KP400	<8			1	0.15	4	5	10	4	15		
KP500	<8			1	0.15	4	5	10	4	15		
KP600	<9			-	-	4	5	10	4	15		
KP800	<9			-	-	4	5	10	4	15		
KP1000	<10			-	-	4	5	10	4	15		

注：① 该参数上限值由各生产厂家根据合格产品的规定，经过试验后自定。

② 系指同类产品中最有代表性的数值。

例 1-1　一晶闸管接在 220V 交流电路中，通过晶闸管电流的有效值为 50A，问如何选择晶闸管的额定电压和额定电流？

解： 晶闸管额定电压为：

$$U_{Tn} \geqslant (2\sim3)\,U_{TM} = (2\sim3)\sqrt{2}\times220=(622\sim933)\text{V}$$

按晶闸管参数系列取 800V，即 8 级。

晶闸管的额定电流为：

$$I_{T(AV)} \geqslant (1.5\sim2)\frac{I_{Tm}}{1.57} = (1.5\sim2)\times\frac{50}{1.57} = (48\sim64)\text{A}$$

按晶闸管参数系列取 50A。

读者可自己确定晶闸管的型号。

1.4　晶闸管的测试与使用

1.4.1　测试晶闸管的简易方法

1．万用表测试法

晶闸管是四层三端半导体元器件，根据 PN 结单向导电原理，用万用表欧姆挡测试晶闸管三个电极之间的阻值（如图 1.9 所示），即可以初步判断管子是否损坏。好的管子，用万用表的 R×1kΩ挡测量时，其阳极与阴极之间正反向电阻都应很大（若用 R×10Ω或 R×100Ω挡测量一般为无穷大）；用 R×10Ω或 R×100Ω挡测量门极与阴极之间阻值，其正向电阻 r_{GK} 应小于或接近于反向电阻 r_{KG}。

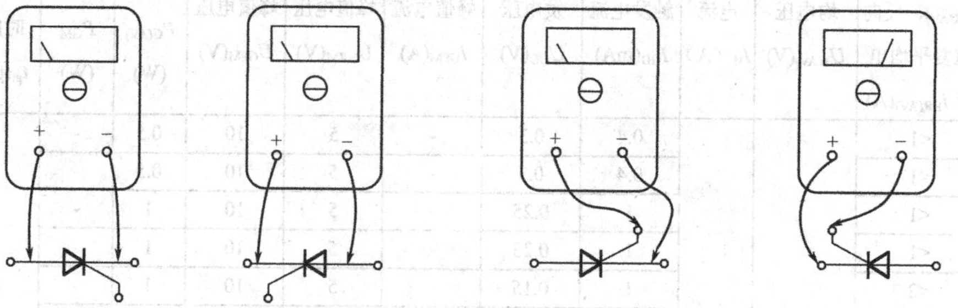

（a）阻值很大　（b）阻值很大　（c）反向电阻 r_{KG}　（d）正向电阻 r_{GK}

图 1.9　用万用表测试晶闸管

2．电珠测试法

在图 1.10 所示电路中，电源由四节 1.5 V 干电池串联而成，或使用直流稳压电源；指示灯 HL 选用 6.3V；VT 为被测晶闸管。

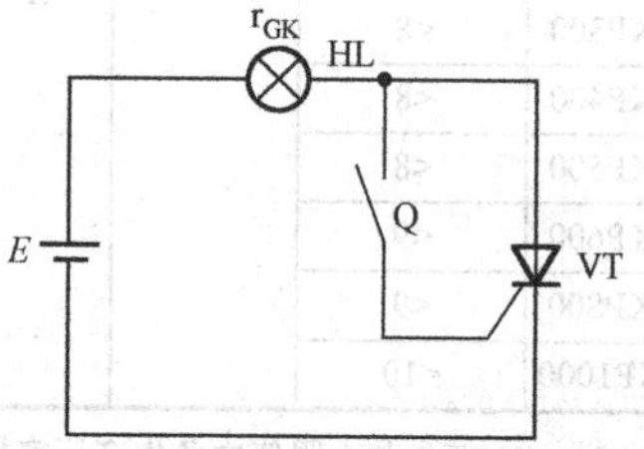

图 1.10　用电珠测试晶闸管

刀开关 Q 未合上时，指示灯不应亮，否则表明晶闸管阳极、阴极之间已短路。合上刀开关 Q，指示灯亮了，再断开刀开关 Q，指示灯仍然亮，表明管子正常，否则可能门极已损坏或阳极、阴极间已击穿而断路。

1.4.2　晶闸管的正确使用

晶闸管元器件具有体积小、损耗小、无噪声、控制灵敏等优点，但其承受过电流、过电压能力比一般电动机、电气产品要差得多，使用时必须要有完善的过流、过压保护措施；同时在选择晶闸管时，其额定电压、额定电流要留有足够的安全余量。

晶闸管的散热系统也应严格遵守规定要求。例如，强迫风冷的冷却条件规定，进口风温不高于 40℃，出口风速不低于 5m/s。水冷时冷却水的流量不小于 4000mL/min，冷却水电阻率 20kΩ·cm，pH=6～8，进水温度不高于 35℃。使用中若冷却系统发生故障，应立刻停止使用，或者将负载减小到原额定值的三分之一用于短时间应急。

此外，还要定期对设备进行维护，如清除灰尘、拧紧接触螺丝等。严禁用兆欧表检查晶闸管的绝缘性能。如果发现晶闸管在使用过程中过热，应当从发热和冷却两方面查找原因，可能的原因包括但不限于如下可能。

（1）环境温度和冷却介质温度偏高。

（2）晶闸管与散热器接触不良。

（3）冷却介质流速过低。

（4）门极触发功率偏高。

（5）管压降过大。

（6）晶闸管过载。

（7）正反向断态漏电流过大。

如果晶闸管在使用过程中突然损坏，则可考虑如下因素。

（1）电流：输出端过载或短路，而过电流保护不完善。

（2）电压：因开关操作、雷击或换相导致过电压，而过电压保护不完善。

（3）晶闸管质量问题导致反向击穿。

（4）门极：电压、电流或功率过高。

（5）散热不良。

1.5 双向晶闸管

双向晶闸管（TRIAC，Triode AC Switching Thyristor）是把两个反向并联的晶闸管集成在同一硅片上，用一个门极控制触发的组合型元器件。这种结构使它在两个方向都具有和单只晶闸管同样的对称的开关特性，且伏安特性相当于两只反向并联的分立晶闸管，不同的是它由一个门极进行双方向控制，因此可以认为是一种控制交流功率（如电灯调光及加热器控制）的理想元器件。

1.5.1 基本结构和伏安特性

双向晶闸管的外形与普通晶闸管类似，有塑封式、螺栓式、平板式，但其内部是一个五层结构（NPNPN）的三端元器件，有两个主电极 T_1、T_2，一个门极 G。双向晶闸管的内部结构、等效电路及电气符号分别如图 1.11（a）、（b）和（c）所示。

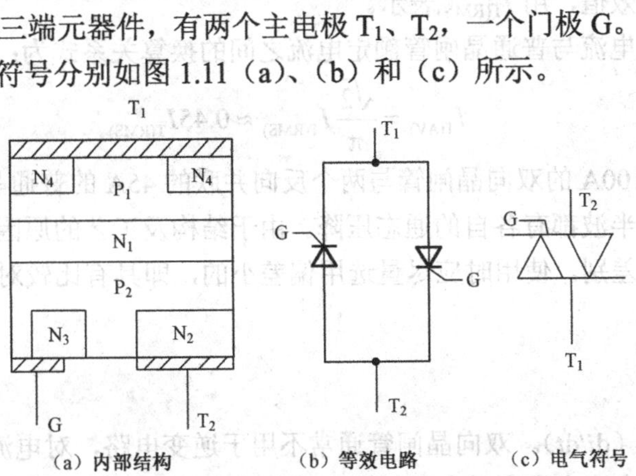

（a）内部结构　　（b）等效电路　　（c）电气符号

图 1.11　双向晶闸管内部结构、等效电路及电气符号

双向晶闸管在第 1 和第 3 象限有对称的伏安特性，如图 1.12 所示。T_1 相对于 T_2 既可以加正向电压，也可以加反向电压，这就使得门极 G 相对于 T_1 端无论是正电压还是负电压，都能触发双向晶闸管。图 1.12 中标明了四种门极触发方式，即 I^+、I^-、III^+和 III^-，同时也注明了各种触发方式下主电极 T_1 和 T_2 的相对电压极性以及门极 G 相对于 T_1 的触发电压极性。必须注意的是，触发途径不同则触发灵敏度不同，一般触发灵敏度排序为 $\text{I}^+ > \text{III}^- > \text{I}^- > \text{III}^+$。通常使用 I^+和 III^-两种触发方式。

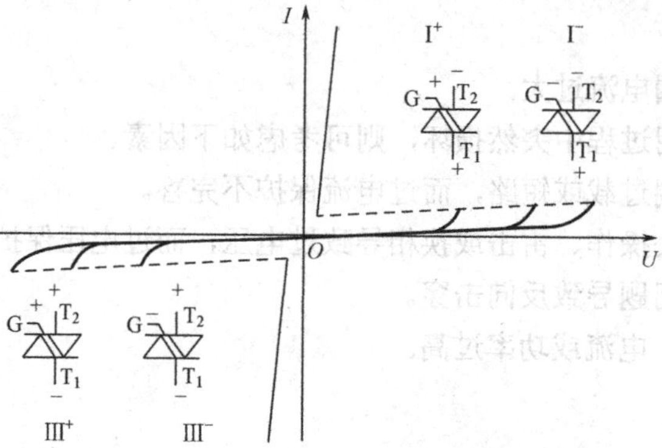

图 1.12　双向晶闸管的伏安特性

1.5.2　主要参数

双向晶闸管的参数与普通晶闸管相似，但因其结构及使用条件的差异又有所不同。

1．额定电流、通态压降

双向晶闸管的主要参数中额定电流的定义与普通晶闸管有所不同，由于双向晶闸管工作在交流电路中，正、反向电流都可以流过，所以它的额定电流不用平均值而是用有效值来表示。定义为：在标准散热条件下，当元器件的单向导通角大于 170°，允许流过元器件的最大交流正弦电流的有效值，用 $I_{T(RMS)}$表示。

双向晶闸管额定电流与普通晶闸管额定电流之间的换算关系式为：

$$I_{T(AV)} = \frac{\sqrt{2}}{\pi} I_{T(RMS)} \approx 0.45 I_{T(RMS)}$$

以此推算，一个 100A 的双向晶闸管与两个反向并联的 45A 的普通晶闸管电流容量相等。

双向晶闸管每个半波都有各自的通态压降。由于结构及工艺的原因，其正、反两个通态压降值可能有较大的差别，使用时应尽量选用偏差小的，即具有比较对称的正、反向通态压降的元器件。

2．动态参数

（1）电流上升率（di/dt）。双向晶闸管通常不用于逆变电路，对电流上升率的要求不高。但实际上仍然存在因电流上升率过高而损坏元器件的可能。因此，提高双向晶闸管电流上升率容量的方法及保护电路和普通晶闸管一样需要考虑。

（2）开通时间 t_{gt} 和关断时间 t_q。双向晶闸管的触发导通过程要经过多个晶体管的相互作用后才能完成，故载流子渡越时间较长，导致开通延迟时间较长，和普通晶闸管一样，延迟时间与门极触发电流的大小密切相关。

关断时间不是双向晶闸管的必测参数，但关断时间与存储电荷量有关。所以，实际上关断时间是反映换向能力强弱的重要参数。

（3）电压上升率（du/dt）。电压上升率是双向晶闸管的一个重要参数。因为双向晶闸管作为开关元器件使用时，有可能出现相当高的电压上升率，所以电压上升率是一项必测参数。

国产双向晶闸管用 KS 表示。如型号 KS50-10-21 表示额定电流 50A，额定电压 10 级

（1000V），断态电压临界上升率 du/dt 为 2 级（不小于 200V/μs），换向电流临界下降率为 1 级（不小于 $1\%I_{T(RMS)}$）的双向晶闸管。

1.6 光控晶闸管

光控晶闸管（LTT，Light Triggered Thyristor）利用一定波长的光照信号来开通元器件，从而在主电路与控制电路间形成了完全的电气隔离，因此它具有优良的绝缘和抗电磁干扰性能。光控晶闸管的工作原理、结构和特性与一般的晶闸管类似。如图 1.13（a）、（b）所示分别为光控晶闸管电气符号和伏安特性曲线。

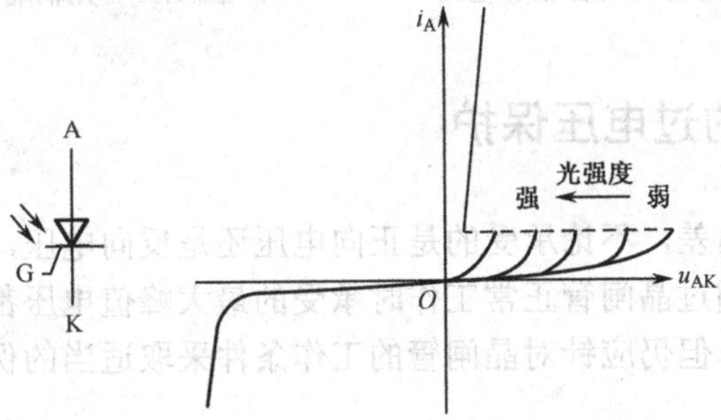

（a）电气符号　　（b）伏安特性

图 1.13　光控晶闸管电气符号和伏安特性

光控晶闸管具有比普通晶闸管高得多的 du/dt 和 di/dt 承受能力，目前这种元器件在高压直流输电和高压核聚变装置等大功率场合中发挥了重要的作用。

1.7 晶闸管的驱动电路

晶闸管由阻断转为导通，除在阳极和阴极间加正向电压外，还须在控制极和阴极间加合适的正向触发电压。提供正向触发电压的电路称为触发电路或驱动电路。触发电路的种类很多，尤其是各种专用集成触发电路获得了广泛的应用，本书后文将详细介绍晶闸管的单结晶体管触发电路、晶体管触发电路和集成触发电路。

通常，触发控制电路与主电路间有必要进行有效的电气隔离，保证电路可靠地工作，隔离可采用变压器、光耦隔离器。

如图 1.14 所示是采用变压器隔离的晶闸管驱动电路，当控制系统发出的高电平驱动信号加至晶体管放大器后，变压器 Tr 输出电压经 VD_2 输出脉冲电流 I_g 触发晶闸管导通。当控制系统发出的驱动信号为零后，VD_1、VT_1 续流，Tr 的一次电压迅速降为零，防止变压器饱和。

如图 1.15 所示是采用光耦隔离的晶闸管驱动电路，当控制系统发出驱动信号到光耦输入端时，光耦输出电路中 R 上的电压产生脉冲电流 I_g，触发晶闸管导通。

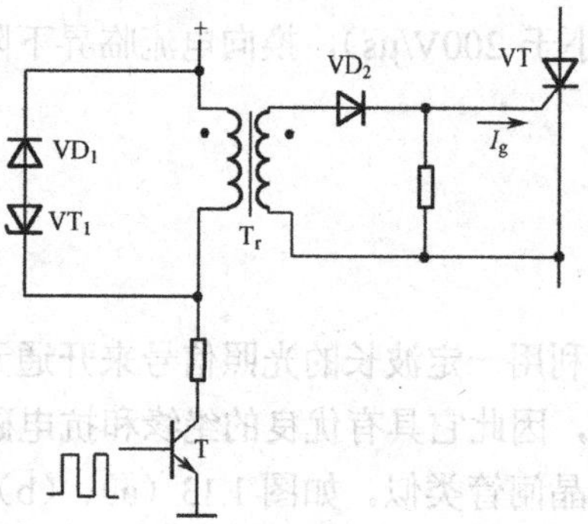

图 1.14　变压器隔离的晶闸管驱动电路

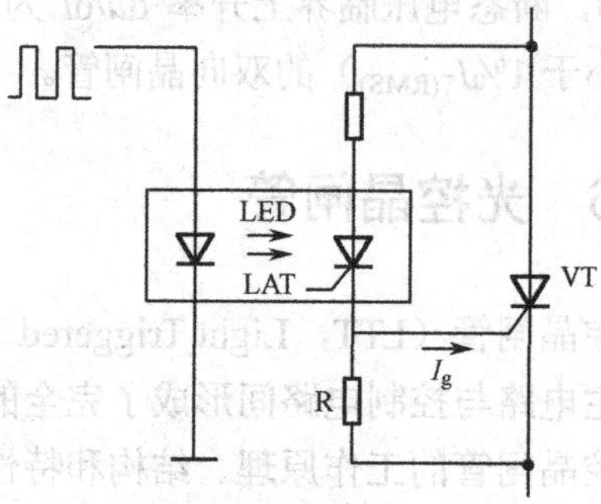

图 1.15　光耦隔离的晶闸管驱动电路

1.8　晶闸管的过电压保护

晶闸管的过载能力差，不论承受的是正向电压还是反向电压，很短时间的过电压就可能导致其损坏。凡是超过晶闸管正常工作时承受的最大峰值电压都是过电压。虽然选择晶闸管时留有安全余量，但仍应针对晶闸管的工作条件采取适当的保护措施，确保整流装置正常运行。

1.8.1　晶闸管的关断过电压及其保护

晶闸管电流从一个管子换流到另一个管子后，刚刚导通的晶闸管因承受正向阳极电压，电流逐渐增大。原来导通的晶闸管要关断，流过的电流相应减小，当减小到零时，因其内部还残存着载流子，管子还未恢复阻断能力，在反向电压的作用下，将产生较大的反向电流，使载流子迅速消失，即反向电流迅速减小到接近零时，原导通的晶闸管关断，这时 di/dt 很大，即使电感很小，在变压器漏抗上也将产生很大的感应电动势，其值可达到工作电压峰值的 5～6 倍，通过已导通的晶闸管加在已恢复阻断的管子的两端，可能会使管子反向击穿。这种由于晶闸管换相关断时产生的过电压叫关断过电压，如图 1.16 所示。

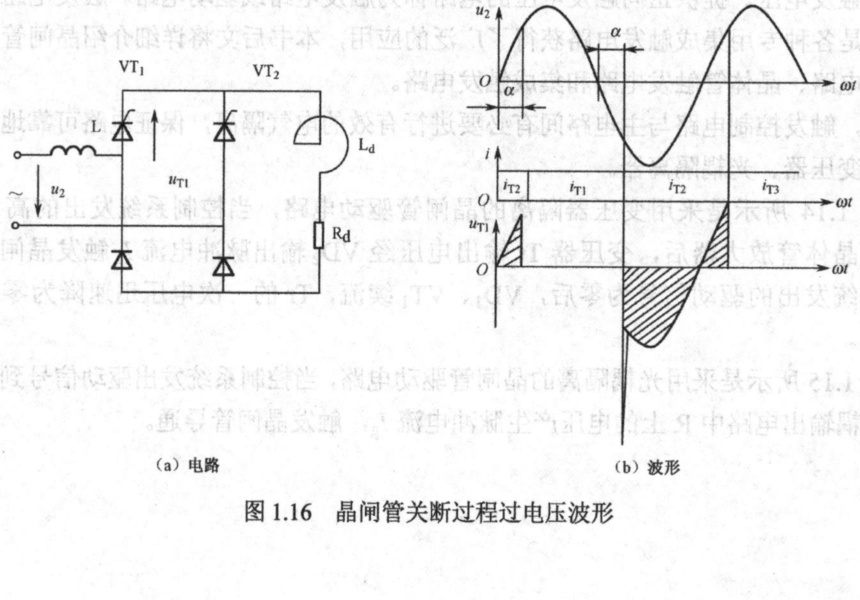

（a）电路　　（b）波形

图 1.16　晶闸管关断过程过电压波形

关断过电压保护最常用的方法是，在晶闸管两端并联 RC 吸收电路，如图 1.17 所示。利用电容的充电作用，可降低晶闸管反向电流减小的速度，使过电压数值下降。电阻可以减弱或消除晶闸管关断时产生的过电压，R、L、C 与交流电源刚好组成串联振荡电路，限制晶闸管开通时的电流上升率。因晶闸管承受正向电压时，电容 C 被充电，极性如图 1.17 所示。当管子被触发导通时，电容 C 要通过晶闸管放电，如果没有 R 限制，这个放电电流会很大，以致造成管子损坏。

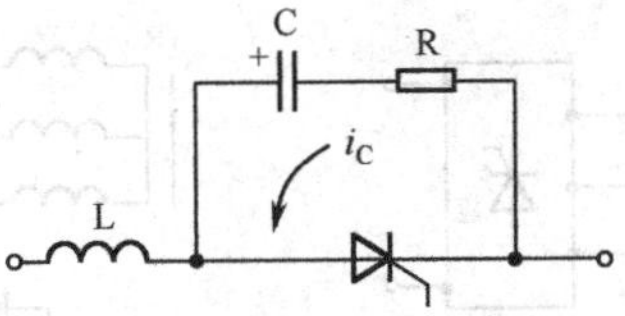

图 1.17　用 RC 吸收、抑制关断过电压

RC 吸收电路参数可按表 1.6 经验数据选取。电容的耐压一般选晶闸管额定电压的 1.1～1.5 倍。

表 1.6　晶闸管 RC 吸收电路经验数据

晶闸管额定电流 $I_{T(AV)}$(A)	1000	500	200	100	50	20	10
电容(μF)	2	1	0.5	0.25	0.2	0.15	0.1
电阻（Ω）	2	5	10	20	40	80	100

1.8.2　晶闸管交流侧过电压及其保护

交流侧过电压分交流侧操作过电压和交流侧浪涌过电压。

1. 交流侧操作过电压

由于接通和断开交流侧电源，使电感积聚的能量骤然释放引起的过电压称为操作过电压。通常发生在下面几种情况：

（1）整流变压器一次、二次绕组之间存在分布电容，当在一次侧电压为峰值时合闸，将会使二次侧产生瞬间过电压。可在变压器二次侧并联适当的电容器或在变压器星形的三个出线端和地之间加一电容器，也可采用变压器加屏蔽层，这在设计、制造变压器时就应考虑。

（2）与整流装置相连的其他负载切断时，由于电流突然断开，会在变压器漏感中产生感应电动势，造成过电压；当变压器空载，电源电压过零时，一次拉闸造成二次绕组中感应出很高的瞬时过电压。这两种情况产生的过电压都是瞬时的尖峰电压，常用阻容吸收电路或整流式阻容加以保护。

阻容吸收电路的几种接线方式如图 1.18 所示。在变压器二次侧并联电阻和电容，可以把铁芯释放的磁场能量储存起来。由于电容两端的电压不能突变，所以可以有效地抑制过电压。串联电阻的目的是为了在能量转化过程中消耗一部分能量，并且抑制回路的振荡。

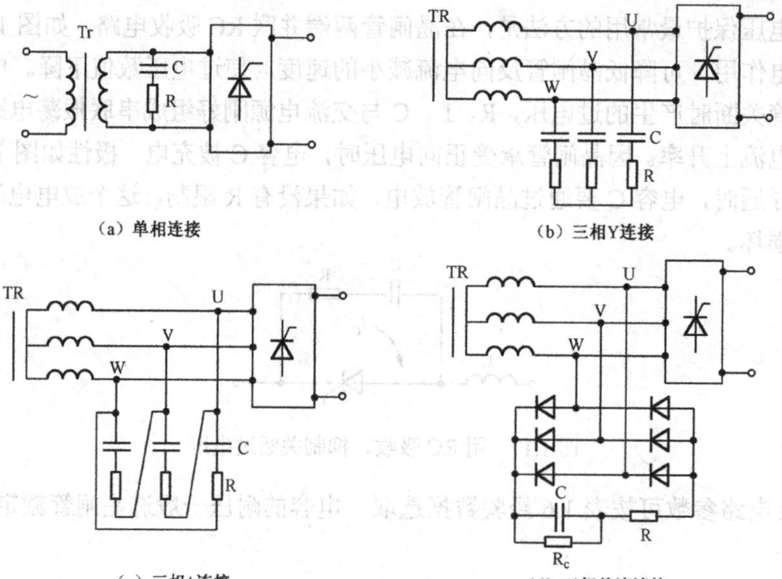

（a）单相连接　（b）三相Y连接　（c）三相Δ连接　（d）三相整流连接

图 1.18　交流侧阻容吸收电路的几种接法

对于大容量的变流装置，可采取如图 1.18（d）所示整流式阻容吸收电路。虽然多了一个三相整流桥，但只用一个电容，可以减小体积。

2．交流侧浪涌过电压

由于雷击或从电网侵入的高电压干扰而造成晶闸管过电压，称为浪涌过电压。浪涌过电压虽然具有偶然性，但它可能比操作过电压高得多，能量也特别大。因此无法用阻容吸收电路来抑制，只能采用压敏电阻（其工作原理类似于稳压管的稳压原理）或硒堆元器件来保护。

硒堆由成组串联的硒整流片构成，其接线方式如图 1.19 所示。在正常工作电压下，硒堆总有一组处于反向工作状态，漏电流很小，当浪涌电压来到时，硒堆被反向击穿，漏电流猛增以吸收浪涌能量，从而限制了过电压的数值。硒片击穿时，表面会烧出灼点，但浪涌电压过去之后，整个硒片自动恢复，所以可反复使用，继续起保护作用。

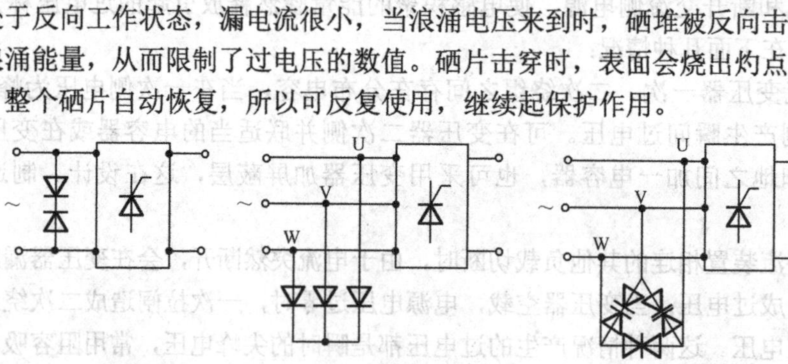

（a）单相连接　（b）三相Y连接　（c）三相Δ连接

图 1.19　硒堆保护的接法

采用硒堆保护的优点是它能吸收较大的浪涌能量；缺点是体积大、反向伏安特性不陡、长期放置不用会发生“储存老化”，即正向电阻增大，反向电阻降低，因而失效。由此可见，硒堆不是理想的保护元器件。

近年来出现了一种新型的非线性过电压保护元器件，即金属氧化物压敏电阻。金属氧化物压敏电阻是由氧化锌、氧化铋等烧结制成的非线性电阻元器件，具有正、反向相同的很陡的伏安持性，如图 1.20 所示。正常工作时，漏电流仅达微安级，故损耗小；当浪涌电压来到时，反应快，可通过数千安培的放电电流。因此抑制过电压的能力强。加上它具有体积小、价格便宜等优点，是一种较理想的保护元器件，可以用它取代硒堆，其保护接线方式如图 1.21 所示。

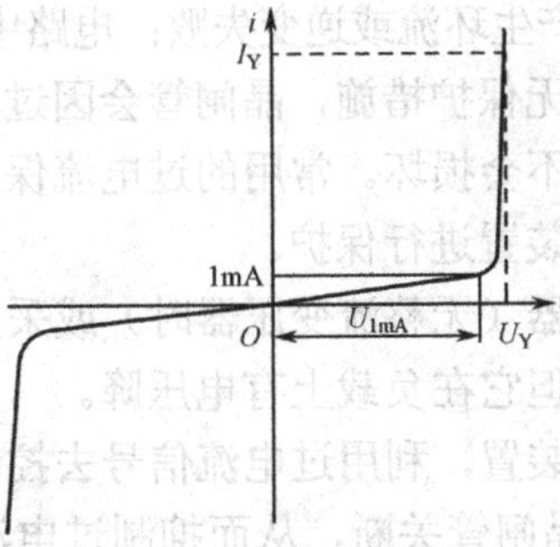

图 1.20　压敏电阻的伏安持性

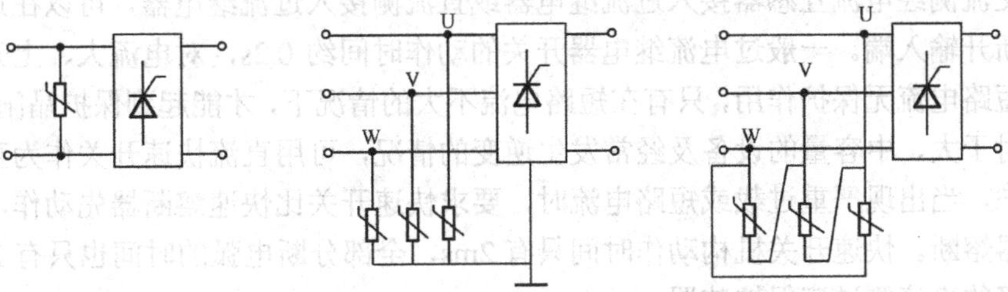

（a）单相连接　（b）三相Y连接　（c）三相Δ连接

图 1.21　压敏电阻的几种接法

1.8.3　晶闸管直流侧过电压及其保护

直流侧也可能发生过电压。当整流器上的快速熔断器突然熔断或晶闸管烧断时，因大电感释放能量而产生过电压，并通过负载加在关断的晶闸管上，有可能使管子硬开通而损坏，如图 1.22 所示。在直流侧快速开关（或熔断器）断开过载电流时，变压器中的储能释放，也产生过电压。虽然交流侧保护装置能适当地抑制这种过电压，但因变压器过载时储能较大，过电压仍会通过导通着的晶闸管反映到直流侧。直流侧保护采用与交流侧保护同样的方法。对于容量较小装置，可采用阻容保护抑制过电压；如果容量较大，则可选择硒堆或压敏电阻。

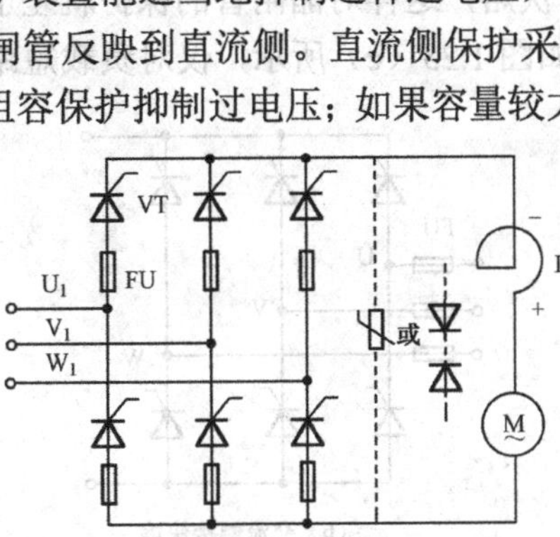

图 1.22　快速熔断器熔断的过电压保护

1.9 晶闸管的过电流保护与电压、电流上升率的限制

1.9.1 晶闸管的过电流保护

流过晶闸管的电流超过其最大峰值电流时，都叫过电流。产生过电流的原因有：直流侧短路；生产机械过载；可逆系统中产生环流或逆变失败；电路中管子误导通及管子击穿短路等。

电路中有过电流产生时，如无保护措施，晶闸管会因过热而损坏。因此要采取过电流保护，把过电流消除掉，使晶闸管不会损坏。常用的过电流保护方法有下面几种，可根据需要选择其中的一种或几种对晶闸管装置进行保护。

（1）在交流进线中串联电抗器（无整流变压器时）或采用漏抗较大的变压器是限制短路电流、保护晶闸管的有效措施。但它在负载上有电压降。

（2）在交流侧设置电流检测装置，利用过电流信号去控制触发器，使触发脉冲快速后移（即控制角增大）或瞬时停止使晶闸管关断，从而抑制过电流。但在可逆系统中，触发脉冲瞬时停止会造成逆变失败，因此多采用脉冲快速后移的方法。

（3）交流侧经电流互感器接入过流继电器或直流侧接入过流继电器，可以在过电流时动作，自动断开输入端。一般过电流继电器开关的动作时间约 0.2s，对电流大、上升快、作用时间短的短路电流无保护作用，只有在短路电流不大的情况下，才能起到保护晶闸管的作用。

（4）对于大、中容量的设备及经常发生逆变的情况，可用直流快速开关作为直流侧过载或短路保护，当出现严重过载或短路电流时，要求快速开关比快速熔断器先动作，尽量避免快速熔断器熔断。快速开关机构动作时间只有 2ms，全部分断电弧的时间也只有 20～30ms，是目前较好的直流侧过流保护装置。

（5）快速熔断器（简称快熔）是最简单有效的过电流保护元器件。在产生短路过电流时，快速熔断器熔断时间小于 20ms，能保证在晶闸管损坏之前切断短路故障。用快速熔断器进行过电流保护，有三种接法，以三相桥为例介绍如下。

① 桥臂晶闸管串快熔。如图 1.23（a）所示，流过快速熔断器和晶闸管的电流相同，对晶闸管保护最好，是应用最广的一种接法。

② 快熔接在交流侧输入端。如图 1.23（b）所示，这种接法对元器件短路和直流侧短路均能起到保护作用，但由于在正常工作时流过快熔的电流有效值大于流过晶闸管的电流有效值，故应选用额定电流较大的快熔，这样对晶闸管的保护就差了。

③ 接在直流侧的快熔。如图 1.23（c）所示，仅对负载短路和过载起保护作用。

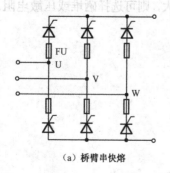

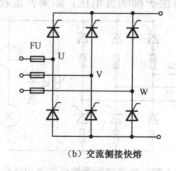

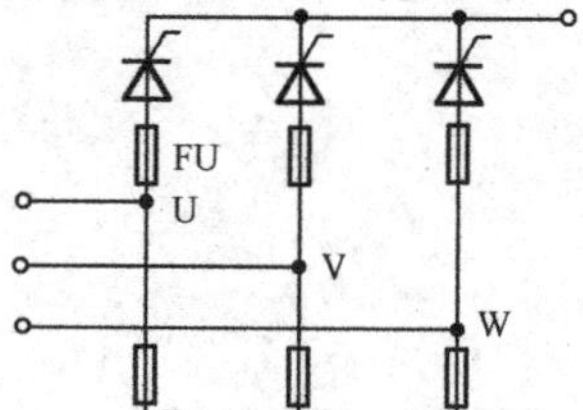

（a）桥臂串快熔

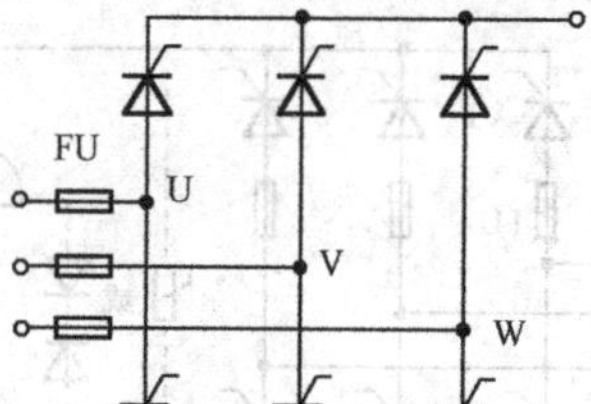

（b）交流侧接快熔

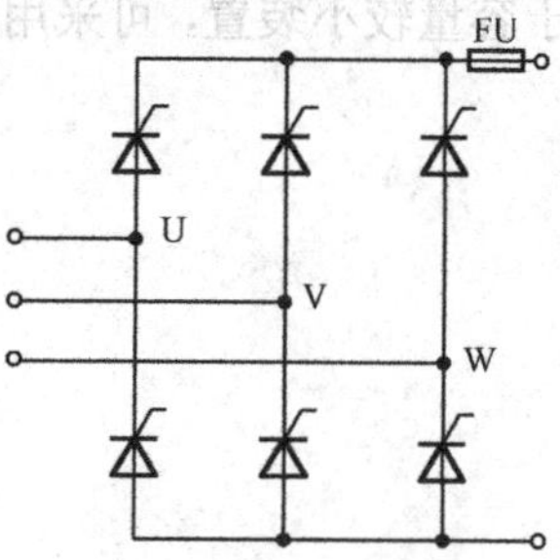

（c）直流侧接快熔

图 1.23 快速熔断器保护的接法

在一般的系统中，常采用过流信号控制触发脉冲以抑制过电流，再配合采用快熔保护。由于快熔价格较高，更换也不方便，通常把它作为过流保护的最后一道屏障。正常情况下，总是先让其他过电流保护措施动作，尽量避免直接烧断快熔。

*1.9.2 电压与电流上升率的限制

1. 电压上升率的限制

在阻断状态下，晶闸管的 J_3 结面存在着一个电容。当加在晶闸管上的正向电压上升率较大时，便会有较大的充电电流流过 J_3 结面，起到触发电流的作用，使晶闸管误导通。晶闸管误导通常会引起很大的浪涌电流，使快速熔断器熔断或使晶闸管损坏。因此，对晶闸管的正向电压上升率（du/dt）应有一定的限制。

晶闸管侧的 RC 保护电路可以起到抑制电压上升率的作用。在每个桥臂串联桥臂电抗器（通常取 20～30 微亨），也是防止电压上升率过大造成晶闸管误导通的常用办法，如图 1.24 所示。此外，对于小容量晶闸管，在其门极 G 和阴极 K 之间接一电容，使产生的充电电流不流过晶闸管的 J_3 结，而通过电容流到阴极，也能防止因电压上升率过大而使晶闸管误导通。

2. 电流上升率的限制

晶闸管在导通瞬间，电流集中在门极附近，随着时间的推移，导通区才逐渐扩大，直到全部结面导通为止。在此过程中，电流上升率（di/dt）太大，则可能引起门极附近过热，造成晶闸管损坏。因此电流上升率应限制在通态电流临界上升率以内。

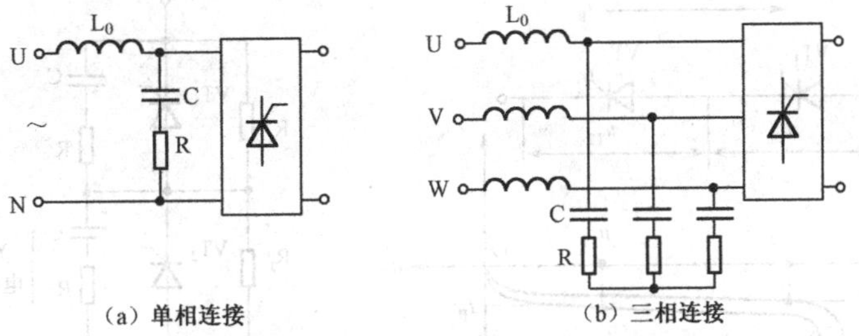

图 1.24 进线串联 L_0 抑制电压上升率

限制电流上升率与限制电压上升率方法相同：

（1）串联进线电感。

（2）采用整流式阻容保护。

（3）增大阻容保护中的电阻值可以减小电流上升率，但会降低阻容保护对晶闸管过电压保护的效果。

除此以外，还可以在每个晶闸管支路中串联一个很小的电感，来抑制晶闸管导通时的正向电流上升率。

*1.10 晶闸管的串联和并联

在高电压或大电流的晶闸管电路中，如果要求的电压、电流额定值超过一个管子所能承受的额定值时，就需要把管子串联或并联使用，但即使是同型号的管子，它们之间在静、动态特性上总会存在一定的差异，当将它们串、并联在一起使用时，就可能会因为这些差异导致某些管子损坏。因此要有相应的均压/均流措施来调整管子串、并联之间的差异。

1.10.1 晶闸管的串联

当要求晶闸管应有的电压值大于单个晶闸管的额定电压时，可以用两个以上同型号的晶闸管相串联。然而，晶闸管的特性不可能一致，这样会使晶闸管电压分配不均，严重时会损坏管子。除导通状态外，正、反向阻断状态及开通过程与关断过程，都应保持各晶闸管的电压均衡。因此，串联的晶闸管除要选用特性比较一致的管子外，还要采取均压措施。

晶闸管在正、反向阻断状态下，外加一定电压，也有漏电流通过，同一型号的晶闸管漏电流小的在串联时承受的电压大，导致各管承受的电压不均。因此有效的办法是在串联的晶闸管上并联阻值相等的电阻，称为均压电阻，如图 1.25 所示。

均压电阻能使平稳的直流或变化缓慢的电压均匀分配在串联的各晶闸管上，而在开通过程与关断过程中，瞬时电压的分配决定于各晶闸管的结电容、导通与关断时间，以及外部触发脉冲等。串联的晶闸管在导通时，后导通的管子将承受全部正向电压，易造成硬开通；关断时，先关断的晶闸管将承受全部反向电压，易造成反向击穿。因此要在串联的晶闸管上并联电容值相等的电容，但为了限制管子开通时电容放电产生过大的电流上升率，并防止因并联电容使电路产生振荡，通常在并联电容的支路中串入电阻，成为 RC 支路，如图 1.25 所示。实际线路中晶闸管的两端都并联 RC 吸收电路，在晶闸管串联均压时就不必另接 RC 电路了。

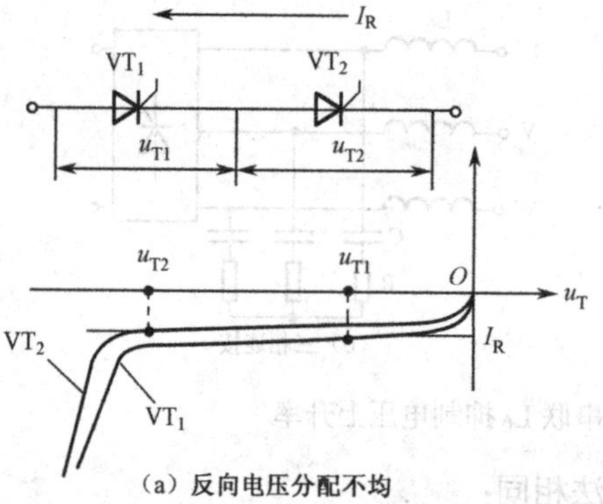

（a）反向电压分配不均

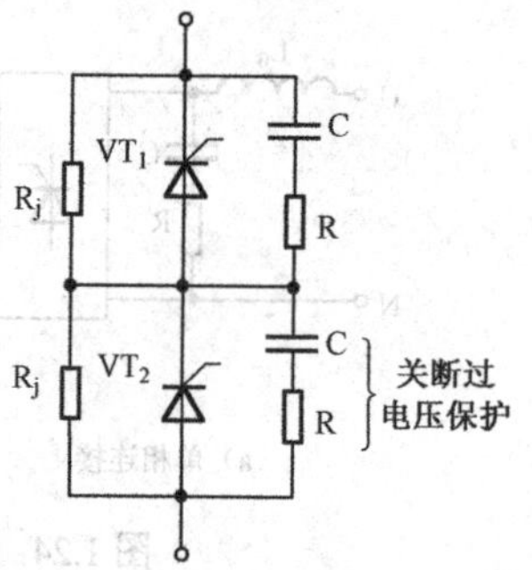

（b）均压措施

图 1.25　串联时反向电压分配和均压措施

虽然采取了均压措施，但仍然不可能完全均压，因此在选择每个管子的额定电压时，应按下式计算：

$$U_{Tn}=\frac{(2\sim3)U_{TM}}{(0.8\sim0.9)n}$$

式中，n 为串联元器件的个数；

0.8～0.9 为考虑不均压因素的计算系数。

除上述措施外，还可考虑采用下列措施以保护晶闸管：

（1）尽量采用特性一致的产品。

（2）采用前沿陡、幅值大的强触发脉冲。

（3）额定电压降低 10%~20%使用。

1.10.2 晶闸管的并联

当要求晶闸管应有的电流值大于单个晶闸管的额定电流时，就需要将同型号的晶闸管并联使用。如图 1.26（a）所示，由于晶闸管的正向特性不可能一样，使导通的晶闸管电流分配不均，正向压降小的管子承受较大的电流，使通过电流小的管子不能充分得到利用，而流过电流大的管子可能烧坏。在晶闸管并联使用时，正、反向阻断状态和关断过程中电流分配不均不致影响工作，只在导通状态和导通过程中才会引起不良后果，因此，并联使用的晶闸管除了选用特性尽量一致的管子外，还要采取**均流措施**。

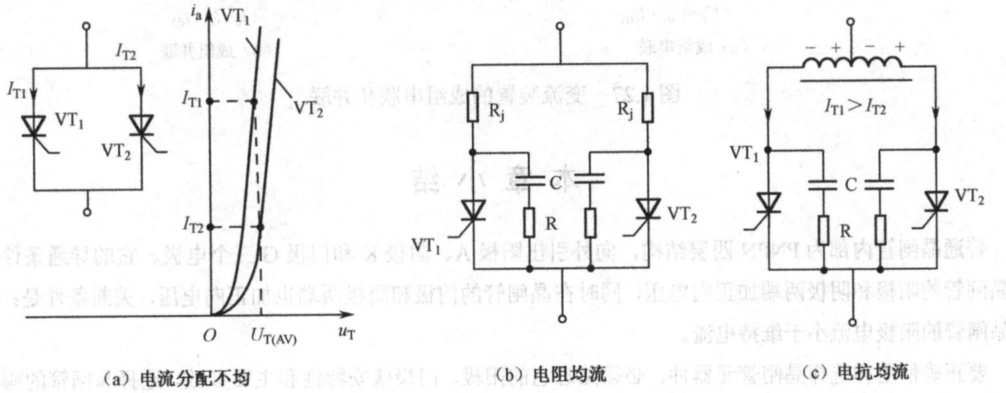

图 1.26 并联时电流分配和均流措施

1. 电阻均流

如图 1.26（b）所示，在并联的各晶闸管中串联电阻是最简便的均流方法。由于电阻功耗较大，所以这种方法只适用于小电流晶闸管。

2. 电抗均流

如图 1.26（c）所示，用一个电抗器接在两个并联的晶闸管电路中，均流的原理是利用电抗器中感应电动势的作用，使管子的电压分配发生变化，原来大电流管子的管压降降下来；小电流管子的管压降升上去，达到均流。

晶闸管并联后，尽管采取了均流措施，电流也不可能完全平均分配，因而选择晶闸管额定电流时，可按下式计算：

$$I_{T(AV)}=\frac{(1.5\sim2)I_{Tm}}{(0.8\sim0.9)1.57n}$$

式中，n——并联元器件的个数。

晶闸管串、并联时，除了选用特性尽量一致的管子外，管子的开通时间也要尽量一致，因此要求触发脉冲前沿要陡，幅值要大，最好采用强触发脉冲。

当要同时采用串联和并联晶闸管的时候，通常采用先串后并的方法。

在大电流高电压变流装置中，还广泛采用如图 1.27 所示的变压器二次绕组分组分别对独立的整流装置供电，然后成组串联（适用于高电压）或成组并联（适用于大电流），使整流效果更好。

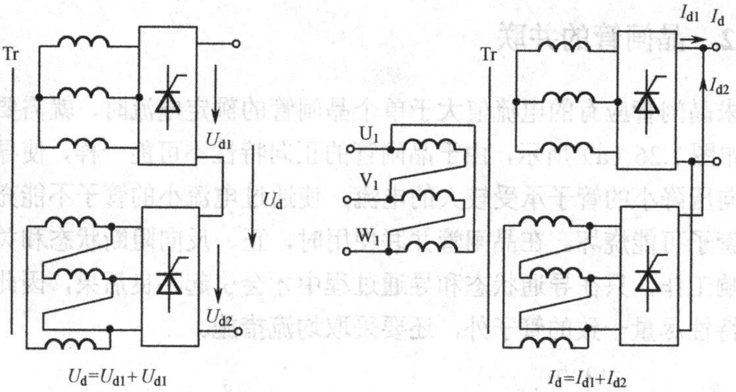

图 1.27　变流装置的成组串联和并联

本 章 小 结

普通晶闸管内部为 PNPN 四层结构，向外引出阳极 A、阴极 K 和门极 G 三个电极。它的导通条件是：在晶闸管的阳极和阴极两端加正向电压，同时在晶闸管的门极和阴极两端也加正向电压。关断条件是：使流过晶闸管的阳极电流小于维持电流。

要正确使用和选择晶闸管元器件，必须熟悉它的阳极、门极伏安特性和主要参数。选择晶闸管的额定电压应为元器件在电路中可能承受的最大瞬时电压的 2～3 倍。晶闸管为单向可控元器件，其额定电流定义为平均值，但由于晶闸管元器件的结温与流过元器件的电流有效值有关，所以选择额定电流参数时，应使额定电流有效值大于元器件电路中可能流过的最大电流有效值，一般取 1.5～2 倍的安全余量。

双向晶闸管（TRIAC）内部结构可看成两只普通晶闸管反并联，引出的三个端子为主电极 T_1、T_2 和门极 G。它具有正、反向对称的伏安特性，主要参数有断态重复峰值电压和额定通态电流。值得注意的是，由于双向晶闸管工作在交流电路中，正、反向电流都可以流过，所以它的额定电流的定义与普通晶闸管有所不同，不用平均值而是用有效值来表征。双向晶闸管有四种触发方式：I^+、I^-、III^+、III^-，使用时一般采用 I^+、III^-接法。

晶闸管的过载能力差，关断过程中的过电压可能会使管子反向击穿，一般在晶闸管两端并联 RC 吸收电路加以保护。在晶闸管工作过程中，交流侧将产生操作过电压和浪涌过电压，常采用硒堆或压敏电阻保护晶闸管。晶闸管流过的电流大大超过其正常工作电流时叫过电流，常用的过电流保护有：在交流侧进线中串联电抗器；控制触发脉冲；电路串联过流继电器；直流侧过电流可用直流快速开关，快熔是最有效的过电流保护元器件。

在高电压或大电流的晶闸管电路中，如果要求的电压、电流额定值超过一个管子所能承受的额定值时，可以将管子串联或并联使用。晶闸管串联使用时应采取均压措施，通常在串联的晶闸管上并联阻值相等的均压电阻；晶闸管并联使用时应在并联的晶闸管中串入均流电阻或均流电抗器。

习 题 1

一、填空题

（1）常用的晶闸管有________式和________式两种。

（2）晶闸管的额定通态平均电流也称为________。

（3）造成在不加门极触发控制信号，即能使晶闸管从阻断状态转为导通状态的非正常转折有两个因素：一是阳极的电压上升率 du/dt 过大，二是________。

（4）对同一晶闸管，维持电流 I_H 与擎住电流 I_L 在数值大小上有 I_L____I_H

（5）晶闸管断态不重复电压 U_{DSM} 与转折电压 U_{BO} 数值大小上应为 U_{DSM}___U_{BO}。

（6）晶闸管串联时，给每只管子并联相同阻值的电阻的目的是________。

（7）晶闸管门极触发刚从断态转入通态即移去触发信号，能维持通态所需要的最小阳极电流，称为________。

（8）晶闸管的导通条件是：晶闸管______和阴极间施加正向电压，并在______和阴极间施加正向触发电压和电流（或脉冲）。

（9）电流波形的波形系数 K_f 的含义为________。

二、选择题

（1）在型号为 KP10-12G 中，数字 10 表示（　　）。

A．额定电压 10V　　B．额定电流 10A

C．额定电压 1000V　　D．额定电流 1000A

（2）晶闸管电流的波形系数定义为（　　）。

A．$K_f = \dfrac{I_{dT}}{I_T}$　　B．$K_f = \dfrac{I_T}{I_{dT}}$

C．$K_f = I_{dT} \cdot I_T$　　D．$K_f = I_{dT} - I_T$

三、简答题

（1）晶闸管的导通条件是什么？导通后流过晶闸管的电流大小由什么决定？负载上电压等于什么？晶闸管的关断条件是什么？如何实现其关断？晶闸管处于阻断状态时，其两端的电压大小由什么决定？

（2）型号为 KP100-3、维持电流 I_H=4mA 的晶闸管，使用在如图 1.28 所示电路中是否合理？为什么？（暂不考虑电压电流余量）

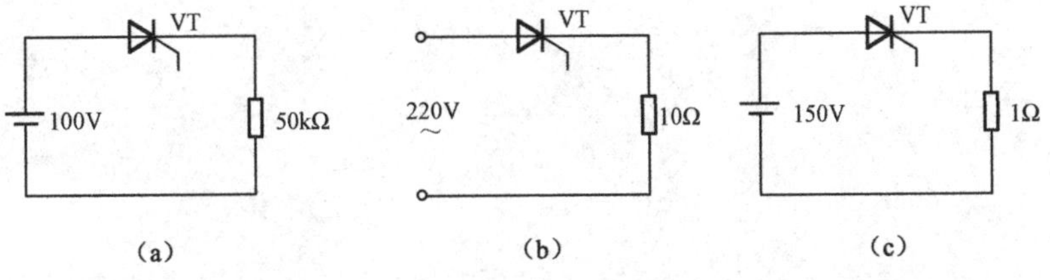

图 1.28

（3）如图 1.29 所示，试画出负载 R_d 上的电压波形（不考虑管子导通压降）。

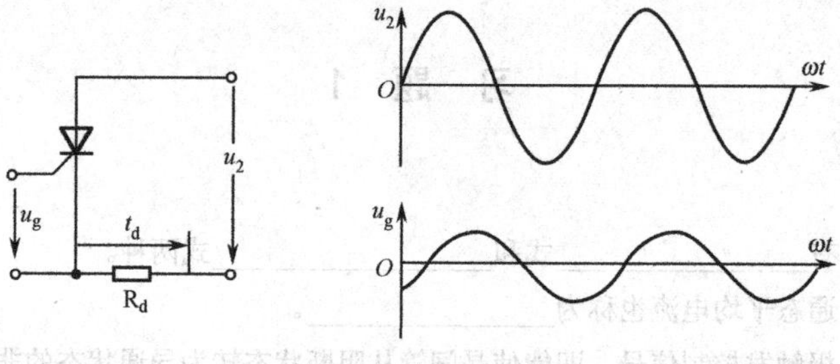

图 1.29

（4）画出双向晶闸管的图形符号。双向晶闸管有哪几种触发方式？用得最多的有哪两种触发方式？

（5）标出如图 1.30 所示的代号①～⑦各保护元器件的名称并说明其作用。

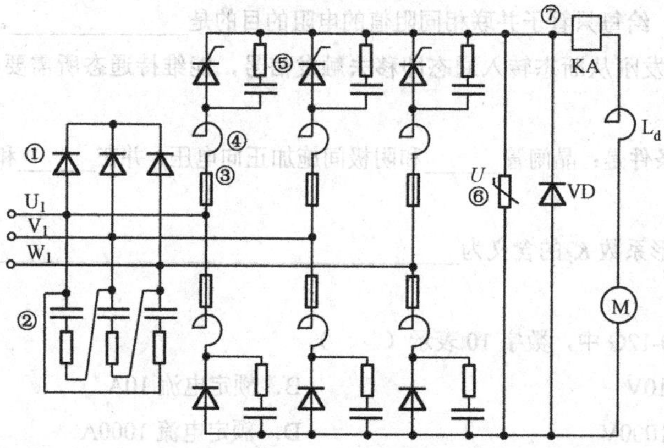

图 1.30

（6）多个晶闸管相并联时必须考虑什么问题？解决的方法是什么？多个晶闸管相串联时必须考虑什么问题？解决的方法是什么？

第 2 章　可控整流电路

本章重点：

（1）了解可控整流基本概念、组成及各部分功能。

（2）掌握可控整流主要电路分类及整流工作过程。

（3）掌握电路分析方法（波形分析、波形画法及各种电量计算方法）。

（4）掌握管子的导通、截止条件。

可控整流技术是晶闸管最基本的应用之一，它在工业生产上应用极广，如调压调速直流电源、电解及电镀用的直流电源等。把交流电变换成大小可调的单一方向直流电的过程称为可控整流。本章主要介绍单相和三相整流电路。

2.1　单相半波可控整流电路

如图 2.1 所示的是晶闸管可控整流装置的原理框图，主要由整流变压器、晶闸管、触发电路、负载等几部分组成。整流装置的输入端一般接在交流电网上，输出端的负载可以是电阻性负载（如电炉、电热器、电焊机和白炽灯等）、电感性大负载（如直流电动机的励磁绕组、滑差电动机的电枢线圈等）以及反电动势负载（如直流电动机的电枢反电势、充电状态下的蓄电池等）。以上负载往往要求整流电路能输出可在一定范围内变化的直流电压。为此，只要改变触发电路所提供的触发脉冲到来的时刻，就能改变晶闸管在交流电压 u_2 一个周期内导通的时间，从而调节负载上得到的直流电压平均值的大小。

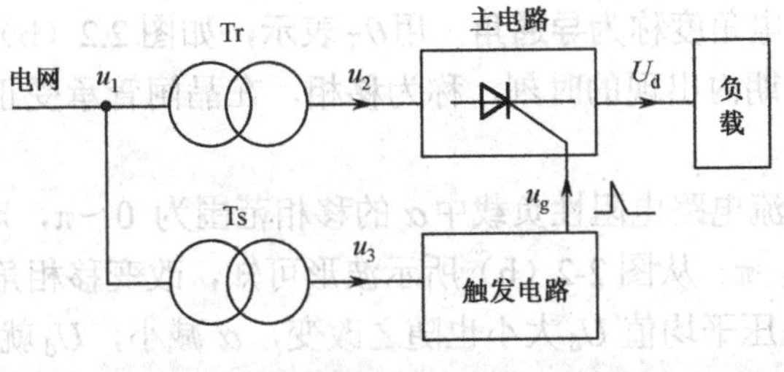

Tr—整流变压器；Ts—同步变压器

图 2.1　可控整流装置原理图

2.1.1　电阻性负载

我们生活中常见的电炉、白炽灯等均属于电阻性负载。电阻性负载的特点是：负载两端电压波形和流过的电流波形相似，其电流、电压均允许突变。

如图 2.2（a）所示为单相半波电阻性负载可控整流电路，由晶闸管 VT、负载电阻 R_d 及单相整流变压器 Tr 组成。Tr 用来变换电压，将一次侧电网电压 u_1 变成与负载所需电压相适

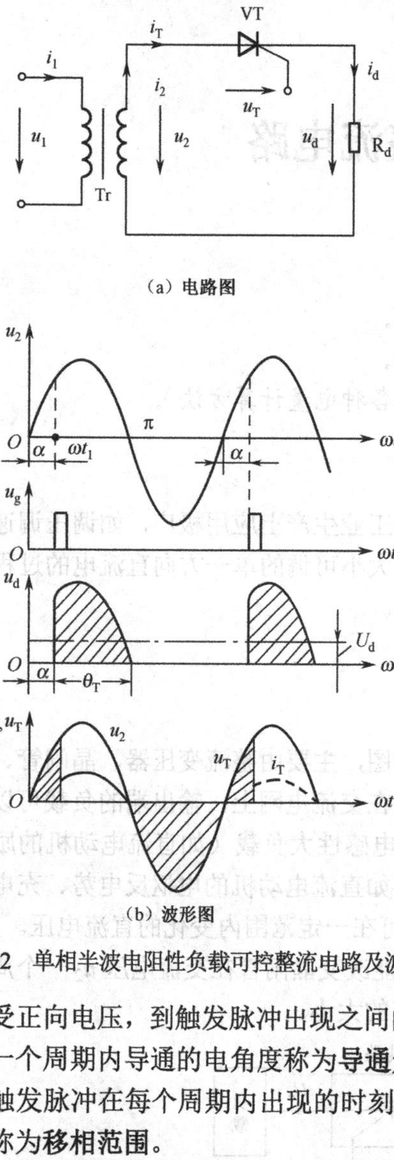

（b）波形图

图 2.2　单相半波电阻性负载可控整流电路及波形

应的二次侧电压 u_2，u_2 为二次侧正弦电压瞬时值；u_d，i_d 分别为整流输出电压瞬时值和负载电流瞬时值；u_T，i_T 分别为晶闸管两端电压瞬时值和流过的电流瞬时值；i_1，i_2 分别为流过整流变压器一次侧绕组和二次侧绕组电流的瞬时值。

交流电压 u_2 通过 R_d 施加到晶闸管的阳极和阴极两端，在 0～π区间的 ωt_1 之前，晶闸管虽然承受正向电压，但因触发电路尚未向门极送出触发脉冲，所以晶闸管仍保持阻断状态，无直流电压输出，晶闸管 VT 承受全部 u_2 电压。

在 ωt_1 时刻，触发电路向门极送出触发脉冲 u_g，晶闸管被触发导通。若管压降忽略不计，则负载电阻 R_d 两端的电压波形 u_d 就是变压器二次侧 u_2 的波形，流过负载的电流 i_d 波形与 u_d 相似。由于二次侧绕组、晶闸管以及负载电阻是串联的，故 i_d 波形也就是 i_T 及 i_2 的波形，如图 2.2（b）所示。

在 $\omega t=\pi$ 时，u_2 下降到零，晶闸管阳极电流也下降到零而被关断，电路无输出。

在 u_2 的负半周（即π～2π）区间，由于晶闸管承受反向电压而处于反向阻断状态，负载两端电压 u_d 为零。u_2 的下一个周期将重复上述过程。

在单相半波可控整流电路中，从晶闸管开始承受正向电压，到触发脉冲出现之间的电角度称为**控制角**（亦称移相角），用α表示。晶闸管在一个周期内导通的电角度称为**导通角**，用 θ_T 表示，如图 2.2（b）所示。改变α的大小即改变触发脉冲在每个周期内出现的时刻，称为**移相**，在晶闸管承受正向阳极电压时α的变化范围称为**移相范围**。

在单相半波可控整流电路电阻性负载中α的移相范围为 0～π，对应的 θ_T 的导通范围为π～0，两者关系为 $\alpha+\theta_T=\pi$。从图 2-2（b）所示波形可知，改变移相角α的大小，输出整流电压 u_d 波形和输出直流电压平均值 U_d 大小也随之改变，α减小，U_d 就增加，反之，U_d 减少。

注意：实际操作中用示波器测量 u_d 和 u_T 的波形时，我们只能看到图 2.2 中加阴影部分的曲线，未加阴影部分是为了便于分析而加上去的，示波器上看不到此部分。

1. u_d 波形的平均值 U_d 的计算

根据平均值定义，u_d 波形的平均值 U_d 为：

$$U_d=\frac{1}{2\pi}\int_{\alpha}^{\pi}\sqrt{2}U_2\sin\omega t\mathrm{d}(\omega t)=0.45U_2\frac{1+\cos\alpha}{2} \tag{2-1}$$

$$U_d/U_2=0.45\times(1+\cos\alpha)/2 \tag{2-2}$$

由式（2-1）可知，输出直流电压平均值 U_d 与整流变压器二次侧交流电压有效值 U_2 和控制角 α 有关；当 U_2 给定后，仅与 α 有关。当 $\alpha=0$ 时，则 $U_{d0}=0.45U_2$ 为最大输出直流平均电压。当 $\alpha=\pi$ 时，则 $U_d=0$。只要控制触发脉冲送出的时刻，U_d 就可以在 0～$0.45U_2$ 之间连续可调。

工程上为了计算简便，有时不用式（2-1）进行计算，而是按式（2-2）先画出表格和曲线，供查阅计算，如表 2.1 和图 2.3 所示。

流过负载电流的平均值为：

$$I_d=\frac{U_d}{R_d} \tag{2-3}$$

表 2.1　U_d/U_2、I_T/I_d、I_2/I_d、I_1/I_d、$\cos\varphi$ 与控制角 α 的关系

α	0°	30°	60°	90°	120°	150°	180°
U_d/U_2	0.45	0.42	0.338	0.225	0.113	0.03	0
I_T/I_d	1.57	1.66	1.88	2.22	2.78	3.98	—
I_2/I_d	1.57	1.66	1.88	2.22	2.78	3.98	—
I_1/I_d	0.21	0.32	0.59	0.98	2.59	3.85	—
$\cos\varphi$	0.707	0.698	0.635	0.508	0.302	0.120	—

注：设变压器电压比为 1。

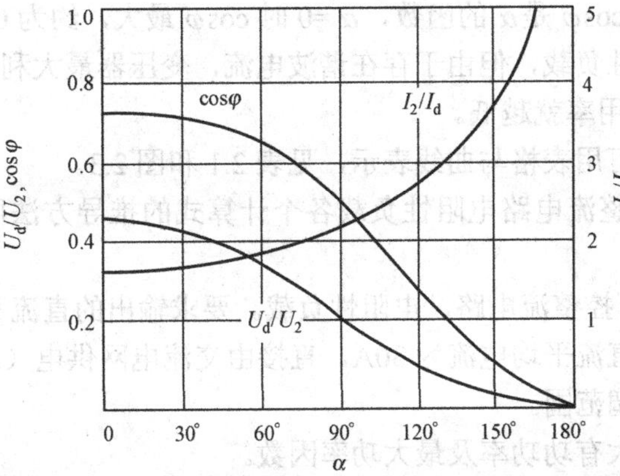

图 2.3　单相半波可控整流电压、电流及功率因数与控制角的关系

2．负载上电压有效值 U 与电流有效值 I 的计算

在计算选择变压器容量、晶闸管额定电流、熔断器以及负载电阻的有功功率时，均须按有效值计算。

根据有效值的定义，U 应是 U_d 波形的均方根值，即

$$U=\sqrt{\frac{1}{2\pi}\int_{\alpha}^{\pi}(\sqrt{2}U_2\sin\omega t)^2\,\mathrm{d}(\omega t)}=U_2\sqrt{\frac{\pi-\alpha}{2\pi}+\frac{\sin 2\alpha}{4\pi}} \tag{2-4}$$

电流有效值为：

$$I=\frac{U}{R_d} \tag{2-5}$$

3. 晶闸管电流有效值 I_T 及其两端可能承受的最大正、反向电压 U_{TM} 的计算

在单相半波可控整流电路中，因晶闸管与负载串联，所以负载电流的有效值也就是流过晶闸管电流的有效值，其关系为：

$$I_T = I = \frac{U}{R_d} \tag{2-6}$$

由图 2.2（b）中 u_T 波形可知，晶闸管可能承受的正、反向峰值电压为：

$$U_{TM} = \sqrt{2}U_2 \tag{2-7}$$

由式（2-3）与式（2-6）可得：

$$\frac{I_T}{I_d} = \frac{I}{I_d} = \frac{I_2}{I_d} = \frac{\sqrt{\pi\sin 2\alpha + 2\pi(\pi-\alpha)}}{\sqrt{2}(1+\cos\alpha)} \tag{2-8}$$

根据式（2-8）也可先画出表格与曲线，见表 2.1 和图 2.3，这样便于工程查算。例如，知道了 I_d，就可按设定的控制角 α 查表或查曲线，求得 I_T 与 I 等各电量。

4. 功率因数 $\cos\varphi$ 的计算

$$\cos\varphi = \frac{P}{S} = \frac{UI}{U_2 I} = \sqrt{\frac{1}{4\pi}\sin 2\alpha + \frac{\pi-\alpha}{2\pi}} \tag{2-9}$$

从式（2-9）看出，$\cos\varphi$ 是 α 的函数，$\alpha=0$ 时 $\cos\varphi$ 最大，约为 0.707，可见单相半波可控整流电路尽管是电阻性负载，但由于存在谐波电流，变压器最大利用率也仅有 70%。α 越大，$\cos\varphi$ 越小，设备利用率就越低。

$\cos\varphi$ 与 α 的关系也可用表格与曲线表示，见表 2.1 和图 2.3。

以上单相半波可控整流电路电阻性负载各个计算式的推导方法同样适用于其他单相可控整流电路。

例 2-1 单相半波可控整流电路，电阻性负载。要求输出的直流平均电压在 50～92V 之间连续可调，最大输出直流平均电流为 30A，直接由交流电网供电（220V），试求：

（1）控制角 α 的可调范围。

（2）负载电阻的最大有功功率及最大功率因数。

（3）选择晶闸管型号规格（安全余量取 2 倍）。

解：（1）由式（2-1）或由图 2.3 的 U_d/U_2 曲线求得：

当 U_d=50V 时，

$$\cos\alpha = \frac{2\times 50}{0.45\times 220} - 1 \approx 0$$

$$\alpha \approx 90^\circ$$

或由 U_d/U_2 曲线查得，当 U_d/U_2=50/220≈0.227 时 $\alpha\approx 90^\circ$。

当 U_d=92V 时，

$$\cos\alpha = \frac{2\times 92}{0.45\times 220} - 1 \approx 0.87$$

$$\alpha \approx 30^\circ$$

或由 U_d/U_2 曲线查得，当 U_d/U_2=92/220≈0.418 时，$\alpha\approx 30^\circ$。

（2）α=30° 时，输出直流电压平均值最大为 92V，这时负载消耗的有功功率也最大，由式（2-8）或查表 2-1 可求得：

$$I=1.66\times I_d=1.66\times 30\approx 50\text{A}$$

$$\cos\varphi\approx 0.693$$

$$P=I^2R_d=50^2\times\frac{92}{30}\approx 7667\text{W}$$

（3）选择晶闸管。因α=30° 时，流过晶闸管的电流有效值最大为 50A，所以

$$I_{T(AV)}=2\times\frac{I_{Tm}}{1.57}=2\times\frac{50}{1.57}\approx 64\text{A}\quad 取 100\text{A}。$$

晶闸管的额定电压为：

$$U_{Tn}=2U_{TM}=2\times\sqrt{2}\times 220\approx 624\text{V}\quad 取 700\text{V}。$$

故选择 KP100-7 型号的晶闸管。

2.1.2 电感性负载及续流二极管

电动机的励磁线圈、滑差电动机电磁离合器的励磁线圈以及输出电路中串联平波电抗器的负载等属于电感性负载。**电感性负载不同于电阻性负载，为了便于分析，通常将其等效为电阻与电感串联，如图 2.4（a）所示。**

电感线圈是储能元器件，当电流 i_d 流过线圈时，该线圈就储存有磁场能量，i_d 越大，线圈储存的磁场能量也越大。随着 i_d 逐渐减小，电感线圈就要将所储存的磁场能量释放出来。电感本身是不消耗能量的。当流过电感线圈 L_d 中的电流变化时，要产生自感电动势，其大小为 $e_L=-L_d\dfrac{di}{dt}$，它将阻碍电流的变化。当 i 增大时，e_L 阻碍电流增大，产生的 e_L 极性为上正下负；当 i 减小时，e_L 阻碍电流减小，极性为上负下正。

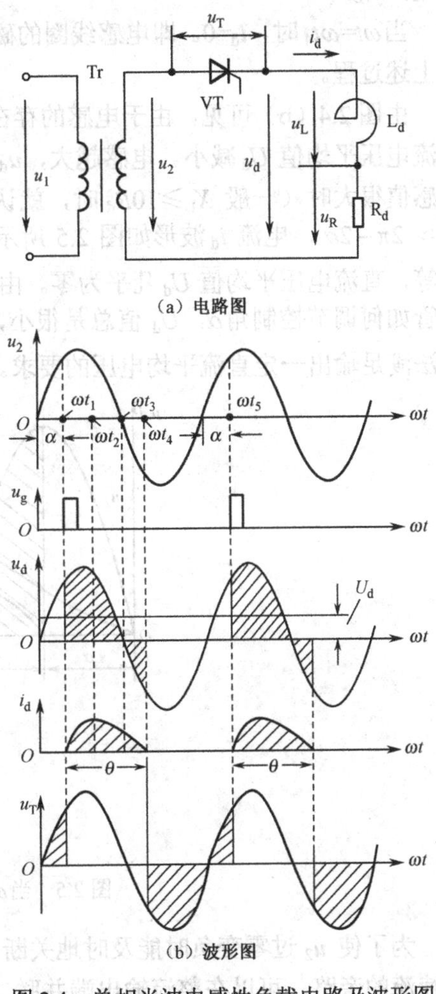

图 2.4　单相半波电感性负载电路及波形图

在 $0\leqslant\omega t<\omega t_1$ 区间，u_2 虽然为正，但晶闸管无触发脉冲不导通，负载上的电压 u_d、电流 i_d 均为零。晶闸管承受着电源电压 u_2，其波形如图 2.4（b）所示。

当$\omega t=\omega t_1=\alpha$时，晶闸管被触发导通，电源电压 u_2 突然加在负载上，由于电感性负载电流不能突变，要有一段过渡过程，此时电路电压瞬时值方程如下：

$$u_2=L_d\frac{di_d}{dt}+i_dR_d=u_L+u_R$$

在$\omega t_1 < \omega t \leqslant \omega t_2$区间，晶闸管被触发导通后，由于电感线圈的作用，电流i_d只能从零逐渐增大。到ωt_2时，i_d已上升到最大值，$di_d/dt = 0$。这期间电源u_2不仅要向负载R_d供给有功功率，而且还要向电感线圈供给磁场能量的无功功率。

在$\omega t_2 < \omega t \leqslant \omega t_3$区间，由于$u_2$继续在减小，$i_d$也逐渐减小，在电感线圈作用下，$i_d$的减小总是要滞后于$u_2$的减小。这期间电感线圈两端产生的电动势$e_L$反向，如图2.4（b）所示。负载$R_d$所消耗的能量，除由电源电压$u_2$供给外，还有一部分是由电感线圈所释放的能量供给。

在$\omega t_3 < \omega t < \omega t_4$区间，$u_2$过零开始变负，对晶闸管是反向电压，但是另一方面由于i_d的减小，在电感线圈两端所产生的电动势e_L极性对晶闸管是正向电压，故只要e_L略大于u_2，晶闸管仍然承受着正向电压而继续导通，直到i_d减到零才被关断，如图2.4（b）所示。在这区间电感线圈不断释放出磁场能量，除部分继续向负载R_d提供消耗能量外，其余就回馈给交流电网u_2。

当$\omega t = \omega t_4$时，$i_d = 0$。即电感线圈的磁场能量已释放完毕，晶闸管被关断。从ωt_5开始，重复上述过程。

由图2.4（b）可见，由于电感的存在，使负载电压u_d波形出现部分负值，其结果使负载直流电压平均值U_d减小。电感越大，u_d波形的负值部分占的比例越大，使U_d减小越多。当电感值很大时（一般$X_L \geqslant 10R_d$时，就认为是大电感），对于不同控制角α，晶闸管的导通角$\theta_T \approx 2\pi - 2\alpha$，电流$i_d$波形如图2.5所示。这时负载上得到的电压$u_d$波形中正、负面积接近相等，直流电压平均值$U_d$几乎为零。由此可见，单相半波可控整流电路用于大电感负载时，不管如何调节控制角α，U_d值总是很小，平均电流$I_d = U_d / R_d$也很小，如不采取措施，电路无法满足输出一定直流平均电压的要求。

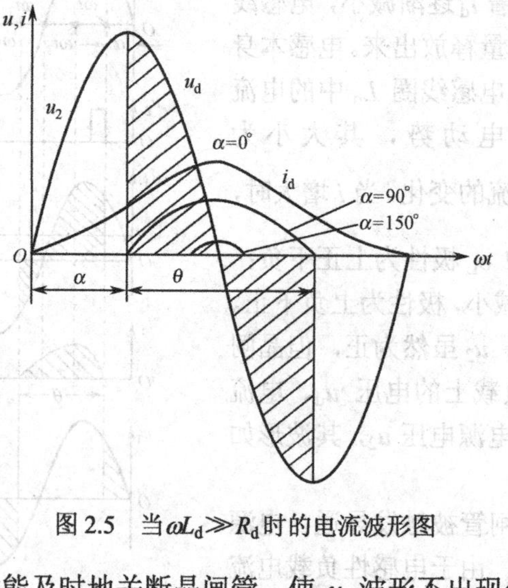

图2.5　当$\omega L_d \gg R_d$时的电流波形图

为了使u_2过零变负时能及时地关断晶闸管，使u_d波形不出现负值，又能给电感线圈提供续流的旁路，可以在整流输出端并联二极管，如图2.6（a）所示。由于该二极管为电感性负载在晶闸管关断时提供续流回路，故此二极管称为续流二极管，简称续流管。

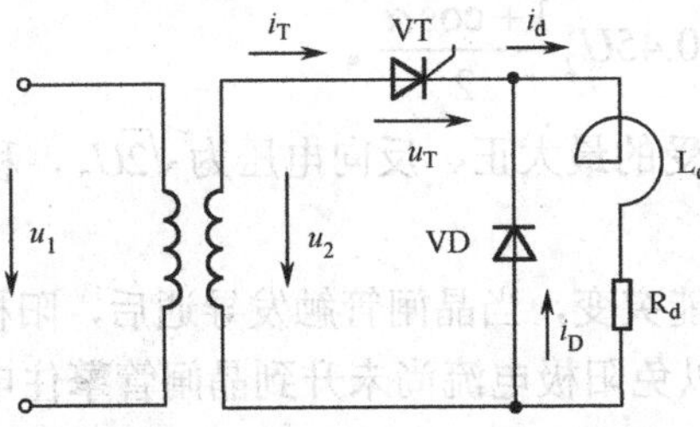

（a）电路图

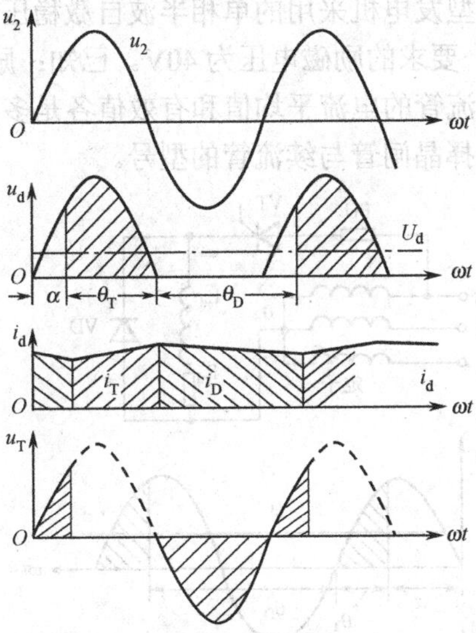

（b）波形图

图 2.6　有续流二极管时电路及波形图

在接有续流管的电感性负载单相半波可控整流电路中，当 u_2 过零变负时，此时续流管承受正向电压而导通，晶闸管因承受反向电压而关断，i_d 就通过续流管而继续流动。续流期间的 u_d 波形为续流管的压降，可忽略不计。所以 u_d 波形与电阻性负载相同。但是 i_d 的波形就大不相同，因为对大电感，流过负载的电流 i_d 不但连续而且基本上是波动很小的直线，电感越大，i_d 波形越接近于一条水平线，其平均电流为 $I_d=U_d/R_d$，如图 2.6（b）所示。I_d 电流由晶闸管和续流二极管分担，在晶闸管导通期间，从晶闸管流过；晶闸管关断，续流管导通，就从续流管流过。可见流过晶闸管电流 i_T 与续流管电流 i_D 的波形均为方波，方波电流的平均值和有效值分别为：

$$I_{dT} = \frac{1}{2\pi}\int_{\alpha}^{\pi} i_T \mathrm{d}(\omega t) = \frac{\pi-\alpha}{2\pi} I_d \tag{2-10}$$

$$I_T = \sqrt{\frac{1}{2\pi}\int_{\alpha}^{\pi} i_T^2 \mathrm{d}(\omega t)} = \sqrt{\frac{\pi-\alpha}{2\pi}} I_d \tag{2-11}$$

$$I_{dD} = \frac{1}{2\pi}\int_{\pi}^{2\pi+\alpha} i_D \mathrm{d}(\omega t) = \frac{\pi+\alpha}{2\pi} I_d \tag{2-12}$$

$$I_D = \sqrt{\frac{1}{2\pi}\int_{\pi}^{2\pi+\alpha} i_D^2 \mathrm{d}(\omega t)} = \sqrt{\frac{\pi+\alpha}{2\pi}} I_d \tag{2-13}$$

式中，$I_d = U_d / R_d$，而$U_d = 0.45U_2\dfrac{1+\cos\alpha}{2}$。

晶闸管和续流管可能承受的最大正、反向电压为$\sqrt{2}U_2$，移相范围与电阻性负载相同，为0～π。

由于电感性负载电流不能突变，当晶闸管触发导通后，阳极电流上升较缓慢，故要求触发脉冲要宽些（约 20°），以免阳极电流尚未升到晶闸管擎住电流时，触发脉冲已消失，晶闸管无法导通。

例 2-2 图 2.7 是中、小型发电机采用的单相半波自激稳压可控整流电路。当发电机满负载运行时，相电压为220V，要求的励磁电压为40V。已知：励磁线圈的电阻为2Ω，电感量为0.1H。试求：晶闸管及续流管的电流平均值和有效值各是多少？晶闸管与续流管可能承受的最大电压各是多少？请选择晶闸管与续流管的型号。

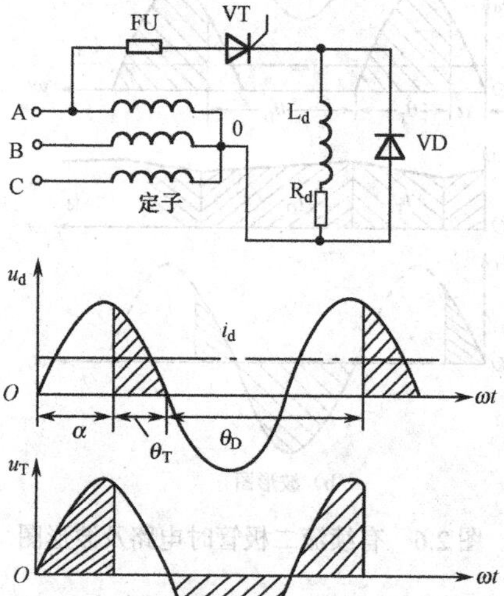

图 2.7 例 2-2 图

解：先求控制角α。

因为，$U_d = 0.45U_2\dfrac{1+\cos\alpha}{2}$

$$\cos\alpha = \frac{2}{0.45}\times\frac{40}{220} - 1 \approx -0.192$$

所以，$\alpha \approx$ 101°

则 $\theta_T = \pi - \alpha = 180^\circ - 100^\circ = 80^\circ$

$\theta_D = \pi + \alpha = 180^\circ + 100^\circ = 280^\circ$

由于$\omega L_d = 2\pi f L_d = 2\times3.14\times50\times0.1 = 31.4\Omega >> R_d = 2\Omega$，所以为大电感负载，各电量分别计算如下：

$$I_d = U_d / R_d = 40/2 = 20\text{A}$$

$$I_{dT} = \frac{180^\circ - \alpha}{360^\circ}\times I_d = \frac{180^\circ - 101^\circ}{360^\circ}\times 20 \approx 4.4\text{A}$$

$$I_T = \sqrt{\frac{180^\circ - \alpha}{360^\circ}} \times I_d = \sqrt{\frac{180^\circ - 101^\circ}{360^\circ}} \times 20 \approx 9.4\text{A}$$

$$I_{dD} = \frac{180^\circ + \alpha}{360^\circ} \times I_d = \frac{180^\circ + 101^\circ}{360^\circ} \times 20 \approx 15.6\text{A}$$

$$U_{TM} = \sqrt{2} U_2 \approx 1.42 \times 220 = 312\text{V}$$

$$U_{DM} = \sqrt{2} U_2 \approx 1.42 \times 220 = 312\text{V}$$

根据以上计算选择晶闸管及续流管型号考虑如下：

$$U_{Tn} = (2 \sim 3) U_{TM} = (2 \sim 3) \times 312 = 624 \sim 936\text{V} \qquad \text{取 700V。}$$

$$I_{T(AV)} = (1.5 \sim 2) \frac{I_T}{1.57} = (1.5 \sim 2) \frac{9.4}{1.57} = 9 \sim 12\text{A} \qquad \text{取 10A。}$$

故选择晶闸管型号为 KP20-7。

2.1.3 反电动势负载

蓄电池、直流电动机的电枢等均属反电动势负载。这类负载的特点是含有直流电动势 E，它的极性对电路中晶闸管而言是反向电压，故称反电动势负载，如图 2.8（a）所示。

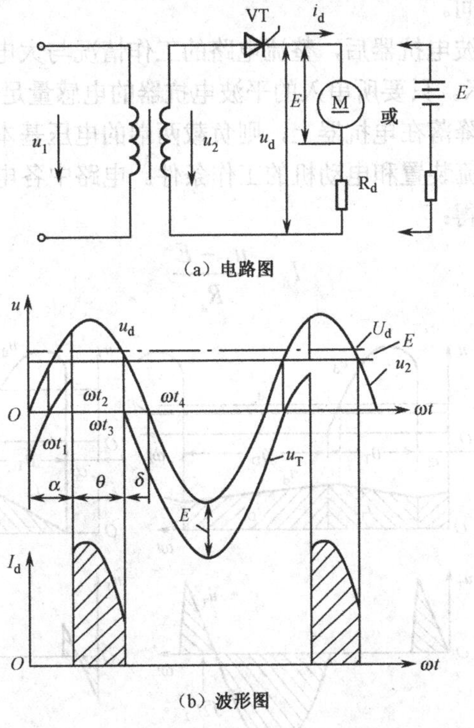

图 2.8　单相半波反电动势负载电路及波形图

在 $0 \leqslant \omega t < \omega t_1$ 区间，u_2 虽然是正向，但由于反电动势 E 大于电源电压 u_2，晶闸管仍受反向电压而处在反向阻断状态。负载两端电压 u_d 等于本身反电动势 E，负载电流 i_d 为零。晶闸管两端电压 $u_T = u_2 - E$，波形如图 2.8（b）所示。

在 $\omega t_1 \leqslant \omega t < \omega t_2$ 区间，u_2 正向电压已大于反电动势 E，晶闸管开始承受正向电压，但尚未被触发，故仍处在正向阻断状态，u_d 仍等于 E，i_d 为零。$u_T = u_2 - E$ 的正向电压波形如图 2.8

（b）所示。

当$\omega t=\omega t_2=\alpha$时，晶闸管被触发导通，电源电压$u_2$突加在负载两端，所以$u_d$波形为$u_2$，流过负载的电流$i_d=(u_2-E)/R_a$。由于晶闸管本身导通，$u_T=0$。

在$\omega t_2<\omega t<\omega t_3$区间，由于$u_2>E$，晶闸管导通，负载电流$i_d$仍按$i_d=(u_2-E)/R_a$规律变化。由于反电动势内阻$R_a$很小，所以$i_d$呈脉冲波形，且脉动大。$U_d$仍为$u_2$波形，如图2.8（b）所示。

当$\omega t=\omega t_3$时，由于$u_2=E$，i_d降到零，晶闸管被关断。

$\omega t_3<\omega t\leqslant\omega t_4$区间，虽然$u_2$还是正向，但其数值比反电动势$E$小，晶闸管承受反向电压被阻断。当$u_2$由零变负时，晶闸管承受着更大的反向电压，其最大反向电压为$\sqrt{2}U_2+E$。应该注意，这时晶闸管已关断，输出电压u_d不是零而是等于E，其负载电流i_d为零。以上波形如图2.8（b）所示。

综上所述，反电动势负载特点是：电流呈脉冲波形，脉动大。如要供出一定值的平均电流，其波形幅值必然很大，有效值亦大，这就要增加可控整流装置和直流电动机的容量。另外，换向电流大，容易产生火花，电动机振动厉害，尤其是断续电流会使电动机机械特性变软。为了克服这些缺点，常在负载回路中人为地串联一个平波电抗器L_d，用来减小电流的脉动和延长晶闸管导通的时间。

反电动势负载串联平波电抗器后，整流电路的工作情况与大电感性负载相似。电路与波形如图2.9（a）、（b）所示。只要所串入的平波电抗器的电感量足够大，使整流输出电压u_d中所包含的交流分量全部降落在电抗器上，则负载两端的电压基本平整，输出电流波形也就平直，这就大大改善了整流装置和电动机的工作条件。电路中各电量的计算与电感性负载相同，仅是I_d值应按下式求得：

$$I_d=\frac{u_d-E}{R_a} \tag{2-14}$$

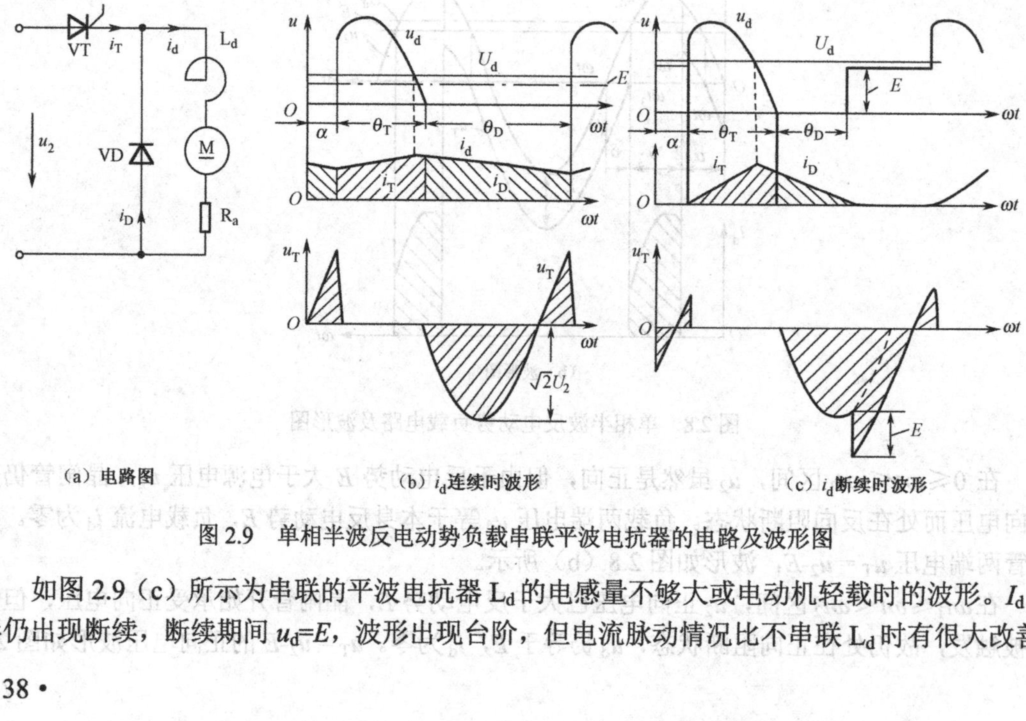

（a）电路图　　（b）i_d连续时波形　　（c）i_d断续时波形

图2.9　单相半波反电动势负载串联平波电抗器的电路及波形图

如图2.9（c）所示为串联的平波电抗器L_d的电感量不够大或电动机轻载时的波形。I_d波形仍出现断续，断续期间$u_d=E$，波形出现台阶，但电流脉动情况比不串联L_d时有很大改善。

对小容量的直流电动机，因为电源影响较小，且电动机电枢本身的电感量较大，故有时也可以不串联平波电抗器。

提示：单相半波可控整流电路线路简单，容易搭建，但直流输出脉动大，每周期只能脉动一次。整流变压器二次侧流过单方向电流，利用率低且存在直流磁化问题，为避免整流变压器饱和，必须增大铁芯截面，导致设备容量增大。

2.2 单相全波和单相全控桥式可控整流电路

单相半波可控整流电路虽然具有线路简单、投资小及调试方便等优点，但因整流输出直流电压脉动大，设备利用率低等缺点，所以一般仅适用于对整流指标要求不高，小容量的可控整流装置。存在上述缺点的原因是：交流电源 u_2 在一个周期中，最多只能半个周期向负载供电。为了使交流电源 u_2 的另一半周期也能向负载输出同方向的直流电压，既能减少输出电压 u_d 波形的脉动，又能提高输出直流电压平均值，则可采用单相全波可控整流电路与单相全控桥式整流电路。

2.2.1 单相全波可控整流电路

1. 电阻性负载

如图 2.10（a）所示，从电路形式看，它相当于由两个电源电压相位错开 180° 的两组单相半波可控整流电路并联而成，所以又称为单相双半波可控整流电路，全波电路中，晶闸管门极触发信号的相位必须保持 180° 相差。

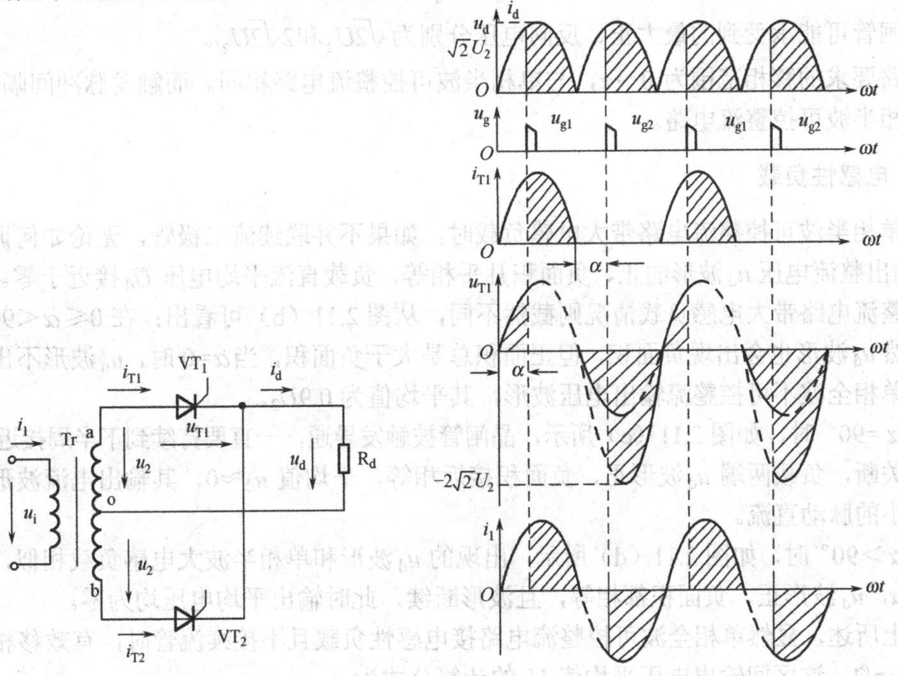

（a）电路图　　　　（b）波形图

图 2.10　单相全波可控整流电阻性负载电路及波形图

电路中晶闸管 VT_1 与 VT_2 轮流地工作：在电源电压 u_2 正半周 α 时刻，触发电路虽然同时向两管的门极送出触发脉冲，但由于 VT_2 承受反向电压不能导通，而 VT_1 承受正向电压而导通。负载电流方向如图 2.10（b）所示。电源电压 u_2 过零变负时，VT_1 关断。在电源电压 u_2 负半周同样 α 时刻，VT_2 导通。这样，负载两端可控整流电压 u_d 波形是两个单相半波可控整流电压波形，如图 2.10（b）所示。

晶闸管承受的电压在 u_2 正半周 VT_1 未导通前，u_{T1} 为 u_2 正向波形。当 $\alpha=90°$ 时，晶闸管承受的最大正向电压为 $\sqrt{2}U_2$。在 u_2 过零变负时，VT_1 被关断而 VT_2 还未导通，这时 VT_1 只承受 u_2 反向电压。一旦 VT_2 被触发导通时，VT_1 就承受全部 u_{ab} 的反向电压，其波形如图 2-10（b）所示。当 $\alpha=90°$ 时，晶闸管承受最大反向电压为 $2\sqrt{2}U_2$。

由于单相全波可控整流输出电压 u_d 的波形是单相半波可控整流输出电压相同波形的 2 倍，所以输出电压平均值为单相半波的 2 倍，输出电压有效值是单相半波的 $\sqrt{2}$ 倍，功率因数为原来的 $\sqrt{2}$ 倍。其计算公式如下：

$$U_d = 2\times 0.45U_2\frac{1+\cos\alpha}{2} = 0.9U_2\frac{1+\cos\alpha}{2} \tag{2-15}$$

$$U = \sqrt{2}U_2\sqrt{\frac{1}{4\pi}\sin 2\alpha + \frac{\pi-\alpha}{2\pi}} = U_2\sqrt{\frac{1}{2\pi}\sin 2\alpha + \frac{\pi-\alpha}{\pi}} \tag{2-16}$$

$$\cos\varphi = \sqrt{\frac{1}{2\pi}\sin 2\alpha + \frac{\pi-\alpha}{\pi}} \tag{2-17}$$

晶闸管电流有效值为：

$$I_T = \frac{I}{\sqrt{2}} = \frac{1}{\sqrt{2}}\frac{U}{R_d} = \frac{U_2}{R_d}\sqrt{\frac{1}{4\pi}\sin 2\alpha + \frac{\pi-\alpha}{2\pi}}$$

晶闸管可能承受到的最大正、反向电压分别为 $\sqrt{2}U_2$ 和 $2\sqrt{2}U_2$。

电路要求的移相范围为 0～π，与单相半波可控整流电路相同。而触发脉冲间隔为π，不同于单相半波可控整流电路。

2．电感性负载

在单相半波可控整流电路带大电感负载时，如果不并联续流二极管，无论如何调节移相角 α，输出整流电压 u_d 波形的正、负面积几乎相等，负载直流平均电压 U_d 接近于零。单相全波可控整流电路带大电感负载情况则截然不同，从图 2.11（b）可看出：在 $0\leqslant\alpha<90°$ 范围内，虽然 u_d 波形也会出现负面积，但正面积总是大于负面积，当 $\alpha=0$ 时，u_d 波形不出现负面积，为单相全波不可控整流输出电压波形，其平均值为 $0.9U_2$。

在 $\alpha=90°$ 时，如图 2.11（c）所示，晶闸管被触发导通，一直要持续到下半周接近于 90° 时才被关断，负载两端 u_d 波形正、负面积接近相等，平均值 $u_d\approx 0$，其输出电流波形是一条幅度很小的脉动直流。

在 $\alpha>90°$ 时，如图 2.11（d）所示，出现的 u_d 波形和单相半波大电感负载相似，无论如何调节 α，u_d 波形正、负面积都相等，且波形断续，此时输出平均电压均为零。

综上所述，显然单相全波可控整流电路接电感性负载且不接续流管时，有效移相范围只能是 0～π/2，这区间输出电压平均值 U_d 的计算公式为：

$$U_d = \frac{1}{2\pi}\int_{\alpha}^{\pi+\alpha}\sqrt{2}U_2\sin\omega t\,d(\omega t) = 0.9U_2\cos\alpha \tag{2-18}$$

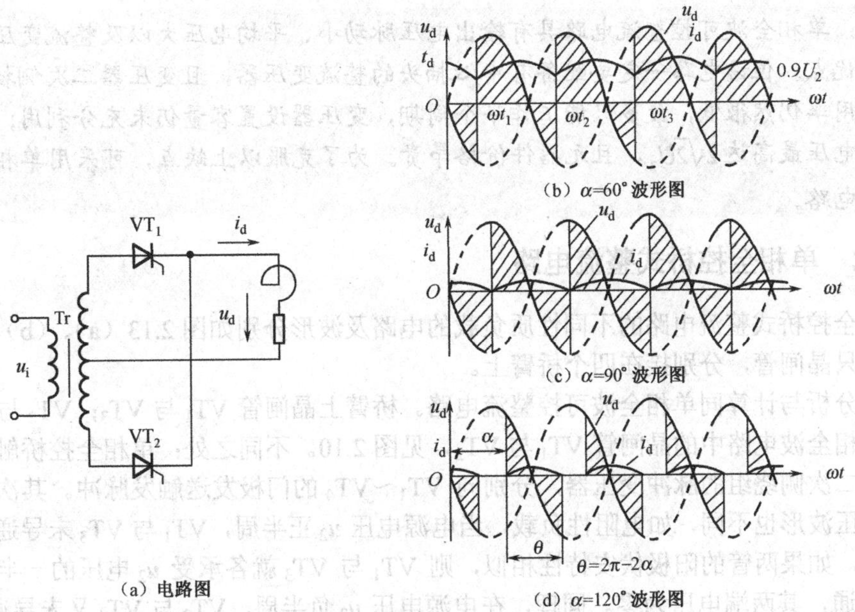

（a）电路图　（b）α=60° 波形图　（c）α=90° 波形图　（d）α=120° 波形图

图 2.11　单相全波可控整流电感性负载电路及波形图

全波整流电路在带电感性负载时，晶闸管可能承受的最大正、反向电压均为$2\sqrt{2}U_2$，这与带电阻性负载不同。

为了扩大移相范围，不让 u_d 波形出现负值且使输出电流更平稳，可在电路负载两端并联续流二极管 VD，如图 2.12（a）所示。

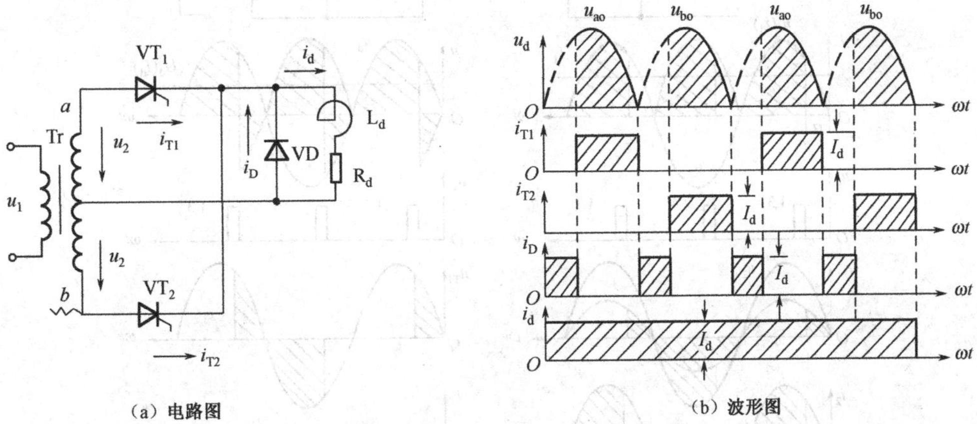

（a）电路图　（b）波形图

图 2.12　单相全波可控整流电感性负载、接续流管的电路及波形图

接续流管后，α的移相范围可扩大到 0～π。α在这区间内变化，只要电感量足够大，输出电流 i_d 就可存续且平稳。在电源电压 u_2 过零变负时，续流管承受正向电压而导通，此时晶闸管因承受反向电压被关断。这样 u_d 波形与电阻性负载相同，如图 2.12（b）所示波形。i_d 电流是由晶闸管 VT_1、VT_2 及续流管 VD 三者相继轮流导通而形成的。晶闸管两端电压波形与电阻性负载相同。所以，单相全波大电感负载接续流管的输出平均电压及平均电流的计算公式与电阻性负载的情形相同。

提示：单相全波可控整流电路具有输出电压脉动小、平均电压大以及整流变压器没有直流磁化等优点。但该电路一定要配备有中心抽头的整流变压器，且变压器二次侧抽头的上、下绕组利用率仍然很低，最多只能工作半个周期，变压器设置容量仍未充分利用；另外，晶闸管承受电压最高达 $2\sqrt{2}U_2$，且元器件价格昂贵。为了克服以上缺点，可采用单相全控桥式可控整流电路。

2.2.2 单相全控桥式整流电路

单相全控桥式整流电路的不同性质负载的电路及波形分别如图 2.13（a）、（b）所示。电路仅用四只晶闸管，分别接在四个桥臂上。

电路分析与计算同单相全波可控整流电路。桥臂上晶闸管 VT_1 与 VT_3；VT_2 与 VT_4 分别等效于单相全波电路中的晶闸管 VT_1 与 VT_2，见图 2.10。不同之处：单相全控桥触发电路必须有四个二次侧绕组的脉冲变压器，分别向 VT_1～VT_4 的门极发送触发脉冲。其次，晶闸管承受的电压波形也不同，如电阻性负载，当电源电压 u_2 正半周，VT_1 与 VT_3 未导通时，因两管相串联，如果两管的阳极伏安特性相似，则 VT_1 与 VT_3 就各承受 u_2 电压的一半。当 VT_1 与 VT_3 导通，其两端电压为零。同理，在电源电压 u_2 负半周，VT_2 与 VT_4 又未导通时，VT_1 与 VT_3 两端各承受一半 u_2 的反向电压，一旦 VT_2 与 VT_4 导通，VT_1 与 VT_3 就要承受 u_2 的全部反向电压，如图 2.13（a）中 u_{T1} 波形所示。

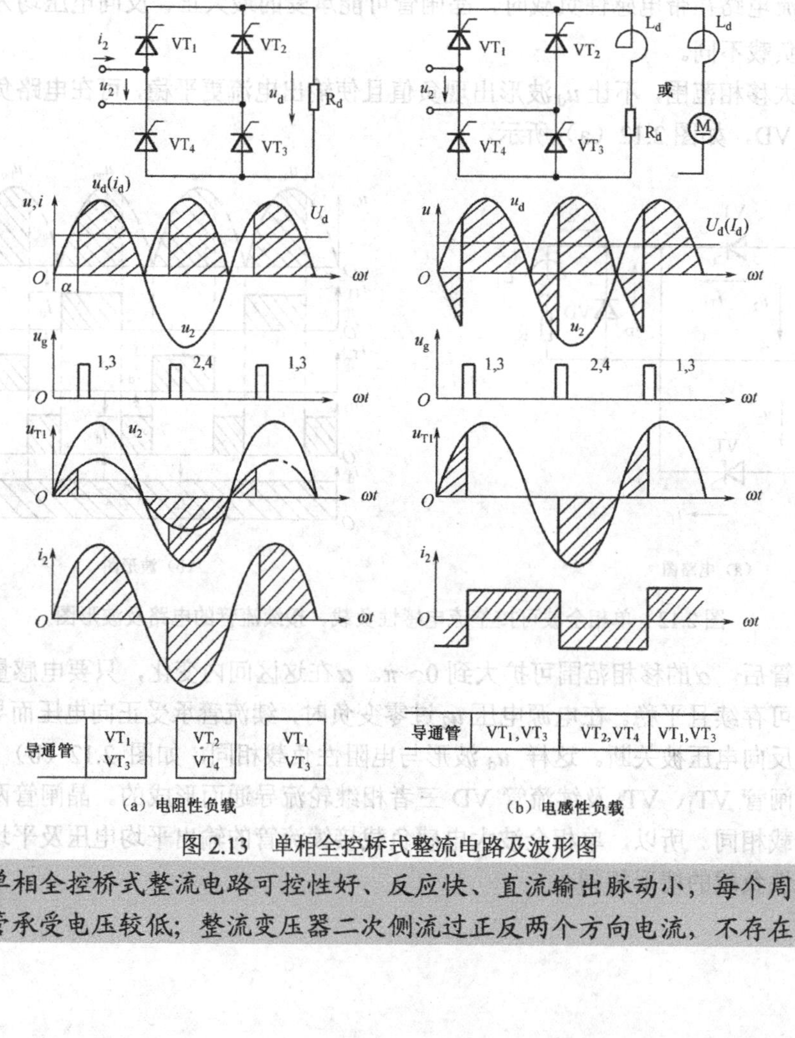

（a）电阻性负载　　　　（b）电感性负载

图 2.13　单相全控桥式整流电路及波形图

提示：单相全控桥式整流电路可控性好、反应快、直流输出脉动小，每个周期可脉动两次，且晶闸管承受电压较低；整流变压器二次侧流过正反两个方向电流，不存在利用率低或直流磁化的问题。

2.3 单相半控桥式整流电路

在单相全控桥电路中，要求桥臂上晶闸管同时被导通，因此选择晶闸管时要求具有相同的导通时间，且脉冲变压器二次侧绕组之间要承受 u_2 电压，所以绝缘要求高。从经济角度出发，可用两只整流二极管代替两只晶闸管，组成单相半控桥整流电路，如图 2.14（a）所示。该电路在中小容量可控整流装置中被广泛采用。

如图 2.14（a）所示是“共阴极”接法的半控桥整流电路，其特点是：两只晶闸管的阴极接在一起，触发脉冲同时送给两管的门极，能被触发导通的只能是承受正向电压的一只晶闸管，所以触发电路较简单。并且，整流管 VD_1 与 VD_2 是“共阳极”接法，在 $0\leqslant\omega t\leqslant\pi$ 区间，电源电压 u_2 为正，流过 VD_1 与 VD_2 漏电流的途径如图中虚线所示，VD_1 受正偏导通，VD_2 反偏截止。b 点电位经 VD_1、负载电阻 R_d 加在 VT_1 与 VT_2 的共阴极上。因此 VT_1 就承受 u_2 的正向电压。VT_2 由于阳极与阴极等电位，所以不承受电压，波形如图 2.14（b）所示。同理，在 $\pi\leqslant\omega t\leqslant 2\pi$ 区间，u_2 为负，VD_2 正偏导通，VD_1 反偏截止，VT_2 承受 u_2 的正向电压，VT_1 不承受电压。

从上述分析可见，VD_1 与 VD_2 管能否导通仅取决于电源电压 u_2 的正、负，与 VT_1 及 VT_2 是否导通及负载性质均无关。

提示：采取上述接法时，共阴极为两只晶闸管门极触发电压的共同参考点，这样同一组脉冲信号可以同时触发两个晶闸管，使电路简化。另外，阳极电位低的那只晶闸管将导通。请思考：如果两只二极管以共阳极方式连接，如何判断哪只管子导通？

下面对三种不同负载进行详细的分析。

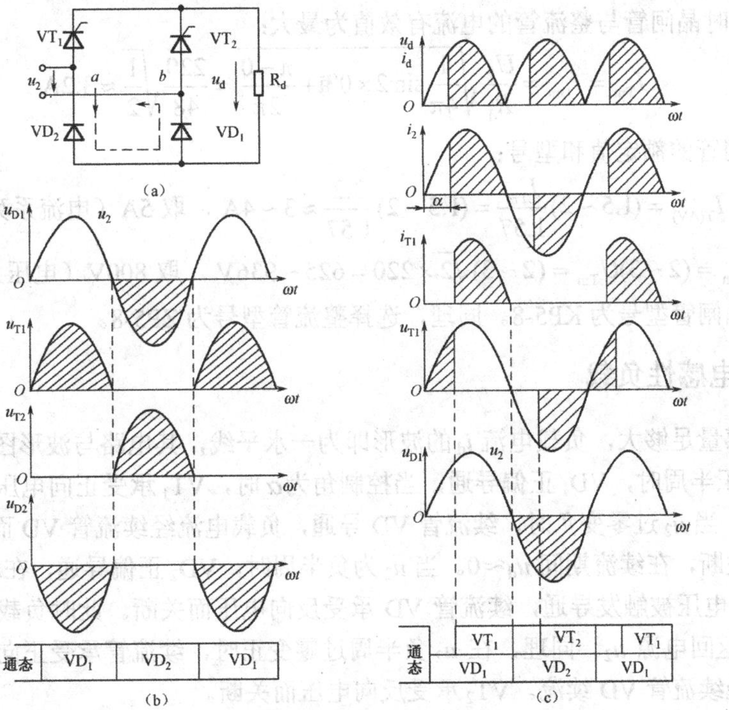

图 2.14　单相半控桥式电阻性负载电路及波形图

2.3.1 电阻性负载

如图 2.14（c）所示，当电源电压 u_2 处在正半周，以控制角α触发晶闸管时，由于这区间 VD_1 正偏导通，VT_1 承受正向电压，所以 VD_1 与 VT_1 就导通，电流 i_d 从电源的 a 端流经 VT_1、负载电阻 R_d 及 VD_1 回到 b 端，此时负载电压 u_d 等于 u_2，如图 2.14（c）所示。当电源电压 u_2 处在负半周，在相同的控制角α 处触发晶闸管，VT_2 与 VD_2 就导通，电流 i_d 从电源的 b 端流经 VT_2、负载电阻 R_d 与 VD_2 回到 a 端，直到 u_2 过零时，i_d=0，VT_2 关断。这样负载电阻 R_d 上所得到的 u_d 波形与全波可控整流电路一样，所以电路中各物理量的计算公式也相同。

流过晶闸管、整流管的电流平均值与有效值分别为：

$$I_{dT}=I_{dD}=I_d/2$$

$$I_T=I_D=I/\sqrt{2}$$

晶闸管两端电压波形如图 2.14（c）中 u_{T1} 所示，可能承受最大正向电压为$\sqrt{2}U_2$，在 U_d 相同情况下，承受的电压将比全波电路低一半。当电路中晶闸管 VT_1、VT_2 均不导通时，晶闸管只承受正向电压，不承受反向电压。

交流侧电流（无论一次侧，还是二次侧）为正、负对称的正弦波形的部分包络线，无直流分量，但存在奇次谐波电流，控制角α=90° 时，谐波分量最大，对电网有不利影响。

例 2-3 一台由 220V 交流电网供电的 1kW 烘干电炉，为了自动恒温，现改用单相半控桥式整流电路，交流输入电压仍为 220V。试选择晶闸管与整流二极管。

解：先求电炉的电阻：

$$R_d=\frac{U_2^2}{P_d}=\frac{220\times 220}{1000}\approx 48\Omega$$

当α=0° 时晶闸管与整流管的电流有效值为最大：

$$I_{Tm}=I_{Dm}=\frac{U_2}{R_d}\sqrt{\frac{1}{4\pi}\sin 2\times 0°+\frac{\pi-0}{2\pi}}=\frac{220}{48}\sqrt{\frac{1}{2}}\approx 3.2\text{A}$$

选择晶闸管的额定值和型号：

$$I_{T(AV)}=(1.5\sim 2)\frac{I_{Tm}}{1.57}=(1.5\sim 2)\frac{3.2}{1.57}\approx 3\sim 4\text{A}$$，取 5A（电流系列）

$$U_{Tn}=(2\sim 3)U_{Tm}=(2\sim 3)\sqrt{2}\times 220=625\sim 936\text{V}$$，取 800V（电压系列）

所以，选择晶闸管型号为 KP5-8。同理，选择整流管型号为 ZP5-8。

2.3.2 电感性负载

只要电感量足够大，负载电流 i_d 的波形即为一水平线，其电路与波形图如图 2.15 所示。电源电压 u_2 正半周时，VD_1 正偏导通，当控制角为α 时，VT_1 承受正向电压而被触发导通，u_d 为 u_2 波形。当 u_2 过零变负时，续流管 VD 导通，负载电流经续流管 VD 而续流。VT_1 承受反向电压而关断，在续流期间 $u_d\approx 0$。当 u_2 为负半周时，VD_2 正偏导通，在相同控制角α时，VT_2 承受正向电压被触发导通，续流管 VD 承受反向电压而关断。此时负载电流 i_d 经 VT_2、负载及 VD_2 返回电源 u_2。同理，在 u_2 负半周过零变正时，续流管承受正向电压而导通，负载电流 i_d 又经续流管 VD 续流。VT_2 承受反向电压而关断。

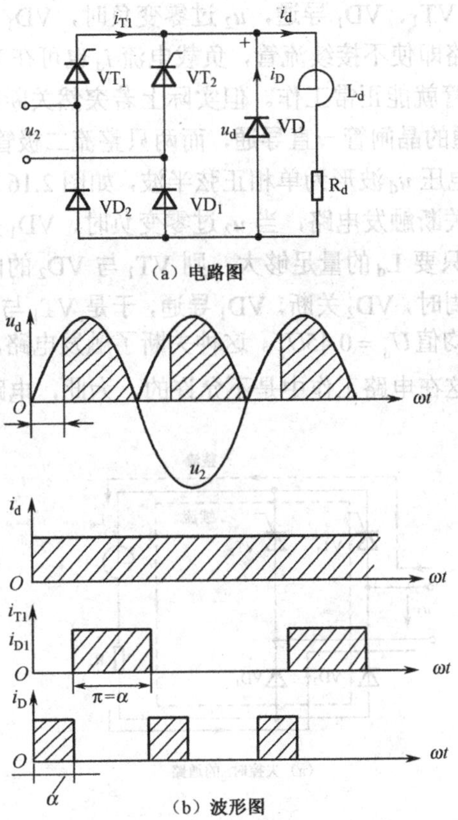

图 2.15　单相半控桥式大电感负载的电路及波形图

由于电路波形与单相全波大电感负载接续流管电路相似，所以计算公式也相同，分别为输出电压、电流平均值：

$$U_d = 0.9U_2\frac{1+\cos\alpha}{2}$$

$$I_d = \frac{U_d}{R_d}$$

晶闸管的电流平均值、有效值及可能承受的最大电压为：

$$I_{dT} = \frac{\pi-\alpha}{2\pi}I_d$$

$$I_T = \sqrt{\frac{\pi-\alpha}{2\pi}}I_d$$

$$U_{TM} = \sqrt{2}U_2$$

续流管的电流平均值、有效值及可能承受的最大反向电压为：

$$I_{dD} = \frac{\alpha}{\pi}I_d$$

$$I_D = \sqrt{\frac{\alpha}{\pi}}I_d$$

$$U_{DM} = \sqrt{2}U_2$$

从上述分析看出，当 VT_1、VD_1 导通，u_2 过零变负时，VD_1 承受反偏电压而关断，VD_2 承受正偏电压而导通，电路即使不接续流管，负载电流 i_d 也可在 VD_2 与 VT_1 内部续流。电路似乎不必再另接续流二极管就能正常工作。但实际上若突然关断触发电路或把控制角 α 增大到 180° 时，会因正在导通的晶闸管一直导通，而两只整流二极管 VD_1 与 VD_2 不断轮流导通而产生失控现象，其输出电压 u_d 波形为单相正弦半波，如图 2.16 所示。例如，在 VT_1 与 VD_1 正处在导通状态时，突然关断触发电路，当 u_2 过零变负时，VD_1 关断，VD_2 导通，这样 VD_2 与 VT_1 就构成内部续流，只要 L_d 的量足够大，则 VT_1 与 VD_2 的内部自然续流也可维持整个负半周。当 u_2 又进入正半周时，VD_2 关断，VD_1 导通，于是 VT_1 与 VD_1 又构成单相半波整流。U_d 波形是单相半波，其平均值 $U_d = 0.45U_2$。这种关断了触发电路，主电路仍有直流输出的不正常现象称为失控现象，这在电路工作中是不允许的，为此，电路必须接续流二极管 VD，以避免出现失控现象。

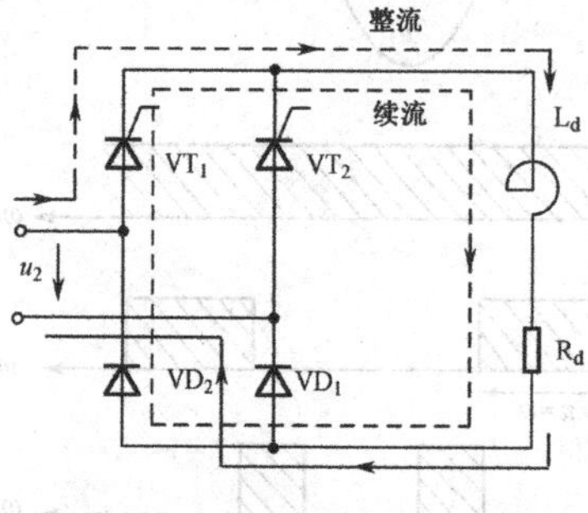

(a) 失控时 i_d 的通路

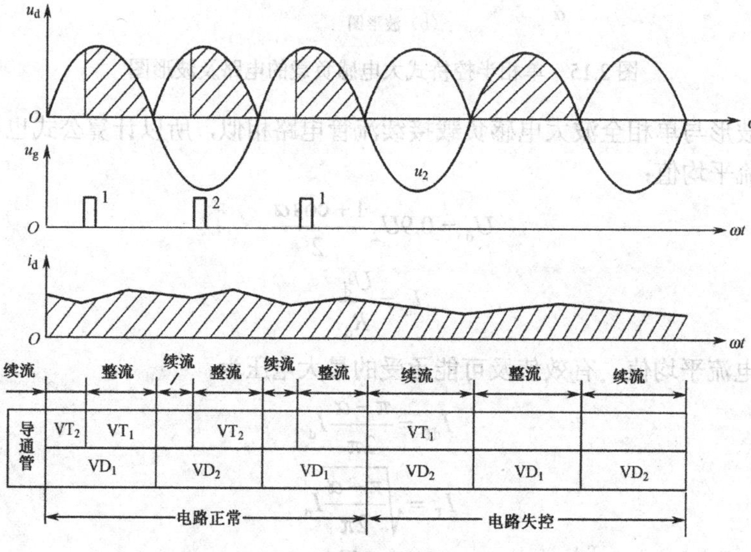

(b) 失控时 u_d 波形

图 2.16 单相半控桥式大电感负载不接续流管发生失控的示意图

例 2-4 某电感性负载采用带续流管的单相半控桥式整流电路，如图 2.15（a）所示。已知：电感线圈的内阻 R_d=5Ω，输入交流电压 U_2=220V，控制角 α=60°。试求：晶闸管与续流管的电流平均值和有效值。

解：首先求整流输出电压平均值 U_d：

$$U_d = 0.9U_2\frac{1+\cos\alpha}{2} = 0.9\times 220\times\frac{1+\cos 60^\circ}{2} = 149\text{V}$$

再求负载电流 I_d：

$$I_d = \frac{U_d}{R_d} = \frac{149}{5} = 30\text{A}$$

晶闸管与续流管的电流平均值和有效值分别为：

$$I_{dT} = \frac{180^\circ - \alpha}{360^\circ} I_d = \frac{180^\circ - 60^\circ}{360^\circ}\times 30 = 10\text{A}$$

$$I_T = \sqrt{\frac{180^\circ - \alpha}{360^\circ}} I_d = \sqrt{\frac{180^\circ - 60^\circ}{360^\circ}}\times 30 \approx 17.3\text{A}$$

$$I_{dD} = \frac{\alpha}{180^\circ} I_d = \frac{60^\circ}{180^\circ}\times 30 = 10\text{A}$$

$$I_D = \sqrt{\frac{\alpha}{180^\circ}} I_d = \sqrt{\frac{60^\circ}{180^\circ}}\times 30 \approx 17.3\text{A}$$

2.3.3 反电动势负载

如图 2.17（a）所示，图中 L_d 是为了改善电流波形而串联的平波电抗器，R_a 为直流电动机的电枢电阻。

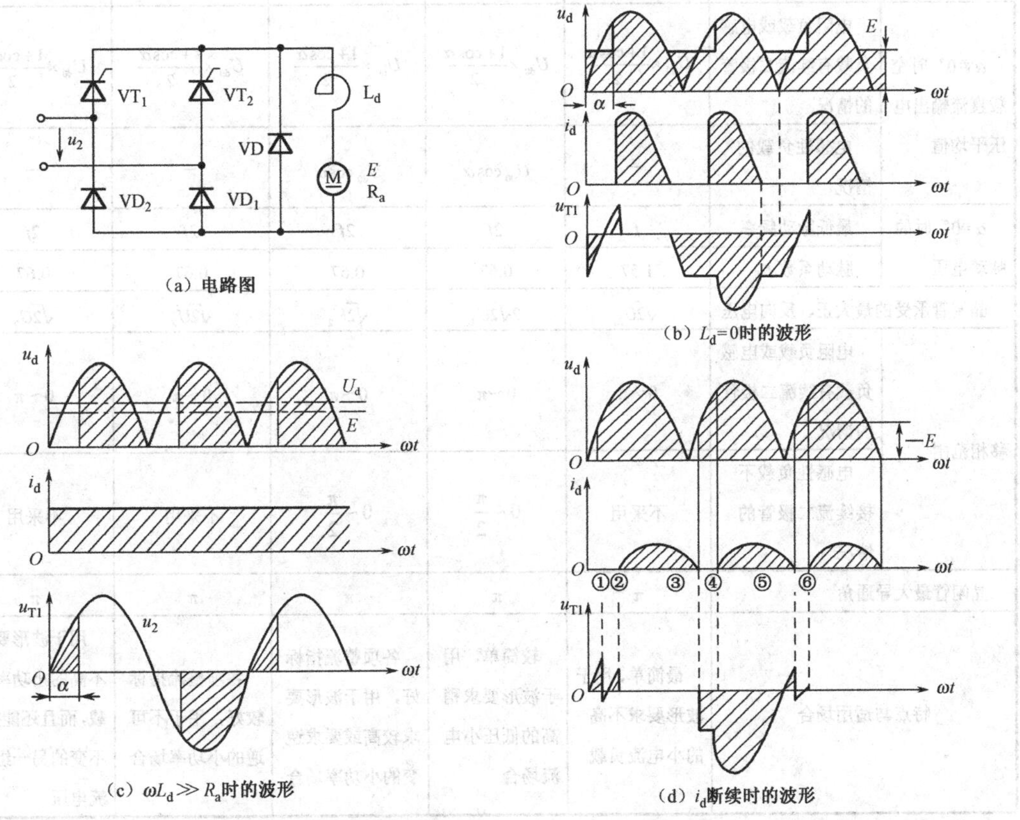

图 2.17 单相半控桥反电动势负载电路及波形图

在单相半波电路中，已对反电动势负载的三种情况进行了分析。单相半控桥反电动势负载同样有类似的三种情况，其波形如图 2.17（b）、（c）、（d）所示。在单相半波电路中，只有在 u_2 处在正半周时才有输出。而在单相半控桥中，u_2 正、负半周均能工作，一个周期里负载两端得到的 u_d 波形是单相半波相同控制角时波形的 2 倍。电路中串联平波电抗器的目的与单相半波相同，是为了使输出电流继续平稳。但接续流管的目的是为了避免电路发生失控现象。

上面所讨论的几种常用的单相可控整流电路，具有电路简单、对触发电路要求不高、同步容易以及调试维护方便等优点，所以一般小容量没有特殊要求的可控整流装置，多数采用单相电路。但单相可控整流输出直流电压脉动大，在负载容量较大时会造成三相交流电网严重不平衡，所以负载容量较大时，一般采用三相可控整流电路。

此外，还有一些派生的单相可控整流电路，只要掌握了常见电路的分析和计算方法，其他派生电路的分析计算也不难。

为了便于比较，现把各单相可控整流电路的一些参数列于表 2.2 中。

表 2.2　常用单相可控整流电路的参数比较

可控整流主电路		单相半波	单相全波	单相全控桥	单相半控桥	晶闸管在负载侧单相桥式
$\alpha=0°$ 时，直流输出电压平均值 U_{d0}		$0.45U_2$	$0.9U_2$	$0.9U_2$	$0.9U_2$	$0.9U_2$
$\alpha\neq0°$ 时空载直流输出电压平均值	电阻负载或电感负载有续流二极管的情况	$U_{d0}\times\frac{1+\cos\alpha}{2}$	$U_{d0}\times\frac{1+\cos\alpha}{2}$	$U_{d0}\times\frac{1+\cos\alpha}{2}$	$U_{d0}\times\frac{1+\cos\alpha}{2}$	$U_{d0}\times\frac{1+\cos\alpha}{2}$
	电感性负载的情况	—	$U_{d0}\cos\alpha$	$U_{d0}\cos\alpha$	—	—
$\alpha=0°$ 时的脉动电压	最低脉动频率	f	$2f$	$2f$	$2f$	$2f$
	脉动系数 K_f	1.57	0.67	0.67	0.67	0.67
晶闸管承受的最大正、反向电压		$\sqrt{2}U_2$	$2\sqrt{2}U_2$	$\sqrt{2}U_2$	$\sqrt{2}U_2$	$\sqrt{2}U_2$
移相范围	电阻负载或电感负载有续流二极管的情况	$0\sim\pi$	$0\sim\pi$	$0\sim\pi$	$0\sim\pi$	$0\sim\pi$
	电感性负载不接续流二极管的情况	不采用	$0\sim\frac{\pi}{2}$	$0\sim\frac{\pi}{2}$	不采用	不采用
晶闸管最大导通角		π	π	π	π	π
特点与适用场合		最简单，用于波形要求不高的小电流负载	较简单，用于波形要求稍高的低压小电流场合	各项整流指标好，用于波形要求较高或要求逆变的小功率场合	各项整流指标较好，用于不可逆的小功率场合	用于波形要求不高的小功率负载，而且还能提供不变的另一组直流电压

2.4 三相半波可控/不可控整流电路

单相可控整流电路线路简单，价格便宜，制造、调整、维修都比较容易，但其输出的直流电压脉动大，脉动频率低，又因为它接在三相电网的一相上，当容量较大时易造成三相电网不平衡，因而只用在容量较小的地方。一般负载功率超过 4kW，要求直流电压脉动较小时，可以采用三相可控整流电路。

三相可控整流电路的类型很多，有三相半波、三相全控桥、三相半控桥等，三相半波可控整流电路是最基本的电路，其他电路可看成是三相半波以不同方式串联或并联组合而成的。

2.4.1 三相半波不可控整流电路

在三相半波整流电路中，电源由三相整流变压器供电或直接由三相四线制交流电网供电。如图 2.18（a）所示，变压器的二次绕组接成星形，将三个整流二极管 VD_1，VD_3，VD_5 的阴极连接在一起，这种接法叫共阴极接法。设二次绕组 U 相电压的初相位为零，相电压有效值为 U_2，则对称三相电压的瞬时值表达式为：

$$u_{\mathrm{U}} = \sqrt{2}U_2 \sin\omega t$$

$$u_{\mathrm{V}} = \sqrt{2}U_2 \sin(\omega t - 2\pi/3)$$

$$u_{\mathrm{W}} = \sqrt{2}U_2 \sin(\omega t + 2\pi/3)$$

对于二极管来说哪一相二极管的阳极电位最高，则该只二极管导通。由图 2.18（b）三相电压波形可知，在 ωt_1～ωt_3 期间，U 相电压最高，则 U 相所接的二极管 VD_1 导通，整流输出电压 u_d=u_U，使 VD_3、VD_5 承受反向电压而截止。同理，在 ωt_3～ωt_5 期间，V 相电压最高，VD_3 导通，输出电压 u_d=u_V。在 ωt_5～ωt_7 期间，W 相电压最高，VD_5 导通，输出电压 u_d=u_W。如图 2.18（c）所示，整流输出电压 u_d 的波形即是三相电源相电压的正向包络线，同时看到电源相电压正半周波形相邻交点 1、3、5 即是 VD_1、VD_3、VD_5 三个二极管轮流导通的始末点，即每到电压正向波形交点就自动换相，所以三相相电压正半周波形的交点称为自然换相点。

如图 2.18（d）所示为二极管 VD_1 两端承受电压的波形 u_{D1}，在 ωt_1～ωt_3 期间，VD_1 导通，u_{D1}＝0；在 ωt_3～ωt_5 期间，VD_3 导通，VD_1 承受 u_{UV} 反向电压而截止，u_{D1}＝u_{UV}；在 ωt_5～ωt_7 期间，VD_5 导通，VD_1 承受 u_{UW} 反向电压而截止，u_{D1}＝u_{UW}。VD_1 管两端承受电压的波形为电源线电压的波形，最大值为电源线电压的反向电压的峰值：

$$U_{\mathrm{D1M}} = \sqrt{6}U_2$$

根据图 2.18（c）可计算输出直流平均电压 U_d 为：

$$U_{\mathrm{d}} = \frac{3}{2\pi}\int_{\pi/6}^{5\pi/6}\sqrt{2}U_2 \sin\omega t \mathrm{d}(\omega t) = \frac{3\sqrt{6}}{2\pi}U_2 \approx 1.17U_2 \tag{2-19}$$

2.4.2 三相半波可控整流电路

在三相半波可控整流电路中，晶闸管和整流二极管不同，晶闸管的导通条件是：晶闸管阳极承受正向电压同时门极加正向触发信号。把如图 2.18（a）所示的三只整流二极管换成三只晶闸管变成三相半波可控整流电路，变压器的二次绕组接成星形，就有了零线，这种共阴极接法对触发电路有公共线者，使用、调试比较方便。下面分析三种不同性质的负载。

1．电阻性负载

如图 2.18（a）所示三只整流二极管换成三只晶闸管，如果在 $\omega t_1, \omega t_3, \omega t_5$ 时刻，分别向这三只晶闸管 VT_1, VT_3, VT_5 施加触发脉冲 u_{g1}, u_{g3}, u_{g5}，则整流电路输出的电压波形与放整流二极管时完全一样，如图 2.18（c）所示，为三相相电压波形正向包络线。

从图中可以看出，三相触发脉冲的相位间隔应与三相电源的相位差一致，即均为 120°。每个晶闸管导通 120°，在每个周期中，管子依次轮流导通，此时整流电路的输出平均电压最大。如果在 ωt_1，ωt_3，ωt_5 时刻之前送上触发脉冲，晶闸管因承受反向电压而不能触发导通，因此把它作为计算控制角的起点，即该处的 $\alpha=0°$。若分析不同控制角的波形，则触发脉冲的位置距对应相电压的原点为 $30°+\alpha$。

如图 2.19 所示是三相半波可控整流电路电阻性负载 $\alpha=30°$ 时的波形。设电路图 2.18（a）已处于工作状态，W 相的 VT_5 已导通，当经过自然换相点 1 时，虽然 U 相所接的 VT_1 已承受正向电压，但还没有触发脉冲送上来，它不能导通，因此 VT_5 继续导通，直到过点 1 即 $\alpha=30°$ 时，触发电路送上触发脉冲 u_{g1}，VT_1 被触发导通，才使 VT_5 承受反向电压而关断，输出电压 u_d 波形由 u_W 波形换成 u_U 波形。同理，在触发电路送上触发脉冲 u_{g3} 时，VT_3 被触发导通，使 VT_1 承受反向电压而关断，输出电压 u_d 波形由 u_U 波形换成 u_V 波形。各相就这样依次轮流导通，便得到如图 2.19 所示输出电压 u_d 的波形。整流电路的输出端由于负载为电阻性，负载流过的电流波形 i_d 与电压波形相似，而流过 VT_1 管的电流波形 i_{T1} 仅占 i_d 波形的 1/3 区间，如图 2.19 所示。U 相所接的 VT_1 阳极承受的电压波形 u_{T1} 可以分成三个部分：

（1）VT_1 本身导通，忽略管压降，$u_{T1}=0$。

（2）VT_3 导通，VT_1 承受的电压是 U 相和 V 相的电位差，$u_{T1}=u_{UV}$。

（3）VT_5 导通，VT_1 承受的电压是 U 相和 W 相的电位差，$u_{T1}=u_{UW}$。

从图 2.19 可以看出每相所接的晶闸管各导通 120°，负载电流处于连续状态，一旦控制角 α 大于 30°，则负载电流断续。如图 2.20 所示，$\alpha=60°$，设电路已处于工作状态，W 相的 VT_5 已导通，输出电压 u_d 波形为 u_W 波形。当 W 相相电压过零变负时，VT 立即关断，此时 U 相的 VT_1 虽然承受正向电压，但它的触发脉冲还没有来，因此不能导通，三个晶闸管都不导通，输出电压 u_d 为零。直到 U 相的触发脉冲出现，VT_1 导通，输出电压 u_d 波形为 u_U 波形。其他两相亦如此，便得到如图 2.20 所示的输出电压 u_d 波形。VT_1 阳极承受的电压波形 u_{T1} 除上述三部分与前相同外，还有一段是三只晶闸管都不导通，此时 u_{T1} 波形承受本相相电压 u_U 波形，如图 2.20 所示。

由上述分析可得出如下结论：

（1）当控制角 α 为零时输出电压最大，随着控制角增大，整流输出电压减小，到 $\alpha=150°$ 时，输出电压为零。所以此电路的移相范围是 0°～150°。

（2）当 $\alpha \leqslant 30°$ 时，电压电流波形连续，各相晶闸管导通角均为 120°；当 $\alpha > 30°$ 时电压电流波形间断，各相晶闸管导通角为 $150°-\alpha$。

由此整流电路输出的平均电压 U_d 的计算分两段：

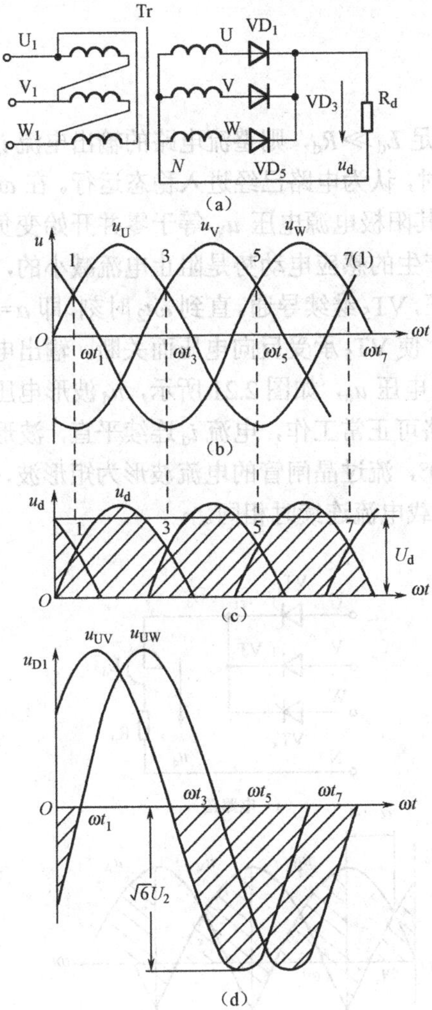

图 2.18　三相半波不可控整流电路及波形图

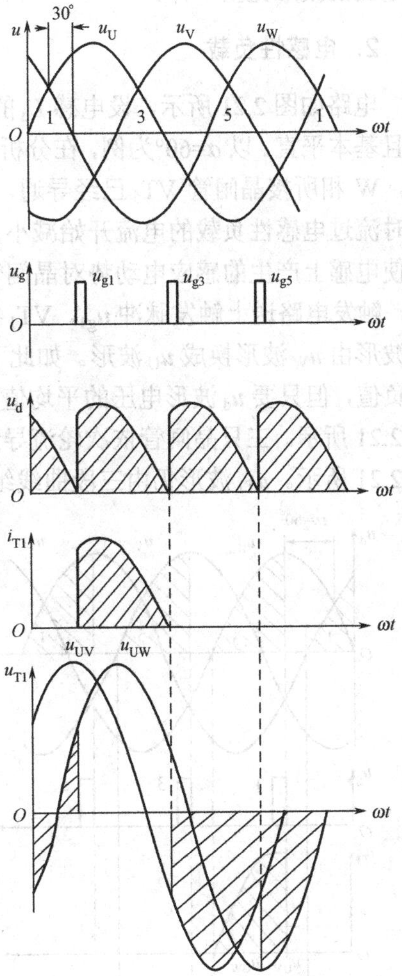

图 2.19　三相半波可控整流电路电阻性负载α=30° 的波形图

① 当 $0°\leqslant\alpha\leqslant30°$时，

$$U_{\mathrm{d}}=\frac{3}{2\pi}\int_{\frac{\pi}{6}+\alpha}^{\frac{5\pi}{6}+\alpha}\sqrt{2}U_2\sin\omega t\mathrm{d}(\omega t)=1.17U_2\cos\alpha \tag{2-20}$$

② 当 $30°<\alpha\leqslant150°$时，

$$U_{\mathrm{d}}=\frac{3}{2\pi}\int_{\frac{\pi}{6}+\alpha}^{\pi}\sqrt{2}U_2\sin\omega t\mathrm{d}(\omega t)=0.675U_2\left[1+\cos\left(\frac{\pi}{6}+\alpha\right)\right] \tag{2-21}$$

负载平均电流：　　$I_{\mathrm{d}}=\dfrac{U_{\mathrm{d}}}{R_{\mathrm{d}}}$

晶闸管是轮流导通的，所以流过每个晶闸管的平均电流为$I_{\mathrm{dT}}=\dfrac{1}{3}I_{\mathrm{d}}$。

晶闸管承受的最大电压为$U_{\mathrm{TM}}=\sqrt{6}U_2$。

对三相半波可控整流电路电阻性负载而言，通过整流变压器二次绕组电流的波形与流过晶闸管电流的波形完全一样。

2. 电感性负载

电路如图 2.21 所示，设电感 L_d 的值足够大，满足 $L_d \gg R_d$，则整流电路的输出电流 i_d 连续且基本平直。以 α=60°为例，在分析电路工作情况时，认为电路已经进入稳态运行。在 ωt=0 时，W 相所接晶闸管 VT_5 已经导通，直到 ωt_1 时，其阳极电源电压 u_W 等于零并开始变负，这时流过电感性负载的电流开始减小，因在电感上产生的感应电动势是阻止电流减小的，从而使电感上产生的感应电动势对晶闸管来说仍然为正，VT_5 继续导通。直到 ωt_2 时刻，即 α=60°时，触发电路送上触发脉冲 u_{g1}，VT_1 被触发导通，才使 VT_5 承受反向电压而关断，输出电压 u_d 波形由 u_W 波形换成 u_U 波形。如此下去，得到输出电压 u_d，如图 2.21 所示，u_d 波形电压出现负值，但只要 u_d 波形电压的平均值不等于零，电路可正常工作，电流 i_d 连续平直，波形如图 2.21 所示。三只晶闸管依次轮流导通，各导通 120°，流过晶闸管的电流波形为矩形波，如图 2.21 所示。u_{T1} 波形仍由三段曲线组成，与电阻负载电流连续时相同。

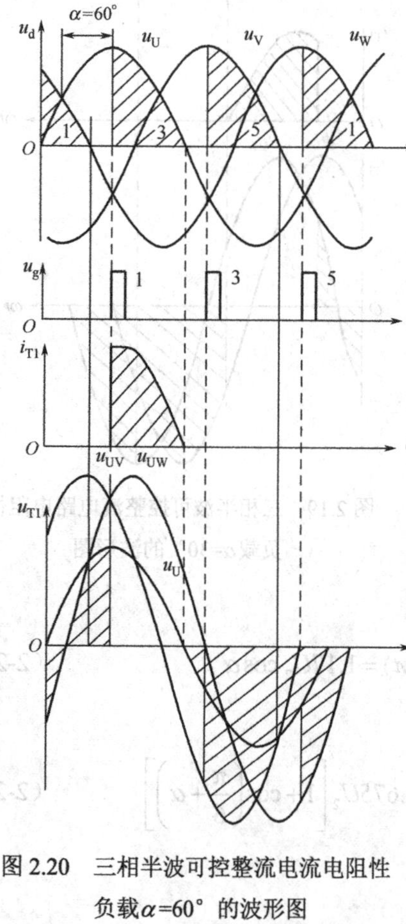

图 2.20 三相半波可控整流电流电阻性负载 α=60° 的波形图

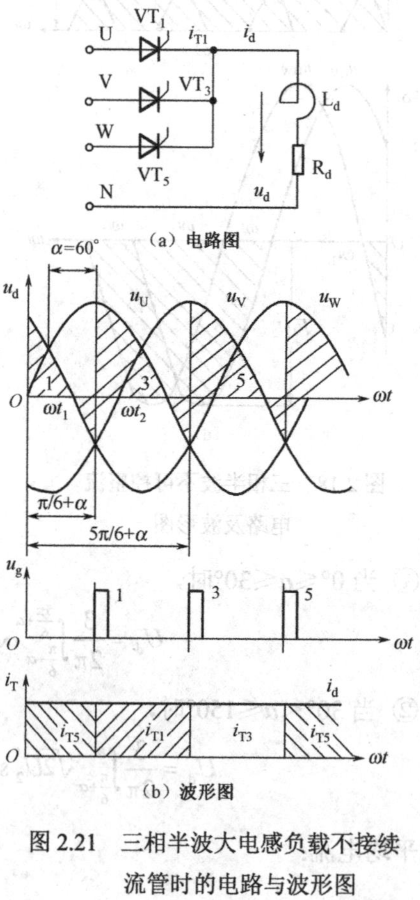

图 2.21 三相半波大电感负载不接续流管时的电路与波形图

当 $\alpha \leqslant$30°时，u_d 波形和电阻性负载时一样，不过输出电流 i_d 是平直的直线。随着控制角的增大超过 30°，整流电压波形出现负值，导致平均电压 U_d 下降。当 α=90°时 u_d 波形正、负面积相等，平均电压 U_d 为零。所以三相半波电感性负载的有效移相范围是 0°~90°。电路各物理量的计算如下：

$$U_d=\frac{3}{2\pi}\int_{\frac{\pi}{6}+\alpha}^{\frac{5\pi}{6}+\alpha}\sqrt{2}U_2\sin\omega t\mathrm{d}(\omega t)=1.17U_2\cos\alpha$$

$$I_d=\frac{U_d}{R_d}$$

因为电流连续平直，负载电流有效值 I 即是负载电流平均值 I_d，则有

$$I_{dT}=\frac{1}{3}I_d，\ I_T=\sqrt{\frac{1}{3}}I_d，\ U_{TM}=\sqrt{6}U_2$$

为了避免波形出现负值，可在大电感负载两端并联续流二极管 VD，以提高输出平均电压值，改善负载电流的平稳性，同时扩大移相范围。

接续流二极管后 α=60°时的电路和波形如图 2.22 所示。因续流二极管能在电源电压过零变负时导通续流，使得 u_d 波形不出现负值，输出电压 u_d 波形同电阻负载一样。三只晶闸管和续流管轮流导通。VT_1 承受的电压波形 u_{T1} 除与上述相同的部分之外，还有一段三只晶闸管都不导通，仅续流管导通，此时 u_{T1} 波形承受本相相电压 u_U 波形。通过分析波形，同样可见，当 α≤30°时，u_d 波形和电阻性负载时一样，因波形无负压出现，续流二极管 VD 不起作用，各量的计算与不接续流管时相同；当 α>30°时，电压波形间断，到 α=150°时，平均电压 U_d 为零，所以三相半波电感性负载接续流管的有效移相范围是 0°～150°。各相晶闸管导通角为 150°－α，续流管导通角为 3(α－30°)。

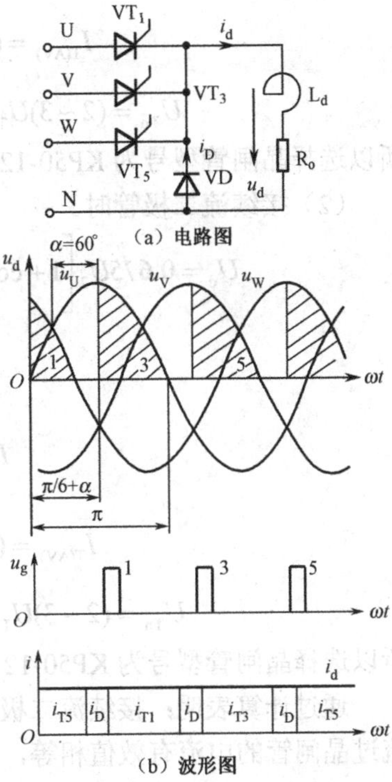

图 2.22　三相半波大电感负载接续流管时的电路与波形图

α>30°时，电路各物理量的计算公式如下：

$$U_d=\frac{3}{2\pi}\int_{\frac{\pi}{6}+\alpha}^{\pi}\sqrt{2}U_2\sin\omega t\mathrm{d}(\omega t)=0.675U_2\left[1+\cos\left(\frac{\pi}{6}+\alpha\right)\right] \tag{2-22}$$

$$I_d=\frac{U_d}{R_d}，\ I_{dT}=\frac{150°-\alpha}{360°}I_d$$

$$I_T=\sqrt{\frac{150°-\alpha}{360°}}I_d，\ U_{TM}=\sqrt{6}U_2$$

$$I_{dD}=\frac{\alpha-30°}{120°}I_d，\ I_D=\sqrt{\frac{\alpha-30°}{120°}}I_d$$

$$U_{DM}=\sqrt{2}U_2$$

例 2-5　三相半波可控整流电路，大电感负载 α=60°，已知电感内阻 R=2Ω，电源电压 U_2=220V。试计算不接续流二极管与接续流二极管两种情况下的平均电压 U_d，平均电流 I_d，并选择晶闸管的型号。

解：（1）不接续流二极管时。

$$U_{\mathrm{d}}=1.17U_2\cos\alpha=1.17\times220\times\cos60^\circ=128.7\mathrm{V}$$

$$I_{\mathrm{d}}=U_{\mathrm{d}}/R_{\mathrm{d}}=\frac{128.7}{2}=64.35\mathrm{A}$$

$$I_{\mathrm{T}}=1/\sqrt{3}\,I_{\mathrm{d}}\approx37.15\mathrm{A}$$

$$I_{\mathrm{T(AV)}}=(1.5\sim2)\frac{I_{\mathrm{T}}}{1.57}=(35.5\sim47.3)\mathrm{A}\qquad \text{取 } 50\mathrm{A}。$$

$$U_{\mathrm{Tn}}=(2\sim3)U_{\mathrm{TM}}=(2\sim3)\sqrt{6}U_2=(1078\sim1616)\mathrm{V}\qquad \text{取 } 1200\mathrm{V}。$$

所以选择晶闸管型号为 KP50-12。

（2）接续流二极管时。

$$U_{\mathrm{d}}=0.675U_2\left[1+\cos\left(\frac{\pi}{6}+\alpha\right)\right]=0.675\times220\left[1+\cos(30^\circ+60^\circ)\right]=148.5\mathrm{V}$$

$$I_{\mathrm{d}}=U_{\mathrm{d}}/R_{\mathrm{d}}=\frac{148.5}{2}=74.25\mathrm{A}$$

$$I_{\mathrm{T}}=\sqrt{\frac{150^\circ-60^\circ}{360^\circ}}\times74.25=37.125\mathrm{A}$$

$$I_{\mathrm{T(AV)}}=(1.5\sim2)\frac{I_{\mathrm{T}}}{1.57}=(35.5\sim47.3)\mathrm{A}\qquad \text{取 } 50\mathrm{A}。$$

$$U_{\mathrm{Tn}}=(2\sim3)U_{\mathrm{TM}}=(2\sim3)\sqrt{6}U_2=(1078\sim1616)\mathrm{V}\qquad \text{取 } 1200\mathrm{V}。$$

所以选择晶闸管型号为 KP50-12。

通过计算表明：接续流二极管后，平均电压 U_{d} 提高，晶闸管的导通角由 120°降到 90°，流过晶闸管的电流有效值相等，输出 I_{d} 提高。

3. 含反电动势的大电感负载

在直流电力拖动系统中，多数电动机的负载串有电感。为了使电枢电流 i_{d} 波形连续平直，在电枢回路中串入电感量足够大的平波电抗器 L_{d}，这就是含反电动势的大电感负载。电路的分析方法与波形及平均电压 U_{d} 的计算同大电感负载时一样，只是输出平均电流 I_{d} 的计算应该为：

$$I_{\mathrm{d}}=\frac{U_{\mathrm{d}}-E}{R_{\mathrm{a}}}$$

式中，E 为电枢反电动势，单位为 V；

R_{a} 为电枢电阻，单位为Ω。

如图 2.23（a）所示，为了提高输出平均电压 U_{d} 的值，也可在输出端加续流二极管。在续流期间，负载电流通过二极管，相应减轻了晶闸管负担。但加了续流管后，不能用在可逆拖动系统中，只能作为整流输出电路。

当串入的平波电抗器 L_{d} 电感量不足时，电感中储存的磁场能量不足以维持电流连续，此时，输出电压 u_{d} 波形出现由反电动势 E 形成的台阶，平均电压 U_{d} 值的计算不能再利用大电感时的公式。如图 2.23（b）所示为不接续流管电流连续和断续的 α=60°时的波形，如图 2.23（c）所示为接了续流管电流连续和断续的 α=60°的波形，其工作原理请参照单相电路反电动势负载自行分析。

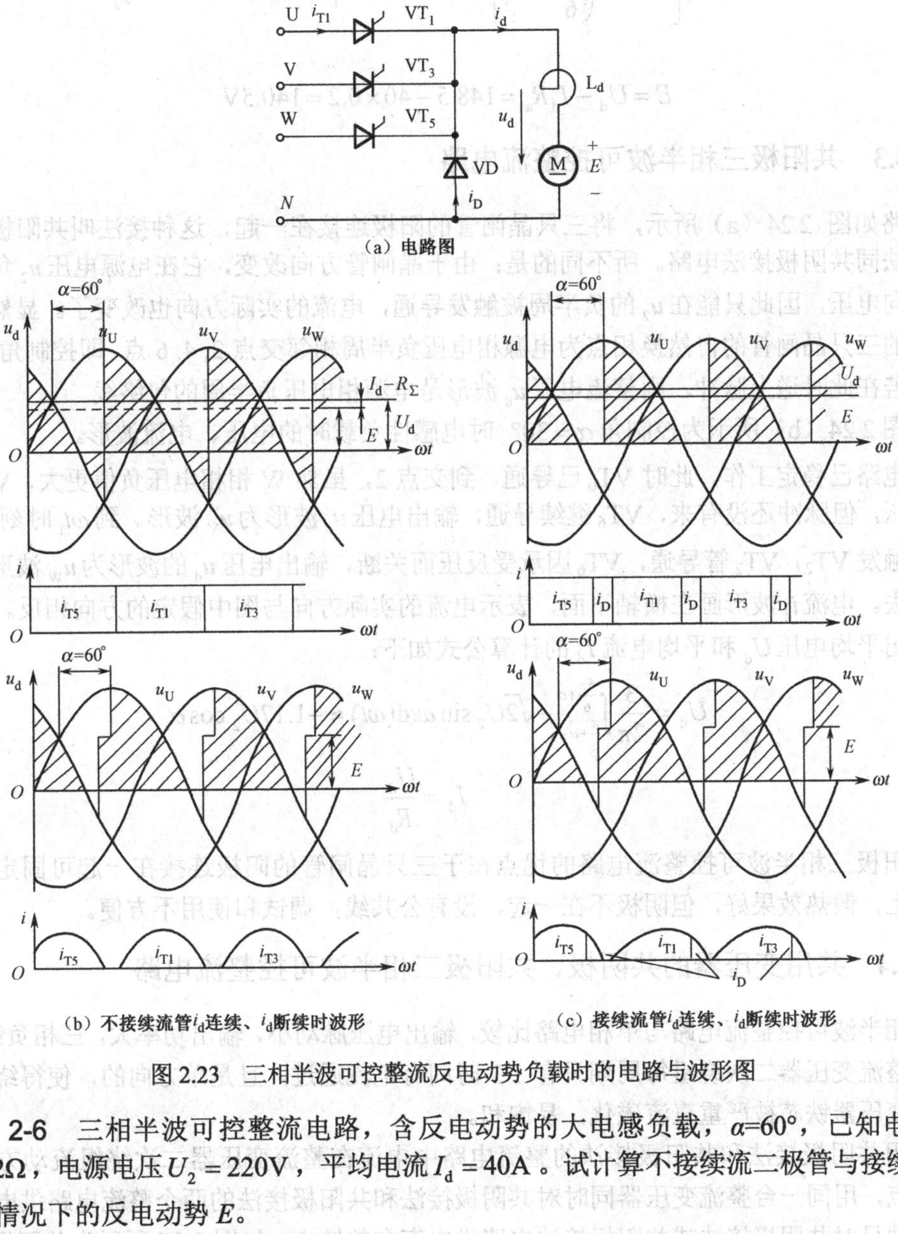

（a）电路图

（b）不接续流管i_d连续、i_d断续时波形　　（c）接续流管i_d连续、i_d断续时波形

图 2.23　三相半波可控整流反电动势负载时的电路与波形图

例 2-6　三相半波可控整流电路，含反电动势的大电感负载，α=60°，已知电感内阻 $R_a = 0.2\Omega$，电源电压 $U_2 = 220\text{V}$，平均电流 $I_d = 40\text{A}$。试计算不接续流二极管与接续流二极管两种情况下的反电动势 E。

解：（1）不接续流二极管时，

$$U_d = 1.17U_2\cos\alpha = 1.17\times220\times\cos60° = 128.7\text{V}$$

$$I_d = \frac{U_d - E}{R_a}$$

所以，

$$E = U_d - I_d R_a = 128.7 - 40\times0.2 = 120.7\text{V}$$

（2）接续流二极管时，

$$U_d = 0.675U_2\left[1+\cos\left(\frac{\pi}{6}+\alpha\right)\right] = 0.675\times220[1+\cos(30°+60°)] = 148.5\text{V}$$

所以，

$$E = U_d - I_d R_a = 148.5 - 40\times0.2 = 140.5\text{V}$$

2.4.3 共阳极三相半波可控整流电路

电路如图 2.24（a）所示，将三只晶闸管的阳极连接在一起，这种接法叫共阳极接法。分析方法同共阴极接法电路。所不同的是：由于晶闸管方向改变，它在电源电压u_2负半周时承受正向电压，因此只能在u_2的负半周被触发导通，电流的实际方向也改变了。显然，共阳极接法的三只晶闸管的自然换相点为电源相电压负半周相邻交点 2, 4, 6 点，即控制角$\alpha=0°$的点，若在此时送上脉冲，则整流电压u_d波形是电源相电压负半周的包络线。

如图 2.24（b）所示为控制角$\alpha=30°$ 时电感性负载时的电压、电流波形。

设电路已稳定工作，此时 VT_6 已导通，到交点 2，虽然 W 相相电压负值更大，VT_2 承受正向电压，但脉冲还没有来，VT_6 继续导通，输出电压u_d波形为u_V 波形。到ωt_1时刻，u_{g2}脉冲到来触发 VT_2，VT_2 管导通，VT_6 因承受反压而关断，输出电压u_d的波形为u_W波形，如此循环下去。电流i_d波形画在横轴下面，表示电流的实际方向与图中假定的方向相反。

输出平均电压U_d和平均电流I_d的计算公式如下：

$$U_d = \frac{3}{2\pi}\int_{\frac{\pi}{6}+\alpha}^{\frac{5\pi}{6}+\alpha} -\sqrt{2}U_2\sin\omega t\,\mathrm{d}(\omega t) \approx -1.17U_2\cos\alpha \tag{2-23}$$

$$I_d = \frac{U_d}{R_d}$$

共阳极三相半波可控整流电路的优点在于三只晶闸管的阳极连接在一起可固定在一块散热器上，散热效果好，但阴极不在一起，没有公共线，调试和使用不方便。

2.4.4 共用变压器的共阴极、共阳极三相半波可控整流电路

三相半波可控整流电路与单相电路比较，输出电压脉动小，输出功率大，三相负载平衡。缺点是整流变压器二次绕组每周期只有 1/3 时间有电流通过，且是单方向的，使得绕组利用率低，变压器铁芯被严重直流磁化，易饱和。

利用共阴极接法和共阳极接法的整流电路中电流在整流变压器二次绕组流动方向相反这一特点，用同一台整流变压器同时对共阴极接法和共阳极接法的两个整流电路供电，则可克服单独只对共阴极接法或共阳极接法电路供电存在的缺点，如图 2.25 所示为共阳极、共阴极三相半波可控整流电路。

图中，两组电路的控制角均为 30°，当两组整流电路工作时，两组流过公共线的电流大小相等，方向相反，公共线无电流。同时整流变压器次级绕组中则有正、反两个方向的电流通过，显然，次级绕组通过电流也是大小相等，方向相反，铁芯不存在直流磁化，从而提高了整流变压器绕组的利用率。

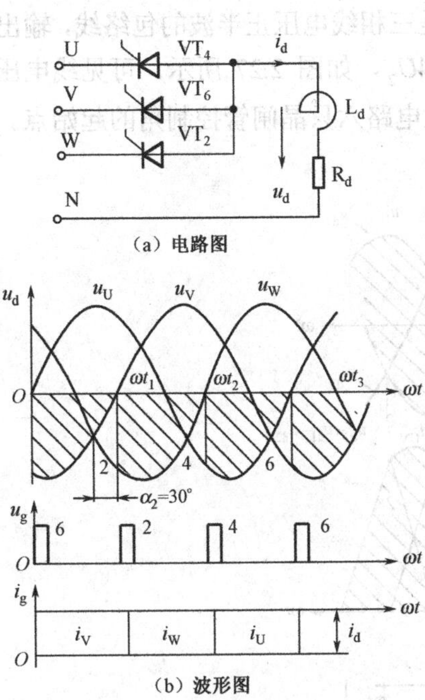

图 2.24　三相共阳极半波可控整流电路及波形图

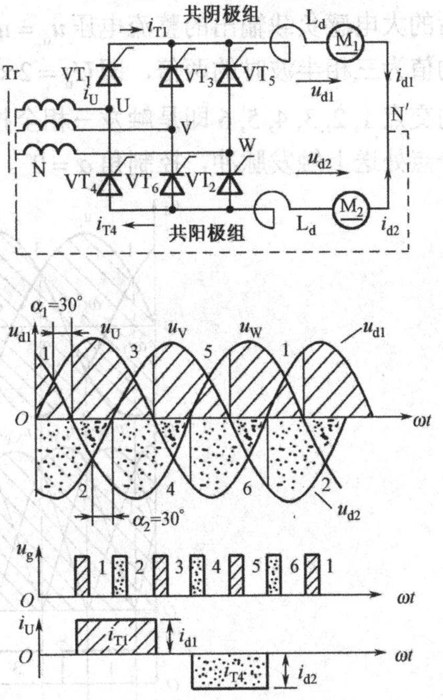

图 2.25　共用变压器共阴极、共阳极三相半波可控整流电路与波形图

2.5　三相全控桥可控整流电路

上面介绍的共阴极、共阳极三相半波可控整流电路，当二者的参数完全相同，控制角也相同时，公共线无电流，若将公共线去掉、负载合并，则成为三相全控桥式可控整流电路，如图 2.26 所示。

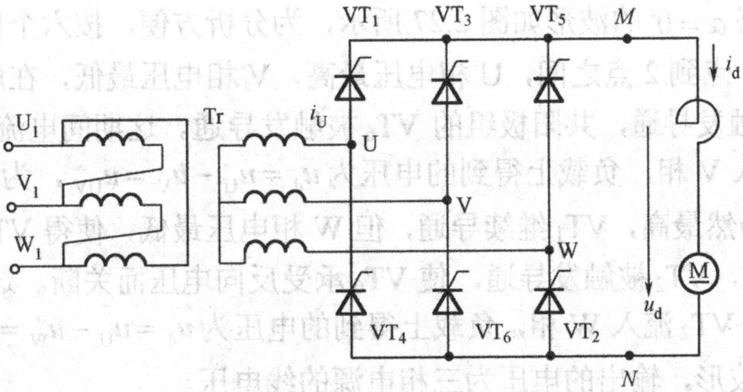

图 2.26　三相全控桥整流电路图

2.5.1　工作原理

电路由共阴极组和共阳极组串联而成，可用前面三相半波的分析方法来分析。参看图 2.25，共阴极组的自然换相点是 1, 3, 5，共阳极组的自然换相点是 2, 4, 6，在这六个点处，分别送上相应的触发脉冲来触发这六只晶闸管，可得到电源相电压的正、负半波的包络线，两负载合

并后的大电感负载输出的整流电压$u_d = u_{d1} - u_{d2}$，即是三相线电压正半波的包络线，输出电压平均值为三相半波时的两倍，即$U_d = 2\times1.17U_2 = 2.34U_2$，如图 2.27 所示。可见线电压正半波的交点 1, 2, 3, 4, 5, 6 即是触发三相全控桥可控整流电路六只晶闸管控制角的起始点。在这六个点处送上触发脉冲，控制角$\alpha = 0°$。

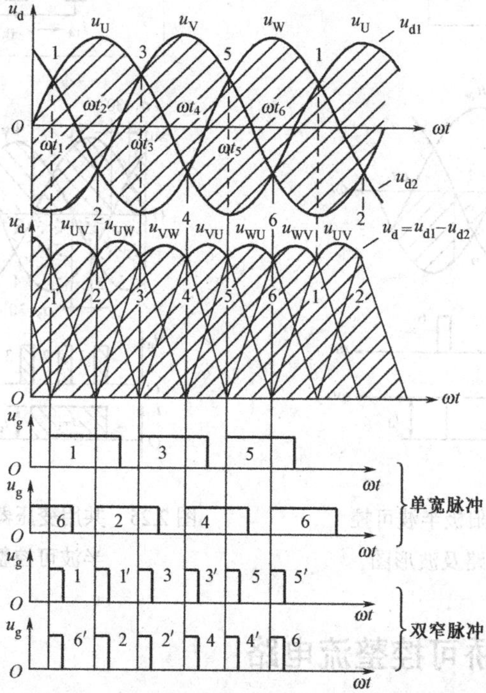

图 2.27　三相全控桥整流电路$\alpha = 0°$的波形图

为了弄清晶闸管的导通规律，现以控制角$\alpha = 0°$为例，具体分析如下。

三相全控桥整流电路，共阴极组和共阳极组各有一只晶闸管导通，才能构成电流的通路。三相全控桥整流电路$\alpha = 0°$的波形如图 2.27 所示，为分析方便，按六个自然换相点把一周等分为六区间段。在 1 点到 2 点之间，U 相电压最高，V 相电压最低，在触发脉冲的作用下，共阴极组的 VT_1 被触发导通，共阳极组的 VT_6 被触发导通。这期间电流由 U 相经 VT_1 流向负载，再经 VT_6 流入 V 相，负载上得到的电压为$u_d = u_U - u_V = u_{UV}$，为线电压。在 2 点到 3 点之间，U 相电压仍然最高，VT_1 继续导通，但 W 相电压最低，使得 VT_2 承受正向电压，当 2 点触发脉冲到来时，VT_2 被触发导通，使 VT_6 承受反向电压而关断。这期间电流由 U 相经 VT_1 流向负载，再经 VT_2 流入 W 相，负载上得到的电压为$u_d = u_U - u_W = u_{UW}$。依此类推，得到如图 2.27 所示的波形，输出的电压为三相电源的线电压。

上述晶闸管按 VT_1, VT_2, VT_3, VT_4, VT_5, VT_6, VT_1 的导通顺序轮流导通，不断循环，每只晶闸管导通120°，每隔 60° 由上一只晶闸管换到下一只晶闸管导通。

2.5.2　对触发脉冲的要求

为了保证电路合闸后能工作，或在电流断续后再次工作，电路必须有两只晶闸管同时导通，对将要导通的晶闸管施加触发脉冲，有以下两种方法可供选择。

1．单宽脉冲触发

如图 2.27 所示，每一个触发脉冲宽度在80°～100° 之间，$\alpha=0°$ 时在共阴极组的自然换相点（1, 3, 5 点）分别对晶闸管 VT_1、VT_3、VT_5施加触发脉冲u_{g1}，u_{g3}，u_{g5}；在共阳极组的自然换相点(2, 4, 6 点)分别对晶闸管 VT_2、VT_4、VT_6施加触发脉冲u_{g2}，u_{g4}，u_{g6}。每隔 60° 由上一只晶闸管换到下一只晶闸管导通时，在后一触发脉冲出现时刻，前一触发脉冲还没有消失，这样就可保证在任一换相时刻都能触发两只晶闸管导通。

2．双窄脉冲触发

如图 2.27 所示，每一个触发脉冲宽度约 20°。触发电路在给某一只晶闸管送上触发脉冲的同时，也给前一只晶闸管补发一个脉冲——辅脉冲（即辅助脉冲）。图 2.27 中，$\alpha=0°$ 时在 1 点送上触发晶闸管 VT_1的u_{g1}脉冲，同时补发触发晶闸管 VT_6的u_{g6}脉冲。显然，双窄脉冲的作用同单宽脉冲的作用是一样的。二者都是每隔60° 按 1 至 6 的顺序输送触发脉冲，还可在触发一只晶闸管的同时触发另一只晶闸管导通。双窄脉冲虽复杂，但脉冲变压器铁芯体积小，触发装置的输出功率小，所以被广泛采用。

2.5.3　对大电感负载的分析

三相全控桥电感性负载整流电路如图 2.26 所示，通常要求使电感 L_d足够大、输出整流平均电压U_d不为零、电流连续且平直。

如图 2.28 所示为$\alpha=60°$ 时的电压与电流的波形。线电压 u_d波形上的 1 至 6 自然换相点即是控制角的起始点。距 1 点60° 送上u_{g1}脉冲，同时补发u_{g6}脉冲；距 2 点60° 送上u_{g2}脉冲，同时补发u_{g1}脉冲；依此类推，双窄触发脉冲u_g如图 2.28 中所示。在 2 自然换相点，u_{g1}和u_{g6}脉冲同时触发 VT_1 与 VT_6，使这两管导通，输出电压u_d波形为u_{UV}。经过60° 换相，到 3 自然换相点，u_{UW}为零，此时u_{g1}和u_{g2}脉冲到来，触发 VT_1和 VT_2导通，VT_2的导通又使 VT_6承受反向电压而关断，输出电压u_d，波形为u_{UW}，依此类推。输出电压u_d波形如图 2.28 上部的阴影部分所示。i_U 的波形为二次绕组 U 相流过的电流，可见 VT_1和 VT_4导通，电流i_U不为零，且大小相等，方向相反，避免了直流磁化。因为每个管子都导通120°，故u_{T1}波形仍由三段曲线组成：VT_1 本身导通，$u_{T1}=0$；同时 VT_3 导通，VT_1 承受反向电压而关断，$u_{T1}=u_{UV}$；VT_5导通，VT_1承受的电压为$u_{T1}=u_{UW}$，这段曲线的最后部分为正向波形，即 VT_1承受正向电压，一旦u_{g1}脉冲到来，VT_1立即导通。

$\alpha>60°$ 时，线电压瞬时值由零变为负，晶闸管本应关断，但由于大电感的作用，维持晶闸管继续导通，输出电压波形出现负值，从而使输出电压的平均值降低。当$\alpha=90°$ 时，输出电压波形正、负相等，如图 2.29 所示，输出电压的平均值为零。由此可见，三相全控桥整流电路大电感负载的移相范围为0°～90°。

在0°～90° 移相范围内，三相全控桥大电感负载电流是连续的，每个晶闸管导通120°。整流平均电压U_d和平均电流I_d的计算公式如下：

$$U_d=\frac{6}{2\pi}\int_{\frac{\pi}{3}+\alpha}^{\frac{2\pi}{3}+\alpha}\sqrt{6}U_2\sin\omega t\mathrm{d}(\omega t)=2.34U_2\cos\alpha \quad (2\text{-}24)$$

$$I_d = \frac{U_d}{R_d}$$

晶闸管上的电流平均值、电流有效值及承受的最大电压分别为：

$$I_{dT} = \frac{1}{3} I_d，\ I_T = \sqrt{\frac{1}{3}} I_d，\ U_{TM} = \sqrt{6} U_2$$

含反电动势的大电感负载电路的工作过程分析与前面的分析相似。如果不用于直流电动机可逆调速系统，也可在输出端并联续流二极管，以提高输出的平均电压，减轻晶闸管的负担，输出电压波形与电阻性负载相同，读者可自行分析。

三相全控桥整流电路输出电压脉动小，脉动频率高。与三相半波电路相比，在电源电压相同，控制角一样时，输出电压提高一倍。又因为整流变压器二次绕组电流没有直流分量，不存在铁芯被直流磁化问题，故绕组和铁芯利用率高，所以被广泛应用在大功率直流电动机调速系统，以及对整流的各项指标要求较高的整流装置上。

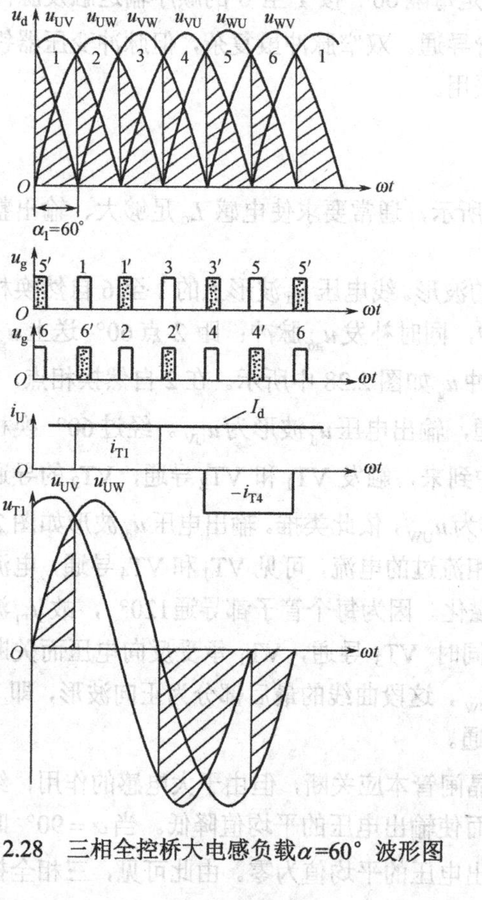

图 2.28　三相全控桥大电感负载α=60° 波形图

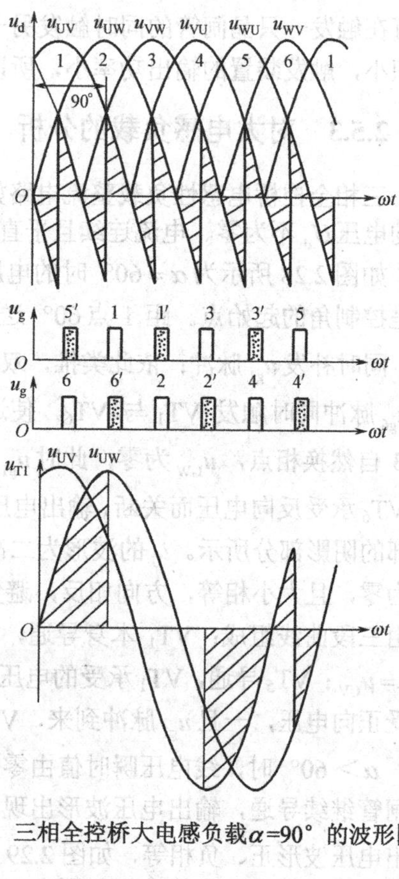

图 2.29　三相全控桥大电感负载α=90° 的波形图

2.6 三相桥式半控整流电路

在要求不高的整流装置或不可逆的直流电动机调速系统中，可采用三相半控桥式整流电路。将三相全控桥式整流电路中共阳极接法的三个晶闸管 VT_2，VT_4，VT_6 用整流二极管 VD_2，VD_4，VD_6 代替，即成为简单、经济的三相半控桥式整流电路，如图 2.30 所示。共阳极组的三只整流二极管总是在三相线电压的交点即自然换相点 2，4，6 点换流，2，4，6 点成了整流二极管 VD_2，VD_4，VD_6 导通关断点。如图 2.30 所示，在 2 至 4 点间，u_W 相电压最低，使得和 W 相连接的 VD_2 处于导通状态；在 4 至 6 点间，u_U 相电压最低，使得和 U 相连接的 VD_4 处于导通状态；同理，在 6 至 2 点间，u_V 相电压最低，使得和 V 相连接的 VD_6 处于导通状态。若共阴极组的三只晶闸管不触发导通，则电路不工作。一旦三只晶闸管被触发导通，电路有整流电压输出，可见触发电路只要给共阴极组的三只晶闸管送上相隔120° 的单窄脉冲即可。调整送到晶闸管的单窄脉冲的时刻就可调节输出电压的大小。

2.6.1 电阻性负载

$\alpha = 0°$ 时，触发脉冲在自然换相点出现，输出电压最大，其波形是与全控桥式整流电路相同的线电压的包络线。随着控制角增大，输出电压减小，波形发生变化。

如图 2.31 所示为 $\alpha = 30°$ 的波形图。在 ωt_1 时刻，u_{g1} 触发 VT_1 导通，此时 V 相电压最低，VD_6 管导通，输出电压为线电压 u_{UV}。在 ωt_2 时刻，W 相电压低于 V 相电压，VD_6 管承受反向电压而关断，换为 VD_2 管导通，而 VT_1 继续导通，输出电压为线电压 u_{UW}。到 ωt_3 时刻，因 u_{g3} 触发脉冲没有来，VT_3 承受正向电压却不导通，输出电压仍为线电压 u_{UW}。直到 ωt_4 时刻，u_{g3} 触发脉冲到来，VT_3 导通，使 VT_1 承受反向电压而关断，而 VD_2 管还处在导通状态，输出电压为线电压 u_{VW}。依此类推，便得到 u_d 波形。

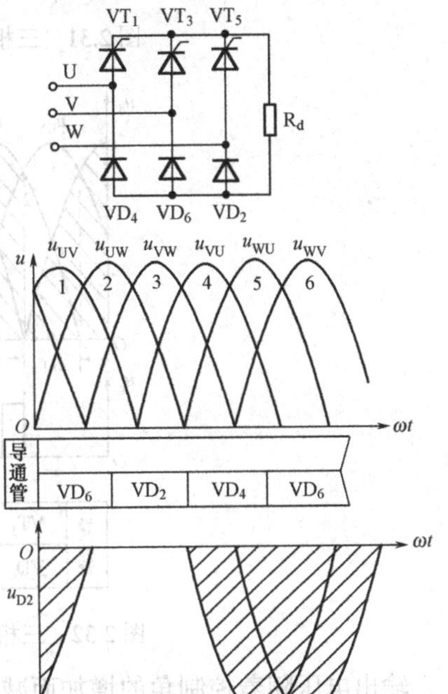

图 2.30 三相半控桥式整流电路中三个二极管工作情况示意图

$\alpha = 60°$ 时，波形如图 2.32 所示，此时输出电压的波形只有三个波峰，电路刚好维持电流连续，每管导通120° ，VT_1 承受的电压 u_{T1} 波形同前面的分析一样。

$\alpha > 60°$ 时，输出电压 u_d 波形出现断续。

如图 2.33 所示为 $\alpha = 90°$ 时的波形。在 ωt_1 时刻，u_{g1} 触发 VT_1 导通，同时 VD_2 管处于导通状态，输出电压为线电压 u_{UW}。到 ωt_2 时刻，线电压 u_{UW} 为零，VT_1 管关断，输出电压 $u_d = 0$。直到 u_{g3} 触发脉冲到来，VT_3 被触发导通，同时 VD_4 导通，输出电压 u_d 为线电压 u_{VU}。依此类推，每个周期输出电压为三个断续波峰，电流断续。因为是电阻性负载，故负载电流的波形与电压波形相似。u_{T1} 的波形分析如下：VT_1 本身导通，$u_{T1} = 0$；在 $\omega t_2 \sim \omega t_3$ 期间，三只晶闸管都不导通，而 VD_4 管处于导通状态，VT_1 阳极和阴极同电位，$u_{T1} = 0$；同组 VT_3 导通，VT_1 承受反向电压 $u_{T1} = u_{UV}$；过了 ωt_4 时刻，三只晶闸管又不导通，而 VD_6 管处于导通状态，VT_1 还是承受电压 $u_{T1} = u_{UV}$；VT_5 导通，VT_1 承受的电压为 $u_{T1} = u_{UW}$。u_{T1} 波形还是三段电压，最大电压为 $\sqrt{6}U_2$。

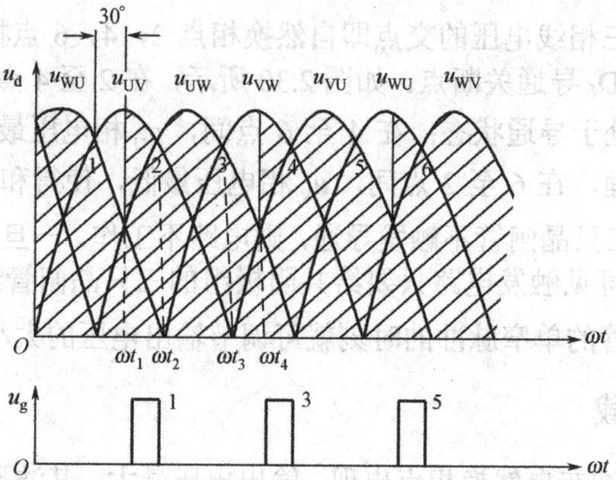

导通管				
	VT_5	VT_1	VT_3	VT_5
	VT_6	VD_2	VD_4	VD_6

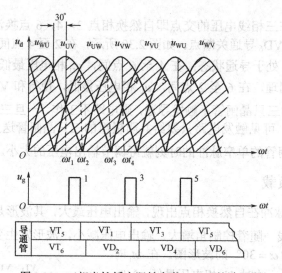

图 2.31　三相半控桥电阻性负载 $\alpha=30°$ 的波形图

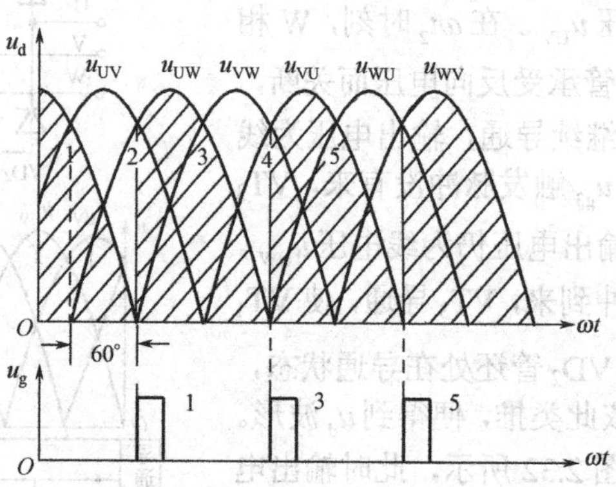

导通管				
	VT_5	VT_1	VT_3	VT_5
	VD_6	VD_2	VD_4	VD_6

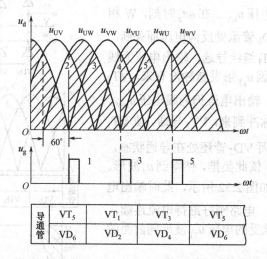

图 2.32　三相半控桥电阻性负载 $\alpha=60°$ 的波形图

输出电压随着控制角的增加而减小，当 $\alpha=180°$ 时，输出电压减小到零。可见三相半控桥电阻性负载的移相范围为0°～180°。以控制角 $\alpha=60°$ 为界，前后得到两种输出电压的波形，因此在计算电压平均值时，也分两段来计算。

（1）在 $0°\leqslant\alpha\leqslant60°$ 阶段，电压波形连续，由两段不同的线电压波形组成。

$$U_d=\frac{3}{2\pi}\int_{\frac{\pi}{3}+\alpha}^{\frac{2\pi}{3}}\sqrt{6}U_2\sin\omega t\mathrm{d}(\omega t)+\frac{3}{2\pi}\int_{\frac{2\pi}{3}}^{\pi+\alpha}\sqrt{6}U_2\sin(\omega t-\frac{\pi}{3})\mathrm{d}(\omega t)\approx2.34U_2\frac{1+\cos\alpha}{2}$$

（2）在 $60°<\alpha\leqslant180°$ 阶段，电压波形断续。

$$U_d=\frac{3}{2\pi}\int_{\alpha}^{\pi}\sqrt{6}U_2\sin\omega t\mathrm{d}(\omega t)\approx2.34U_2\frac{1+\cos\alpha}{2}$$

由此看来，不论电压波形是否连续，电压平均值的计算公式都一样。

2.6.2 电感性负载

三相半控桥式整流电路电感性负载的电路如图 2.34（a）所示。若不考虑续流二极管的存在，在电感的作用下，由于电路内部二极管的续流作用，输出的电压波形和电阻性负载时的输出电压波形相同。在正常工作过程中，当触发脉冲突然丢失或突然把控制角调到 $\alpha=180°$ 时，将出现导通着的晶闸管关不断而三个整流二极管轮流导通的现象，使整流电路处于失控状态。如图 2.34（b）所示。

为避免失控现象，防止管子因过电流而损坏，必须在负载两端并联续流二极管。接续流二极管的三相半控桥大电感负载的输出电压波形及晶闸管承受的电压波形与电阻性负载时的波形相同，电流 i_d 波形平直。但要注意，只有在 $\alpha>60°$ 时，续流二极管才有电流通过。

输出平均电压值和平均电流值的计算公式为：

$$U_d = 2.34U_2\frac{1+\cos\alpha}{2}，\quad I_d=\frac{U_d}{R_d}$$

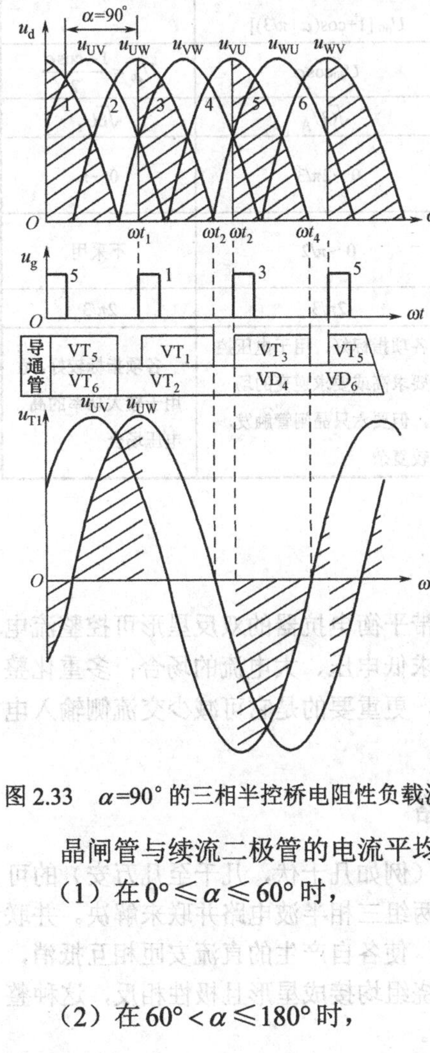

图 2.33　α=90° 的三相半控桥电阻性负载波形图

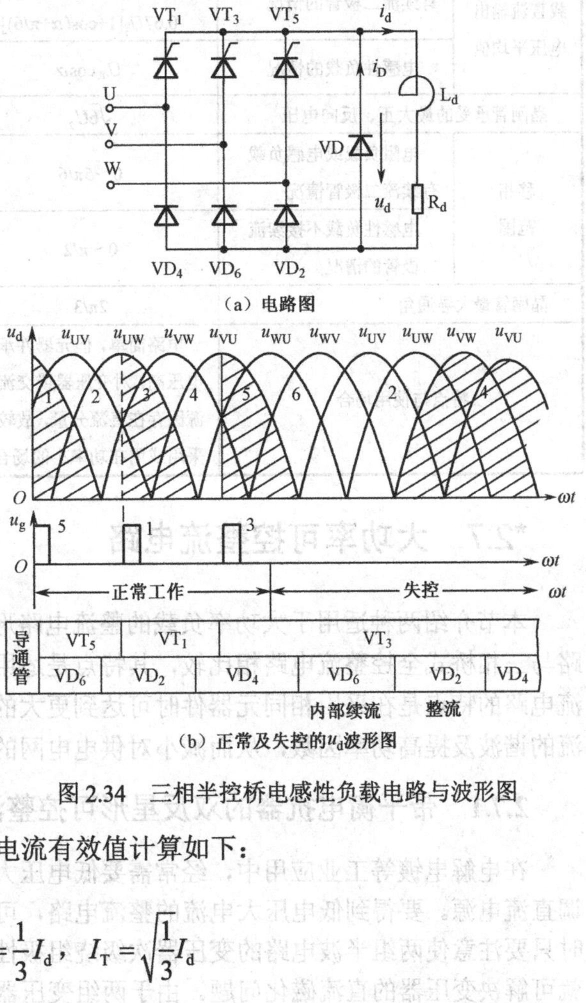

（a）电路图

（b）正常及失控的u_d波形图

图 2.34　三相半控桥电感性负载电路与波形图

晶闸管与续流二极管的电流平均值、电流有效值计算如下：

（1）在 $0°\leqslant\alpha\leqslant60°$ 时，

$$I_{dT}=\frac{1}{3}I_d，\quad I_T=\sqrt{\frac{1}{3}}I_d$$

（2）在 $60°<\alpha\leqslant180°$ 时，

$$I_{dT}=\frac{180°-\alpha}{360°}I_d,\quad I_T=\sqrt{\frac{180°-\alpha}{360°}}I_d$$

$$I_{dD}=\frac{\alpha-60°}{120°}I_d,\quad I_D=\sqrt{\frac{\alpha-60°}{120°}}I_d$$

晶闸管与续流二极管承受的最大电压为：

$$u_{TM}=\sqrt{6}U_2,\quad u_{DM}=\sqrt{6}U_2$$

比较上面讨论的三种可控整流电路的参数，如表 2.3 所列。

表 2.3 常用三相可控整流电路的参数比较

可控整流电路类型		三相半波	三相全控桥式	三相半控桥式
α=0° 时，空载直流输出电压平均值 U_d		$1.17U_2$	$2.34U_2$	$2.34U_2$
$\alpha\neq0$ 时空载直流输出电压平均值	电阻负载或电感负载有续流二极管的情况	当 $0\leqslant\alpha\leqslant\pi/6$ 时 $U_{d0}\cos\alpha$ 当 $\pi/6\leqslant\alpha\leqslant5\pi/6$ 时 $0.67U_2[1+\cos(\alpha+\pi/6)]$	当 $0\leqslant\alpha\leqslant\pi/3$ 时 $U_{d0}\cos\alpha$ 当 $\pi/3\leqslant\alpha\leqslant2\pi/3$ 时 $U_{d0}[1+\cos(\alpha+\pi/3)]$	$U_{d0}=\frac{1+\cos\alpha}{2}$
	电感性负载的情况	$U_{d0}\cos\alpha$	$U_{d0}\cos\alpha$	$U_{d0}=\frac{1+\cos\alpha}{2}$
晶闸管承受的最大正、反向电压		$\sqrt{6}U_2$	$\sqrt{6}U_2$	$\sqrt{6}U_2$
移相范围	电阻负载或电感负载有续流二极管情况	0～$5\pi/6$	0～$2\pi/3$	0～π
	电感性负载不接续流二极管的情况	0～$\pi/2$	0～$\pi/2$	不采用
晶闸管最大导通角		$2\pi/3$	$2\pi/3$	$2\pi/3$
特点与使用场合		电路简单，但元器件承受电压高，对变压器或交流电源因存在直流分量，故较少采用或用在功率小的场合	各项指标好，用于电压控制要求高或要求逆变的场合，但要六只晶闸管触发，比较复杂	各项指标较好，适用于较大功率的高电压场合

*2.7 大功率可控整流电路

本节介绍两种适用于大功率负载的整流电路形式。带平衡电抗器的双反星形可控整流电路与三相桥式全控整流电路相比较，其特点是适用于要求低电压、大电流的场合；多重化整流电路的特点是在采用相同元器件时可达到更大的功率，更重要的是它可减少交流侧输入电流的谐波及提高功率因数，从而减小对供电电网的干扰。

2.7.1 带平衡电抗器的双反星形可控整流电路

在电解电镀等工业应用中，经常需要低电压大电流（例如几十伏，几千至几万安）的可调直流电源。要得到低电压大电流的整流电路，可通过两组三相半波电路并联来解决。并联时只要注意使两组半波电路的变压器次级绕组极性相反，使各自产生的直流安匝相互抵消，就可解决变压器的直流磁化问题。由于两组变压器次级绕组均接成星形且极性相反，这种整流电路形式称为双反星形可控整流电路，如图 2.35 所示。

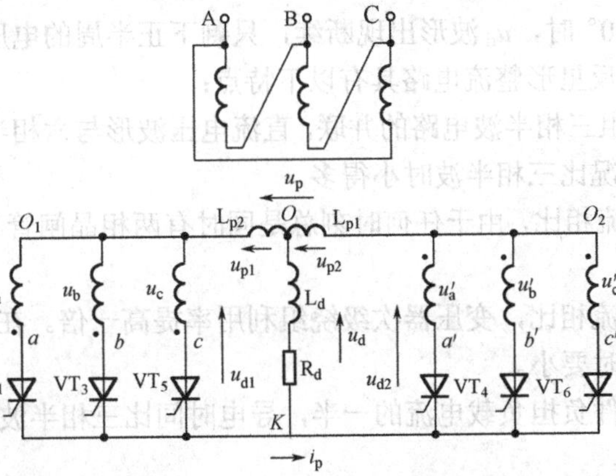

图 2.35　带平衡电抗器的双反星形可控整流电路

双反星形可控整流电路的整流变压器次级每相有两个匝数相同、绕在同一相铁芯柱上的绕组，反极性地接至两组三相半波整流电路中，每组三相间则接成星形，两组星形的中点间接有一个电感量为 L_d 的平衡电抗器，这个电抗器是一个带有中心抽头的铁芯线圈，抽头两侧的电感量相等。即 $L_{p1}=L_{p2}$，当抽头的任一边线圈中有交变电流流过时，L_{p1} 和 L_{p2} 均会感应出大小相等、极性一致的感应电势。

电感性负载时 $\alpha=30°$、$\alpha=60°$、$\alpha=90°$ 时的直流电压 u_d 波形分别如图 2.36（a）、（b）、（c）所示。

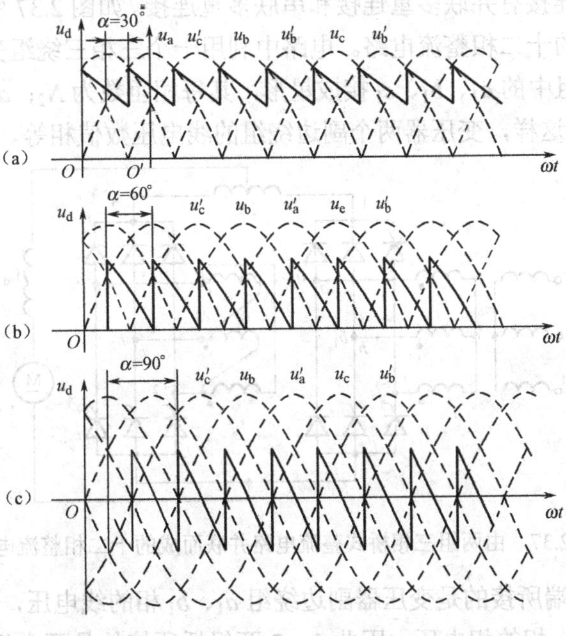

图 2.36　大电感性负载时的输出直流电压波形

直流平均电压 U_d 计算公式为：

$$U_d=\frac{1}{\pi/3}\int_{-\frac{\pi}{3}+\alpha}^{\pi}\frac{\sqrt{6}U_2}{2}\cos\left(\omega t+\frac{\pi}{3}\right)\mathrm{d}\omega t=\frac{3\sqrt{6}}{2\pi}U_2\cos\alpha\approx1.17U_2\cos\alpha \qquad (2\text{-}25)$$

当负载是电阻性负载时，如 $\alpha\leqslant60°$，则输出电压 u_d 的波形及平均值的计算均与电感性负载时相同；而当$\alpha>60°$ 时，u_d波形出现断续，只剩下正半周的电压波形。

带平衡电抗器的双反星形整流电路具有以下特点：

（1）双反星形是两组三相半波电路的并联，直流电压波形与六相半波整流时的波形一样，所以直流电压的脉动情况比三相半波时小得多。

（2）与三相半波整流相比，由于任何时刻总是同时有两相晶闸管导通，变压器磁路平衡，不存在直流磁化问题。

（3）与六相半波整流相比，变压器次级绕组利用率提高一倍。在输出相同直流电流时，变压器容量比六相半波时要小。

（4）每一整流元器件负担负载电流的一半，导电时间比三相半波时增加一倍，所以提高了整流元器件的利用率。

2.7.2 多重化整流电路

当整流装置的功率增大，如达到数千千瓦时，它所产生的谐波、无功功率等对电网的干扰就会很严重。为减轻干扰，可考虑增加整流输出电压脉波数的方法。输出电压波峰数越多，电压谐波次数越高，谐波幅值越小。因此，大功率的整流装置常采用 12 脉波、18 脉波、24 脉波甚至更多脉波的多相整流电路，即采用多重化整流电路。它是按一定的规律将两个或更多个相同结构的整流电路（如三相桥）进行组合而成。将整流电路进行移相多重连接可以减少交流侧输入电流谐波，而对串联多重整流电路采用顺序控制的方法可提高功率因数。

整流电路的多重连接有并联多重连接和串联多重连接。如图 2.37 所示的是由两组三相桥式整流电路并联而成的十二相整流电路。电路中利用一个三相三绕组变压器，变压器原边绕组接成星形，副边绕组中的a_1、b_1、c_1接成星形，其每相匝数为N_2；a_2、b_2、c_2接成三角形，其每相匝数为$\sqrt{3}N_2$。这样，变压器两个副边绕组的线电压数值相等。

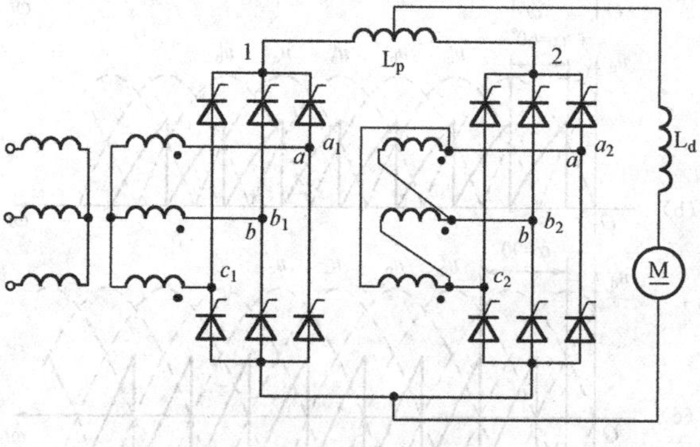

图 2.37 由两组三相桥式整流电路并联而成的十二相整流电路

由于 1 组桥 a、b 端所接的是变压器副边绕组 a_1、b_1 相的线电压，而 2 组桥 a、b 端所接的是变压器副边绕组 a_2 相的相电压，因此 1、2 两组桥所接的是两个相位差为 30°、电压大小一样的三相电压。当α=0° 时，1、2 组桥输出为两个波形相同、相差 30° 的 6 脉波整流电压 u_{d1}、u_{d2}，如图 2.38 所示。由图可见，在区间 1，$u_{d1}>u_{d2}$；在区间 2，$u_{d2}>u_{d1}$。若无平衡电抗器 L_P 存在，则 1 组桥导通时，2 组桥的整流元器件受反压截止；而 2 组桥导通时，1 组桥的整流元器件受反压截止，即任何时刻只有一组桥在工作，并提供全部负载电流。在电路

中加了平衡电抗器 L_P 后，在任何时刻 $u_p=u_{d1}-u_{d2}$ 在平衡电抗器两个绕组上各降压 $u_p/2$，从而使 u_{d1}、u_{d2} 平衡，两个三相整流桥同时导通，并共同承担负载电流。这样，每个整流元器件及变压器副边绕组的导电时间增加了一倍，而每个整流桥的输出电流仅为1/2负载电流。

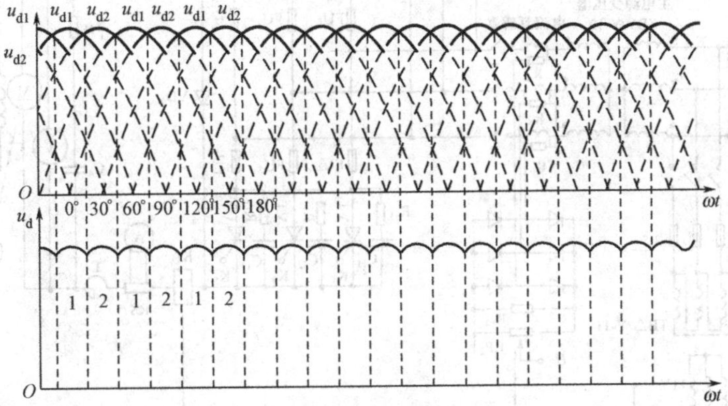

图 2.38　十二相整流电路的输出电压波形

与带平衡电抗器的双反星形可控整流电路的分析方法相似，可得出十二相整流电路的输出电压平均值与一组三相桥的整流电压平均值相等。这种将两组整流桥的输出电压经平衡电抗器并联输出的方式称为并联多重结构，它适合于大电流应用。也可将两组整流桥的输出电压串联起来向负载供电，这种方式称为串联多重结构，此电路适合于高电压应用。

2.8　可控整流电路的应用实例

晶闸管整流电路主要用途之一是作为可调直流电源，供直流电动机调速用。现以KGSA/Y型无静差双闭环直流调速系统为例加以分析。

1. 结构特点

如图 2.39、图 2.40 所示分别是该装置的主电路、控制电路。该装置适合于 10kW 以上的直流调速，为简化电路已略去辅助电路。该电路的移相触发将在后面章节介绍。本装置采用转速、电流双闭环调速系统，实现理想的启动过程，且在稳态运行时，转速负反馈外环起主要调节作用，让电动机转速跟随转速给定电压变化，电流内环跟随转速环调节电动机电枢电流。

2. 电路组成及工作原理

（1）主电路。主电路如图 2.39 所示，主要包括：三相全控整流电路；电动机组；主电源变压器 Y/Y 连接；同步电源变压器Δ/Y 连接，输出 u_{sa}、u_{sb}、u_{sc}；电流传感器及其电流反馈变换器，输出可调的 U_{fi}；测速发电机及其转速反馈变换器输出可调的 U_{fn}；直流电动机励磁电路；此外还配有电源过电流、过电压保护电路，RC 阻尼吸收保护电路及失磁保护等多种保护手段。

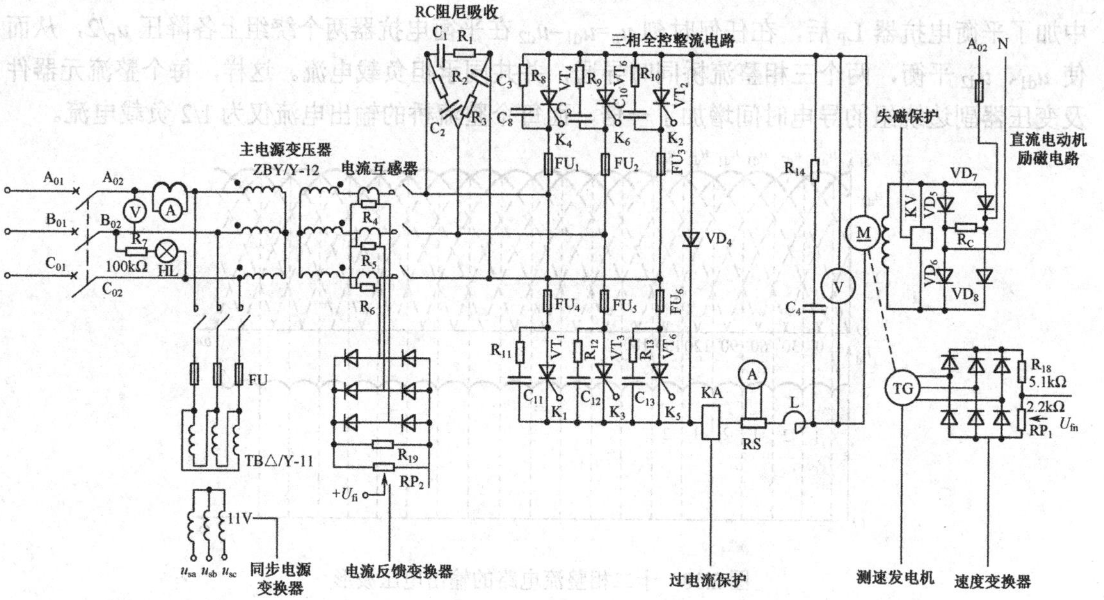

图 2.39　KGSA/Y 双闭环系统主电路

（2）控制电路。如图 2.40 所示，由三部分组成：IC_1 为给定积分电路；IC_2 为 ASR 调节器；IC_3 为 ACR 调节器。给定积分电路工作流程是：给定电路输出给定电压 U_{gn} 到给定积分电路，经给定积分电路处理后，将一个阶跃变化的电压信号变成按固定斜率变化的控制电压 U'_{gn}。

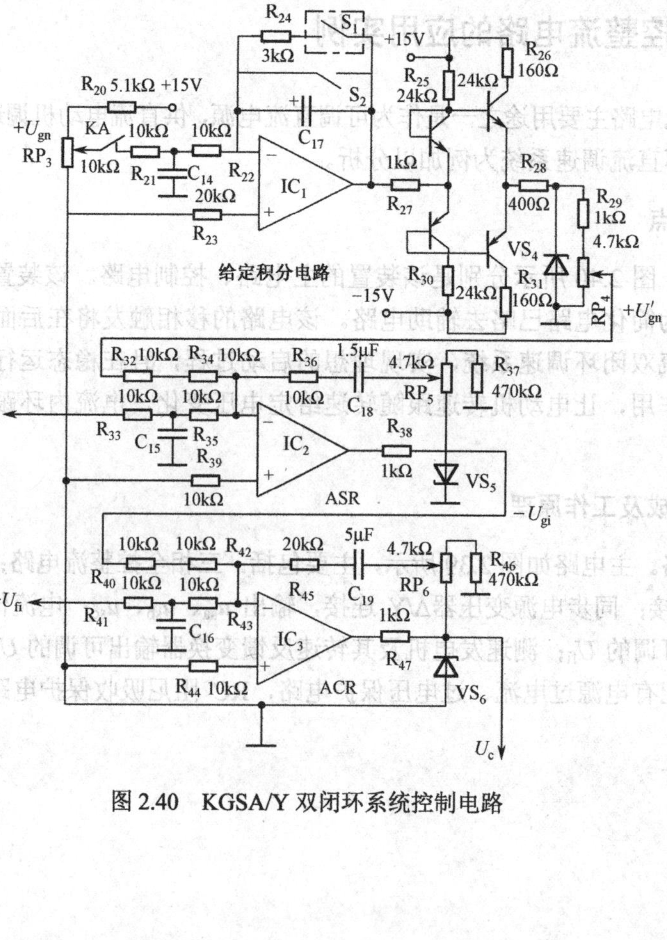

图 2.40　KGSA/Y 双闭环系统控制电路

给定积分输出电压信号送到 IC_2 与速度反馈信号 U_{fn} 叠加后经 ASR 调节器处理，其输出电压 U_{gi} 又作为 ACR 调节器的电流给定信号，与电流反馈信号 U_{fi} 叠加，经 IC_3 的 ACR 调节器处理后，将输出控制信号 U_c 送到移相触发电路中去。

本电路在 IC_1 上配有开关 S_1 用于比例调节，配有 S_2 开关可与移相触发电路中的脉冲封锁控制开关为联动开关，用于系统异常工作封锁保护。配有 KA 作为运行过载保护开关。

（3）移相触发电路。移相触发电路由 KC04×3 和 KC41C 组成，该电路将在第 4 章重点介绍。

本章小结

本章介绍了几种常用的单相可控整流电路和三相可控整流电路以及大功率可控整流电路，分析了它们的工作原理，研究了不同性质负载下可控整流电路电压和电流波形。

单相半波可控整流电路最简单，常用于波形要求不高的场合，单相全控桥式整流电路用于整流或逆变小功率场合，单相半控桥式整流电路仅用于小功率整流场合。对 4kW 以上的负载容量，应采用三相可控整流电路。三相半波可控整流电路整流变压器中有直流分量，铁芯被直流磁化，整流变压器利用率低。三相全控桥式整流电路各项指标好，可用于要求高的可逆系统，但控制复杂。三相半控桥式整流电路适用于中等容量的整流装置或不要求可逆的电力拖动系统。带平衡电抗器双反星形整流电路适合大电流、低电压的负载。整流电路的多重化可分为并联多重结构和串联多重结构，该电路结构适合于大功率负载。

习　题　2

一、判断题

（1）在半控桥整流带大电感负载不加续流二极管电路中，电路出故障时会出现失控现象。（　）

（2）在单相全控桥整流电路中，晶闸管的额定电压应取 u_2。（　）

（3）在三相半波可控整流电路中，电路输出电压波形的脉动频率为 300Hz。（　）

（4）变流装置其功率因数的高低与电路负载阻抗的性质无直接关系。（　）

（5）三相半波可控整流电路不需要用大于 60° 小于 120° 的宽脉冲触发，也不需要用相隔 60° 的双脉冲触发，只用符合要求的相隔 120° 的三组脉冲触发就能正常工作。（　）

（6）三相桥式半控整流电路带大电感性负载，有续流二极管时，当电路出故障时会发生失控现象。（　）

（7）三相桥式全控整流电路输出电压波形的脉动频率是 150Hz。（　）

（8）在普通晶闸管组成的全控整流电路中，带电感性负载，没有续流二极管时，导通的晶闸管在电源电压过零时不关断。（　）

（9）在桥式半控整流电路中，带大电感负载，不带续流二极管时，输出电压波形中没有负面积。（　）

二、选择题

（1）单相全控桥反电动势负载电路中，当控制角 α 大于不导电角 δ 时，晶闸管的导通角 θ=（　）。

A. $\pi-\alpha$　　B. $\pi+\alpha$　　C. $\pi-\delta-\alpha$　　D. $\pi+\delta-\alpha$

（2）单相全控桥式整流大电感负载电路中，控制角 α 的移相范围是（　）。

A. 0°～90°　　B. 0°～180°　　C. 90°～180°　　D. 180°～360°

（3）三相半波可控整流电路中，晶闸管可能承受的反向峰值电压为（　　）。

A. u_2　　B. $\sqrt{2}u_2$　　C. $2\sqrt{2}u_2$　　D. $\sqrt{6}U_2$

（4）单相半波可控整流电阻性负载电路中，控制角α 的最大移相范围是（　　）。

A. 90°　　B. 120°　　C. 150°　　D. 180°

（5）三相半波可控整流电路的自然换相点是（　　）。

A. 交流相电压的过零点

B. 本相相电压与相邻相电压正半周的交点处

C. 比三相不控整流电路的自然换相点超前 30°

D. 比三相不控整流电路的自然换相点滞后 60°

（6）功率晶体管 GTR 从高电压小电流向低电压大电流跃变的现象称为（　　）。

A. 一次击穿　　B. 二次击穿　　C. 临界饱和　　D. 反向截止

（7）单相半波可控整流电阻性负载电路中，控制角 α 的最大移相范围是（　　）。

A. 90°　　B. 120°　　C. 150°　　D. 180°

（8）单相全控桥大电感负载电路中，晶闸管可能承受的最大正向电压为（　　）。

A. $\frac{\sqrt{2}}{2}U_2$　　B. $\sqrt{2}U_2$　　C. $2\sqrt{2}U_2$　　D. $\sqrt{6}U_2$

（9）单相全控桥电阻性负载电路中，晶闸管可能承受的最大正向电压为（　　）。

A. $\sqrt{2}U_2$　　B. $2\sqrt{2}U_2$　　C. $\frac{\sqrt{2}}{2}U_2$　　D. $\sqrt{6}U_2$

三、填空题

（1）单相半控桥整流电路，带大电感性负载，晶闸管在__________时刻换流，二极管则在__________时刻换流。

（2）在单相全控桥式反电动势负载电路中，当控制角α 大于不导电角δ 时，晶闸管的导通角θ=_____。

（3）晶闸管触发电路中，脉冲具有足够的移相范围，三相全控桥式整流电路电阻负载要求移相范围为__________，电感性负载（电流连续）__________，三相桥式可逆变线路在反电势负载下，要求移相范围为__________。

（4）三相桥式可控整流电路，若输入电压为$u_{21}=100\sin\omega t$，电阻性负载，设控制角$\alpha=30°$，则输出电压U_d=__________。

（5）两组三相半波整流电路串联就构成了__________电路。

（6）三相半波整流电路带电阻负载时的移相范围为__________，三相半波整流电路带大电感性负载时的移相范围为__________。

（7）通过控制触发脉冲的相位来控制直流输出电压大小的方式称为__________。

（8）为了保证三相整流桥合闸后共阴极组和共阳极组各有一只晶闸管导电，或者由于电流断续后能再次导通，必须对两组中应导通的一对晶闸管同时给出触发脉冲。为此，可以采取两种方法：一是__________，二是__________。

（9）带平衡电抗器的双反星形电路，变压器绕组同时有_____相导电；晶闸管每隔_____换一次流，每只晶闸管导通_______，变压器同一铁芯柱上的两个绕组同名端_______，所以两绕组的电流方向也_______，因此变压器的铁芯不会被__________。

（10）三相半波可控整流电路中的三个晶闸管的触发脉冲相位按相序依次互差________。

（11）对于三相半波可控整流电路，换相重叠角将使输出电压平均值________。

（12）整流就是把交流电能转换成直流电能，而将直流转换为交流电能称为__________，它是对应于整流的逆向过程。

四、计算题

（1）具有续流二极管 VD 半波可控整流电路，对发电机励磁绕组供电。绕组的电阻 R_d=0.5Ω，电感 L=0.2H，励磁直流平均电流为 10A，交流电源电压为 220V，计算晶闸管和续流二极管的电流有效值。

（2）三相全控桥整流电路，电阻性负载，$U_2 = 220\text{V}$(交流)，R_d=2Ω，当 $\alpha = 30^\circ$ 时，计算 U_d 值。

（3）三相全控桥带电感性负载，已知 $U_2 = 110\text{V}$(交流)，R_d=2Ω，当 $\alpha = 45^\circ$ 时，计算 U_d、I_d 值及流过晶闸管的电流平均值 I_{dT}、有效值 I_T。

（4）三相半控桥大电感性负载，为防止失控负载两端并联续流二极管。已知 $U_2 = 100\text{V}$（交流），$R_d = 10\Omega$，当 $\alpha = 120^\circ$ 时，计算 U_d、I_d 值及流过晶闸管的电流平均值 I_{dT}、有效值 I_T，续流二极管的电流平均值 I_{dD}、有效值 I_D。

（5）如图 2.41 所示为一种简单的舞台调光线路，求：①根据 u_d、u_g 波形分析电路调光工作原理；②说明电位器、二极管 VD 及开关 Q 的作用。

（6）如图 2.42 所示单相桥式全控整流电路，大电感负载，U_2=220V（交流），R_d=4Ω，试计算当α=60°时，输出电流电压的平均值。如负载端并联续流管，其 U_d 和 I_d 的值又为多少？

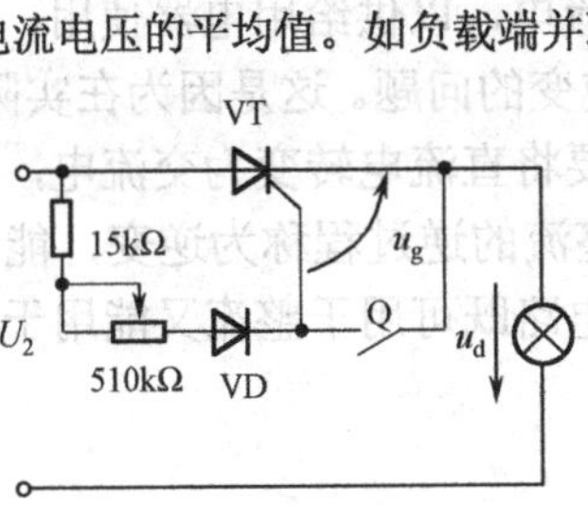

图 2.41

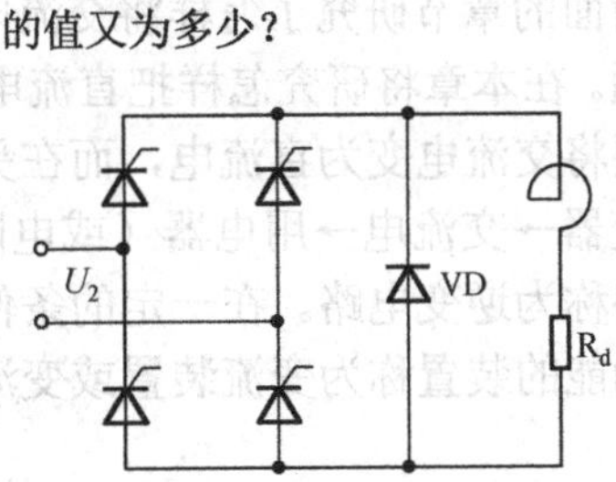

图 2.42

五、绘图题

（1）画出图 2.43 对应的 i_2、U_{TV1} 的波形。

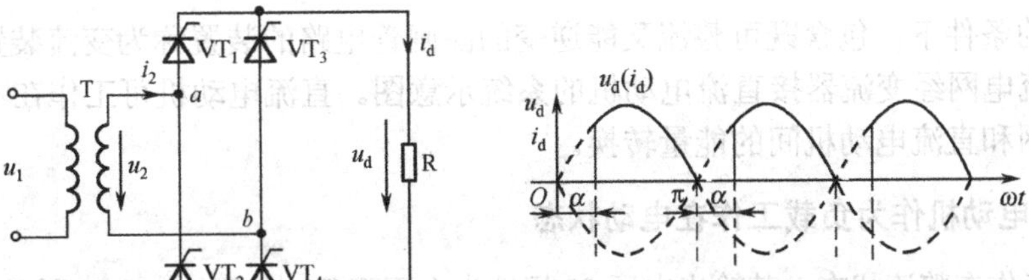

图 2.43

（2）电路与波形如图 2.44 所示。①若在 t_1 时刻合上 K，在 t_2 时刻断开 K，画出负载电阻 R 上的电压波形；②若在 t_1 时刻合上 K，在 t_3 时刻断开 K，画出负载电阻 R 上的电压波形（u_g 宽度大于 360°）。

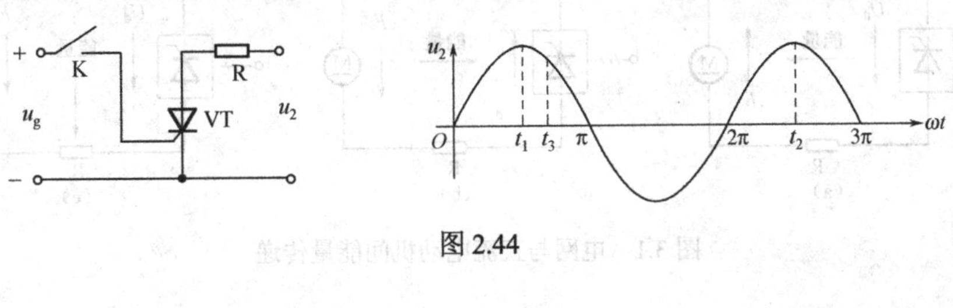

图 2.44

第 3 章　有源逆变电路

本章重点：

（1）了解逆变的概念、分类及应用。
（2）了解变流装置与外接电网之间的能量转换过程。
（3）掌握有源逆变的原理和条件。
（4）掌握有源逆变的相关参量分析和计算方法。
（5）掌握有源逆变失败的原因和最小逆变角的确定方法。

在前面的章节研究了怎样将交流电经整流器变为直流电，以供给用电器使用，即可控整流的问题。在本章将研究怎样把直流电变为交流电，即逆变的问题。这是因为在实际应用中，有时需要将交流电变为直流电，而在另一些场合，则需要将直流电转变为交流电，即：直流电→逆变器→交流电→用电器（或电网）。这种对应于整流的逆过程称为逆变，能够实现逆变的电路称为逆变电路。在一定的条件下，一套晶闸管电路既可用于整流又能用于逆变，实现这一功能的装置称为变流装置或变流器。

3.1　有源逆变的工作原理

3.1.1　电网与直流电动机间的能量转换

在一定的条件下，包含既可整流又能逆变的晶闸管电路的装置称为变流装置或变流器。图 3.1 是交流电网经变流器接直流电动机的系统示意图。直流电动机可工作在不同的工作状态，实现电网和直流电动机间的能量转换。

1．直流电动机作为负载工作在电动状态

变流器工作在整流状态，其输出电压 U_d 极性为上正下负，如图 3.1（a）所示。直流电动机 M 运行在电动状态，其电枢反电势 E 极性为上正下负，$U_d>E$，回路中电流 I_d 如图所示。根据电工基础知识可知，电流从电源正极流出，则电源供出能量，电流从负载正极流入，则负载吸收能量；因而图 3.1（a）中变流器把交流电网电能变成直流电能供给电动机 M 和电阻 R 消耗。

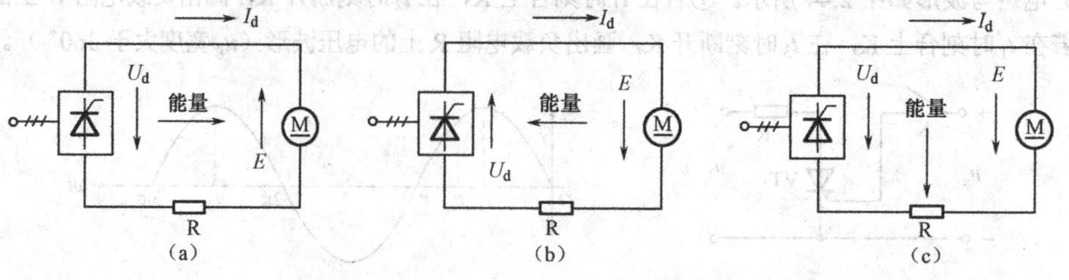

图 3.1　电网与直流电动机间能量传递

2．直流电动机作为电源工作在发电制动状态

直流电动机 M 作为发电机处于制动状态时，其产生的电动势 E 的极性如图 3.1（b）、（c）所示，为下正上负。

（1）当$|U_d|<|E|$时，晶闸管在 E 的作用下，在电源的负半周导通，变流器输出电压为下正上负，由于晶闸管的单向导电性，仍有如图 3.1（b）所示方向的电流 I_d，此时，直流电动机供出能量，变流器将直流电动机供出的直流能量的一部分变换为与电网同频率的交流能量送回电网，电阻 R 消耗一部分能量，直流电动机运行在发电制动状态。

（2）当变流器输出电压 U_d 为上正下负，而直流电动机输出的电动势 E 为下正上负，两电源反极性相连。电流 I_d 仍如图 3.1（c）所示，回路电流由两电势之和与回路的总电阻决定，这时两个电源都输出功率，消耗在回路电阻上。如回路电阻很小，将有很大电流，相当于短路，这在实际工作中是不允许的。

3.1.2 有源逆变的工作原理

如图 3.2 所示为两组桥式可控整流电路供电给直流电动机 M 的工作电路，电路中串联大电感 L_d。

1．变流器工作于整流状态

当开关 Q 拨向位置 1，且 I 组晶闸管的控制角 $\alpha_I<90°$，输出的电压 U_{dI} 为上正下负，电动机 M 由静止开始运行，流过电枢的电流为 i_1，电动机反电动势为 E，方向如图 3.2（a）所示。第 I 组晶闸管工作在整流状态，供出能量，直流电动机工作在电动状态，吸收能量，这与如图 3.1（a）所示的情形是一致的。

2．变流器工作在逆变状态

首先，给 II 组晶闸管加触发脉冲，且 $\alpha_{II}>90°$。将开关 Q 迅速从位置 1 拨向位置 2，由于机械惯性，直流电动机的转速短时间保持不变，因而 E 也不变。当$|U_{dII}|<|E|$时，第 II 组晶闸管在 E 和 U_2 的作用下导通，产生电流 i_2，方向如图 3.2（a）所示。此时第 II 组晶闸管输出的电压 $U_{dII}=0.9\,U_2\cos\alpha_{II}$，极性为上正下负，直流电动机运行在发电制动状态，供出能量，第 II 组晶闸管吸收能量送回交流电网，这个过程就是有源逆变，与图 3.1（b）所讲的情形相一致。

3．变流器与直流电动机均供出能量

如果给第 II 组晶闸管所加触发脉冲的导通角 $\alpha_{II}<90°$，当开关 Q 拨向 2 时，由于 U_{dII} 是下正上负，E 是上正下负，两电源反极性相连，直流电动机 M 和第 II 组晶闸管均供出能量，消耗在回路电阻上，而回路电阻又较小，回路中将产生很大的电流，相当于短路，很容易造成事故。这与图 3.1（c）所示情形相一致，应防止这种情况发生。

4．实现有源逆变的条件

在如图 3.2（c）所示情况下，假定 E 不变，在平均电压$|U_{dII}|<|E|$时，电路工作在有源逆变状态，这是指整个工作过程，实际上在每一瞬间电路不一定都工作在有源逆变状态。这是因为，在 $\omega t_1\sim\omega t_2$ 这段时间里，U_2 为正半周，输出电压 U_d 的极性为下正上负，与 E 反极性

相连，两电源均供出能量，第Ⅱ组晶闸管工作在整流状态，只是这段时间较短。同时，由于回路中串有大电感，电流不会上升得很大。在 $\omega t_2 \sim \omega t_3$ 时间内，U_2 负半周，输出电压 U_d 的极性为上正下负，第Ⅱ组晶闸管作为电源而言，其电流是从正极流入，吸收能量送回电网，此时其工作在有源逆变的状态。$\omega t_3 \sim \omega t_4$ 时间内，由于 $|U_2| > |E|$，如果回路中无足够大的电感，晶闸管因承受反向电压而关断，不能继续进行有源逆变。但如果回路中有足够大的电感，在 ωt_3 时刻后，由于电流减小，电感中的感应电动势将和 E 的方向一致，维持电流连续且足够大，使晶闸管继续导通（图 3.2（a）中的 VT_3'），直至 ωt_4 时，另一晶闸管 VT_4' 触发导通，使 VT_3' 承受反压而关断，开始下一周期的工作。因此，要保证有源逆变连续进行，回路中要串有足够大的电感。

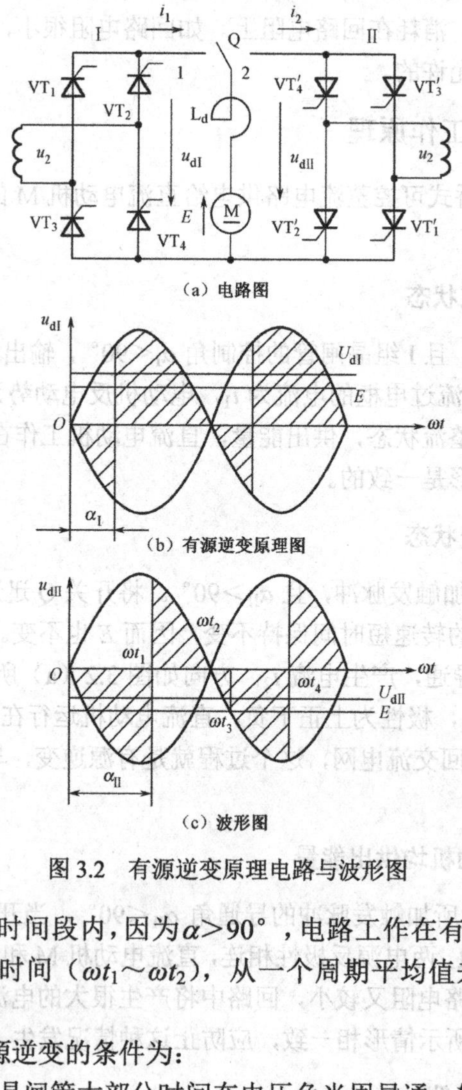

（a）电路图

（b）有源逆变原理图

（c）波形图

图 3.2　有源逆变原理电路与波形图

在以上 $\omega t_1 \sim \omega t_4$ 这一时间段内，因为 $\alpha > 90°$，电路工作在有源逆变的时间（$\omega t_2 \sim \omega t_4$）要大于工作在整流状态的时间（$\omega t_1 \sim \omega t_2$），从一个周期平均值来看，电路工作在有源逆变状态。

因此，可得出实现有源逆变的条件为：

（1）控制角 $\alpha > 90°$，晶闸管大部分时间在电压负半周导通，输出电压 $U_d < 0$。

（2）直流侧要有直流电源 E，且 $|E| > |U_d|$，其方向与电流方向相同，晶闸管承受正向电压。

（3）回路中要有足够大的电感 L_d。

上述（1）、（2）是实现有源逆变的必要条件，（3）是实现有源逆变的充分条件。

由于半控桥式晶闸管电路和接有续流二极管的电路不可能输出负电压，而且也不允许在直流侧接上反极性的直流电源，因而这些电路不能实现有源逆变。

5．逆变角

当变流器工作在逆变状态时，控制角 $\alpha>90°$，平均电压 $U_d=U_{d0}\cos\alpha$。为方便计算，我们引入了逆变角β，它和控制角的关系为$\beta=\pi-\alpha$，则$U_d=U_{d0}\cos(\pi-\beta)=-U_{d0}\cos\beta$。逆变角为$\beta$的触发脉冲位置可从 $\alpha=180°$ 时刻开始前移（左移）β 角度来确定。

3.2 三相有源逆变电路

除单相桥式电路可工作在有源逆变状态外，较常见的还有三相半波有源逆变电路和三相桥式有源逆变电路。

3.2.1 三相半波有源逆变电路

如图 3.3（a）所示为三相半波有源逆变的主电路。电动机 M 的电动势 E 的极性符合有源逆变条件，当$|E|>|U_d|$且$\beta=\pi-\alpha<90°$ 时，可实现有源逆变。

当 $\alpha=120°$（$\beta=\pi-\alpha=60°$）时给 VT_1 加上触发脉冲，如图 3.3（b）中的 ωt_1 时刻，此时，在 $\omega t_1\sim\omega t_2$ 时间内，U 相电压为正，VT_1 导通；在 $\omega t_2\sim\omega t_3$ 时间内，虽然 U 相电压为负，但由于 E 的作用，仍使 VT_1 承受正压而导通，因此，在 $\omega t_1\sim\omega t_3$ 时间内，有电流 i_d 流过晶闸管 VT_1，同时有 $u_d=u_U$ 的电压波形输出，如图 3.3（b）中的 $\omega t_1\sim\omega t_3$ 的阴影部分所示，由于有相互间隔 120° 的脉冲轮流触发相应的晶闸管，因此就得到了如图 3.3（b）所示的有阴影部分的电压波形，其直流平均电压（阴影部分正、负面积之和）为负值。由于电路中接有大电感 L_d，因而 i_d 为一平直连续的直流电流 I_d。

逆变时晶闸管两端电压波形的画法与整流时一样，图 3.3（c）画出了$\beta=60°$ 时，VT_1 管承受的电压 u_{T1} 的波形。在一周期内，VT_1 管首先导通 120°，其承受的电压接近为零，紧接着后面的 120° 内 VT_2 导通，VT_1 关断，VT_1 承受电压 u_{UV}，最后 120° 内 VT_3 导通，VT_1 承受的电压为 u_{UW}。有源逆变时管子 VT_1 所承受的电压与整流时比较，逆变时总是正面积大于负面积，整流时则相反，总是负面积大于正面积。当 $\beta=\alpha$ 时，正负面积相等；当$\alpha=180°$，$\beta=0°$ 时，正面积最大；当$\alpha=\beta$时，整流与逆变管子的电压波形形状完全一样。管子承受的最大正、反向电压均为$\sqrt{6}\,U_2$。

逆变电路中晶闸管的换相与整流时晶闸管的换相是一样的，均为靠承受反压或电压过零来实现。从图 3.3（b）中可见，当 VT_1 导通 120° 后，在 ωt_3 时刻，给 VT_2 加上触发脉冲，因此时 VT_1 仍导通，VT_2 承受的 u_{VU} 电压为正值，故 VT_2 具备了导通条件，而此时 VT_1 所承受的电压 u_{UV} 都为负值，使 VT_1 被迫关断，完成了由 VT_1 向 VT_2 的换相过程，如图 3.3（c）所示。其他晶闸管的换相与此相同。

三相半波有源逆变电路直流侧电压平均值 $U_d=U_{d0}\cos\alpha=-U_{d0}\cos\beta=-1.17\,U_2\cos\beta$（“–”号说明其实际方向与假定方向相反）。输出直流电流平均值为：

$$I_d=(E-U_d)/R_\Sigma$$

式中，R_Σ为回路的总电阻。

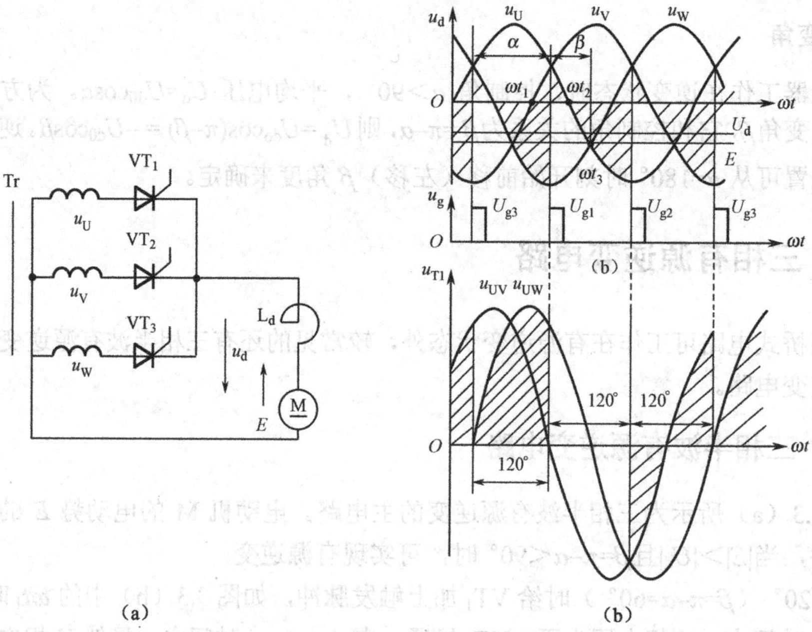

图 3.3　三相半波逆变电路与波形图

图 3.4（a）、（b）分别画出了β=30°、β=90°时逆变电压波形和晶闸管 VT_1 承受的电压波形。

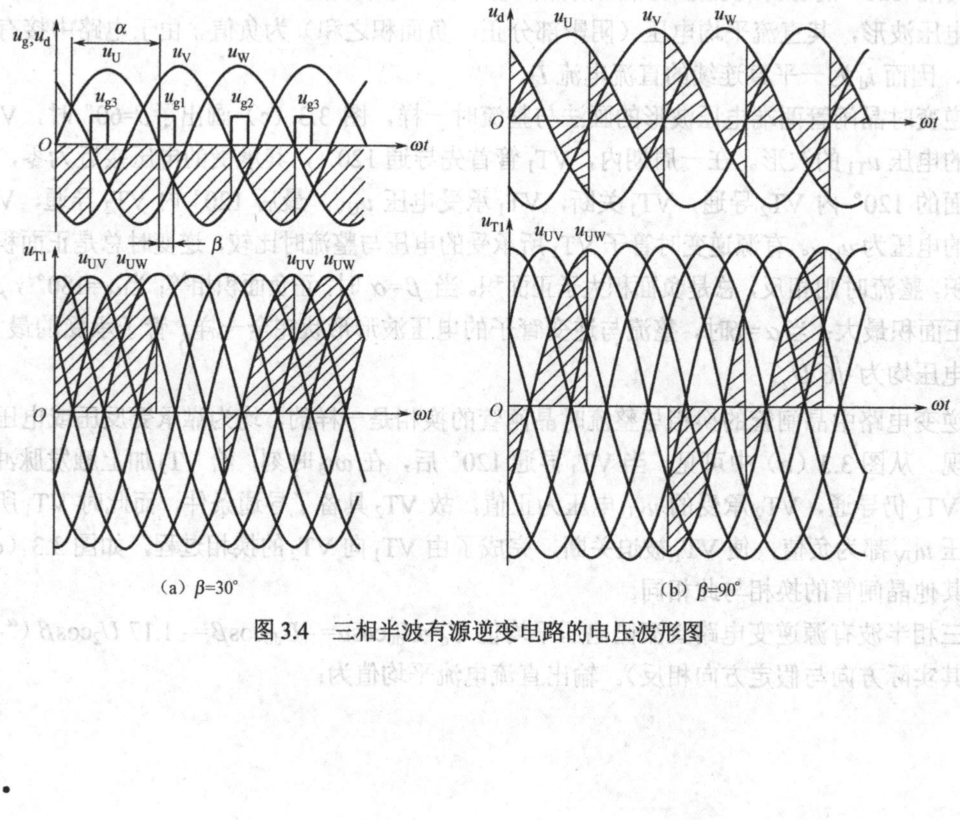

（a）β=30°　　（b）β=90°

图 3.4　三相半波有源逆变电路的电压波形图

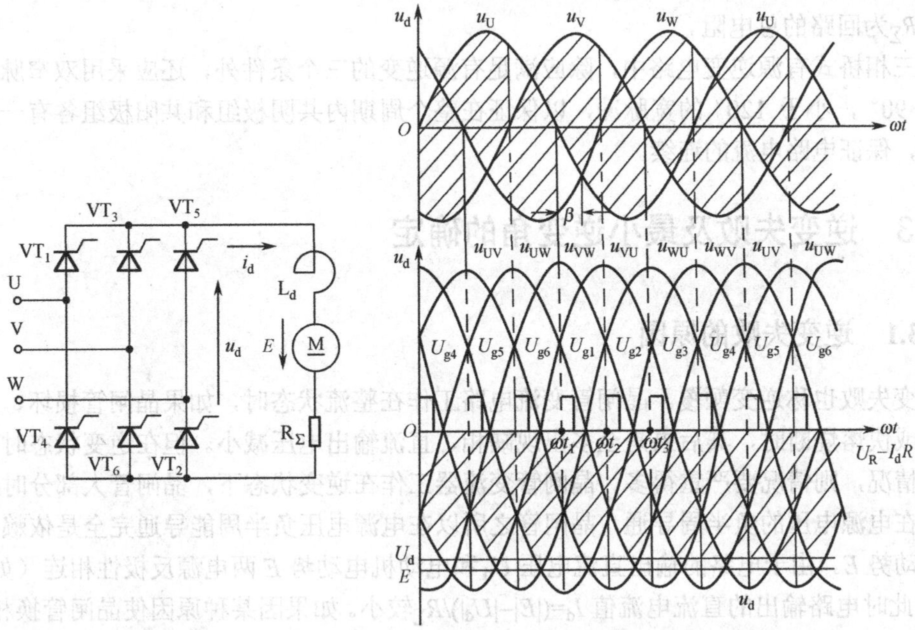

（a）电路图　　（b）β=30° 时三相全控桥直流输出电压波形

图 3.5　三相全控桥有源逆变电路

3.2.2　三相桥式有源逆变电路

图 3.5（a）为三相桥式逆变电路的原理图。为满足逆变条件，电动机电动势 E 为上负下正，回路中串有大电感 L_d，逆变角β<90°。现以β=30° 为例，分析其工作过程。

（1）在图 3.5（b）中，在 ωt_1 处加上双窄脉冲触发 VT_1 和 VT_6，此时电压 u_U 为负半周，给 VT_1 和 VT_6 以反向电压。但$|E|>|u_{UV}|$，E 相对 VT_1 和 VT_6 为正向电压，加在 VT_1 和 VT_6 上的总电压（$|E|-|u_{UV}|$）为正，使 VT_1 和 VT_6 两管导通，有电流 i_d 流过回路，变流器输出的电压 $u_d= u_{UV}$，其波形如图 3.5（b）所示。

（2）经过 60° 后，在 ωt_2 处加上双窄脉冲触发 VT_2 和 VT_1 管，由于此前 VT_6 是导通的，从而使加在 VT_2 上的电压 u_{VW} 为正向电压，当 VT_2 在 ωt_2 时刻被触发后即刻导通，而 VT_2 导通后，VT_6 因承受的电压 u_{VW} 为反压而关断，完成了从 VT_6 到 VT_2 的换相。在第 2 次触发后第 3 次触发前（ωt_2～ωt_3），变流器输出的电压 $u_d= u_{UW}$，其波形如图 3.5（b）所示。

（3）又经过 60° 后，在 ωt_3 处再次加上双窄脉冲触发 VT_2 和 VT_3，使 VT_2 继续导通，而 VT_3 导通后使 VT_1 因承受反向电压 u_{UV} 而关断，从而又进行了一次由 VT_1 至 VT_3 的换相。按照 VT_1～VT_6 换相顺序不断循环，晶闸管 VT_1～VT_6 轮流依次导通，整个周期始终保证有两只晶闸管是导通的。控制β 角使输出电压平均值$|U_d|<|E|$，则电动机直流能量经三相桥式逆变电路转换成交流能量送到电网中去，从而实现了有源逆变。

其输出的直流电压平均值为：

$$U_d=-2.34U_2\cos\beta$$

输出直流电流平均值为：

$$I_d=(E-U_d)/R_\Sigma$$

式中，R_Σ为回路的总电阻。

在三相桥式有源逆变电路中，除应满足有源逆变的三个条件外，还应采用双窄脉冲或宽度大于 90°，小于 120° 的宽脉冲，以保证在整个周期内共阴极组和共阳极组各有一只晶闸管导通，保证电路电流的连续。

3.3 逆变失败及最小逆变角的确定

3.3.1 逆变失败的原因

逆变失败也称逆变颠覆。晶闸管变流电路工作在整流状态时，如果晶闸管损坏、触发脉冲丢失或快熔烧断时，其后果是至多出现缺相、直流输出电压减小。但在逆变状态时，如发生上述情况，则情况要严重得多。晶闸管变流器工作在逆变状态下，晶闸管大部分时间或全部时间在电源电压的负半周导通，晶闸管之所以在电源电压负半周能导通完全是依赖于电动机反电动势 E。由于电路的输出直流电压 U_d 和电动机电动势 E 两电源反极性相连（如图 3.6 所示），此时电路输出的直流电流值 $I_d=(|E|-|U_d|)/R_\Sigma$较小。如果因某种原因使晶闸管换相失败，本来在负半周导通的晶闸管会一直导通到正半周，使输出电压极性反过来（如图 3.6 虚线所示），即极性为上正下负，U_d 和 E 变成正极性相连，此时电路电流 $I_d=(|E|-|U_d|)/R_\Sigma$会非常大，从而造成短路事故，使逆变无法正常进行。

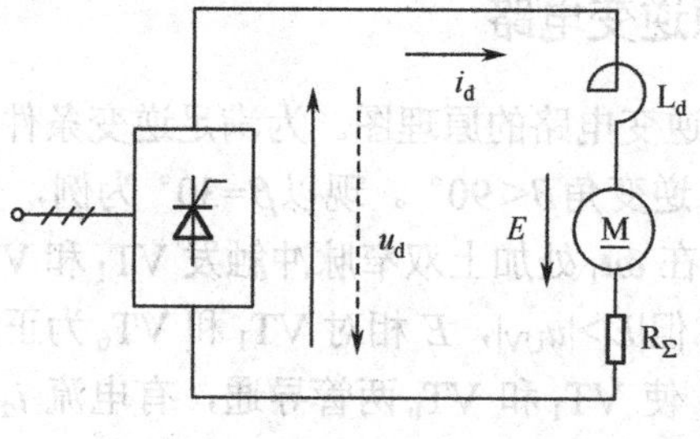

图 3.6 逆变失败电压极性图

造成逆变失败的原因通常有电源、晶闸管和触发电路等三方面的原因。

1. 交流电源方面的原因

（1）电源缺相或一相熔丝熔断。如果运行当中发生电源缺相，则与该相连接的晶闸管无法导通，使参与换相的晶闸管无法换相而继续工作到相应电压的正半周，从而造成逆变器输出电压 U_d 与电动机电动势 E 正向连接而短路，使换相失败。

（2）电源突然断电。此时变压器二次侧输出电压为零，而一般情况下电动机因惯性作用无法立即停车，反电动势在瞬间也不会为零，在 E 的作用下晶闸管继续导通。由于回路电阻一般都较小，电流 $I_d=E/R_\Sigma$仍然很大，会造成事故导致逆变失败。

（3）晶闸管快熔烧断，此情况与电源缺相情况相似。

（4）电压不稳，波动很大。在触发电路对此无保护的情况下会使工作不可靠，例如，输出触发脉冲不同步或脉冲丢失。为克服因电压波动而造成逆变失败，往往在采用正弦波触发电路时带尖脉冲，或在最小逆变角β_{min}处加一固定脉冲。

2. 触发电路的原因

（1）触发脉冲丢失。如图 3.7（a）所示为三相半波逆变电路，在正常工作条件下，u_{g1}、u_{g2}、u_{g3} 触发脉冲间隔 120°，轮流触发 VT_1、VT_2、VT_3 晶闸管。ωt_1 时刻 u_{g1} 触发 VT_1 晶闸管，在此之前 VT_3 已导通，由于此时 u_U 虽为零值，但 u_W 为负值，因而 VT_1 承受 u_{UW} 正向电压而导通，VT_3 关断。到达 ωt_2 时刻，在正常情况下应有 u_{g2} 触发信号触发 VT_2 导通，VT_1 关断。在图 3.7（b）中，假定由于某种原因 u_{g2} 丢失，VT_2 虽然承受 u_{UW} 正向电压，但因无触发信号不能导通，因而 VT_1 就无法关断，继续导通到正半周结束。到 ωt_3 时刻 u_{g3} 触发 VT_3，由于 VT_1 此时仍然导通，VT_3 承受 u_{UW} 反向电压，不能满足导通条件，因而 VT_3 不能导通，而 VT_1 仍然继续导通，输出电压 U_d 极性变成上正下负，和 E 反极性相连，造成短路事故，逆变失败。

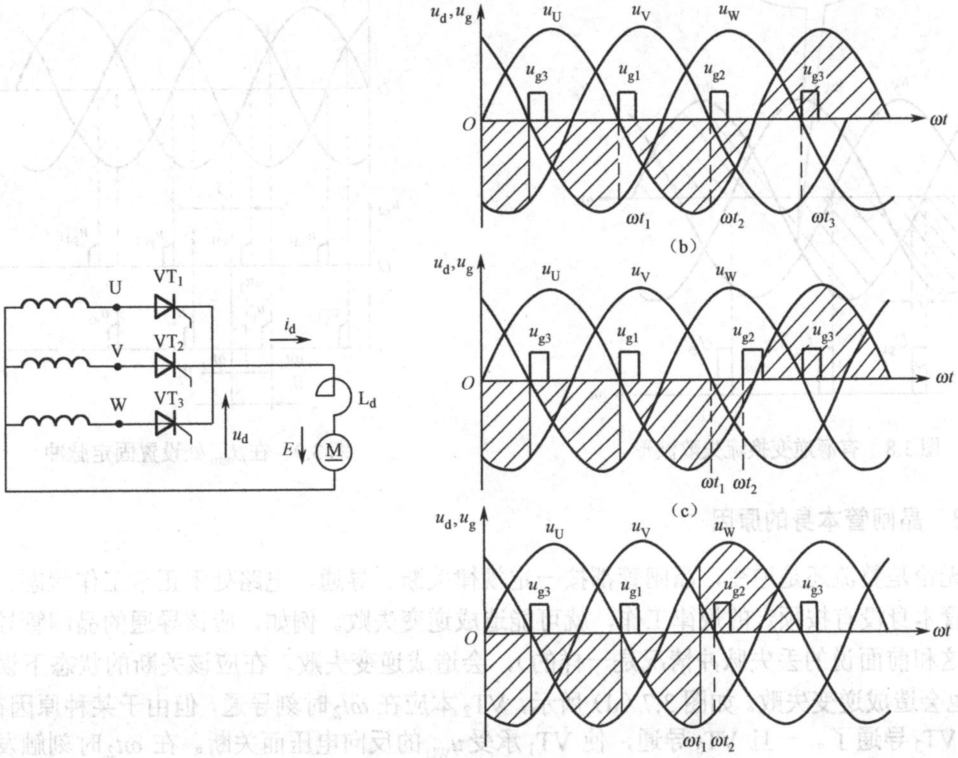

（a）电路图　　（d）波形图

图 3.7　三相半波电路逆变失败波形

（2）触发脉冲分布不均匀（不同步）。如图 3.7（c）所示，本应在 ωt_1 时刻触发 VT_2 管，关断 VT_1 管，进行正常换相，但是，由于脉冲延迟至 ωt_2 时刻才出现（例如，触发电路三相输出脉冲不同步，u_{g1} 和 u_{g2} 之间间隔大于 120°，使 u_{g2} 出现滞后）。此时 VT_2 承受反向电压，因而不满足导通条件，VT_2 不导通，VT_1 继续导通，直到导通至正半波，形成短路，造成逆变失败。

（3）逆变角β太小。如果触发电路没有保护措施，在移相控制时，β 角太小也可能造成逆变失败。由于整流变压器存在漏抗，换相时电流不能突变，换相电流——关断晶闸管的电流从 0 到 I_d 和导通晶闸管的电流从 I_d 到 0 都不能在瞬间完成，因此存在换相时出现两晶闸管同时导通的现象。同时导通的时间对应一个角度，用换相重叠角 γ 表示。在正常工作情况下，ωt_1 时刻触发 VT_2，关断 VT_1，完成 VT_1 到 VT_2 的换相。当 $\beta<\gamma$ 时（如图 3.8 中放大部分所示），由于 β 太小，在过 ωt_2 时刻（对应 $\beta=0°$），换相尚未结束，即 VT_1 没关断。过 ωt_2 时刻 U 相电压 u_U 大于 V 相电压 u_V，VT_1 管承受正向电压而继续导通。VT_2 管导通短时间后又受反向电压而关断，与触发脉冲 u_{g2} 丢失的情况一样，造成逆变失败。

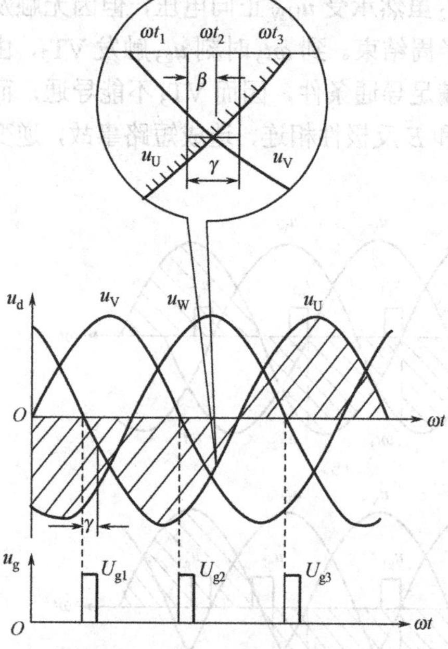

图 3.8　有源逆变换流失败波形

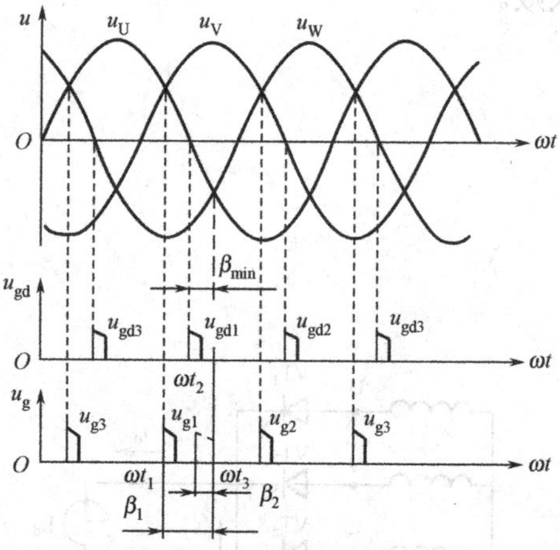

图 3.9　在 β_{min} 处设置固定脉冲

3．晶闸管本身的原因

无论是整流还是逆变，晶闸管都按一定规律关断、导通，电路处于正常工作状态。倘若晶闸管本身没有按预定的规律工作，就可能造成逆变失败。例如，应该导通的晶闸管导通不了（这和前面说的丢失脉冲情况是一样的），会造成逆变失败。在应该关断的状态下误导通了，也会造成逆变失败。如图 3.7（d）所示，VT_2 本应在 ωt_2 时刻导通，但由于某种原因在 ωt_1 时刻 VT_3 导通了。一旦 VT_3 导通，使 VT_1 承受 u_{WU} 的反向电压而关断。在 ωt_2 时刻触发 VT_2 管，由于此时 VT_2 管承受 u_{WU} 反向电压，所以 VT_2 管不会导通，而 VT_3 管继续导通，致使逆变失败。除晶闸管本身不导通或误导通外，晶闸管连接线的松脱、保护元器件的动作等原因也可能引起逆变失败。

3.3.2　最小逆变角的确定及限制

1．最小逆变角的确定

为保证逆变能正常工作，使晶闸管的换相能在电压负半周换相区之内完成换相，触发脉冲必须超前一定的角度给出，也就是说，对逆变角 β 必须要有严格的限制。

（1）换相重叠角 γ。由于整流变压器存在漏抗，使晶闸管在换相时存在换相重叠角 γ。如

图 3.8 所示，在此期间，要换相的两只晶闸管都导通，如果$\beta<\gamma$，则在ωt_2时刻（即β=0°处），换相尚未结束，一直延至ωt_3时刻，此时，$u_U>u_V$，晶闸管 VT_2关不断，VT_1不能导通，就会使逆变失败。γ值随电路形式、工作电流大小的不同而不同，一般选取 15°～25°电角度。

（2）晶闸管关断时间t_g所对应的电角度δ_o。晶闸管从导通到完全关断需要一定的时间，这个时间t_g一般由管子的参数决定，通常为 200～300μs，折合到电角度δ_o约为 4°～5.4°。

（3）安全余量角θ_α。由于触发电路各元器件的工作状态会发生变化（如温度等的影响），使触发脉冲的间隔出现不均匀即不对称现象，再加上电源电压的波动，波形畸变等因素，因此必须留有一定的安全余量角θ_α，一般取θ_α为 10°左右。

综合以上因素，最小逆变角$\beta_{min}\geqslant\gamma+\delta_o+\theta_\alpha$=30°～35°

最小逆变角β_{min}所对应的时间即为电路提供给晶闸管保证可靠关断的时间。

2．限制最小逆变角常用的方法

（1）设置逆变角保护电路。当β角小于最小逆变角β_{min}或β角大于 90°时，主电路电流急剧增大，由电流互感器转换成电压信号，反馈到触发电路，使触发电路的控制电压U_c发生变化，脉冲移至正常工作范围。

（2）设置固定脉冲。在设计要求较高的逆变电路时，为了保证$\beta\geqslant\beta_{min}$，常在触发电路中附加一组固定的脉冲，这组固定脉冲出现在$\beta=\beta_{min}$时刻，不能移动，见图 3.9 中的u_{gd1}。当换相脉冲u_{g1}在固定脉冲u_{gd1}之前时，由于u_{g1}已触发 VT_1导通，则固定脉冲u_{gd1}对电路工作不产生影响。如果换相脉冲u_{g1}因某种原因移到u_{gd1}后，（见图 3.9 中的ωt_3时刻），则u_{gd1}触发 VT_1管，使 VT_3管关断，保证电路在β_{min}之间完成换相，避免了逆变失败。

（3）设置控制电压U_c限幅电路。由于触发脉冲的移相大多采用垂直移相控制，控制电压U_c的变化决定了β角的变化，因此，只要给控制端加上限幅电路，也就限制了β角的变化范围，避免由于U_c变化引起β角超范围变化而引起的逆变失败。

*3.4 有源逆变电路的应用

直流电动机可逆拖动系统是指直流电动机正、反转的自动控制系统。常见的如轧钢机轧辊的正、反转运行，龙门刨床工作台的往复运行，电梯的上升、下降运行，起重机提升和下放重物的运动等，均是通过电动机的正、反转来实现的。通常改变直流他励电动机转向的方法有两种：一种是通过改变励磁绕组两端电压的极性来实现的；另一种则是通过改变电枢两端电压的极性来实现的，两种方法各有特点，可根据不同场合与不同要求选用。

3.4.1 用接触器控制直流电动机正、反转的电路

1．改变直流电动机励磁电流方向控制直流电动机正、反转

图 3.10 为通过改变电动机的励磁电流方向来改变电动机运转方向的电路图。

（1）电路组成。电枢电路由三相可控桥式整流电路供电，通过改变控制角α可实现直流电动机转速调节；为了使过渡过程加快，要求三相桥电路能工作于整流和有源逆变状态。励磁回路由单相桥式整流电路（不可控）供电，通过接触器 KM_1、KM_2的闭合、断开来实现励

磁电流方向的改变。

（2）正、反转控制过程。当 KM_1 闭合时，励磁电流 I_f 方向如图 3.10 中的实线箭头所示，此时电动机正转。当 KM_1 断开，KM_2 闭合时，流过励磁绕组的电流 I_f 方向反向，如图 3.10 中的虚线箭头所示，此时电动机反向运转。在此类控制电路中需要注意的是只有在电枢电流为零时才能换相，否则将造成过大的冲击电流。

2．改变电枢两端电压极性控制直流电动机正、反转

如图 3.11 所示的是改变电枢电压极性达到改变电动机正、反转的电路图（励磁绕组由另一组整流电源供电，图中未画出）。

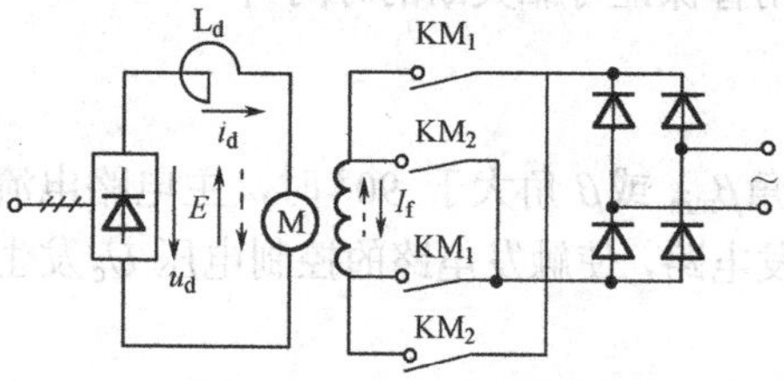

图 3.10　用接触器控制磁场电路

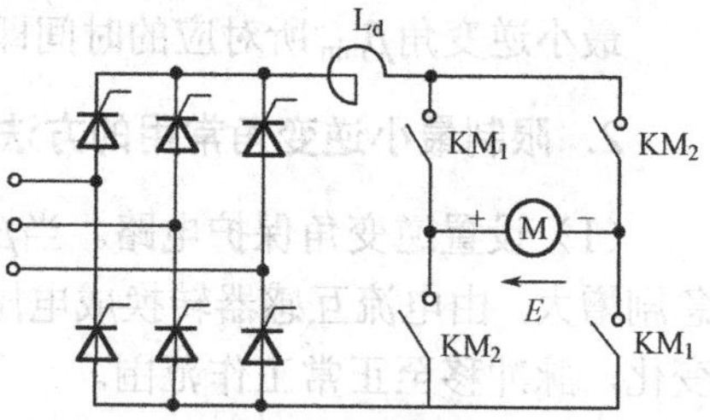

图 3.11　用接触器控制电枢的电路

（1）电路组成。电枢绕组仍由三相可控桥式整流电路供电，通过改变控制角 α 可改变电枢电压大小，从而达到对直流电动机调速的目的（励磁电路由另一组固定单相整流电源供电，图中未画出）。

（2）正、反转控制过程：当 KM_1 闭合，变流器工作在整流状态（即 $\alpha \leqslant 90°$）时，直流电动机 M 的电枢电压为左正右负，此时，电动机正转。当调节 α 逐步增大到 $\alpha > 90°$（$\beta < 90°$）的逆变工作区，由于此时电感中产生较高感应电动势，在此电动势的作用下，电路进入有源逆变工作状态，将电感中储能逆变为交流能量送回电网中，电枢电流 I_d 迅速下降，当 I_d 下降到近似为零时，断开 KM_1，闭合 KM_2，此时，由于电动机反电动势的作用仍满足实现有源逆变的条件，所以电路仍然工作在有源逆变状态，将电枢正向旋转的机械惯性能量逆变为电能送回电网，电动机运行在发电制动状态，电动机转速很快下降到零。此时将脉冲相应地移到 $\alpha < 90°$，电路工作在整流状态，通过已闭合的 KM_2 将电能反向输出给电枢绕组，使电动机反转。由反转变正转的过程与上述过程一样。读者可自行分析。

综上所述，采用接触器控制的可逆电路的优点是线路简单，价格便宜，前期投资少，但在动作频繁、大电流的场合，接触器的体积较大，触头断流电弧严重，维修麻烦。同时由于接触器本身动作时间较长，不宜用在快速系统中。对于那些容量大、要求过渡过程快、动作频繁的设备，可采用两组晶闸管反向并联的可逆电路。

3.4.2　采用两组晶闸管反向并联的可逆电路

对于非位能负载，若直流电动机由电动状态转为发电制动状态，相应的变流器由整流转为逆变，则电流必须改变方向，这在同一组变流桥内是不可能实现的，必须采用两组变流桥，将其按极性反向连接，一组工作在电动机正转，另一组工作在电动机反转。两组变流桥反极性连接，电路有两种供电方式：一种是两组晶闸管接到同一个交流电源上，称为反并联连接，常用的反并联连接电路如图 3.12 所示；另一种称为交叉连接，两组晶闸管分别由同一个整流变压器的两组二次绕组供电，或用二只整流变压器供电。两种连接的工作原理相似，下面以反并联连接电路为例进行分析。

反并联连接可逆电路常用的工作方式可分为有环流、逻辑无环流和错位无环流三种。

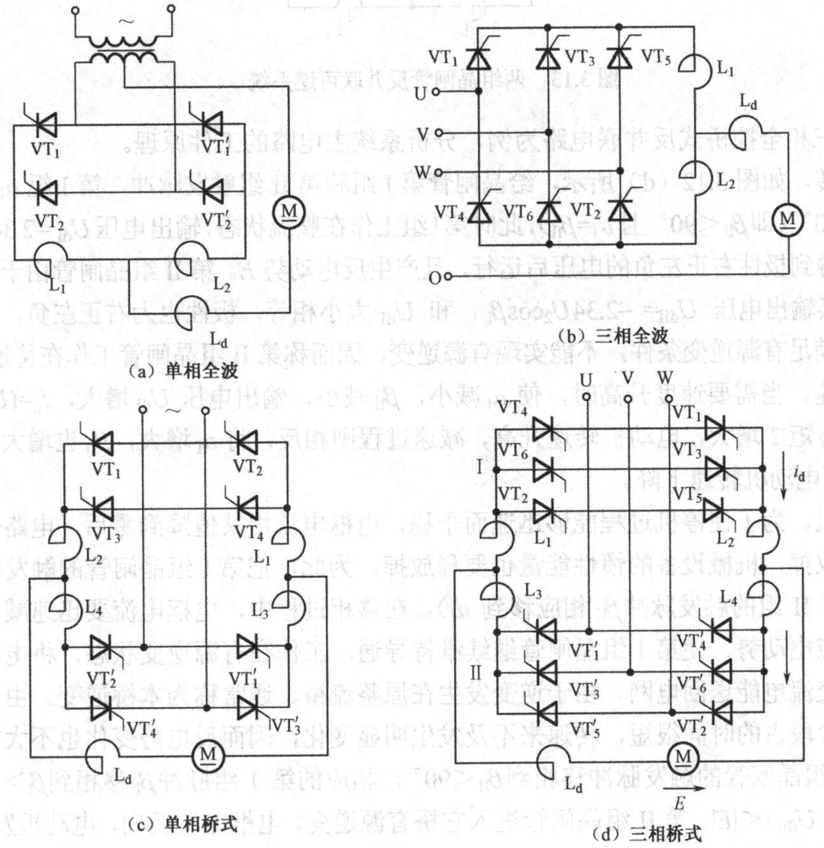

图 3.12　两组晶闸管反并联的可逆电路

1. 有环流可逆电路工作原理

有环流可逆电路的特点是：

（1）两组晶闸管同时都有触发脉冲的作用，两组晶闸管在工作中都保持连续导通，负载电流的方向完全是连续变化的，不需要检测负载电流的方向或者关断与导通相应的变流器，动态性能比无环流好。

（2）为防止在两组晶闸管间出现直流环流，当一组晶闸管工作在整流状态时，另一组晶闸管必须工作在逆变状态，如图 3.13 所示，当第 I 组晶闸管为整流状态时，第 II 组晶闸管必须工作在逆变状态，并保证 $\alpha_{\rm I}=\beta_{\rm II}$（或 $\alpha_{\rm II}=\beta_{\rm I}$），且在调速过程中，$\alpha_{\rm I}$ 和 $\beta_{\rm II}$（或 $\alpha_{\rm II}$ 和 $\beta_{\rm I}$）必须同时移相，从而保证在任何时刻均有 $|U_{\rm dI}|=|U_{\rm dII}|$，即任何时刻两组晶闸管的输出电压都保持大小相等、方向相反。按此原则所安排的工作状态称为 $\alpha=\beta$ 工作制。

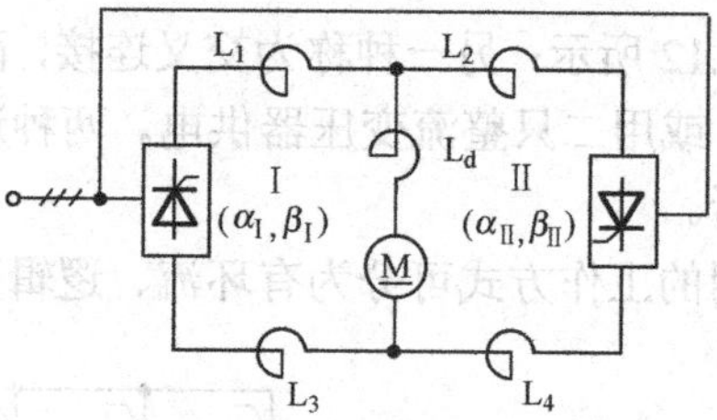

图 3.13　两组晶闸管反并联可逆系统

下面以三相全控桥式反并联电路为例，分析系统主电路的工件原理。

（1）正转。如图 3.12（d）所示，给晶闸管第 I 组和第 II 组触发脉冲，第 I 组 $\alpha_{\mathrm{I}}<90°$，第II组$\alpha_{\mathrm{II}}>90°$（即$\beta_{\mathrm{II}}<90°$ 且$\alpha_{\mathrm{I}}=\beta_{\mathrm{II}}$），此时第I组工作在整流状态，输出电压$U_{\mathrm{dI}}=2.34U_2\cos\alpha_{\mathrm{I}}$，电动机电枢得到极性右正左负的电压后运行，且产生反电动势E。第II组晶闸管由于触发脉冲$\beta_{\mathrm{II}}<90°$，其输出电压 $U_{\mathrm{dII}}=-2.34U_2\cos\beta_{\mathrm{II}}$，和 U_{dI} 大小相等，极性也为右正左负，由于此时$U_{\mathrm{dII}}>E$，不满足有源逆变条件，不能实现有源逆变，因而称第 II 组晶闸管工作在待逆变状态。

（2）调速。当需要速度升高时，使 α_{I} 减小，β_{II} 减小，输出电压 U_{dI} 增大，$I_{\mathrm{d}}=(U_{\mathrm{dI}}-E)R_{\Sigma}$ 增大，电磁转矩 T 增大，电动机转速升高，减速过程则相反，将 α_{I} 增大，β_{II} 也增大，输出电压 U_{dI} 减小，电动机转速下降。

（3）停机。为了使停机过程能够迅速而平稳，电枢电流由某值降到零后，电路储存的电感能量要释放掉，机械设备的惯性能量也要释放掉，为此，把第 I 组晶闸管的触发脉冲由 α_{I} 移相到β_{I}（第 II 组的触发脉冲β_{II}相应移到 α_{I}）。在移相过程中，电枢电流要迅速减小，电感中将产生感应电动势，使第 I 组晶闸管继续维持导通，工作在有源逆变状态，将电感储存的能量逆变成交流电能送回电网。由于逆变发生在原整流桥，通常称为本桥逆变。由于电流下降迅速，此阶段占的时间很短，转速来不及发生明显变化，因而反电势变化也不大。当 $i_{\mathrm{d}}=0$ 时，将第 II 组晶闸管的触发脉冲移相到$\beta_{\mathrm{II}}<90°$，相应的第 I 组脉冲β_{I}移相到$\beta_{\mathrm{I}}>90°$ 即 $\alpha_{\mathrm{I}}<90°$，使得$|U_{\mathrm{dII}}|<|E|$，第 II 组晶闸管进入它桥有源逆变，电枢电流反向，电动机发电制动，机械惯性能量送回电网。

随着转速下降，E 减小，调整β_{II}随之增大，保持一定的制动力矩，直至转速 $n=0$，$\beta_{\mathrm{II}}=\alpha_{\mathrm{II}}=90°$，$|U_{\mathrm{dII}}|=|U_{\mathrm{dI}}|=0$，电动机停转。

（4）反转。当电动机由正转到停止的过程完成后，再继续将第 II 组晶闸管的脉冲由 90° 移到$\alpha_{\mathrm{II}}<90°$ 区域，此时，第 I 组晶闸管由于 $\alpha_{\mathrm{I}}>90°$（$\beta_{\mathrm{I}}<90°$）而进入待逆变状态，第 II 晶闸管则因$\alpha_{\mathrm{II}}<90°$ 而进入整流状态，直流电压改变极性，电动机反转。

通过对两组晶闸管反并联可逆系统工作原理的分析可见，在调速过程中一直保持$\alpha_{\mathrm{I}}=\beta_{\mathrm{II}}$（或$\beta_{\mathrm{I}}=\alpha_{\mathrm{II}}$）。两组晶闸管不能同时工作在同一种状态，但每组晶闸管均可工作在整流、待整流、逆变、待逆变的状态，通过改变两组晶闸管的控制角可以实现四象限运行。

系统在实际运行中，如果能严格保证$\alpha=\beta$，两组反向并联的晶闸管之间由于直流平均电压相等则不会产生直流环流，但是由于两组晶闸管的直流输出端瞬时电压值 U_{dI} 和 U_{dII} 不相等，因此出现瞬时电压差 u_{c}，亦即均衡电压或环流电压，在 u_{c} 的作用下产生不流经负载的环流电流 i_{c}，为了限制环流电流，必须串联均衡电抗器 $L_1\sim L_4$。

为了实现$\alpha=\beta$ 工作制，触发脉冲的原始位置是这样整定的：当触发装置的控制信号为零时，第 I 组晶闸管$\alpha_{I}=\frac{\pi}{2}$，第 II 组晶闸管$\beta_{II}=\frac{\pi}{2}$，此时电动机转速为零。当控制信号电压增大时，第 I 组晶闸管触发脉冲左移，α_{I}减小，整流装置输出电压升高。由于第 II 组晶闸管的控制信号通过反相器接第 I 组晶闸管触发电路控制信号，因此第 II 组晶闸管触发电路控制信号与第 I 组晶闸管触发电路控制信号大小相等、方向相反，当第 I 组晶闸管触发脉冲左移时第 II 组触发脉冲右移，亦即β_{II}减小，输出电压上升（逆变电压），满足$\alpha_{I}=\beta_{II}$，两组晶闸管的输出电压平均值仍然大小相等，方向相反。由于两组晶闸管用同一控制信号，在信号变化时，两组晶闸管的触发脉冲相位同时变化，且保证$\alpha_{I}=\beta_{II}$。

2. 逻辑控制无环流可逆电路的工作原理

反向并联供电时，如果两组晶闸管同时工作在整流状态会产生很大的环流，它是一种有害电流，它不做有用功而占有变流装置的容量，产生损耗使元器件发热，严重时会造成短路，因此必须用逻辑控制的方法，在任何时间内只允许一组桥路工作，另一组桥路阻断，这样才不会产生环流，这种电路称为逻辑无环流可逆电路。

逻辑无环流可逆系统中，脉冲必须符合如下要求：其一是任何时刻只能给一组晶闸管加触发脉冲，另一组晶闸管要封锁；其二是脉冲切换时，必须使导通组晶闸管的电流 $i_d=0$，等待 2～3ms（关断等待时间）后封锁，再等待约 7ms 时间（触发等待延时时间），使晶闸管恢复正向阻断后才能开放原来封锁的那组晶闸管的触发电路，使晶闸管触发导通。

下面对逻辑无环流可逆系统的基本工作原理加以分析。

（1）正转。如图 3.14 所示电路中第一象限工作状态，触发第 I 组晶闸管，$\alpha_{I}<90°$，第 II 组晶闸管封锁阻断，第 I 组处于整流状态，电动机正向运转。

（2）正转到反转。改变控制电压 U_c，将第 I 组晶闸管触发脉冲后移到$\alpha_{I}>90°$（$\beta_{I}<90°$），由于机械惯性，电动机转速 n 和反电动势 E 均暂时不变，第 I 组晶闸管在 E 的作用下本应关断，但由于 i_d 迅速减小，电感中产生感应电动势 E_L，且$|E_L|>|E|$，使回路满足有源逆变条件，第 I 组晶闸管进入有源逆变状态，将电感的储能逆变返送电网。由于此时的逆变发生在原来工作的桥路，故称为本桥逆变，此时电动机仍为电动运行状态。当 i_d 下降到零时，将第 I 组晶闸管封锁，电动机惯性旋转约 3～10ms 后，第 II 组晶闸管进入有源逆变状态，进入图 3.14 中第二象限，且使有源逆变的直流侧电压 $U_{d\beta}$在数值上随电动势 E 减小，以使电动机保持运行在发电制动状态，将系统的惯性能量逆变返送电网，电动机转速进一步下降。由于此时逆变发生在原来封锁的桥路，因而称为它桥逆变。当转速 n 下降到零时，将第 II 组晶闸管的触发脉冲继续移至$\alpha_{II}<90°$（$\beta_{II}>90°$），第 II 组晶闸管进入整流状态，电动机反向运转，进入图 3.14 中第三象限。同理，电动机从反转到正转是由第三象限经第四象限到第一象限。由于任何时刻两组晶闸管不同时工作，故不存在环流。

具体实现方法是根据给定信号进行极性检测，以确定开放或封锁哪一组桥，即当实际的转矩方向与给定信号的要求不一致时，要进行两组晶闸管触发脉冲间的切换。并且在系统中应安装检测零电流的检测装置，以检测电流是否接近零，如果检测到电流 i_d 接近为零即发出信号，使电路在延时 2～3ms 后封锁原导通晶闸管，再经过 7ms 后开放原封锁的那组晶闸管的触发脉冲。为了确定不产生环流，在发出零电流信号后，必须延时 10ms 左右才能开放原封锁的那组晶闸管，因此这 10ms 称为“控制死区”。

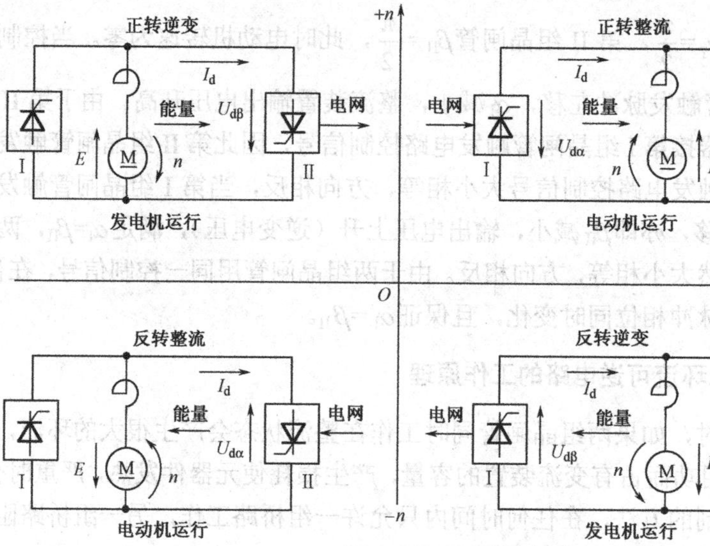

图 3.14　反并联可逆系统四象限运行图

逻辑无环流电路虽有死区，快速性不如有环流系统，但其不需要笨重与昂贵的均衡电抗器来限制环流，也没有环流引起的损耗，因此在工业中得到了广泛应用。

3.4.3　绕线转子异步电动机的串级调速

三相绕线转子异步电动机的调速，以往常用的是在转子回路串联附加电阻，通过改变附加电阻的阻值来达到改变电动机转速的目的。这种调速方法，虽然设备简单，投资少，维护容易，但由于此方法调速是有级的，转子电阻及其切换设备体积大，附加电阻消耗大量的电功率，因此调速性能和节电性能均较差。人们在实践中又找到了另一种调速方法即在转子回路中引入附加电动势来实现调速，通过改变附加电动势达到改变电动机转速的目的，也就是本节所介绍的“异步电动机串级调速”。目前采用的主要有由整流器—晶闸管逆变器组成的低同步串级调速、超同步串级调速和斩波式逆变器串级调速。

1. 低同步串级调速的基本原理

绕线式异步电动机转子电动势的大小和频率都随电动机转速而变化，如果在转子回路中串入与转子电动势频率一致、相位相反的交流附加电动势，则当附加电动势增大时，电动机的转速下降；当附加电动势减小时，则电动机转速上升，从而实现电动机的无级调速。

但是要引入频率与相位有特定要求的交流电动势是很复杂的，因此人们采用将转子电动势整流为直流，再引入直流附加电动势的方法，如图 3.15 所示，将转子三相电动势首先用三相全波整流电路进行整流，得到 $U_d = 1.35E_{21}$。然后在转子回路串联一直流反电动势 E，则转子回路电压平衡方程式为：

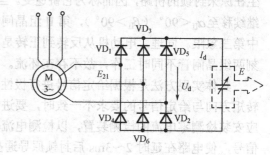

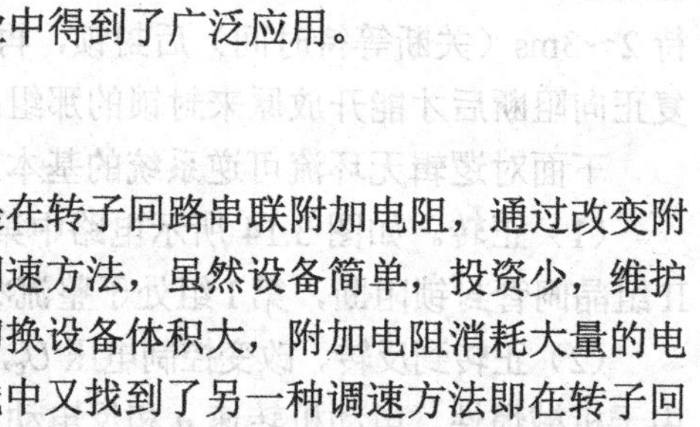

图 3.15　串级调速原理图

$$U_d=E+I_dR_\Sigma$$

式中，E_{21} 为转子线电动势；

E 为反电动势；

R_Σ 为转子回路总电阻；

I_d 为整流输出电流。

由于 R_Σ 很小，忽略 I_dR_Σ，则 $U_d=E$。而 $U_d=1.35E_{21}=1.35sE_{20}$，（$E_{20}$——转子开路电动势；$s$——转差率），故 $U_d=1.35sE_{20}=E$，所以 $s=\dfrac{E}{1.35E_{20}}=\dfrac{n_0-n}{n_0}$。因此，只要改变反电动势 E 的大小，即可改变转差率 s 的大小，从而改变电动机转速 n 的大小，达到调速的目的。同时，反电动势 E 作为一个电源，还能吸收转差能量，将转差能量再设法送回电网，这是一种很经济的调速方法。为此，根据前面所学过的晶闸管有源逆变的相关知识，用一只晶闸管有源逆变电路代替附加电动势 E，就能实现调速和能量回馈。

图 3.16 是常用的绕线转子异步电动机串级调速主电路原理图，电动机的启动通常采用接触器控制接在转子回路的频敏变阻器来实现。当电动机转速稳定时，忽略直流回路电阻，整流桥的直流电压 U_d 与逆变侧电压 $U_{d\beta}$ 大小相等，方向相反，若逆变变压器二次侧电压为 U_{21}，则逆变侧电压 $U_{d\beta}=1.35U_{21}\cos\beta=U_d=1.35sE_{20}$，则有：

$$s=\frac{U_{21}}{E_{20}}\cos\beta$$

该式说明，通过改变逆变角 β 的大小即可改变电动机的转差率 s，从而达到调速的目的。这种调速的实质是将逆变电压 $U_{d\beta}$ 看成转子回路的反电动势，改变 β 值即改变反电动势的大小，返送回电网的功率也跟着改变。

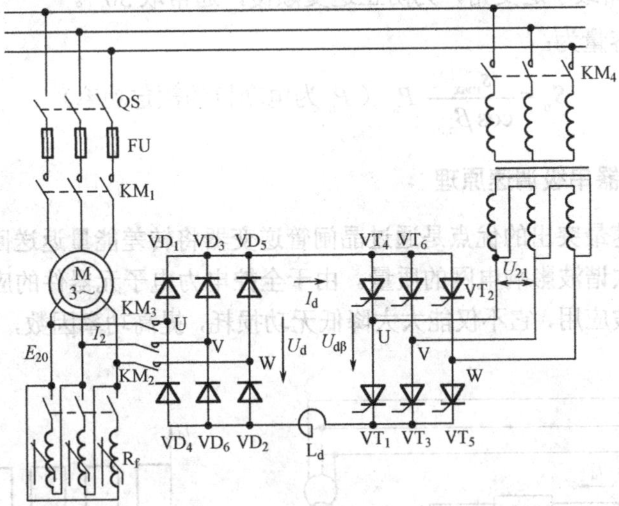

图 3.16　串级调速主电路图

其工作过程如下：

（1）启动。闭合 KM_1 和 KM_2，利用频敏变阻器使电动机启动；当电动机启动完成后，断开 KM_2，接通 KM_3，系统转入串级调速运行。

（2）调速。当负载一定时，电动机稳定运行在某一转速 n，此时 $U_{d\beta}=U_d$。若要使电动机转速升高，则将β值增大，则 $U_{d\beta}=1.35U_{21}\cos\beta$ 减小，$I_d=\dfrac{U_d-U_{d\beta}}{R_\Sigma}$ 增大，转子电流 i_2 增大，于是电动机产生加速转矩，使转速 n 升高，转差率 s 减小，$U_d=1.35sE_{20}$ 亦随之减小，当 U_d 减小到与 $U_{d\beta}$ 相等时，电动机将稳定运行在较高转速 n_2 上。反之，减小β角，电动机转速下降。因此改变β值可以很平滑、方便地进行调速。

（3）停车。先断开 KM_1，使定子断电，延时一定时间后，再断开 KM_3，电动机停转。

这种调速系统电动机产生的转矩由负载转矩决定，属于恒转矩调速。当β值增大到 90°时，$U_{d\beta}=0$，相当于转子电路经二极管整流桥短接，电动机运行在接近自然特性的情况，转速最高。

当调速范围为 2 倍以内时，转差率 s 的最大值 $s_{max}=\dfrac{2n_0-n}{2n_0}=0.5$，整流器的直流输出电压 U_d 值不大，对逆变器要求的逆变电压 $U_{d\beta}$ 相应地较小。因此串级调速适用于调速范围较小的电动机，如风机、水泵等装置上，以作为一种有效的节能措施。

在晶闸管串级调速系统中，逆变变压器一般采用 Y/D 或 D/Y 连接，这样有利于改善电流波形，减少变流装置对电网的影响。逆变变压器二次侧电压 U_{21} 的大小要和异步电动机转子电压相配合，当两组桥路连接形式相同时，最大转子整流电压应与最大逆变电压相等，即：

$$U_{dmax}=1.35s_{max}E_{20}=U_{d\beta max}=1.35U_{21}\cos\beta_{min}$$

$$U_{21}=\frac{s_{max}E_{20}}{\cos\beta_{min}}$$

式中，s_{max} ——调速要求最低转速时的转差率，即最大转差率；

β_{min} ——电路最小逆变角，为防止逆变颠覆，通常取 30°。

逆变变压器的容量为：

$$S_n=\frac{s_{max}}{\cos\beta_{min}}P_n\quad（P_n\text{ 为电动机的额定功率）}$$

2. 斩波式逆变器串级调速原理

晶闸管串级调速最突出的优点是通过晶闸管逆变器将转差能量返送回电网，缺点是功率因数低，产生的高次谐波影响电网的质量。由于全控电力电子元器件的应用，使得斩波式逆变器串级调速开始被应用，它不仅能大大降低无功损耗，提高功率因数，减小高次谐波分量，而且线路也很简单。

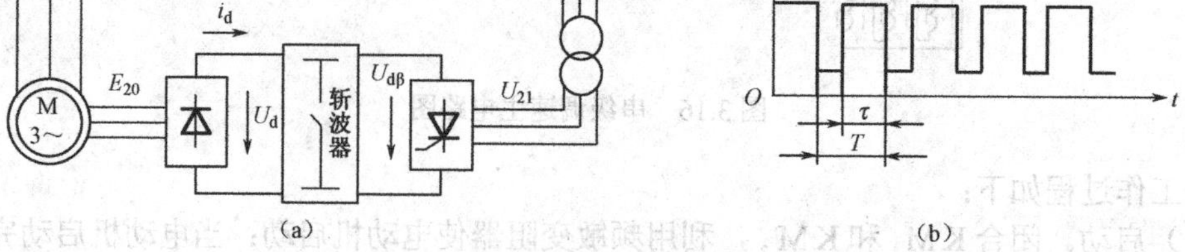

图 3.17　斩波式逆变器串级调速

斩波式逆变器串级调速系统原理框图如图 3.17（a）所示，转子整流器通过斩波器与晶闸管逆变器相连，逆变器控制角通常固定在最小逆变角处不变。斩波器将整流输出电流 i_d 变换成图 3.17（b）所示形状，斩波器工作周期为 T，在 τ 期间斩波器开关闭合，整流桥被短路，在 $T\sim\tau$时间内，斩波器开关断开，整流桥的输出电压 $U_d=2.34sE_{20}$，逆变器输出电压 $U_{d\beta}=2.34U_2\cos\beta_{min}$。式中，$U_2$ 为逆变变压器相电压。

$U_{d\beta}$ 经斩波器输出至整流桥端的电压为$\dfrac{T-\tau}{T}U_{d\beta}$，它应与整流桥输出电压$U_d$ 相等，即 $U_d=\dfrac{T-\tau}{T}U_{d\beta}$，变换后为 $2.34sE_{20}=\dfrac{T-\tau}{T}\times 2.34U_2\cos\beta_{min}$。

所以

$$s=\left(1-\frac{\tau}{T}\right)\frac{U_2}{E_{20}}\cos\beta_{min}$$

$$n=n_0\left[1-\left(1-\frac{\tau}{T}\right)\frac{U_2}{E_{20}}\cos\beta_{min}\right]$$

由上式可见，通过改变斩波器开关闭合时间τ 的大小，就可改变电动机转速 n。当$\tau=0$ 时，斩波器开关一直处于断开状态，电动机一直运行在串级调速状态下的最低速。

本章小结

本章主要介绍了有源逆变电路的基本工作原理，三相有源逆变电路、有源逆变电路的应用以及逆变失败等内容。

（1）有源逆变。有源逆变的条件：

① 控制角$\alpha>90°$，晶闸管大部分时间在电源电压负半周导通，输出电压平均值 $U_d<0$。

② 直流侧要有直流电源 E，且$|E|>|U_d|$，其方向与电流方向相同，晶闸管承受正向电压。

③ 回路中要有足够大的电感 L_d。

有源逆变角$\beta=\pi-\alpha$。

（2）三相有源逆变电路。

三相半波有源逆变电路直流侧电压平均值$U_d=-1.17U_2\cos\beta$。

三相桥式有源逆变电路输出的直流电压平均值$U_d=-2.34U_2\cos\beta$。式中，U_2 为三相电路的相电压有效值。有源逆变角β 小于 90°。晶闸管承受的最大正反向电压为 $\sqrt{6}\,U_2$。

输出直流电流平均值为：$I_d=\dfrac{E-U_d}{R_\Sigma}$。

（3）逆变失败及最小逆变角。

逆变失败可能有交流电源、晶闸管和触发电路等三方面的原因。

交流电源引起逆变失败原因有电源缺相或一相熔丝熔断、电源突然断电、晶闸管快熔烧断、电压不稳等。

触发电路引起逆变失败原因有触发脉冲丢失、触发脉冲不同步、逆变角β 太小等。

逆变失败还有晶闸管自身的原因。

最小逆变角$\beta_{min}\geqslant\gamma+\delta_0+\theta_\alpha=(30\sim35°)$。其中$\gamma$ 为换相重叠角，δ_0为晶闸管关断时间所对应的电角度，θ_α 为安全余量角。

（4）有源逆变电路的应用。用接触器控制直流电动机正、反转的电路。通过改变直流电动机励磁电流方向控制直流电动机正、反转，改变直流电动机电枢两端电压极性可控制直流电动机正、反转。

晶闸管直流可逆拖动系统采用两组晶闸管反向并联的可逆电路。反向并联连接可逆电路常用的三种工作方式为有环流、逻辑无环流和错位无环流。

（5）绕线转子异步电动机的串级调速。绕线转子异步电动机串级调速，逆变侧电压 $U_{d\beta}=1.35U_{21}\cos\beta=U_d=1.35sE_{20}$。式中，$s=\dfrac{U_{21}}{E_{20}}\cos\beta$；$E_{20}$——转子的开路电动势；$E_{21}$——转子的线电动势；$U_{21}$——变压器二次侧电压。

通过改变逆变角β的大小即可改变电动机的转差率 s，从而达到调速的目的。

斩波式逆变器串级调速的公式有：

转差率 $s=\left(1-\dfrac{\tau}{T}\right)\dfrac{U_2}{E_{20}}\cos\beta_{\min}$

转速 $n=n_0\left[1-\left(1-\dfrac{\tau}{T}\right)\dfrac{U_2}{E_{20}}\cos\beta_{\min}\right]$

习　题　3

一、判断题（正确的打√，错误的打×）

（1）逆变角太大会造成逆变失败。（　　）

（2）有源逆变指的是把直流电能转变成交流电能送给负载。（　　）

（3）有源逆变电路可把直流电能变换成 50Hz 交流电能送回交流电网。（　　）

二、填空题

（1）将直流电能转换为交流电能又馈送回交流电网的逆变电路称为__________逆变器。

（2）确定最小逆变角$\beta_{\min}$要考虑的三个因素是晶闸管关断时间 t_{off} 所对应的电角度δ、安全余量θ 和______________。

三、选择题

（1）可在第一和第四象限工作的变流电路是（　　）。

A. 三相半波可控变流电路

B. 单相半控桥电路

C. 接有续流二极管的三相半控桥电路

D. 接有续流二极管的单相半波可控变流电路

（2）下列电路中，不可以实现有源逆变的有（　　）。

A. 三相半波可控整流电路　　B. 三相桥式全控整流电路

C. 单相桥式可控整流电路　　D. 单相全波可控整流电路外接续流二极管

（3）有源逆变发生的条件为（　　）。

A. 要有直流电动势　　B. 要求晶闸管的控制角大于 90°

C. 直流电动势极性须和晶闸管导通方向一致　　D. 以上说法均是错误的

（4）在三相全控桥式变流电路直流电动机拖动系统中，当$\alpha>\dfrac{\pi}{2}$时，电网侧的功率因数为（　　）。

A. $\cos\varphi<0$　　B. $\cos\varphi>0$　　C. $\cos\varphi=0$　　D. $\cos\varphi$正负不定

四、简答和计算题

（1）如图 4-17 所示，一个工作在整流电动状态，另一个工作在逆变发电状态。

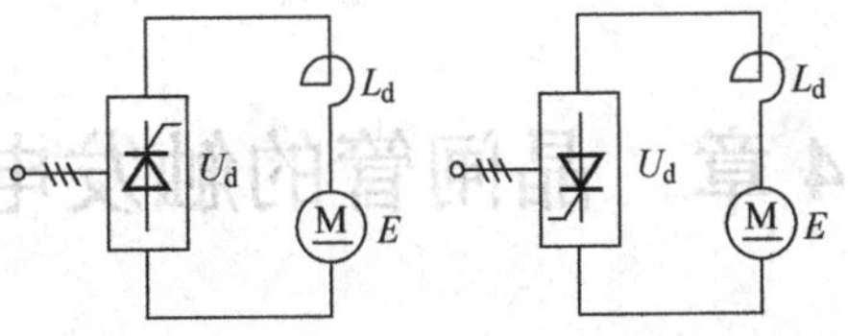

整流电动状态　　　逆变发电状态

图 4.17　习题 4-4 图

① 在图中标出 U_d、E 及 i_d 的方向。

② 说明 E 大小与 U_d 大小的关系。

③ 当 α 与 β 的最小值均为 30° 时，控制角 α 移相范围为多少?

（2）三相桥式电压型逆变电路，180° 导电方式，U_d=100V。试求输出相电压的基波幅值 U_{UN1m} 和有效值 U_{UN1}、输出线电压的基波幅值 U_{UV1m} 和有效值 U_{UV1}、输出线电压中 5 次谐波的有效值 U_{UV5}。

第4章 晶闸管的触发电路

本章重点：

（1）了解集成触发电路和数字触发电路的工作原理。

（2）了解晶闸管防止误触发的措施。

（3）掌握单结晶体管触发电路的工作原理及梯形波实现同步的方法。

（4）晶体管触发电路的工作原理及锯齿波实现同步的方法。

晶闸管由阻断转为导通，除在阳极和阴极间加正向电压外，还须在控制极和阴极间加合适的正向触发电压。提供正向触发电压的电路称为触发电路。触发电路的种类很多，本章主要介绍单结晶体管触发电路、晶闸管触发电路和集成触发电路。

4.1 对触发电路的要求

各种触发电路的工作方式不同，对触发电路的要求也不完全相同。这里把基本要求归纳如下。

（1）触发信号常采用脉冲形式。因晶闸管在触发导通后控制极就失去控制作用，虽触发信号可以是交流、直流或脉冲形式，但为减少控制极损耗，故一般触发信号常采用脉冲形式。

（2）触发脉冲应有足够的功率。触发脉冲的电压和电流应大于晶闸管要求的数值，并留有一定的余量，以保证晶闸管可靠导通。晶闸管属于电流控制元器件，为保证足够的触发电流，一般可取2倍左右所要求的触发电流大小（按电流大小决定电压）。

（3）触发脉冲电压的前沿要陡，要求小于10μs，且要有足够的宽度。因同系列晶闸管的触发电压不尽相同，如果触发脉冲不陡，就会造成晶闸管不能被同时触发导通，使整流输出电压波形不对称。触发脉冲宽度应要求触发脉冲消失前阳极电流已大于擎住电流，以保证晶闸管的导通。表4.1中列出了不同可控整流电路、不同性质负载常采用的触发脉冲宽度。

表4.1 不同可控整流电路、不同性质负载常采用的触发脉冲宽度

可控整流电路形式	单相可控整流电路		三相半波和三相半控桥整流电路		三相全控桥及双反星形整流电路	
	电阻负载	电感性负载	电阻负载	电感性负载	单宽脉冲	双窄脉冲
触发脉冲宽度 B	＞1.8° （10μs）	10°～20° （50～100μs）	＞1.8° （10μs）	10°～20° （50～100μs）	70°～80° （350～400μs）	10°～20° （50～100μs）

（4）触发脉冲与晶闸管阳极电压必须同步。两者频率应该相同，而且要有固定的相位关系，使每一周期都能在相同的相位上触发。

（5）触发脉冲满足主电路移相范围的要求。触发脉冲的移相范围与主电路形式、负载性质及变流装置的用途有关。

（6）门极正向偏压要小。有些触发电路在触发之前会有门极正向偏压，为避免误触发，要求门极正向偏压不大于 U_{GD}（不触发电压值），且越小越好。

此外，还要求触发电路具有动态响应快、抗干扰能力强、温度稳定性好等性能。常见的触发电压波形如图 4.1 所示。

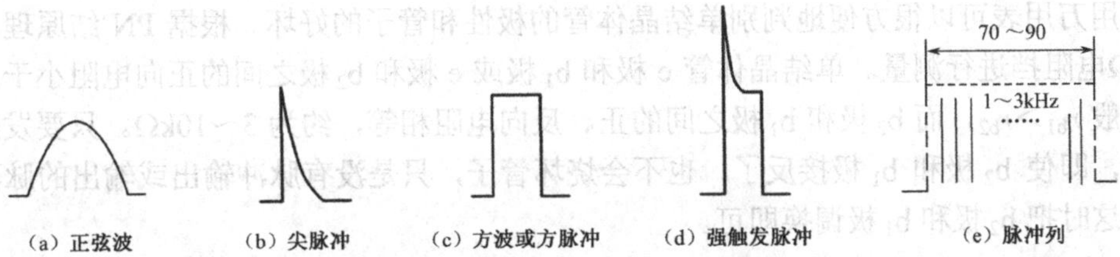

图 4.1　常见的晶闸管触发电压波形

提示：安装晶闸管时，如果不能触发导通，可能原因如下：

（1）门极断路或门极阴极间短路。

（2）触发回路输出功率达不到晶闸管要求。

（3）脉冲变压器二次侧极性接反。

（4）触发脉冲相位与主电路电压相位不对应。

此外，如果安装时发现主电路和触发电路各自测试均正常，但连在一起后不能正常工作，可能是不同步导致的，此时可调整触发脉冲，使其与电源波形保持固定的相位关系即可。

4.2　单结晶体管触发电路

单结晶体管触发电路具有结构简单，调试方便，脉冲前沿陡，抗干扰能力强等优点，广泛应用于 50A 以下中、小容量晶闸管的单相可控整流装置中。

4.2.1　单结晶体管

1. 单结晶体管的结构

单结晶体管的结构、等效电路及电路符号如图 4.2 所示。单结晶体管又称双基极管，它有三个电极，但结构上只有一个 PN 结。它是在一块高电阻率的 N 型硅片上用镀金陶瓷片制作两个接触电阻很小的极，称为第一基极（b_1）和第二基极（b_2），在硅片靠近 b_2 处掺入 P 型杂质，形成 PN 结，并引出一个铝质极，称为发射极 e。

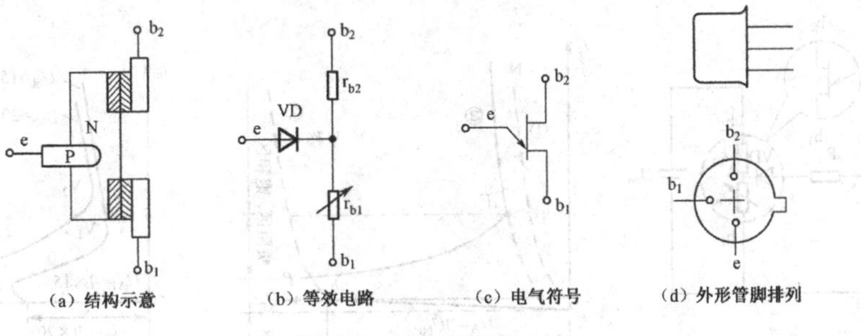

图 4.2　单结晶体管

当 b_2, b_1 极间加正向电压后，e, b_1 极间呈高阻特性。但当 e 极的电位达到 b_2, b_1 极间电压的某一比值（例如 50%）时，e, b_1 极间立刻变成低电阻，这是**单结晶体管最基本的特点**。

触发电路常用的单结晶体管型号有 BT33 和 BT35 两种。B 表示半导体，T 表示特种管，第一个数字 3 表示有三个电极，第二个数字 3（或 5）表示耗散功率 300mW（或 500mW）。单结晶体管的主要参数见表 4.2。

利用万用表可以很方便地判别单结晶体管的极性和管子的好坏。根据 PN 结原理，选用 R×1kΩ电阻挡进行测量。单结晶体管 e 极和 b_1 极或 e 极和 b_2 极之间的正向电阻小于反向电阻，一般 $r_{b1}>r_{b2}$，而 b_2 极和 b_1 极之间的正、反向电阻相等，约为 3～10kΩ。只要发射极判别对了，即使 b_2 极和 b_1 极接反了，也不会烧坏管子，只是没有脉冲输出或输出的脉冲幅度很小，这时把 b_2 极和 b_1 极调换即可。

表 4.2　单结晶体管的主要参数

参数名称		分压比 η	基极电阻 r_{bb}/kΩ	峰点电流 I_p/μA	谷点电流 I_V/mA	谷点电流 U_V/V	饱和电压 U_{es}/V	最大反压 U_{b2e}/V	发射极反漏电流 I_{eo}/μA	耗散功率 P_{max}/mW
测试条件		U_{bb}=20V	U_{bb}=3V I_e=0	U_{bb}=0	U_{bb}=0	U_{bb}=0	U_{bb}=0 I_e为最大值		U_{b2e}为最大值	
BT33	A	0.45～0.9	2～4.5			<3.5	<4	≥30		
	B							≥60		
	C	0.3～0.9	>4.5～12	<4	>1.5	<4	<4.5	≥30		300
	D							≥60		
BT35	A	0.45～0.9	2～4.5			<3.5	<4	≥30	<2	
	B					>3.5		≥60		
	C	0.3～0.9	>4.5～12			<4	<4.5	≥30		500
	D							≥60		

注意：

利用万用表可以很方便地判别单结晶体管的极性和好坏。根据 PN 结特性，选用 R×1kΩ电阻挡进行测量：单结晶体管 e 和 b_1 极或 e 和 b_2 极之间的正向电阻小于反向电阻，一般 $r_{b1}>r_{b2}$，而 b_2 和 b_1 极之间的正反向电阻相等，约为 3～10kΩ。只要发射极判断对了，即使 b_1 和 b_2 接反了，也不会烧坏管子，只是没有脉冲输出或输出的脉冲幅度很小，这时只要把两极调换即可。

2. 单结晶体管的伏安特性

单结晶体管的伏安特性是指两个基极 b_2 和 b_1 间加某一固定直流电压 U_{bb} 时，发射极电流 I_e 与发射极正向电压 U_e 之间的关系曲线 $I_e=f(U_e)$。其试验电路及伏安特性如图 4.3 所示。

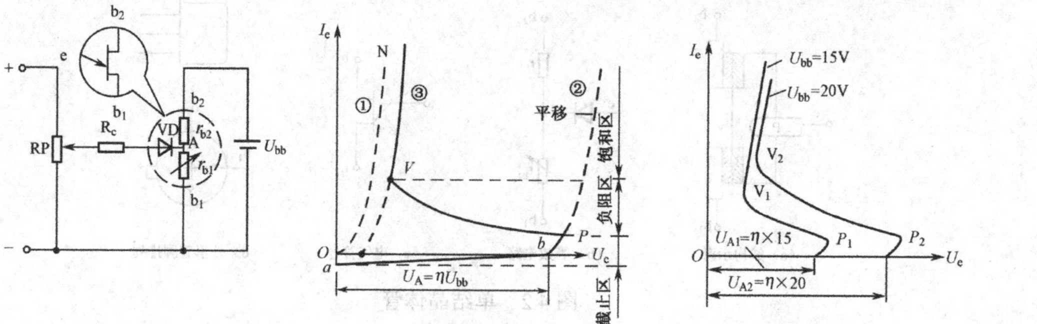

（a）试验电路　　（b）特性曲线　　（c）特性曲线簇

图 4.3　单结晶体管的伏安特性

当 U_{bb} 为零时，得到如图 4.3（b）中①所示伏安特性曲线，它与二极管伏安特性曲线相似。

（1）截止区 aP 段。当 U_{bb} 不为零时，U_{bb} 通过单结晶体管等效电路中的 r_{b2} 和 r_{b1} 分压，得 A 点（见图 4.3（a））电位 U_A，其值为：

$$U_A = \frac{r_{b1}}{r_{b1}+r_{b2}}U_{bb} = \eta U_{bb}$$

式中，η 为分压比，一般为 0.3～0.9。

从图（b）可见，当 U_e 从零逐渐增加，但 $U_e < U_A$ 时，等效电路中二极管反偏，仅有很小的反向漏电流；当 $U_e=U_A$ 时，等效二极管零偏，$I_e=0$，电路此时工作在特性曲线与横坐标交点 b 处；进一步增加 U_e，直到 U_e 增加到高出 ηU_{bb} 一个 PN 结正向压降 U_D 时，即 $U_e=U_P=\eta U_{bb}+U_D$ 时，单结管才导通。这个电压称为峰点电压，用 U_P 表示，此时的电流称为峰点电流，用 I_P 表示。

（2）负阻区 PV 段。等效二极管导通后大量的载流子注入 e-b$_1$ 区，使 r_{b1} 迅速减小，分压比 η 下降，U_A 下降，因而 U_e 也下降。U_A 的下降使 PN 结承受更大的正偏，引起更多的载流子注入到 e-b$_1$ 区，使 r_{b1} 进一步减小，I_e 更进一步增大，形成正反馈。当 I_e 增大到某一数值时，电压 U_e 下降到最低点。这个电压称为谷点电压，用 U_V 表示，此时的电流称为谷点电流，用 I_V 表示。这个过程表明单结晶体管已进入伏安特性的负阻区域。

（3）饱和区 VN 段。过谷点以后，当 I_e 增大到一定程度时，载流子的浓度注入遇到阻力，欲使 I_e 继续增大，必须增大电压 U_e，这一现象称为饱和。

谷点电压是维持单结晶体管导通的最小电压，一旦 $U_e < U_V$ 时，单结管将由导通转化为截止。改变电压 U_{bb}，等效电路中的 U_A 和特性曲线中的 U_P 也随之改变，从而可获得一簇单结晶体管特性曲线，如图 4.3（c）所示。

4.2.2 单结晶体管驰张振荡电路

利用单结晶体管的负阻特性和 RC 电路的充放电特性，可以组成驰张振荡电路（又称自激振荡电路），产生脉冲，用以触发晶闸管。电路如图 4.4（a）所示。

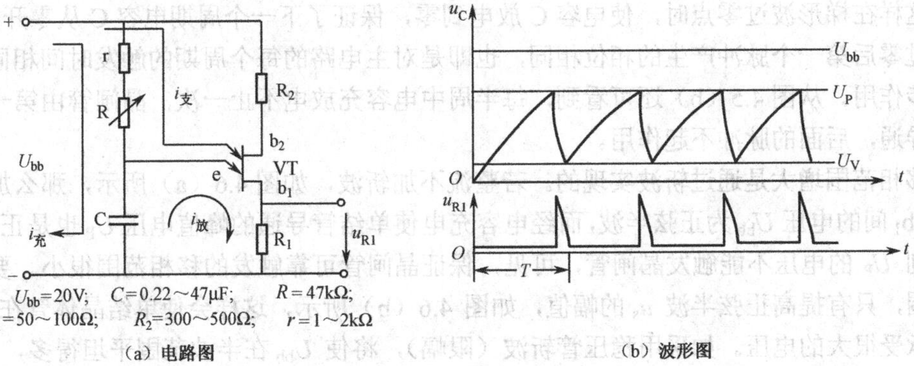

图 4.4　单结晶体管自激振荡电路

设电源未接通时，电容 C 上的电压为零。电源接通后，电源电压通过 R$_2$, R$_1$ 加在单结晶体管的 b$_2$, b$_1$ 上，同时又通过 r、R 对电容 C 充电。当电容电压 u_C 达到单结晶体管的峰点电

压 U_P 时，e-b_1 导通，单结晶体管进入负阻状态，电容 C 通过 r_{b1}, R_1 放电。因 R_1 阻值很小，放电很快，放电电流在 R_1 上输出一个脉冲去触发晶闸管。

当电容放电，u_C 下降到 U_V 时，单结晶体管关断，输出电压 u_{R1} 下降到零，完成一次振荡。放电一结束，电容器重新开始充电，重复上述过程，电容 C 由于$\tau_{放}<\tau_{充}$而得到锯齿波电压，R_1 上得到一个周期性尖脉冲输出电压，如图 4.4（b）所示。

应注意：（$r+R$）的值太大或太小时，电路将不能振荡。

固定电阻 r 是为防止 R 调节到零时，充电电流 $i_{充}$ 过大而造成晶闸管一直导通无法关断而停振。（$r+R$）值选择太大时，电容 C 就无法充电到峰值电压 U_P。单结晶体管不能工作到负阻区。

欲使电路振荡，固定电阻 r 和可变电阻 R 应满足下式：

$$r>\frac{U_{bb}-U_V}{I_V}$$

$$R<\frac{U_{bb}-U_P}{I_P}-r$$

若忽略电容的放电时间，上述驰张振荡电路振荡频率近似为：

$$f=\frac{1}{T}=\frac{1}{(R+r)C\ln\left(\frac{1}{1-\eta}\right)}$$

4.2.3 单结晶体管的同步和移相触发器

如采用前述单结晶体管驰张振荡电路输出的脉冲电压去触发可控整流电路中的晶闸管，负载上得到的电压 u_d 波形是不规则的，很难实现正常的控制。因为触发电路缺少与主电路晶闸管保持电压同步的环节。

如图 4.5 所示为具有与主电路晶闸管保持电压同步环节的单结晶体管触发电路，主电路为单相半波可控整流电路。图中触发变压器 Ts 与主回路变压器 Tr 接在同一电源上，同步变化。Ts 二次电压 u_s 经半波整流、稳压斩波，得到梯形波，作为触发电路电源，也作为同步信号。这样在梯形波过零点时，使电容 C 放电到零，保证了下一个周期电容 C 从零开始充电，并且过零后第一个脉冲产生的相位相同，也即是对主电路的每个周期的触发时间相同，起到了同步作用。从图 4.5（b）还可看到，每半周中电容充放电不止一次，晶闸管由第一个脉冲触发导通，后面的脉冲不起作用。

移相范围增大是通过斩波实现的。若整流不加斩波，如图 4.6（a）所示，那么加在单结管 b_2, b_1 间的电压 U_{bb} 为正弦半波，而经电容充电使单结管导通的峰值电压 U_P 也是正弦半波，达不到 U_P 的电压不能触发晶闸管，可见，保证晶闸管可靠触发的移相范围很小。要增大移相范围，只有提高正弦半波 u_s 的幅值，如图 4.6（b）所示，这样会使单结晶体管在α =90°附近承受很大的电压。如采用稳压管斩波（限幅），将使 U_{bb} 在半波范围平坦得多，同时 U_P 的波形是接近于方波的梯形波，可见增大了移相范围，同时也使触发脉冲幅度平衡，提高了晶闸管工作的稳定性。

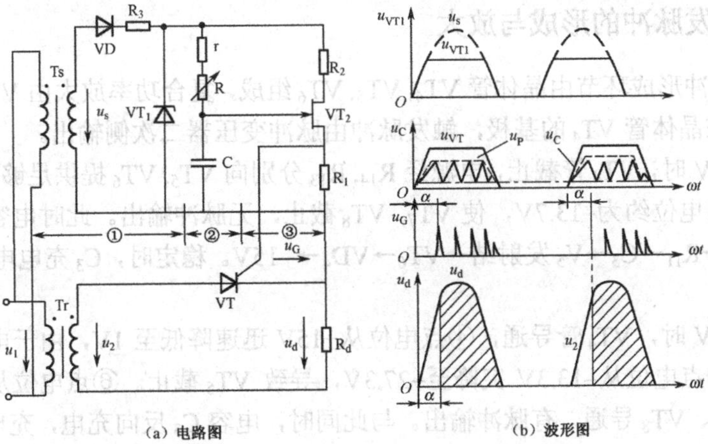

（a）电路图　　　　（b）波形图

图 4.5　同步电压为梯形波的单结晶体管触发电路

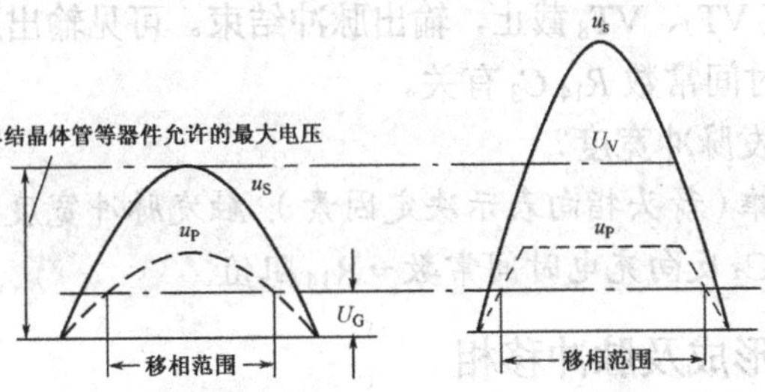

（a）不加斩波　　　　（b）有斩波

图 4.6　斩波的作用

4.3　同步电压为锯齿波的晶闸管触发电路

同步信号为锯齿波的触发电路由于受电网电压波动影响较小，故广泛应用于整流和逆变电路。如图 4.7 所示为锯齿波同步触发电路，该电路由以下基本环节组成：脉冲形成与放大、锯齿波形成及脉冲移相、同步、双脉冲形成和强触发电路。

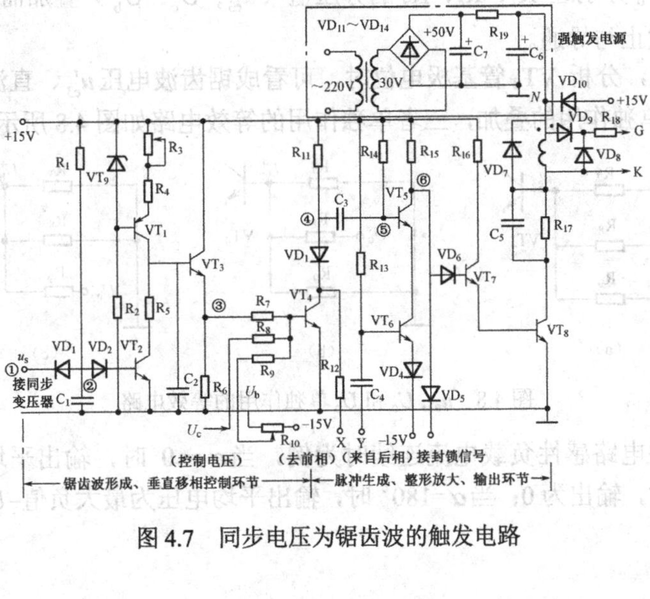

图 4.7　同步电压为锯齿波的触发电路

4.3.1　触发脉冲的形成与放大

图 4.7 中脉冲形成环节由晶体管 VT_4, VT_5, VT_6 组成，复合功率放大由 VT_7, VT_8 组成，同步移相电压加在晶体管 VT_4 的基极，触发脉冲由脉冲变压器二次侧输出。

当 $u_{b4}<0.7V$ 时，VT_4 管截止，电源经 R_{14}, R_{13} 分别向 VT_5, VT_6 提供足够的基极电流使之饱和导通。⑥点电位约为–13.7V，使 VT_7, VT_8 截止，无脉冲输出。此时电容 C_3 充电，充电回路为：+15V→R_{11}→C_3→V_5 发射结→VT_6→VD_4→–15V。稳定时，C_3 充电电压为 28.3V，极性为左正右负。

当 $u_{b4}\geqslant 0.7V$ 时，VT_4 管导通，④点电位从+15V 迅速降低至 1V，由于电容 C_3 两端电压不能突变，使⑤点电位从–13.3V 突降至–27.3V，导致 VT_5 截止。⑥点电位从–13.7V 突升至 2.1V，于是 VT_7、VT_8 导通，有脉冲输出。与此同时，电容 C_3 反向充电，充电回路为：+15V→R_{14}→C_3→VD_3→VT_4→–15V，使⑤点电位从–27.3V 逐渐上升，当⑤点电位升到–13.3V 时，VT_5、VT_6 管又导通，使 VT_7、VT_8 截止，输出脉冲结束。可见输出脉冲的时刻和宽度决定于 VT_4 的导通时间，并与时间常数 $R_{14}C_3$ 有关。

小结：如何确定触发脉冲宽度？

我们来一步一步倒推（箭头指向表示决定因素）：触发脉冲宽度→VT_7 和 VT_8 导通时间→VD_5 和 VD_6 截止时间→C_3 反向充电时间常数→R_{14} 阻值。

4.3.2　锯齿波的形成及脉冲移相

此部分电路由 VT_1, VT_2, VT_3 和 C_2 等元器件组成。其中 VT_1, VT_9, R_3 和 R_4 为一恒流源电路。当 VT_2 截止时，恒流源电流 I_{C1} 对 C_2 充电，电容 C_2 电压 u_{C2} 按线性增长，即 VT_3 管基极电位 u_{b3} 按线性增长。调节电位器 R_3，可改变 I_{C1} 的大小，从而调节锯齿波斜率。

当 VT_2 导通时，因 R_5 很小，C_2 迅速放电，u_{b3} 迅速降为 0V 左右，形成锯齿波的下降沿。当 VT_2 周期性地导通与关断（受同步电压控制）时，u_{b3} 便形成一锯齿波，VT_3 为射随器，所以③点电压波形也是锯齿波。

移相控制电路由 VT_4 等元器件组成，VT_4 基极电压由锯齿波电压 u_{e3}、直流控制电压 U_c、负直流偏移电压 U_b 分别经 R_7、R_8、R_9 的分压值（u'_{e3}, U'_c, U'_b）叠加而成，由三个电压比较而控制 VT_4 的截止与导通。

根据叠加原理，分析 VT_4 管基极电位时，可看成锯齿波电压 u'_{e3}、直流控制电压 U'_c、负直流偏压 U'_b 三者单独作用的叠加，三者单独作用的等效电路如图 4.8 所示。

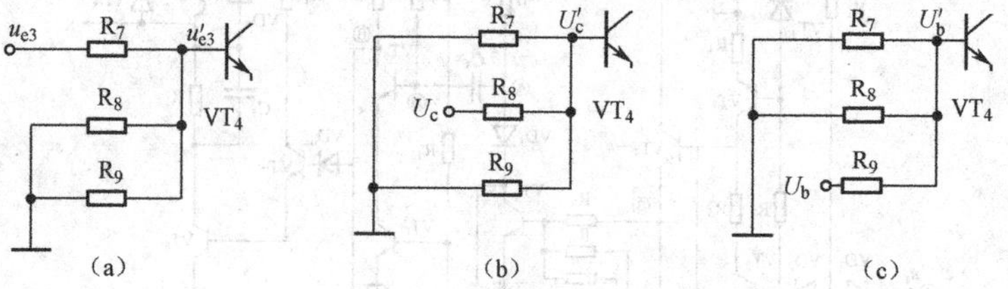

图 4.8　u_{e3}, U_c 和 U_b 单独作用的等效电路

以三相全控桥电路感性负载电流连续时为例，当 $\alpha=0$ 时，输出平均电压为最大正值 U_{dmax}；当 $\alpha=90°$ 时，输出为 0；当 $\alpha=180°$ 时，输出平均电压为最大负值 $-U_{dmax}$。此时偏置电

压U_b'应使 VT_4 从截止到导通的转折点对应于α =90°，即在锯齿波中点。理论上锯齿波宽度180°可满足要求，考虑到锯齿波的非线性，留出适当余量，故可取宽度为240°。

4.3.3 锯齿波同步电压的形成

同步环节由同步变压器 Ts, VT_2, VD_1, VD_2, R_1 及 C_1 等组成。触发电路的同步，就是要求锯齿波与主电源频率相同。锯齿波是由开关管 VT_2 控制的，VT_2 由截止变导通期间产生锯齿波，VT_2 截止持续时间就是锯齿波的宽度，VT_2 开关的频率就是锯齿波的频率。要使触发脉冲与主回路电源同步，必须使 VT_2 开关的频率与主回路电源频率达到同步才行。同步变压器与整流变压器接在同一电源上，用同步变压器次级电压控制 VT_2 的通断，就保证了触发脉冲与主回路电源的同步。

同步变压器次级电压 u_s 在负半周的下降段时，VD_1 导通，电容 C_1 被迅速充电，极性为上负下正，VT_2 因反偏而截止，C_2 开始充电，产生锯齿波。在次级电压负半周的上升段，由于 C_1 已充电至负半周的最大值，所以 VD_1 截止，+15V 通过 R_1 给 C_1 反向充电，当②点电位上升至 1.4V 时，VT_2 导通，②点电位被钳位在 1.4V，此时锯齿波结束。直至下一个负半周到来时 VD_1 重新导通，C_1 迅速放电后又被反向充电，建立极性为上负下正的电压使 VT_2 截止，C_2 再次充电，重新产生锯齿波。在一个正弦波周期内，VT_2 包括截止与导通两个状态，对应锯齿波恰好是一个周期，与主电路电源频率完全一致，达到同步的目的。锯齿波宽度与 VT_2 截止的时间长短有关，调节时间常数 R_1C_1，则可调节锯齿波宽度。

4.3.4 双窄脉冲形成环节

三相全控桥式电路要求双脉冲触发，相邻两个脉冲间隔为 60°，如图 4.7 所示电路可达到此要求。VT_5、VT_6 两管构成“或”门，当 VT_5、VT_6 都导通时，VT_7、VT_8 都截止，没有脉冲输出，但不论 VT_5、VT_6 哪个截止，都会使⑥点变为正电压，VT_7、VT_8 导通，有脉冲输出。所以只要用适当的信号来控制 VT_5 和 VT_6 前后间隔 60° 截止，就可获得双窄触发脉冲。第一个主脉冲是由本相触发电路控制电压 U_c 发出的，而相隔 60° 的第二个辅脉冲则是由它的后相触发电路，通过 X, Y 相互连线使本相触发电路的 VT_6 管截止而产生的。VD_3、R_{12} 的作用是为了防止双脉冲信号的相互干扰。

例如，三相全控桥电路电源的三相 U、V、W 为正相序时，晶闸管的触发顺序为 VT_1→VT_2→VT_3→VT_4→VT_5→VT_6，彼此间隔 60°，六块触发板的 X、Y 如按图 4.9 所示方式连接（即后相的 X 端与前相的 Y 端相连），就可得到双脉冲。

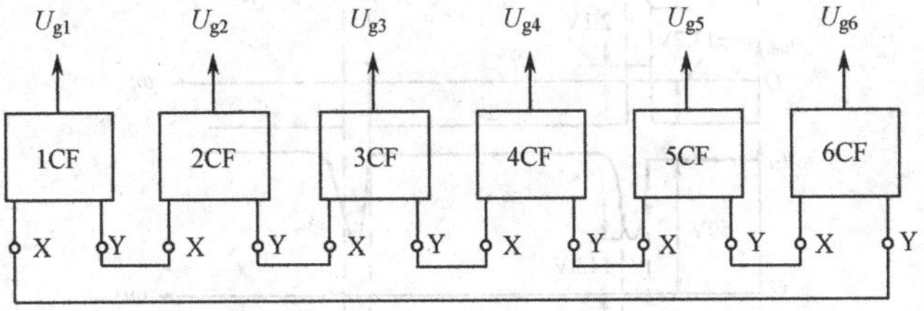

图 4.9 触发电路实现双脉冲的连接

4.3.5 强触发电路

采用强触发脉冲可以缩短晶闸管开通时间，提高承受高的电流上升率的能力。强触发脉冲一般要求初始幅值约为通常情况的 5 倍，前沿为 1A/μs。

强触发电路环节如图 4.7 右上方点画线框内电路所示。变压器二次侧 30V 电压经桥式整流使 C_7 两端获得 50V 的强触发电源，在 VT_8 导通前，经 R_{19} 对 C_6 充电，使 N 点电位达到 50V。当 VT_8 导通时，C_6 经脉冲变压器一次侧、R_{17} 和 VT_8 快速放电。因放电回路电阻很小，C_6 两端电压衰减很快，N 点电位迅速下降。一旦 N 点电位低于 15V 时，VD_{10} 二极管导通，脉冲变压器改由+15V 稳压电源供电。这时虽然 50V 电源也在向 C_6 再充电，但因充电时间常数太大，N 点电位只能被钳制在 14.3V。当 VT_8 截止时，50V 电源又通过 R_{19} 向 C_6 充电，使 N 点电位再达到+50V，为下次触发做准备。电容 C_5 是为提高 N 点触发脉冲前沿陡度而附加的。加强了触发环节后，脉冲变压器一次侧电压 u_{TP} 波形如图 4.10 所示。

图 4.10 示出了锯齿波触发电路各晶体管有关的电压波形。

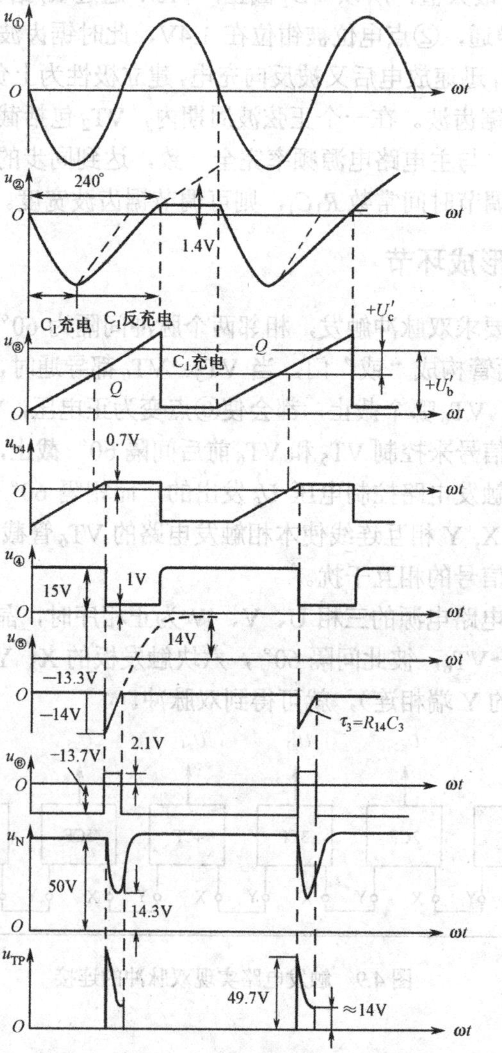

图 4.10 锯齿波移相触发电路的电压波形

4.4 集成化晶闸管移相触发电路

随着晶闸管技术的发展，对其触发电路的可靠性提出了更高的要求，集成触发电路具有体积小、温漂小、性能稳定可靠、移相线性度好等优点，近年来发展迅速，应用越来越广。本节介绍由集成元器件 KC04, KC42, KC41 组成的六脉冲触发器。

4.4.1 KC04 移相触发电路

如图 4.11 所示为 KC04 型移相集成触发电路，它与分立元器件的锯齿波移相触发电路相似，由同步、锯齿波形成、移相、脉冲形成和功率放大几部分组成。它有 16 个引出端。16 端接+15V 电源，3 端通过 30kΩ电阻和 6.8kΩ电位器接−15V 电源，7 端接地。正弦同步电压经 15kΩ电阻接至 8 端，进入同步环节。3、4 端接 0.47μF 电容与集成电路内部三极管构成电容负反馈锯齿波发生器。9 端为锯齿波电压、负直流偏压和控制移相电压综合比较输入。11 和 12 端接 0.047μF 电容后接 30kΩ电阻，再接+15V 电源与集成电路内部三极管构成脉冲形成环节，脉宽由时间常数 0.047μF×30kΩ决定。13 和 14 端是提供脉冲列调制和脉冲封锁控制端。1 和 15 端输出相位相差 180° 的两个窄脉冲。KC04 移相触发器各端的波形如图 4.12（a）所示。

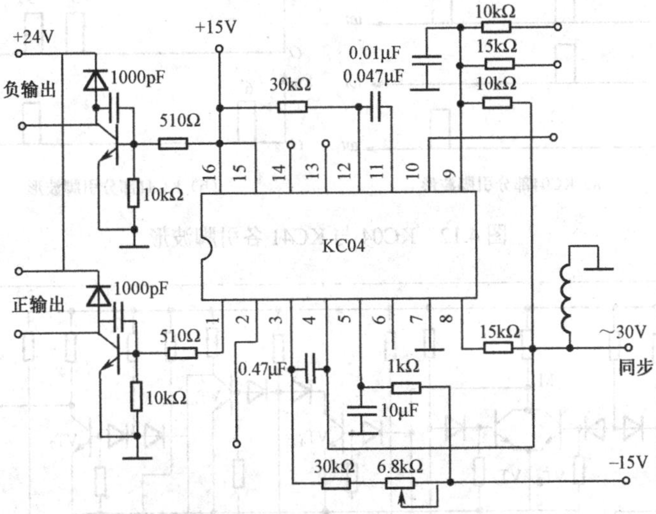

图 4.11 KC04 型移相触发电路

4.4.2 KC42 脉冲列调制形成器

在需要宽触发脉冲输出场合，为了减小触发电源功率与脉冲变压器体积，提高脉冲前沿陡度，常采用脉冲列触发方式。

如图 4.13 所示为 KC42 脉冲调制形成器电路。它主要用于三相全控桥整流电路、三相半控、单相全控、单相半控等线路中的脉冲调制源。

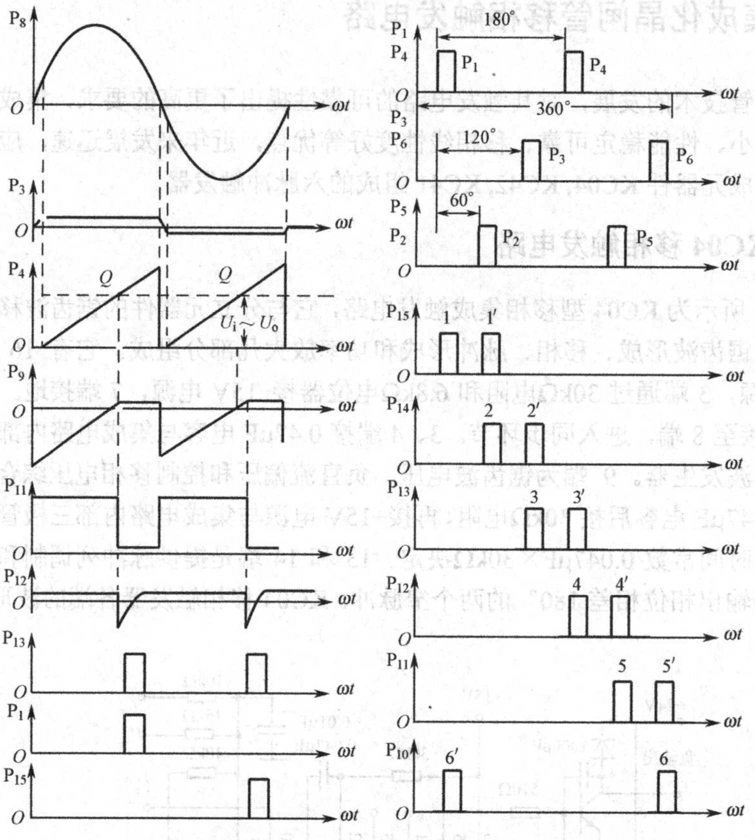

（a）KC04部分引脚波形　　（b）KC41部分引脚波形

图 4.12　KC04 与 KC41 各引脚波形

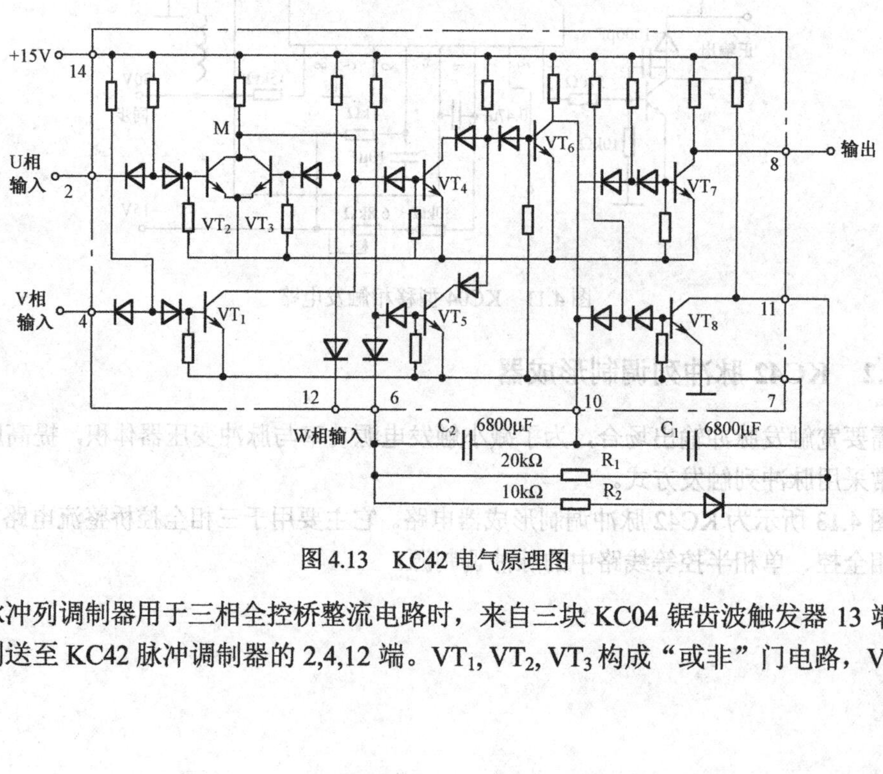

图 4.13　KC42 电气原理图

当脉冲列调制器用于三相全控桥整流电路时，来自三块 KC04 锯齿波触发器 13 端的脉冲信号分别送至 KC42 脉冲调制器的 2,4,12 端。VT_1, VT_2, VT_3 构成“或非”门电路，VT_5, VT_6,

VT_8组成环形振荡器，VT_4控制振荡器的启振与停振。VT_6集电极输出脉冲列经 VT_7倒相放大后由 8 端输出信号。

环形振荡器工作原理如下：当三个 KC04 任意一个有输出时，VT_1, VT_2, VT_3“或非”门电路中将有一管导通，VT_4截止，VT_5, VT_6, VT_8环形振荡器启振，VT_6导通，10 端为低电平，VT_7, VT_8截止，8、11 端为高电平，8 端有脉冲输出。此时电容 C_2由 11 端→R_1→C_2→10 端充电，6 端电位随着充电电压逐渐升高，当升高到一定值时，VT_5导通，VT_6截止，10 端为高电平，VT_7, VT_8导通，环形振荡器停振。8、11 端为低电平，VT_7输出一窄脉冲。同时，电容 C_2再由 $R_1 /\!/ R_2$反向充电，6 端电位降低，降低到一定值时，VT_5截止，VT_6导通，8 端又输出高电位。以后重复上述过程，形成循环振荡。

调制脉冲的频率由外接电容 C_2和 R_1，R_2决定。

调制脉冲频率为：

$$f = \frac{1}{T_1 + T_2}$$

导通半周时间为：

$$T_1 = 0.698 R_1 C_2$$

截止半周时间为：

$$T_2 = 0.698\left(\frac{R_1 R_2}{R_1 + R_2}\right) \cdot C_2$$

4.4.3 KC41 六路双脉冲形成器

KC41 不仅具有双脉冲形成功能，它还具有电子开关控制封锁功能。如图 4.14 所示为 KC41 内部电路与外部接线图。把三块 KC04 输出的脉冲接到 KC41 的 1～6 端时，集成内部二极管完成“或”功能，形成双窄脉冲。在 10～15 端可获得六路放大了的双脉冲。KC41 有关各点波形如图 4.12（b）所示。

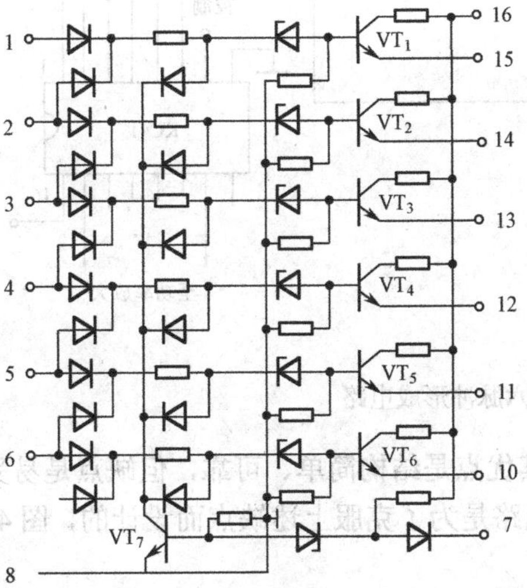

（a）内部电路图

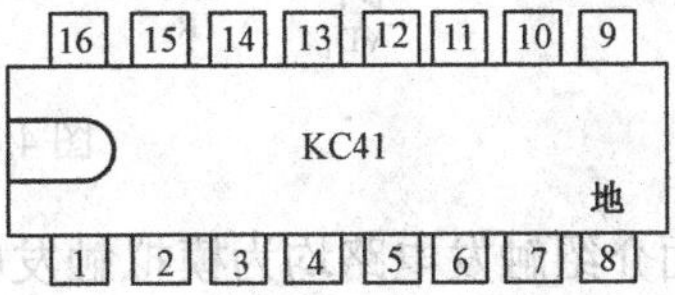

（b）外形与管脚排号

图 4.14 KC41 六路双窄脉冲形成器

VT_7是电子开关，当控制端 7 接逻辑“0”时，VT_7截止，各电路可输出触发脉冲。因此，使用两块 KC41，两控制端分别作为正、反组整流电路的控制输入端，即可组成可逆系统。

4.4.4 由集成元器件组成三相触发电路

图 4.15 是由三块 KC04、一块 KC41 和一块 KC42 组成的三相触发电路，组件体积小，调整维修方便。同步电压 u_{TA}, u_{TB}, u_{TC} 分别加到 KC04 的 8 端上，每块 KC04 的 13 端输出相位差为 180° 的脉冲分别送到 KC42 的 2,4,12 端，由 KC42 的 8 端可获得相位差为 60° 的脉冲列，将此脉冲列再送回到每块 KC04 的 14 端，经 KC04 鉴别后，由每块 KC04 的 1 和 15 端送至 KC41 组合成所需的双窄脉冲列，再经放大后输出到六只相应的晶闸管控制极。

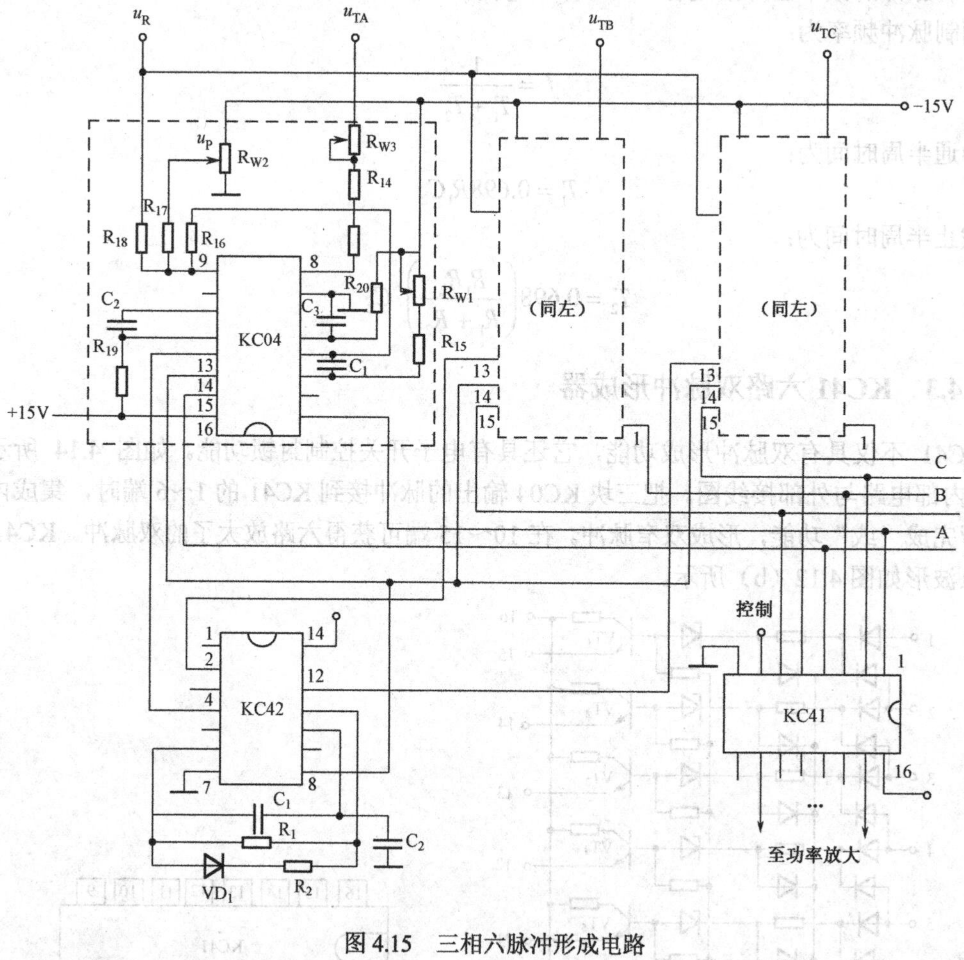

图 4.15　三相六脉冲形成电路

前面介绍触发电路均为模拟触发电路，其优点是结构简单、可靠，但缺点是易受电网电压影响，触发脉冲不对称度较高。数字触发电路是为了克服上述缺点而设计的，图 4.16 为微机控制数字触发系统框图。

控制角α设定值以数字形式通过接口送至微机，微机以基准点作为计时起点开始计数，当计数值与控制角要求一致时，微机就发出触发信号，该信号经输出脉冲放大、隔离电路送至晶闸管。对于三相全控桥整流电路，要求在每一电源电压周期内产生 6 对触发脉冲，不断循环。采用微机使数字触发电路变得简单、可靠，控制灵活，精确度高。

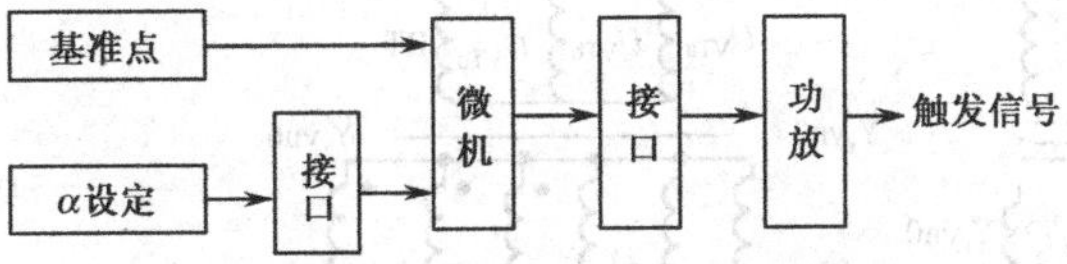

图 4.16　微机控制数字触发系统框图

4.5　触发脉冲与主电路电压的同步与防止误触发的措施

4.5.1　触发电路同步电源电压的选择

在安装、调试晶闸管装置时，常会碰到一种故障：分别单独检查主电路和触发电路都正常，但连接起来工作就不正常，输出电压的波形不规则。这种故障往往是由于主电路电压与触发脉冲不同步造成的。

所谓同步是指触发电路工作频率与主电路交流电源的频率应当保持一致，且每个晶闸管的触发脉冲与施加于晶闸管的交流电压保持合适的相位关系。提供给触发器合适相位的电压称为同步电源电压，为保证触发电路和主电路频率一致，利用一个同步变压器，将其一次侧接入为主电路供电的电网，由其二次侧提供同步电压信号。由于触发电路不同，要求的同步电源电压的相位也不一样，可以根据变压器的不同连接方式来得到。

现以三相全控桥可逆电路中同步电压为锯齿波的触发电路为例，说明如何选择同步电源电压。

三相全控桥电路六个晶闸管的触发脉冲依次相隔 60°，所以输入的同步电源电压相位也必须依次相隔 60°。这六个同步电压通常用一台具有两组二次绕组的三相变压器获得。因此只要一块触发板的同步电压相位符合要求，即可获得其他五个合适的同步电压。下面以某一相为例，分析如何确定同步电源电压。

采用锯齿波同步的触发电路，同步信号负半周的起点对应于锯齿波的起点，调节 R_1C_1 可使同步信号电压锯齿波宽度为 240°。考虑锯齿波起始段的非线性，故留出 60° 余量，电路要求的移相范围是 30°～150°，可加直流偏置电压使锯齿波中点与横轴相交，作为触发脉冲的初始相位，对应于α=90°，此时置控制电压 U_c=0，输出电压 U_c=0。α=0° 是自然换相点，对应于主电源电压相角ωt=30°。所以α=90° 的位置即主电源电压ωt=120° 相角处。因此，由某相交流同步电压形成锯齿波的相位及移相范围刚好对应于与它相位相反的主电路电源，即主电路+α 相晶闸管的触发电路应选择−α 相作为交流同步电压。其他晶闸管触发电路的同步电压可同理推之。由以上分析，当主电源变压器接法为 y, y_{n0} 时，同步变压器应采用 y, y_{n6} 接法获得−a, −b, −c 各相同步电压，采用 *y*, y_{n0} 接法以获得+a, +b, +c 各相同步。图 4.17 中画出了变压器及同步变压器的连接与电压向量图，以及对应关系。

各种系统同步电源与主电路的相位关系是不同的，应根据具体情况选取同步变压器的连接方法。三相变压器有 24 种接法，可得到 12 种不同相位的二次电压。

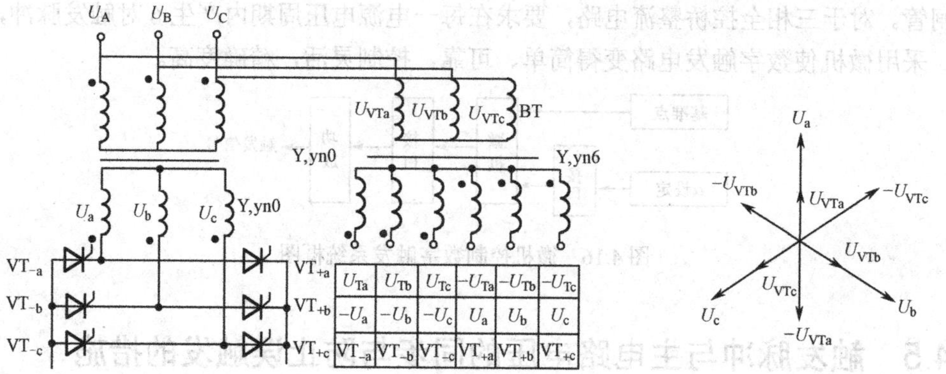

图 4.17 同步变压器的连接

4.5.2 防止误触发的措施

环境的电磁干扰常会影响晶闸管触发电路的工作可靠性。交流电网正弦波质量不好，特别是电网同时供给其他晶闸管装置时，晶闸管的导通可能引起电网电压波形缺口。采用同步电压为锯齿波的触发电路，可以避免电网电压波动的影响。

造成晶闸管误导通，多数是由于干扰信号进入控制极电路而引起的。通常可采用如下措施：

（1）脉冲变压器初、次级间加静电隔离。

（2）应尽量避免电感元器件靠近控制极电路。

（3）控制极回路导线采用金属屏蔽线，且金属屏蔽层应接“地”。

（4）选用触发电流较大的晶闸管。

（5）在控制极和阴极间并联一个 0.01～0.1μF 电容，可以有效地吸收高频干扰。

（6）在控制极和阴极间加反偏电压。

把稳压管接到控制极与阴极之间，也可用几个二极管反向串联，利用管压降代替反压作用。反压值一般取 3V 左右。

本 章 小 结

晶闸管触发信号由触发电路提供，常见的触发电路有：单结晶体管触发电路、晶体管触发电路、集成触发电路和微机控制数字触发电路。

单结晶体管触发电路结构简单，调试方便，输出脉冲前沿陡，抗干扰能力强，常用于中、小容量晶闸管的触发控制。由晶体管组成的锯齿波触发电路移相线性度好，受电网电压波动影响小，常用于大容量晶闸管的触发控制。集成化晶闸管移相触发电路体积小，性能稳定可靠，应用日益广泛。用微机组成的数字触发电路控制灵活，精确度高。

同步是指触发电路工作频率与主电路交流电源频率保持一致，且每个晶闸管的触发脉冲与加在晶闸管上的交流电压保持合适的相位关系。为达到上述要求，应选择合适的同步变压器，使晶闸管主电路和脉冲触发电路协调工作。

习　题　4

一、填空及选择

（1）在晶闸管应用电路中，为了防止误触发应将幅值限制在不触发区的信号是（　　）

A. 干扰信号　　　　B. 触发电压信号

C. 触发电流信号　　　　D. 干扰信号和触发信号

（2）晶闸管变流器主电路要求触发电路的触发脉冲应具有一定的宽度，且前沿尽可能______。

二、简答及计算

（1）晶闸管对触发脉冲的要求是什么？

（2）什么叫同步？

（3）单结晶体管自激振荡电路是根据单结晶体管的什么特性工作的？振荡频率的高低与什么因素有关？

（4）单结晶体管触发电路中，斩波稳压管两端并联一只大电容，可控整流电路还能工作吗？为什么？

（5）用分压比为 0.6 的单结晶体管组成的触发电路，若 U_{bb}=20V，则峰值电压 U_P 为多少？若管子 b_1 脚虚焊，则充电电容两端电压约为多少？若管子 b_2 脚虚焊，b_1 脚正常，则电容两端电压又为多少？

（6）已知电压 u_s 的波形为正弦波，画出如图 4.18 所示单结晶体管的触发电路中各点电压波形。

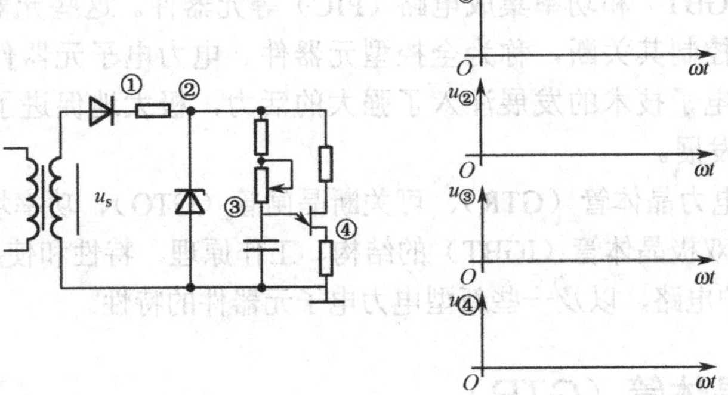

图 4.18

（7）移相式触发电路通常由哪些基本环节组成？

（8）同步电压为锯齿波的触发电路中，控制电压、偏移电压、同步电压的作用各是什么？各采用什么电压？如果缺少其中一个电压的作用，触发电路的工作状态会怎样？

（9）锯齿波触发电路有什么优点？锯齿波的底宽由什么元器件参数决定？输出脉宽如何调整的？双窄脉冲与单窄脉冲相比有什么优点？

（10）设三相桥式全控可逆整流电路，采用同步电压为锯齿波的触发器。若其主电源变压器接成 D，yn11，同步变压器应如何接？

第5章　全控型元器件

本章重点：

（1）了解电力电子元器件的定义、特征、分类及应用。

（2）了解可关断晶闸管的结构、工作原理、主要特性及参数。

（3）了解电力晶体管、功率场效应晶体管及绝缘栅双极晶体管的结构及工作原理，了解其主要特性、参数及驱动电路。

（4）掌握可关断晶闸管的测量方法。

（5）了解全控型电力电子器件的主要特点、性能及应用场合的区别。

前面几章所接触的电力电子元器件主要是晶闸管及其派生元器件，继晶闸管之后出现了功率晶体管（GTR）、可关断晶闸管（GTO）、功率场效应晶体管（功率 MOSFET）、绝缘栅双极晶体管（IGBT）和功率集成电路（PIC）等元器件。这些元器件通过控制信号既可控制其导通又可控制其关断，称为全控型元器件。电力电子元器件不断涌现，并得到广泛应用，给电力电子技术的发展注入了强大的活力，极大地促进了各种新型电力电子电路及控制方式的发展。

下面分别介绍电力晶体管（GTR）、可关断晶闸管（GTO）、功率场效应晶体管（功率 MOSFET）、绝缘栅双极晶体管（IGBT）的结构、工作原理、特性和使用参数及相应电力电子元器件的驱动保护电路，以及一些新型电力电子元器件的特性。

5.1　功率晶体管（GTR）

功率晶体管（GTR，Giant Transistor）又称电力晶体管，是一种双极型大功率高反压晶体管。它大多作为功率开关使用，对其要求与模拟电子技术讨论的小信号晶体管不同。由于电力晶体管的工作电流大，功率损耗也大，故其工作状况出现了一些新的问题，在结构上也有新的特点。

功率晶体管是电力电子学领域不可缺少的元器件，也是电力半导体元器件的重要组成部分。在交/直流调速、不间断电源、中频电源等电力变流装置中被广泛应用。在中小功率应用方面，是取代晶闸管的自关断元器件之一。目前 GTR 的容量已达 400A/1200V，1000A/400V，耗散功率已达 3kW 以上。

在电力开关电路中，广泛应用的功率晶体管有 NPN 和 PNP 两种结构。其电流由两种载流子（电子和空穴）的运动形成，所以通常又称为双极型晶体管（BJT）。目前常用的功率晶体管元器件有单管 GTR、达林顿管和 GTR 模块三种，其中模块型 GTR 由 GTR 管芯、稳定电阻、加速二极管及续流二极管组成一个单元，将几个单元组合并集成在同一个硅片上而成，实现了小型轻量化，集成度高、性价比高，可靠性相对较强。下面分别介绍单管 GTR 及达林顿 GTR。

5.1.1 功率晶体管的结构与工作原理

1. 单管 GTR

如图 5.1 所示为 GTR 的结构示意图、外形及电气符号。其内部结构原理及电极的命名与三极管相同，所用概念与小信号晶体管电路是相同的。

在小功率信号处理方面，晶体管的主要用途是放大信号，要求晶体管的增益适当、本征频率高、噪声系数低、线性度好、温度漂移小、时间漂移小等。作为功率开关使用的功率晶体管，要求有足够大的容量（大电流、高电压）、适当的增益、较高的开关速度和较低的功率损耗等。由于功率晶体管的工作电流大、功率损耗大的缘故，故小信号晶体管所忽略的一些因素如：基区注入效应、扩展效应和发射极电流集边效应等将严重地影响 GTR 的品质，造成电流增益低、特征频率降低、局部过热等问题。

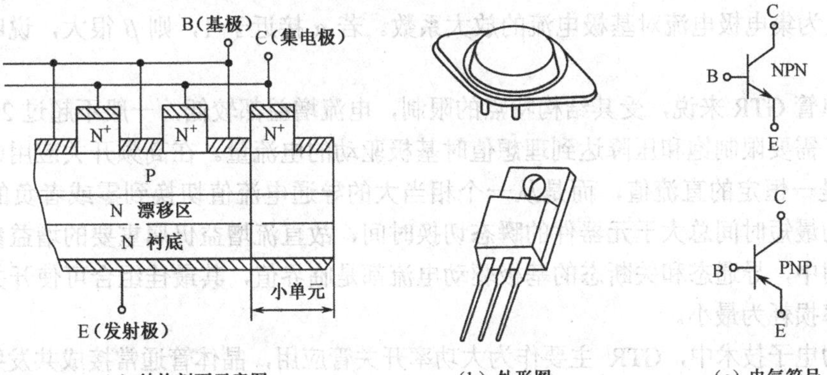

（a）结构剖面示意图　（b）外形图　（c）电气符号

图 5.1 GTR 结构示意图、外形及电气符号

为了削减上述三种物理效应的影响，在 GTR 的制造过程中采取了特别措施以保证功率应用的需要，如扩大结片的面积、采用特殊形状的管芯图形、采用精细结构等制造工艺，以增大电流、提高开关速度和提高直流增益。对大功率晶体管来讲，单靠外壳散热是远远不够的，应安装外加的散热器。

2. 单管 GTR 工作原理

如图 5.2 所示是共发射极的单管 NPN 晶体管基本工作电路，基极电流 i_B、集电极电流 i_C 与发射极电流 i_E 三者满足式（5-1）所示的关系：

$$i_E = i_C + i_B \tag{5-1}$$

其中，

$$i_C / i_E = \alpha \tag{5-2}$$

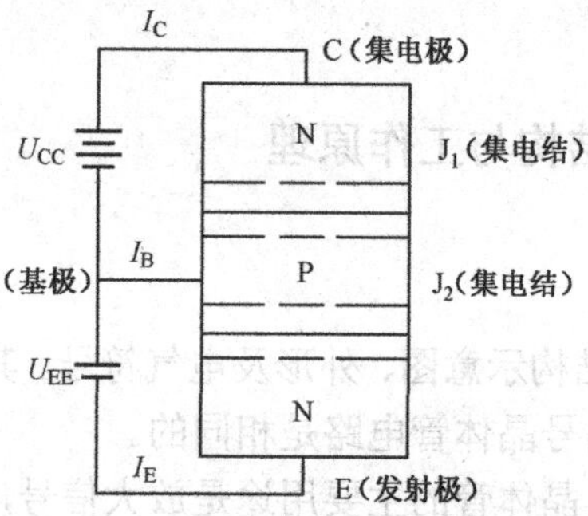

图 5.2　共发射极接法偏置电路

α 称为电流传输比，是共基极电路接法时的电流放大系数，$\alpha<1$。在共发射极电路应用中基极电流与发射极电流之比十分重要，即

$$\frac{i_C}{i_B}=\frac{i_C}{i_E-i_C}=\frac{i_C/i_E}{1-i_C/i_E}=\frac{\alpha}{1-\alpha}=\beta \tag{5-3}$$

β 定义为集电极电流对基极电流的放大系数。若 α 接近于 1，则 β 很大，说明传输效率很高。

对于单管 GTR 来说，受其结构特点的限制，电流增益都较低，一般不超过 20 倍。直流增益决定了需要限制饱和压降达到理想值时基极驱动的电流量。在高频开关应用中，基极驱动电流不是一恒定的直流值，而是从一个相当大的导通电流值切换到零或者负的关断电流值。接通的最短时间总大于元器件的瞬态切换时间，故直流增益仍属重要的增益参数，在高频开关应用中，导通态和关断态的基极驱动电流都是临界值，其最佳组合可使开关在切换过程中的功率损耗为最小。

在电力电子技术中，GTR 主要作为大功率开关管应用，晶体管通常接成共发射极电路，给 GTR 的基极施加幅度足够大的脉冲驱动信号，使其工作在截止和饱和导通两种状态，在理想情况下，晶体管饱和导通时可以看成短路，截止时可看成开路（断路），而且认为从一种工作状态转换到另一种状态的过渡时间为零，当然实际工作情况只能是接近这一理想条件。

3. 达林顿 GTR

单管 GTR 的电流增益低，将给基极驱动电路造成负担。达林顿结构是提高电流增益的一种有效方式。达林顿结构由两个或多个晶体管复合而成，可以是 PNP 型也可以是 NPN 型，如图 5.3（a）所示。图中的 VT_1 为驱动管，VT_2 为输出管。

达林顿 GTR 的共发射极电流增益值大大提高，但饱和压降 U_{CES} 也较高且关断速度较慢。如图 5.3（b）所示为实用的达林顿连接方式。由图可见驱动管 VT_1 的发射极电流 I_{C1} 等于输出管 VT_2 的基极电流 I_{B2}，因此有下述关系：

$$I_C=I_{C1}+I_{C2}=\beta_1 I_{B1}+\beta_2(1+\beta_1)I_{B1}=I_{B1}(\beta_1+\beta_2+\beta_1\beta_2)=I_{B1}\beta \tag{5-4}$$

式中，$\beta\approx\beta_1\beta_2$。

上式意味着晶体管 VT_1、VT_2 已复合等效成一个电流增益为 β 的晶体管，复合管的集电极电流 $I_C=I_{C1}+I_{C2}$，基极电流 $I_B=I_{B1}$，发射极电流 $I_E=(1+\beta)I_{B1}$。达林顿 GTR 的电流增益可为几十至几千倍。

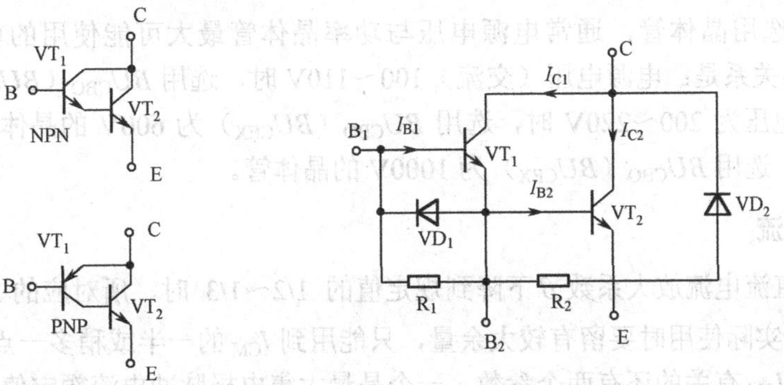

（a）NPN、PNP型结构　　（b）实用达林顿管结构

图 5.3　达林顿管结构图

由于驱动管 VT_1 的集电极和发射极分别与输出管 VT_2 的集电极和基极连接，而 VT_1 管的集电极电位又永远高于它的发射极电位，因此 VT_2 管的集电结不会处于正向偏置状态。也就是说，达林顿 GTR 中驱动管 VT_1 可以饱和，而输出管 VT_2 却不会饱和，因而其导通管压降 U_{CES} 较高，增加了导通损耗。

如图 5.3（b）所示的电阻 R_1 和 R_2 提供反向漏电流通路，提高复合管的温度稳定性。

达林顿 GTR 的开关速度慢，其主要原因是：无论 GTR 是开通或是关断，总是驱动管 VT_1 先动作，而后才是输出管 VT_2 动作，因此开关时间长。为了加快 VT_2 管的开关速度，必须使 VT_2 与 VT_1 同时动作。为此加入了如图 5.3（b）所示的二极管 VD_1，当输入信号反向关断晶体管时，该输入的反向驱动信号经 VD_1 也加到 VT_2 基极，VD_1 提供反向 I_{B2} 的通路，加速了 VT_2 的关断过程。

5.1.2　功率晶体管的主要参数

对于实际电路设计时要研究电源电压的变动、过负载能力、环境温度等因素，按最坏应用条件选用功率晶体管，既要有较高的效率，又要保证高可靠性。最重要的一点是，在工作中任意瞬时各项指标不能超过功率晶体管的额定值，否则就会损坏晶体管。

1. 额定电压

GTR 上所加的电压超过规定值时，就会发生击穿。GTR 的几个电压额定值含义如下：

BU_{CEO}：基极开路时，集—射极击穿电压。

BU_{CER}：基—射极间并联电阻时的集—射极击穿电压。并联电阻越小，BU_{CER} 越高。

BU_{CES}：基—射极短路时，集—射极击穿电压。

BU_{CEX}：基—射极施加负偏压时，集—射极击穿电压。

BU_{CBO}：发射极开路时，集—基极击穿电压。

小窍门：上述概念在理解记忆时，可将下标分为两部分，前两个字母代表“极”（C,E,B 分别代表集电极、发射极和基极，参见 GTR 的基本结构），最后的字母表示状态。

BU_{CE} 因基极条件不同而有 BU_{CER}（基极与发射极间并联电阻）、BU_{CES}（基极与发射极间短路）、BU_{CEX}（基极与发射极加负偏置）、BU_{CEO}（基极开路）。发射极与基极间耐压因基极条件不同而异，一般关系为：$BU_{CBO}>BU_{CEX}>BU_{CES}>BU_{CER}>BU_{CEO}$。应用时要降额使用，按照电源电压选用晶体管，通常电源电压与功率晶体管最大可能使用的电压（BU_{CBO} 或 BU_{CEX}）之间的关系是：电源电压（交流）100～110V 时，选用 BU_{CBO}（BU_{CEX}）为 300V 的晶体管；电源电压为 200～220V 时，选用 BU_{CBO}（BU_{CEX}）为 600V 的晶体管；电源电压为 400～440V 时，选用 BU_{CBO}（BU_{CEX}）为 1000V 的晶体管。

2. 额定电流

通常规定直流电流放大系数 β 下降到规定值的 1/2～1/3 时，所对应的 I_C 为集电极最大允许电流 I_{CM}。实际使用时要留有较大余量，只能用到 I_{CM} 的一半或稍多一点。

GTR 中与 I_{CM} 有关的还有两个参数。一个是最大集电极脉冲电流额定值，定额的依据是引起内部引线熔断的集电极电流，或是引起集电极损坏的集电极电流；或以直流 I_{CM} 的 1.5～3 倍定额最大脉冲电流。另一个是基极电流最大额定值 I_{BM}，它一般由内部引线允许通过的最大基极电流限定，通常取 $I_{BM}\approx(1/6\sim1/2)I_{CM}$，它的余量通常比 I_{CM} 大得多。

3. 最高工作结温 T_{jM}

GTR 正常工作允许的最高结温以 T_{jM} 表示，GTR 结温过高时，会导致热击穿而烧坏。一般情况下，塑封硅管 T_{jM} 为 125～150℃，金属封装硅管 T_{jM} 为 150～170℃，高可靠平面管 T_{jM} 为 175～200℃。

4. 最大耗散功率 P_{CM}

GTR 在最高结温时所对应的耗散功率用 P_{CM} 表示。它是 GTR 容量的重要标志。晶体管功耗的大小主要由集电极工作电压和工作电流的乘积来决定，它将转化为热能使晶体管升温，晶体管会因温度过高而损坏。实际使用时，集电极允许耗散功率和散热条件与工作环境温度有关。所以在使用中应特别注意 GTR 的散热。

5. 安全工作区

安全工作区（SOA）指晶体管安全工作运行的电压值、电流值的范围，分为正向偏置安全工作区、反向偏置安全工作区和短路安全工作区。

正向偏置安全工作区是指基极正向偏置时晶体管的 BU_{CEO}、I_{CM}、P_{CM} 与二次击穿触发功率所限制的范围。所谓**二次击穿**是指功率晶体管发生一次击穿（集电极反偏电压增加至 BU_{CEO}，集电极电流 I_C 急剧增大，但此时集电结的电压基本保持不变）后电流 I_C 不断增加，在某一点产生向低阻抗区高速移动的现象，并在功率晶体管内部出现电流集中与过热点，造成晶体管永久性损坏。

反向偏置安全工作区表示功率晶体管在反偏时关断的瞬态过程。基极关断反向电流越大其安全工作区越窄。为在此范围内保证晶体管正常工作运行，最有效的办法是用吸收电路抑制由于管子关断时产生的较高浪涌电压或 du/dt。

短路安全工作区的短路承受能力表示在功率控制电路中发生短路时，靠断开的方法来保护晶体管。短路时，流经晶体管集电极电流的大小由电流放大倍数 h_{FE}、基极电流 I_B 以及电源电压确定，达林顿晶体管集电极电流通常为其额定电流的 3～4 倍。

5.1.3 功率晶体管的驱动电路

GTR 基极驱动电路的作用是将控制电路输出的控制信号放大到足以保证 GTR 可靠导通和关断的程度。理想的 GTR 基极驱动电流波形如图 5.4 所示，为加速开通过程，减小开通损耗，基极正向驱动电流应有足够陡的前沿，并有一定幅度的强制电流。为加快关断速度，减小关断损耗，应向基极提供足够大的反向基极电流。

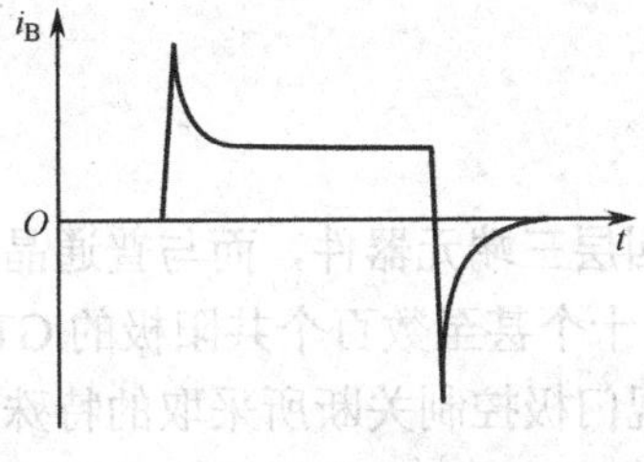

图 5.4 GTR 的基极驱动电流波形

GTR 驱动电路的形式很多，如图 5.5 所示是一个简单实用的 GTR 驱动电路。该电路采用正、负双电源供电。当输入信号为高电平时，三极管 VT_1、VT_2 和 VT_3 导通，而 VT_4 截止，这时 VT_5 就导通。二极管 VD_3 可以保证 GTR 导通时工作在临界饱和状态。流过二极管 VD_3 的电流随 GTR 的临界饱和程度而改变，自动调节基极电流。当输入低电平时，VT_1、VT_2、VT_3 截止，而 VT_4 导通，这就给 GTR 的基极一个负电流，使 GTR 截止。在 VT_4 导通期间，GTR 的基极—发射极一直处于反偏置状态，因而避免了反向电流的通过，防止同一桥臂另一个 GTR 导通产生过电流。

集成化驱动电路克服了一般电路元器件多、电路复杂、稳定性差和使用不便的缺点，还增加了保护功能。如法国 THOMSON 公司的 UAA4002。此芯片提高了基极驱动电路的集成度、可靠性、快速性，并具过电流保护等功能。如图 5.6 所示是由 UAA4002 组成的 GTR 驱动电路，它采用电平控制方式。

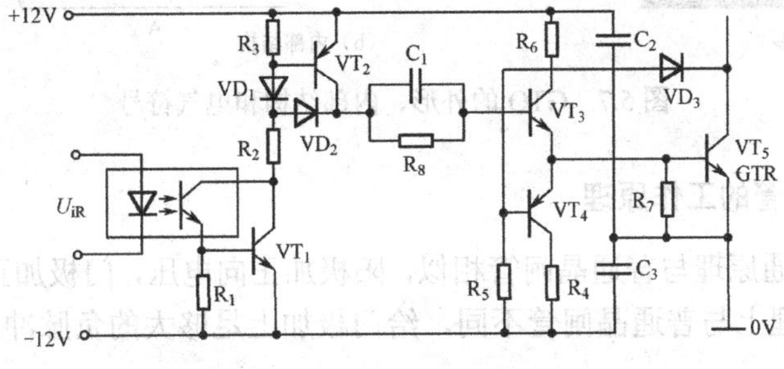

图 5.5 实用的 GTR 驱动电路

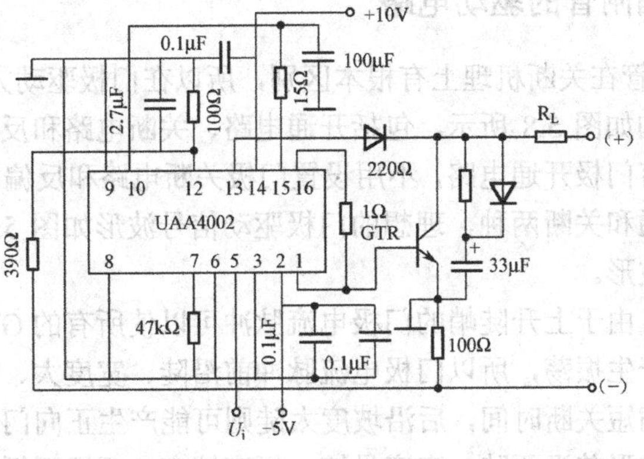

图 5.6 由 UAA4002 组成的 GTR 驱动电路

5.2 可关断晶闸管（GTO）

可关断晶闸管（GTO，Gate-Turn-Off Thyristor）在门极正脉冲电流触发下导通，在负脉冲电流触发下关断。常应用在大功率直流调速装置（如电力机车整流主电路中）。

5.2.1 可关断晶闸管的结构及工作原理

1．可关断晶闸管的结构

可关断晶闸管（GTO）与普通晶闸管一样，也是PNPN四层三端元器件，而与普通晶闸管不同的是：GTO是多元的功率集成元器件，它内部包含了数十个甚至数百个共阳极的GTO单元，它们的门极和阴极分别并联在一起，这是为了便于实现门极控制关断所采取的特殊设计。元器件的功率可达到相当大的数值。如图5.7（a）、（b）和（c）所示分别是可关断晶闸管（GTO）的外形、内部结构和电气符号。

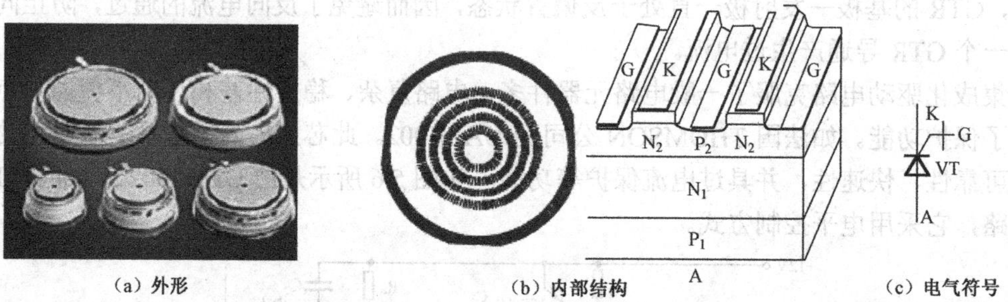

（a）外形　（b）内部结构　（c）电气符号

图5.7　GTO的外形、内部结构和电气符号

2．可关断晶闸管的工作原理

GTO的触发导通原理与普通晶闸管相似，阳极加正向电压，门极加正触发信号后，GTO导通。但在关断机理上与普通晶闸管不同，给门极加上足够大的负脉冲电流，可以使GTO关断。

5.2.2 可关断晶闸管的驱动电路

GTO与普通晶闸管在关断机理上有根本区别，所以在门极驱动方法上也不同。GTO门极驱动电路的基本结构如图5.8所示，包括开通电路、关断电路和反偏电路三部分，在普通晶闸管驱动电路中只有门极开通电路，不用设置门极关断电路和反偏电路。GTO门极电流和电压控制波形分为开通和关断两种，理想的门极驱动信号波形如图5.9所示，其中实线为电流波形，虚线为电压波形。

触发GTO导通时，由于上升陡峭的门极电流脉冲可以使所有的GTO单元几乎同时导通，而脉冲后沿太陡容易产生振荡，所以门极电流脉冲前沿陡、宽度大、幅度高、后沿缓。而门极关断脉冲前沿陡可缩短关断时间，后沿坡度太陡则可能产生正向门极电流，使GTO导通，所以关断电流脉冲的波形前沿要陡、宽度足够、幅度较高、后沿平缓。

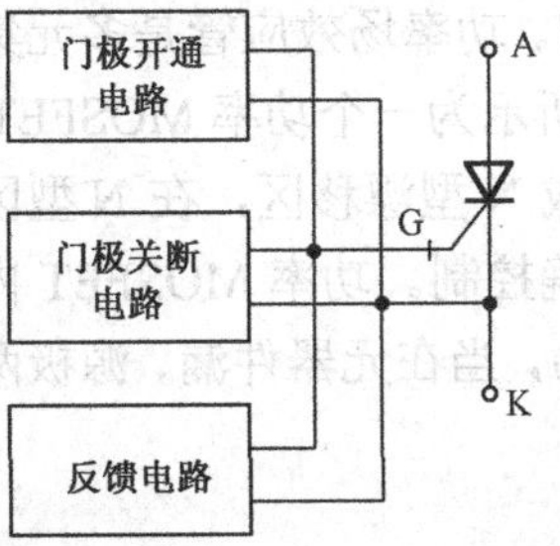

图 5.8 GTO 的门极驱动电路的基本结构

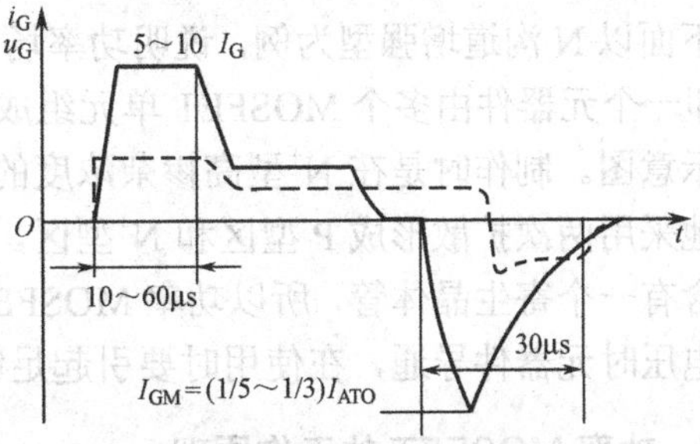

图 5.9 GTO 的门极驱动信号波形

5.3 功率场效应晶体管（功率 MOSFET）

功率场效应晶体管简称功率场效应管或功率 MOSFET（Power MOS Field Effect Transistor），它是对小功率场效应晶体管的工艺结构进行改进，在功率上有所突破的单极型半导体元器件，属于电压驱动控制元器件。与 GTR 相比，功率 MOSFET 具有开关速度快、损耗低、驱动电流小、无二次击穿现象等优点。它的缺点是电压还不能太高，电流容量也不能太大。所以目前只适用于小功率电力电子变流装置。

5.3.1 功率场效应晶体管的结构与工作原理

1. 功率场效应晶体管的结构

由电子技术基础可知，小功率场效应晶体管的栅极 G、源极 S 和漏极 D 位于芯片的同一侧，导电沟道平行于芯片表面，是横向导电元器件，这种结构限制了它的电流容量。功率场效应晶体管采取两次扩散工艺并将漏极 D 移到芯片的另一侧表面上，使从漏极到源极的电流垂直于芯片表面流过，这样有利于减小芯片面积和提高电流密度。这种由垂直导电结构组成的场效应晶体管称为 VDMOS。

功率场效应晶体管的导电沟道分为 N 沟道和 P 沟道两种，栅极偏压为零时漏、源极之间就存在导电沟道的称为耗尽型，栅极偏压大于零（N 沟道）才存在导电沟道的称为增强型。如图 5.10 所示为功率 MOSFET 的结构和电气符号。

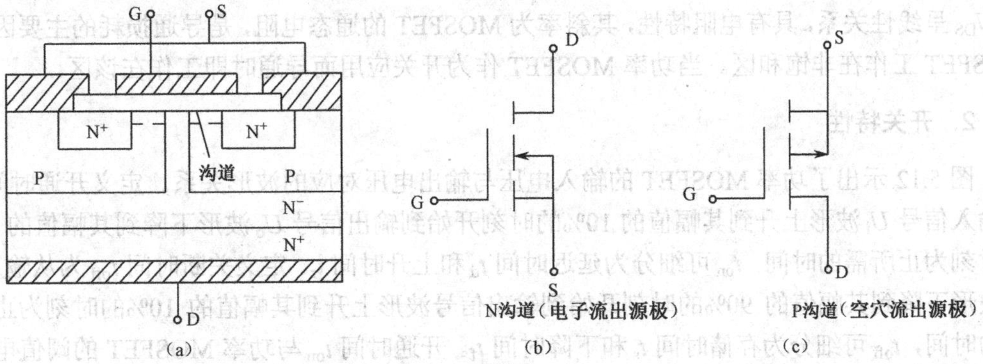

图 5.10 功率 MOSFET 的结构与电气符号

下面以 N 沟道增强型为例，说明功率场效应晶体管的结构。功率场效应管是多元集成结构，即一个元器件由多个 MOSFET 单元组成，如图 5.10（a）所示为一个功率 MOSFET 单元结构示意图。制作时是在 N^+型高掺杂浓度的硅片衬底上延生成 N^-型漂移区，在 N^-型区内有选择地采用两次扩散形成 P 型区和 N^+型区，沟道长度可以精确控制。功率 MOSFET 内部结构都含有一个寄生晶体管，所以功率 MOSFET 无反向阻断能力，当在元器件漏、源极两端加反向电压时元器件导通，在使用时要引起足够注意。

2．功率 MOSFET 的工作原理

当漏极接电源正极，源极接电源负极，栅、源极之间电压为零或为负时，P 型区和 N^-型漂移区之间的 PN 结反向，漏、源极之间无电流流过。如果在栅极和源极加正向电压 U_{GS}，由于栅极是绝缘的，不会有栅流。但栅极的正电压所形成的感应作用却会将其下面 P 型区中的少数载流子电子吸引到栅极下面的 P 型区表面。当 U_{GS} 大于某一电压值 U_T 时，栅极下面 P 型区表面的电子浓度将超过空穴浓度，使 P 型半导体变成 N 型半导体，沟通了漏极和源极，形成漏极电流 I_D。电压 U_T 称为开启电压，U_{GS} 超过 U_T 越多，导电能力越强，漏极电流 I_D 越大。

功率场效应管的多元结构使每个功率 MOSFET 单元的沟道长度大为缩短，而且所有功率 MOSFET 单元的沟道并联，势必使沟道电阻大幅度减小从而使得在同样的额定结温下，元器件的通态电流大大增加。此外，沟道长度的缩短，使载流子的渡越时间减小；沟道的并联，允许更多的载流子同时渡越，使元器件的开通时间极短，提高了工作频率，改善了元器件性能。

5.3.2 功率 MOSFET 特性

1．输出特性

功率 MOSFET 的输出特性如图 5.11 所示。它可分为三个工作区：

当 $U_{GS} \leqslant U_T$，$I_D=0$，功率 MOSFET 工作在截止区。

当 $U_{GS} > U_T$，$U_{DS} \geqslant (U_{GS}-U_T)$，当 U_{GS} 不变时，I_D 几乎不随 U_{DS} 的增加而增加，近似为一常数，MOSFET 工作在饱和区。

当 $U_{GS} > U_T$（如图 5.11 中 U_{GS}>10V）时，$U_{DS} < (U_{GS}-U_T)$，漏极电流与漏、源极间电压 U_{DS} 呈线性关系，具有电阻特性，其斜率为 MOSFET 的通态电阻，是导通损耗的主要因素。MOSFET 工作在非饱和区。当功率 MOSFET 作为开关应用而导通时即工作在该区。

2．开关特性

图 5.12 示出了功率 MOSFET 的输入电压与输出电压对应的波形关系。定义开通时间 t_{on} 为输入信号 U_i 波形上升到其幅值的 10%的时刻开始到输出信号 U_o 波形下降到其幅值的 90%的时刻为止所需的时间，t_{on} 可细分为延迟时间 t_d 和上升时间 t_r。定义关断时间 t_{off} 为从输入信号波形下降到其幅值的 90%的时刻开始到输出信号波形上升到其幅值的 10%的时刻为止 所需的时间，t_{off} 可细分为存储时间 t_s 和下降时间 t_f。开通时间 t_{on} 与功率 MOSFET 的阈值电压，栅、源极间电容 C_{GS} 和栅、漏极间电容 C_{GD} 有关，也受信号源的上升时间和内阻的影响。关断时间 t_{off} 则由功率 MOSFET 漏源电容 C_{DS} 和负载电阻来决定。

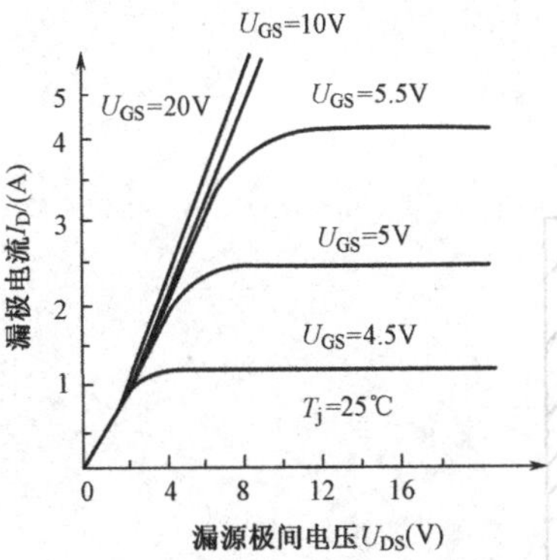

图 5.11　功率 MOSFET 的输出特性

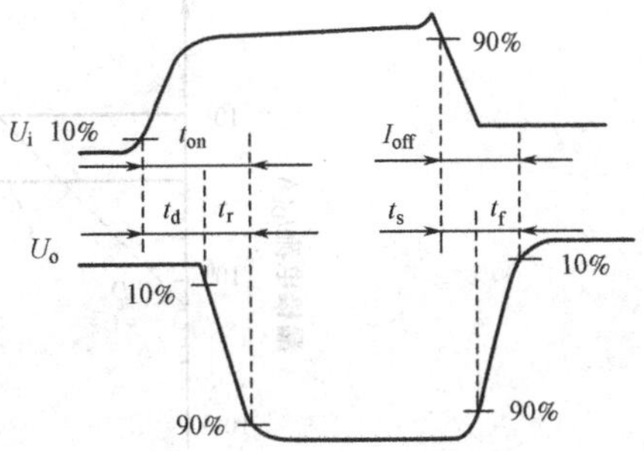

图 5.12　功率 MOSFET 的输入电压与输出电压对应的波形

5.3.3　功率 MOSFET 的主要参数

（1）漏源击穿电压。该电压决定了功率 MOSFET 的最高工作电压。

（2）栅源击穿电压。该电压表征了功率 MOSFET 栅源之间能承受的最高电压。

（3）漏极最大电流。表征功率 MOSFET 的电流容量。

（4）开启电压 U_T。又称阈值电压，它是指功率 MOSFET 流过一定量的漏极电流时的最小栅源电压。

（5）通态电阻。通态电阻是影响最大输出功率的重要参数，在开关电路中通态电阻决定了信号输出幅度与自身损耗。通态电阻有一个受栅极电压控制的范围，为使通态电阻最小，上述输出特性中通态电阻范围为 $U_{GS}\geqslant$10V。若用高电压驱动，会对输入电容过充电，使关断时间变长，这点需要注意。

通态电阻也受漏极电流与温度的影响，特别是温度对其影响较大，通态电阻随温度上升而线性增大，因此实际应用时要考虑这一点。

（6）跨导。功率 MOSFET 的转移特性用跨导表示，它定义为 $G_{fs}=\Delta I_D/\Delta U_{GS}$，一般来说，晶体管放大工作时采用这种特性，而开关工作时不必采用这种特性。

（7）栅极阈值电压。栅极阈值电压 $U_{GS(th)}$表示开始有额定的漏极电流时的最低栅极电压。阈值电压的大小与耗尽区内单位面积的空间电荷数量以及氧化膜中单位面积正电荷数量有关。在工业应用中，常将漏极短接条件下 I_D 等于 1mA 时的栅极电压定义为阈值电压。阈值电压会随结温而变化，并且具有负温度系数，大约结温每增高 45℃，阈值电压下降 10%，即温度系数约为–(6～7)mV/℃。

（8）功率 MOSFET 的电容。功率 MOSFET 的栅极有绝缘层，极间存在着绝缘电容。应用上称这些电容为输入电容（$C_{ISS}=C_{GD}+C_{GS}$），输出电容（$C_{OSS}=C_{GD}+C_{DS}$）和反馈电容（$C_{rSS}=C_{GS}$）。这些电容大小与偏置电压有关，C_{GD} 随漏、源极间电压动态变化。元器件在开关过程中 C_{GD} 的变化较大，所以高电压开关工作时要注意这一点。

这些电容对开关过程有直接影响，在开通延迟时间、上升时间以及下降时间，由于 $U_{DS}\gg U_{GS}$，所以 C_{GD} 较小，为几十皮法。在关断延迟时间，由于 $U_{DS}<U_{GS}$，C_{GD} 为几千皮法。

（9）正向偏置安全工作区。功率 MOSFET 是单极型元器件，几乎没有二次击穿问题，因此其安全工作区非常宽。如图 5.13 所示为其正向偏置安全工作区（FBSOA），它是由四条边界极限所包围的区域，这四条边界极限线是：最大漏源电压线 *A*，最大功耗线 *B*，最大漏

极电流线 C 和漏源通态电阻线 D。

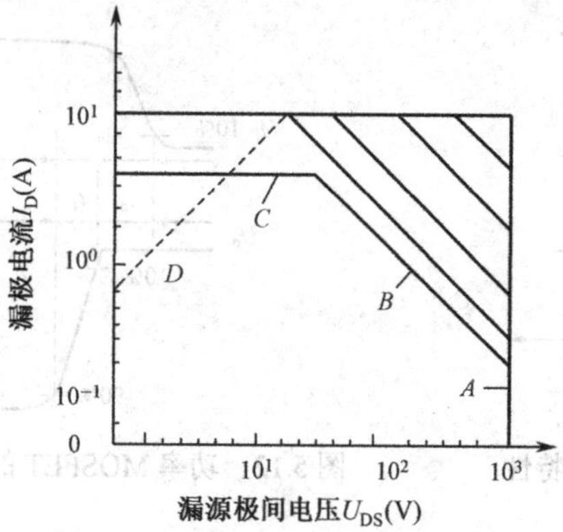

图 5.13　正向偏置安全工作区

5.3.4　功率 MOSFET 的驱动电路

功率 MOSFET 是电压驱动控制元器件，其驱动电路要能向栅极提供适当的栅压，以保证可靠开通和关断 MOSFET。如图 5.14 所示是理想的栅极控制电压波形，触发脉冲前、后沿要求陡峭。正、负栅压幅值应要小于所规定的允许值。

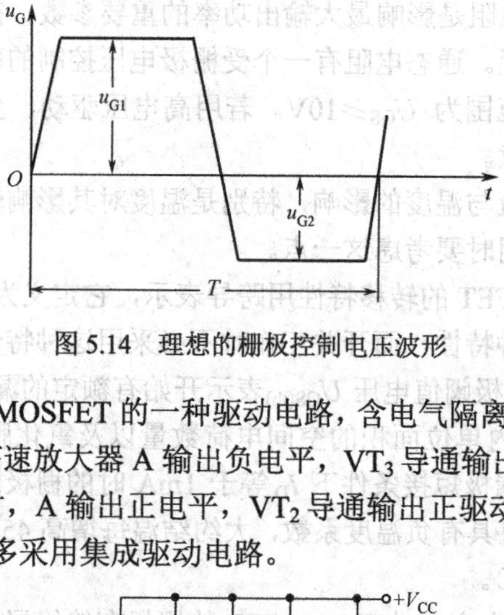

图 5.14　理想的栅极控制电压波形

如图 5.15 所示是功率 MOSFET 的一种驱动电路，含电气隔离和晶体管放大电路两部分，当输入端无控制信号时，高速放大器 A 输出负电平，VT_3 导通输出负驱动电压，MOSFET 关断；当输入端有控制信号时，A 输出正电平，VT_2 导通输出正驱动电压，MOSFET 导通。实际应用中，功率 MOSFET 多采用集成驱动电路。

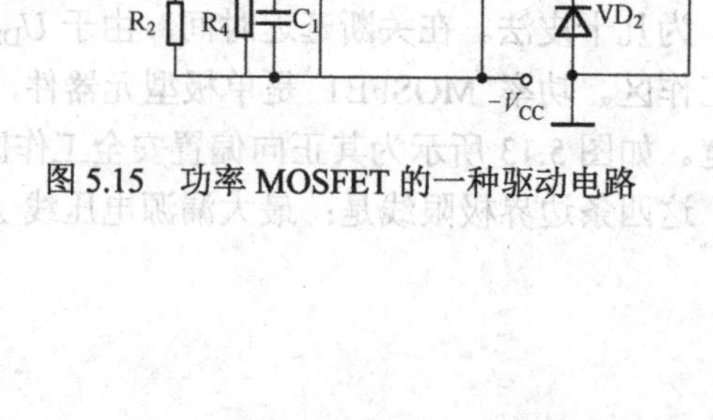

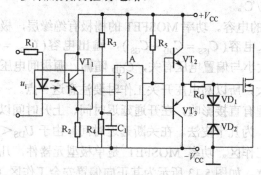

图 5.15　功率 MOSFET 的一种驱动电路

5.4　绝缘栅双极晶体管（IGBT）

绝缘栅双极晶体管（IGBT，Insulated Gate Biopolar Transistor），它将功率 MOSFET 与 GTR 的优点集于一身，是一种压控型元器件，它既具有输入阻抗高、响应速度快、热稳定性好和驱动电路简单的特点，又具有通态电压低、耐压高和承受电流大等优点。

5.4.1　绝缘栅双极晶体管的结构与工作原理

1．绝缘栅双极晶体管的结构

IGBT 结构剖面图如图 5.16 所示。IGBT 在功率 MOSFET 的基础上增加了一个 P^+层发射区，形成 PN 结 J_1，并由此引出漏极 D。栅极（门极）G 与源极 S 则完全与功率 MOSFET 类似。有时也称 IGBT 的漏极为集电极 C，源极为发射极 E。有 N^+缓冲区的 IGBT 称为非对称 IGBT，其反向阻断能力弱，但正向压降低，关断时间短，关断时尾部电流小。无 N^+缓冲区的 IGBT 称为对称 IGBT，它具有正向阻断能力，但其特性却不及非对称 IGBT。

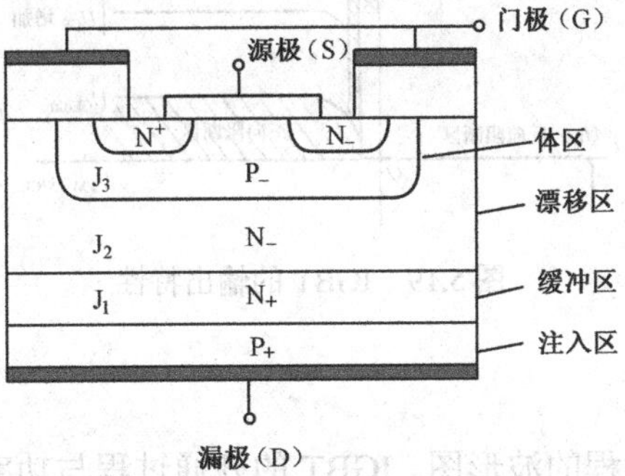

图 5.16　IGBT 结构剖面图

由结构图可以看出，IGBT 相当于一个由功率 MOSFET 驱动的厚基区 GTR，其简化等效电路如图 5.17 所示。图中电阻 R_{dr} 是厚基区 GTR 基区内的扩展电阻。IGBT 是以 GTR 为主导元器件，功率 MOSFET 为驱动元器件的达林顿结构元器件。图示元器件为 N 沟道 IGBT，功率 MOSFET 为 N 沟道，GTR 为 PNP 型。N 沟道 IGBT 的电气符号如图 5.18 所示，对于 P 沟道，电气符号中的箭头方向相反。

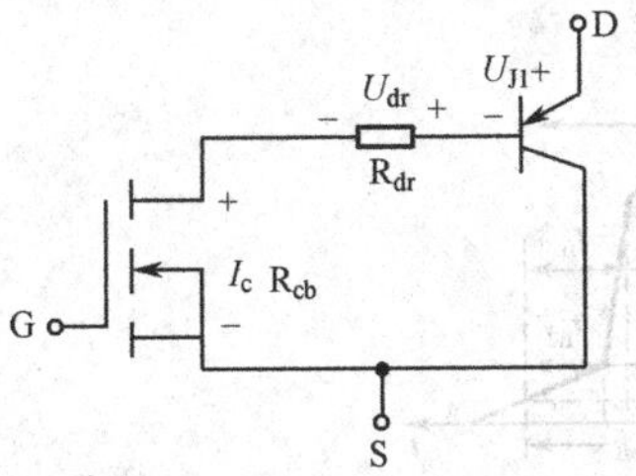

图 5.17　IGBT 的简化等效电路

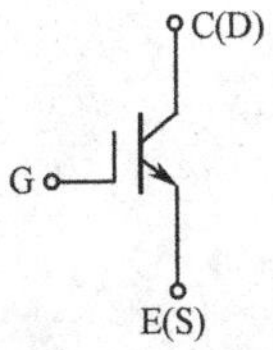

图 5.18　N 沟道 IGBT 的电气符号

2．绝缘栅双极晶体管的工作原理

IGBT 的工作原理与功率 MOSFET 基本相同，是一种压控型元器件。其开通与关断是由栅极电压 U_{GE} 来控制的。栅极施以正电压时，功率 MOSFET 内形成沟道，并为 PNP 晶体管提供基极电流，从而使 IGBT 导通。在栅极施以负电压时，功率 MOSFET 内的沟道消失，PNP 晶体管的基极电流被切断，IGBT 即关断。

5.4.2 绝缘栅双极晶体管的特性

1. IGBT 的输出特性

如图 5.19 所示为 IGBT 的输出特性，它描述的是在栅极电压一定时，集电极电流 I_C 与集射极间电压 U_{CE} 之间的关系。此特性与 GTR 的输出特性相似，也分为正向阻断区、有源区、饱和区和反向阻断区 4 个区域。在电力电子电路中，IGBT 工作在开关状态，因而在正向阻断区和饱和区之间来回转换。IGBT 的反向电压承受能力很差，其反向阻断电压只有几十伏，使用时要加以注意。

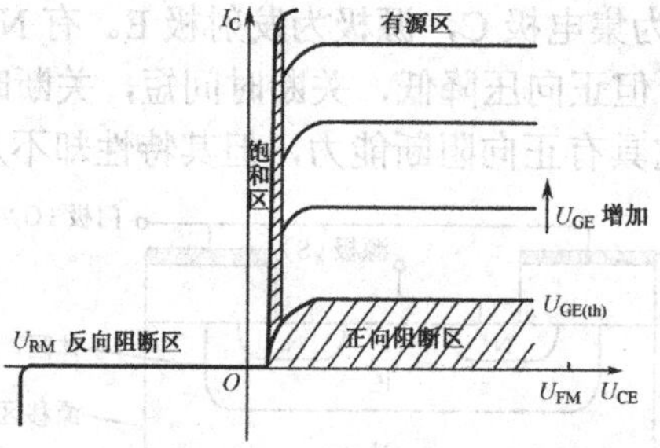

图 5.19 IGBT 的输出特性

2. IGBT 的开关特性

图 5.20 为 IGBT 开关过程的波形图。IGBT 的开通过程与功率 MOSFET 的开通过程很相似，是从正向阻断转换到正向导通的过程。开通时间 t_{on} 为开通延迟时间 $t_{d(on)}$与上升时间 t_r 之和。开通延迟时间 $t_{d(on)}$定义为从驱动电压 u_{GE} 的前沿上升至其幅度的 10%的时刻起，到集电极电流 I_C 上升至其幅度的 10%的时刻止。电流上升时间 t_r 定义为 I_C 从 10%I_{CM} 上升至 90%I_{CM} 所需要的时间。开通时，集射电压 u_{CE} 的下降过程分为 t_{fv1} 和 t_{fv2} 两段。只有在 t_{fv2} 段结束时，IGBT 才完全进入饱和状态。

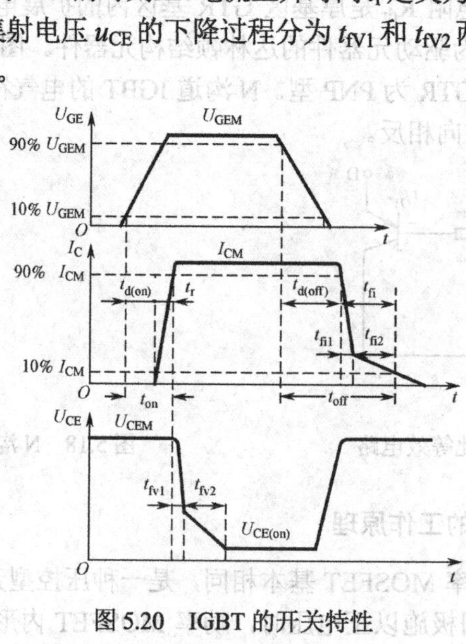

图 5.20 IGBT 的开关特性

IGBT 的关断过程是从正向导通转换到正向阻断状态的过程。关断时间 t_{off} 为关断延迟时间 $t_{d(off)}$ 与电流下降时间 t_{fi} 之和，关断延迟时间 $t_{d(off)}$ 定义为从驱动电压 u_{GE} 的脉冲后沿下降到其幅值的 90%的时刻起，到集电极电流下降至 90%I_{CM} 止。电流下降时间 t_{fi} 定义为集电极电流从 90%I_{CM} 下降至 10%I_{CM} 的这段时间。电流下降时间 t_{fi} 可分为 t_{fi1} 和 t_{fi2} 两段，其中 t_{fi1} 对应 IGBT 内部的功率 MOSFET 的关断过程，这段时间集电极电流 I_C 下降较快；t_{fi2} 对应 IGBT 内部的 PNP 晶体管的关断过程，这段时间内功率 MOSFET 已经关断，IGBT 又无反向电压，所以 N^+ 缓冲区内的少数载流子复合缓慢，造成 I_C 下降较慢。由于此时集射电压已经建立，因此较长的电流下降时间会产生较大的关断损耗。为解决这一问题，可以与 GTR 一样通过减轻饱和程度来缩短电流下降时间。

可以看出，IGBT 中双极型 PNP 晶体管的存在，虽然带来了电导调制效应的好处，但也引入了少数载流子储存现象，因而 IGBT 的开关速度要低于功率 MOSFET，但却是同容量的 GTR 的 1/10。

3. 关断损耗

图 5.21 示出了电感性负载时高速 IGBT 以及功率 MOSFET 的关断损耗与电流的关系，常温下 IGBT 的关断损耗与功率 MOSFET 的大致相同。功率 MOSFET 的关断损耗与温度无关，而对于 IGBT 则温度每增加 100℃损耗约增大 2 倍。因此功率 MOSFET 开关损耗小，但输入容量较大时，栅极反向偏置电流要比 IGBT 大得多。

4. 开通损耗

电动机等控制系统中，为了进行强制换流要接入续流二极管（FWD），而续流二极管的反向恢复特性影响着 IGBT 的开通损耗。图 5.22 示出了功率 MOSFET 与 IGBT 的开通损耗。

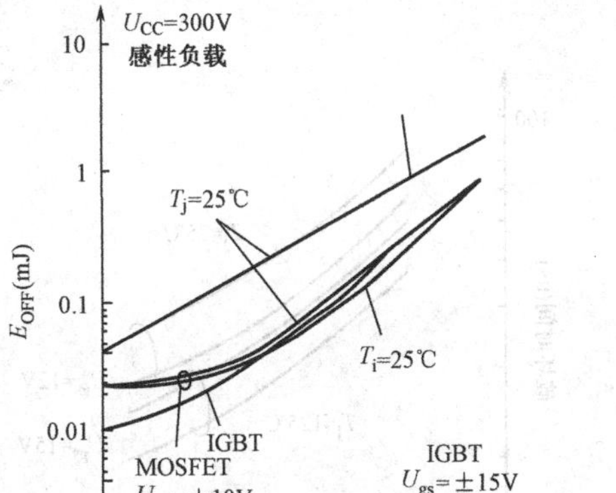

图 5.21　功率 MOSFET 与 IGBT 的关断损耗比较

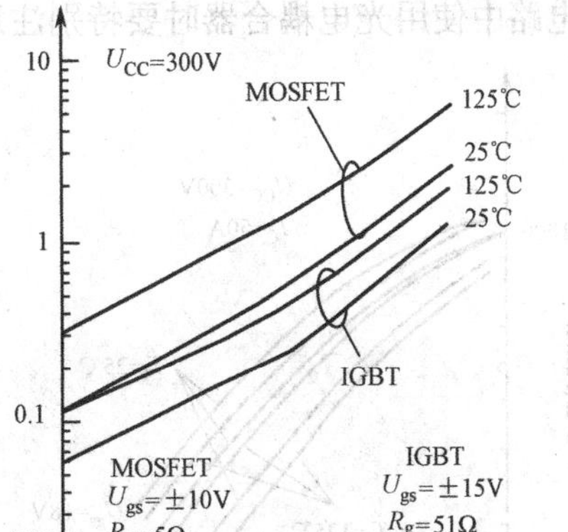

图 5.22　功率 MOSFET 与 IGBT 的开通损耗比较

5. 安全工作区

IGBT 开通的正向偏置安全工作区由电流、电压和功耗三条边界极限包围而成。最大漏电流是根据避免动态擎住的原则而确定的；最大漏源电压是由 IGBT 中 PNP 晶体管的击穿电压确定的；最大功耗是由最高允许结温决定的。导通时间长则发热量大，因而安全工作区变窄，如图 5.23（a）所示。

所谓擎住效应就是 I_D 大到一定程度时，使 IGBT 中寄生晶体管饱和，栅极失去控制作用。IGBT 发生擎住效应后，漏电流增大，造成过高的功耗，导致元器件损坏。

IGBT 的反向偏置安全工作区随 IGBT 关断时的加重 dU_{DS}/dt 而改变，dU_{DS}/dt 越高，反向偏置安全工作区越窄，如图 5.23（b）所示。

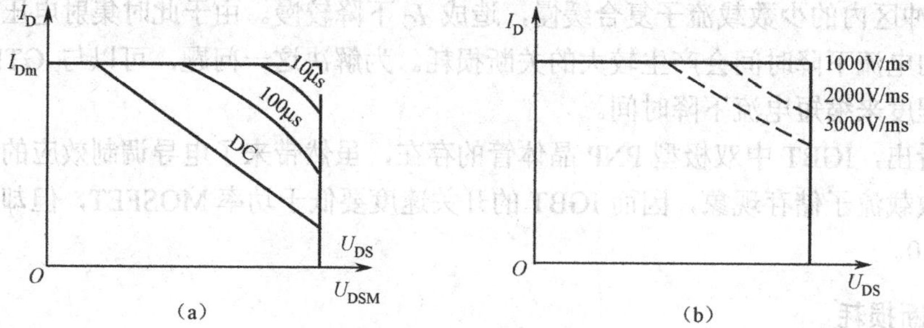

图 5.23　IGBT 的安全工作区

6. 栅极偏置电压与电阻

IGBT 特性主要受栅极偏置控制，而且受浪涌电压等影响。IGBT 的开通特性（di/dt）受到正偏置电压与电阻的影响，变化情况如图 5.24 所示。当 di/dt 较大时（这时电阻小）开通损耗减小。然而如果增大 di/dt，反向恢复电流也随之增大。通常反向恢复特性为硬特性，反向恢复后 FWD 电压也由于电路寄生电感产生较大的浪涌电压，同时 du/dt 也增大。因此，驱动电路中使用光电耦合器时要特别注意。

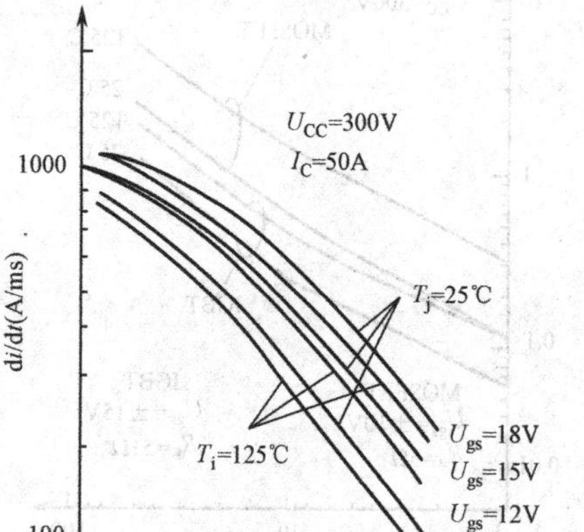

图 5.24　开通特性与偏置电压的关系

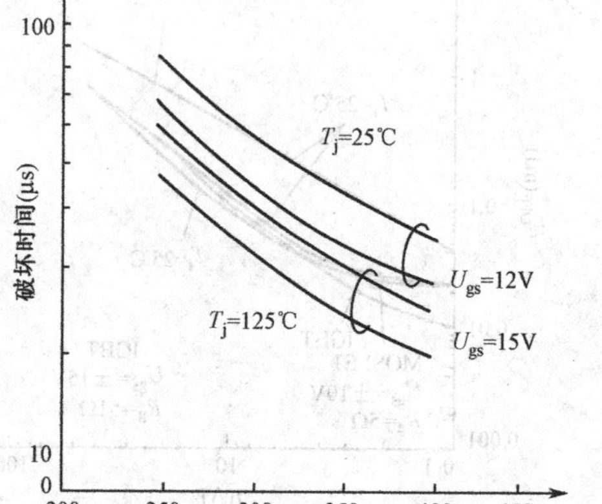

图 5.25　IGBT 短路破坏时间与栅极电压关系

短路破坏时间与栅极电压关系如图 5.25 所示，栅极电压越小，短路破坏时间变得越长，但是饱和电压降却要增大。

7．软开关用 IGBT

降低开关损耗与电磁噪声的软开关谐振变换器中采用了 IGBT 构成谐振变换器。谐振变换器分为电压谐振变换器与电流谐振变换器。电压谐振变换器（ZVS）用于高压电源或者电磁感应加热器，电流谐振变换器（ZCS）用于直流变换器。ZVS 关断时存在关断损耗，开关频率多为 30～50kHz，ZCS 损耗小，开关频率可达 100kHz。

5.4.3 IGBT 的驱动电路

因为 IGBT 的输入特性几乎与功率 MOSFET 相同，所以用于功率 MOSFET 的驱动电路同样可以用于 IGBT。大多数 IGBT 生产厂家为了解决 IGBT 的可靠性问题，都生产与其配套的集成驱动电路。这些专用驱动电路抗干扰能力强，集成化程度高，速度快，保护功能完善，可实现 IGBT 的最优驱动。常用的有三菱公司的 M579 系列（如 M57962L 和 M57959L）和富士公司的 EXB 系列（如 EXB840、EXB841、EXB850 和 EXB851）。如图 5.26 所示为由 M57962L 组成的 IGBT 驱动电路。

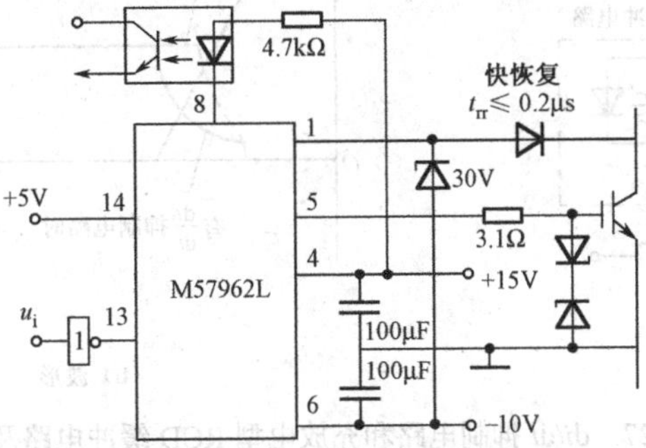

图 5.26　由 M57962L 组成的 IGBT 驱动电路

该驱动电路采用驱动模块 M57962L，该驱动模块为混合集成电路，集驱动和过流保护于一体，能驱动电压为 600V 或 1200V，电流容量不大于 400A 的 IGBT。输入信号 u_i 与输出信号 u_g 彼此隔离，当 u_i 为高电平时，输出 u_g 也为高电平，此时 IGBT 导通；当 u_i 为低电平时，输出 u_g 为−10V，IGBT 截止。该驱动模块通过实时检测集电极电位来判断 IGBT 是否发生过流故障。当 IGBT 导通时，如果驱动模块的①脚电位高于其内部基准值，则其⑧脚输出为低电平，通过光耦发出过流信号，与此同时使输出信号 u_g 变为−10V，关断 IGBT。

5.5 全控型元器件的保护与串、并联使用

5.5.1 全控型元器件的保护

在第 1 章中我们讨论了晶闸管的过压、过流、du/dt 及 di/dt 的保护。对于全控型开关元器件，由于它们大多在高频条件下运行，开关损耗比晶闸管大得多。缓冲电路（吸收电路）对防止过电压，抑制 du/dt 和 di/dt，以及减小开关损耗有着极为重要的意义。

缓冲电路所以能够减小开关元器件的开关损耗，是因为把开关损耗由元器件本身转移至缓冲电路内，对这些被转移的能量如何处理，引出了两类缓冲电路：一类是耗能式缓冲电路，即转移至缓冲器的开关损耗能量消耗在电阻上，这种电路简单，但效率低；另一类是馈能式

缓冲电路，即将转移至缓冲器的开关损耗能量以适当的方式再提供给负载或回馈给供电电源，这种电路效率高但电路复杂。本章只介绍耗能式缓冲电路。

为了使缓冲电路能对全控元器件关断前的大电流进行快速分流，多采用含有快速二极管的缓冲电路。如图 5.27 所示为 GTR 的防止过电压、抑制 du/dt 和 di/dt 的缓冲电路。无缓冲电路时，VT 开通时电流迅速上升，di/dt 很大，关断时 du/dt 很大，并出现很高的过电压，如图 5.27 中虚线所示；有缓冲电路时，VT 开通时缓冲电容 C_s 先通过 R_s 向 VT 放电，使 i_C 先上一个台阶，以后因有 di/dt 抑制电路的电感 L_i，i_C 的上升速度减慢，R_i、VD_i 是 VT 关断时为 L_i 中的磁场能量提供放电回路而设置的。在 VT 关断时，负载电流通过 VD_s 向 C_s 分流，减轻了 VT 的负担，抑制了 du/dt 和过电压。因为关断时电路中（含布线）电感 L_i 的能量要释放，所以还会出现一定的过电压，如图 5.27 中实线所示。

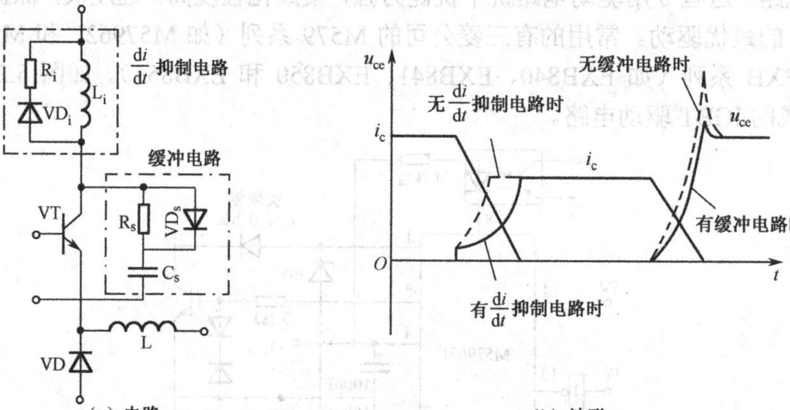

图 5.27　di/dt 抑制电路和充放电型 RCD 缓冲电路及波形

上述 GTR 的缓冲电路也适用于 IGBT，如图 5.28 所示为 IGBT 的另外两种常用的缓冲电路。如图 5.29 所示为 GTO 吸收过电压的 RCD 缓冲电路。

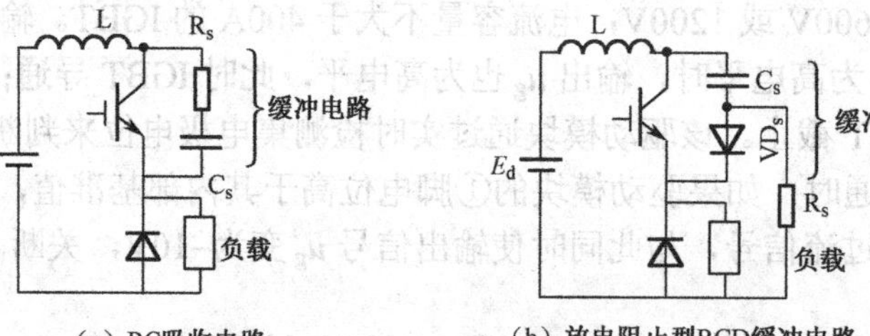

图 5.28　IGBT 的缓冲电路

功率 MOSFET 的栅极绝缘层很薄弱，栅极开路时，容易静电击穿，造成栅、源短路。所以在不用时，一般都将功率 MOSFET 的三个电极短接。存放在防静电包装袋、导电材料包装袋或金属容器中。取用元器件时，应拿元器件管壳，而不要拿引线。装配时，工作台和烙铁都必须良好接地，焊接时电烙铁功率应不超过 25W，最好使用 12～24V 的低电压烙铁，且前端作为接地点，先焊栅极，后焊漏极与源极。在测试功率 MOSFET 时，测量仪器和工作台都必

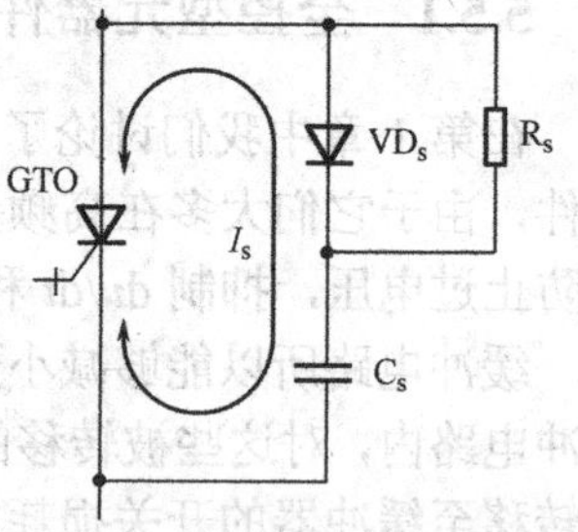

图 5.29　充放电型 RCD 缓冲电路

须良好接地，功率 MOSFET 的三个电极未全部接入测试仪器或电路前，不要施加电压，改换测试范围时，电压和电流都必须先恢复到零。

为防止栅、源间的电压过高，可通过适当降低驱动电路的阻抗，在栅、源间并联阻尼电阻。漏、源间的耐压一般要高一些，但也要在感性负载两端并联钳位二极管，在元器件漏、源两端并联二极管 VD 及 RC 钳位电路或 RC 缓冲电路，如图 5.30 所示。

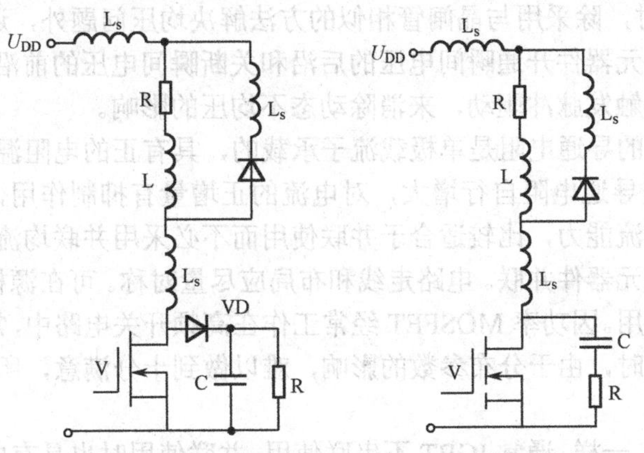

（a）采用二极管及RC钳位电路　　（b）采用RC缓冲电路

图 5.30　功率 MOSFET 漏源间的保护电路

作为一种保护措施，开通缓冲电路抑制 di/dt，关断缓冲电路抑制过电压及 du/dt，防止元器件因过高的 di/dt 和过电压引起失效，或因过高的 du/dt 产生误导通。过高的元器件结温会导致特性变坏，影响电路工作的可靠性。因此选择好所用元器件以后，必须按要求配置相应的散热器，以保证电路正常工作时温升不超过允许值。

在系统实际运行中，除了上述的缓冲电路保护外，过电流（过载和短路）也尤为重要。由于电力电子开关元器件承受浪涌冲击的能力很低，因此必须在发生过载或短路时快速将元器件关断。在晶闸管电路中常用快速熔断器。GTO 相对于全控元器件 GTR、功率 MOSFET 和 IGBT 有较高的浪涌承受能力，所以在使用中也可采用快速熔断器进行短路保护。

对其他全控型开关元器件，如 GTR，由于存在二次击穿等问题，且二次击穿很快，远远小于快速熔断器的熔断时间，因此诸如快速熔断器之类的过电流保护方法对 GTR 类电力电子设备来说是无用的，所以 GTR 的过电流保护要依赖于驱动和特殊的保护电路。采用各种方法识别出是否出现过电流，一旦检测到该故障，通过控制电路强行关断电路中的开关元器件。电压状态识别法是检测 GTR 常采用的一种方法，即在控制电路中设置监视 U_{CE} 大小的电路单元，当超过 U_{CE} 限定值时，通过控制电路关断元器件。

与 GTR 类似，IGBT 可采用集射极电压状态识别的方法进行过电流保护。

功率 MOSFET 的过电流保护与 GTR 基本类似，仅是快速性要求更高，在故障信号取样和布线上要考虑抗干扰，并尽可能减小分布参数的影响。

5.5.2　全控型元器件的串联和并联

在第 1 章中我们讨论过晶闸管串、并联使用时存在的问题，即同型号的元器件，它们之间在静、动态特性上总会存在一定的差异，当将它们串、并联在一起使用时，就可能会因为这些差异导致某些元器件损坏。前面所讨论的解决方法，即采用均压、均流措施来调整元器件串、并联之间的差异，同样适用于全控型元器件。此外，全控型开关元器件常在高频条件下工作，线路连接引起的分布参数不均衡也会影响元器件串、并联使用时的均压和均流。因此在进行系统结构设计时要特别注意串、并联元器件布局的合理，尽可能减小它们的分布参数，并使这些分布参数趋于一致。

由于 GTR 对过电压敏感，通常 GTR 是不进行串联使用的。

GTO 串联使用时，除采用与晶闸管相似的方法解决均压问题外，还由于 GTO 的动态不均压的过电压产生于元器件开通瞬间电压的后沿和关断瞬间电压的前沿，可通过精心设计门极控制电路，采用强触发脉冲驱动，来消除动态不均压的影响。

功率 MOSFET 的导通电阻是单极载流子承载的，具有正的电阻温度系数。当电流意外增大时，附加发热使导通电阻自行增大，对电流的正增量有抑制作用，所以功率 MOSFET 对电流有一定的自限流能力，比较适合于并联使用而不必采用并联均流措施。但要注意选用特性参数尽量相近的元器件并联。电路走线和布局应尽量对称。可在源极电路中串联小电感，起到均流电抗器的作用。因功率 MOSFET 经常工作在高频开关电路中，常用的电阻与电容串、并联在解决动态均压时，由于分布参数的影响，难以做到十分满意，所以除非必要，通常不将它们串联使用。

与功率 MOSFET 一样，通常 IGBT 不串联使用。并联使用时也具有电流的自动均衡能力，易于并联。并联时应注意以下几点：

（1）使用同一等级 U_{CES} 的模块。

（2）各 IGBT 之间的 I_C 不平衡率≤18%。

（3）各 IGBT 的开启电压应一致。若开启电压不同，则会产生严重的电流分配不均匀。

*5.6　其他新型电力电子元器件

1. 静电感应晶体管（SIT）

静电感应晶体管（SIT，Static Induction Transistor）是一种结型电力场效应晶体管，是多子导电的元器件，工作频率与电力 MOSFET 相当，甚至更高，功率容量更大，因而适用于高频大功率场合。在雷达通信设备、超声波功率放大、脉冲功率放大和高频感应加热等领域获得应用。这种元器件在栅极不加信号时导通，加负偏压时关断，称为正常导通型元器件。其通态电阻较大，通态损耗也大，因而还未在大多数电力电子设备中得到广泛应用。

2. 静电感应晶闸管（SITH）

静电感应晶闸管（SITH，Static Induction Thyristor）是一种场控晶闸管，SITH 是两种载流子导电的双极型元器件，具有电导调制效应，通态压降低，通流能力强。其很多特性与 GTO 类似，但开关速度比 GTO 高得多，是大容量的快速元器件。SITH 一般也是正常导通型，但也有正常关断型。此外，电流关断增益较小，因而其应用范围还有待拓展。

3. MOS 控制晶闸管（MCT）

MOS 控制晶闸管（MCT，MOS Controlled Thyristor）是 MOSFET 与晶闸管复合的元器件，MCT 结合了二者的优点：承受极高 di/dt 和 du/dt，快速的开关过程，开关损耗小，高电压，大电流，高载流密度，低导通压降。一个 MCT 元器件由数以万计的 MCT 元组成，每个单元由一个 PNPN 晶闸管，一个控制该晶闸管导通的 MOSFET 和一个控制该晶闸管关断的 MOSFET 组成。但这种元器件要真正成为商业化的实用元器件，其关键技术还有待进一步突破。

4. 集成门极换流晶闸管（IGCT）

集成门极换流晶闸管（IGCT，Integrated Gate-Commutated Thyristor）于 20 世纪 90 年代后期出现，它结合了 IGBT 与 GTO 的优点，容量与 GTO 相当，开关速度比 GTO 快 10 倍，可省去 GTO 复杂的缓冲电路，但驱动功率仍很大。IGCT 正在与 IGBT 等新型元器件激烈竞争，试图最终取代 GTO 在大功率场合的位置。

5. 功率模块（PM）与功率集成电路（PIC）

前面介绍的功率 MOSFET 和 IGBT，就其内部结构而言，都是功率集成元器件（PID），例如一只 IGBT 是由 10^5 个单胞集成制造的；但从外部形式及功能来看，这些元器件还是分立元器件，应用时每个元器件必须独立安装散热器，这就使装置的体积加大。

当将多个分立元器件按电路拓扑封装在一个模块中构成功率模块（PM，Power Module）后，这一问题便能得到很好的解决。功率模块的外壳是导热的绝缘体，因而可共用一个散热器，这不仅可以明显地提高电路的功率密度，还可降低成本，更重要的是由于各开关元器件之间的连线紧凑，减小了线路电感，在高频工作时可以简化对缓冲电路和保护的要求，使装置的可靠性得到提高。

随着集成技术的进步，除将主电路的功率元器件集成外，又将相关的逻辑、控制、保护（含过流、过压和过热保护）、传感、检测、自诊断等信息电子电路集成到同一芯片上，并向智能化方向发展，形成真正意义上的功率集成电路（PIC）。这是电力电子技术的一大进步，说明集成电路已从信息电子技术领域扩展到功率电子技术领域。功率集成电路，尤其是智能功率模块实现了信息采集、处理和电能变换与控制的集成化，成为机电一体化的理想接口，具有广阔的应用前景。尽管目前 PIC 的功率等级还很有限，但已在应用领域中显示出独特的优势。它与高频化、数字化一样是未来电力电子变换和控制技术发展的方向。

除最简单的功率模块外，功率集成电路还可分为三类：一类是高压集成电路（HVIC，High Voltage IC），它是高耐压电力半导体元器件与控制电路的单片集成；第二类是智能功率集成电路（SPIC，Smart Power IC），它是电力半导体元器件与控制电路、保护电路以及传感器等电路的多功能单片集成；第三类是智能功率模块（IPM，Intelligent Power Module），它主要是指将 IGBT 与其驱动、传感、检测、保护、控制和接口电路集成封装在同一芯片上。

（1）功率模块（PM）。功率模块（PM，Power Module）是把同类或不同类的多个开关元器件如二极管、晶闸管、功率 MOSFET、GTR 或 IGBT 等按一定的电路拓扑结构连接并封装在一起的开关元器件组合体。最常见的拓扑结构有串联、并联、半桥、单相桥、三相桥等电路。同类开关元器件串、并联的目的是为提高整体额定电压、电流。如图 5.31 所示是四种两元器件的组合，除了图（d）用于交流开关或交流调压外，其他三种都是半桥电路，可用于不控或可控整流。如图 5.32 所示为功率 MOSFET 功率模块，其中如图 5.32（c）所示为由四个功率 MOSFET 元器件并联组成的开关模块，元器件并联的目的是为了增加整体额定电流，四个并联元器件仍由同一个门极信号控制。

（2）智能功率模块（IPM）。IPM是一种混合集成电路，是IGBT智能化功率模块的简称。它以IGBT为基本功率开关元器件，将驱动、保护和控制电路的多个芯片通过焊丝（或铜带）连接，封入同一模块中，形成具有部分或完整功能的、相对独立的单元。如构成一相或三相逆变器的专用模块，用于电动机变频调速装置。如图5.33所示为内部只有一支IGBT的IPM产品的内部框图，模块内部主要包括欠压保护电路、IGBT 驱动电路、过流保护电路、短路保护电路、温度传感器及过热保护电路、门电路和IGBT。IPM模块内部结构大体相同，都是集功率变换、驱动及保护电路为一体。使用时，只为各桥臂提供开关控制信号和驱动电源即可，大大方便了模块的应用和系统的设计，并使可靠性大大提高，特别适用于正弦波输出的变压变频（VVVF）式变频器中。由于IPM模块内部具有多种保护功能，即便是内部的IGBT元器件承受过大的电流、电压，IPM模块也不会被损坏，而且其中任意一种保护装置动作，IGBT 栅极驱动单元就会被关断，并输出一个故障信号（FO）。所以使用 IPM 模块，不但可以提高系统的可靠性，而且可以实现系统小型化，缩短设计时间。

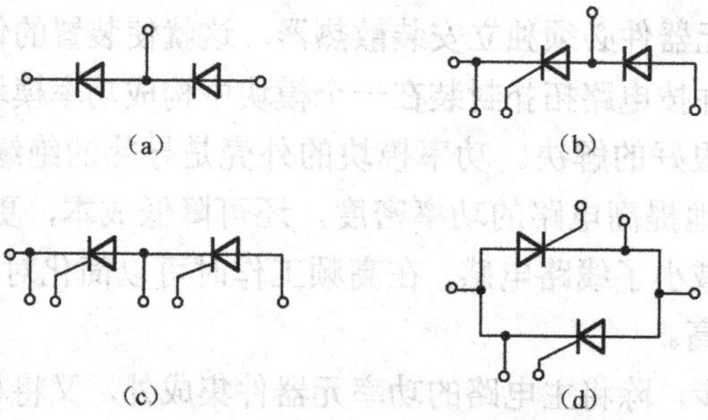

图5.31　二极管和晶闸管模块

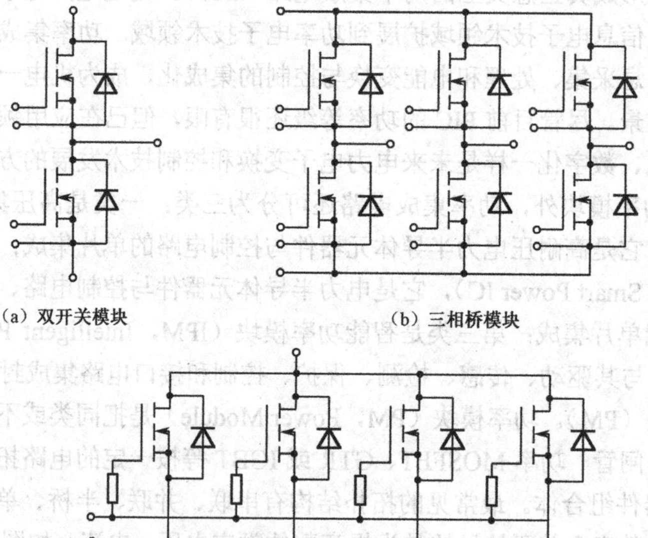

图5.32　功率MOSFET功率模块

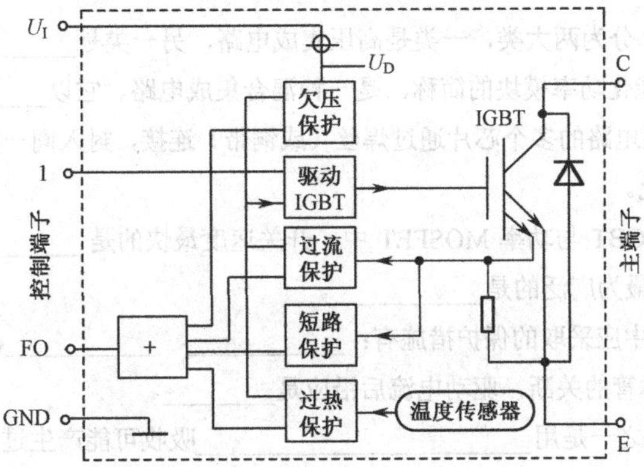

图 5.33　IPM 系列产品的内部框图

本章小结

功率晶体管（GTR）是三层结构的双极型全控型元器件，它具有开关时间短，高频特性好，耐压高，电流大，通流能力强，饱和压降低等优点。但它为电流驱动型，所需驱动功率大，驱动电路复杂，存在二次击穿问题。

可关断晶闸管（GTO）的电压、电流容量大，适用于大功率场合，具有电导调制效应，其通流能力很强。但它也为电流驱动型，关断时门极负脉冲电流大，驱动功率大，驱动电路复杂，开关频率低。

功率场效应晶体管（功率 MOSFET）是将小功率场效应晶体管的工艺结构进行改进，把漏极 D 移到芯片另一侧，成为垂直导电元器件，这样有利于减小芯片面积和提高电流密度。功率 MOSFET 的栅极是绝缘的，属于电压控制元器件，输入阻抗高，热稳定性好，所需驱动功率小且驱动电路简单，开关速度快，工作频率高，不存在二次击穿问题。但其容量小，耐压低，极间电容不可忽略，元器件的功率越大其极间电容越大。在栅极驱动电路控制元器件开通和关断过程中，存在极间电容的充放电问题，充放电的时间常数影响元器件的工作速度。为使功率 MOSFET 可靠工作不致造成元器件损坏，应设置正向偏置安全工作区。

绝缘栅双极晶体管（IGBT）集单极型功率 MOSFET 和双极型 GTR 元器件各自的优点于一身，IGBT 具有输入阻抗高，电压驱动，驱动功率小，开关速度高，通态电压低，阻断电压高，承受电流大等优点，是一种新型的复合元器件。但开关速度要低于功率 MOSFET，电压、电流容量不及 GTO。

在讨论了各种全控型电力电子元器件的特点的基础上，分别讨论了各种元器件的驱动电路、保护电路及元器件的串、并联使用。

新型元器件尤其是功率模块（PM）与功率集成电路（PIC）是现在电力电子技术发展的一个共同趋势。

习　题　5

一、选择及填空

（1）功率晶体管的安全工作区由以下四条曲线限定：集电极—发射极允许最高击穿电压线，集电极最大允许直流功率线，集电极最大允许电流线和（　　）

A. 基极最大允许直流功率线　　B. 基极最大允许电压线

C. 临界饱和线　　D. 二次击穿功率线

（2）功率集成电路 PIC 分为两大类，一类是高压集成电路，另一类是________。

（3）IPM 是 IGBT 智能化功率模块的简称，是一种混合集成电路。它以__________为基本功率开关元器件，将驱动、保护和控制电路的多个芯片通过焊丝（或铜带）连接，封入同一模块中，形成具有部分或完整功能的、相对独立的单元。

（4）在 GTR、GTO、IGBT 与功率 MOSFET 中，开关速度最快的是__________，单管输出功率最大的是__________，应用最为广泛的是__________。

（5）IGBT 在实际应用中应采取的保护措施有：__________、__________、__________。

（6）为了利于功率晶体管的关断，驱动电流后沿应是________。

（7）抑制过电压的方法之一是用____________________吸收可能产生过电压的能量，并用电阻将其消耗。

（8）功率场效应管在应用中的注意事项有：

①________________________________，②________________________________，

③________________________________，④________________________________。

（9）IGBT 有三个电极，分别是__________、__________、__________。如果________接电源的正极，________接电源的负极，它的导通和关断由__________来控制。

二、简答题

（1）大功率晶体管 GTR 和小信号晶体管有什么区别？

（2）什么是 GTR 的安全工作区？

（3）达林顿 GTR 与单管 GTR 的主要区别是什么？

（4）功率 MOSFET 与小功率场效应晶体管结构上有何区别？

（5）功率 MOSFET 的极间电容包括哪些？这些电容存在什么关系？

（6）什么叫功率 MOSFET 的安全工作区？

（7）功率 MOSFET 的静电防护措施有哪些？

（8）试说明 IGBT、GTR、GTO 和功率 MOSFET 各自的优缺点。

（9）IGBT、GTR、GTO 和功率 MOSFET 的驱动电路各有什么特点？

（10）缓冲电路的作用是什么？关断缓冲与开通缓冲在电路形式上有何区别？各自的功能是什么？

（11）什么叫二次击穿？

（12）怎样确定 GTR 的安全工作区 SOA？

（13）与 GTR、VDMOS 相比，IGBT 管有何特点？

第 6 章　无源逆变电路

本章重点：

（1）了解变频的概念。

（2）了解变频器的分类。

（3）掌握逆变电路的基本工作原理。

（4）了解变频器的应用注意事项。

（5）掌握谐振式逆变器、三相逆变器的工作原理。

（6）掌握脉宽调制电路的基本原理、调制和控制方式。

将直流电变换为某一频率或可变频率的交流电直接供给负载使用的过程称为**无源逆变**。**变频**是指将一种频率的电源变换为另一种频率可调的电源。无源逆变不等于变频，它的输出可以是恒频，用于恒压恒频电源或不间断电源；也可以是变频，用于各种变频电源，如中频感应加热和交流电动机的变频调速等。因此，逆变和变频的含义既有联系又有区别。在无源逆变电路中，晶闸管由直流电源供电，并承受正向直流电压，因此晶闸管的关断不能像整流电路一样依靠交流电压过零来实现。在无源逆变电路中，晶闸管由导通到关断应特别注意。本章介绍无源逆变电路的工作原理及其在变频器中的应用。

6.1　变频的基本概念

6.1.1　变频的作用

在现代化生产中需要各种频率的交流电源，变频器的作用就是把一种频率的交流电变换成频率可调的交流电供给负载，如：

（1）标准 50Hz 电源。用于人造卫星、大型计算机等特殊要求的电源设备，对其频率、电压波形和幅值及电网干扰等参数，均有很高的精度要求。

（2）中频装置。广泛用于金属熔炼、感应加热及机械零件淬火。

（3）变频调速。用三相变频器产生频率、电压可调的三相变频电源，对三相感应电动机和同步电动机进行变频调速。

（4）不间断电源（UPS）。平时电网对蓄电池充电，当电网发生故障停电时，将蓄电池的直流电逆变成 50Hz 交流电，对设备进行临时供电。

6.1.2　变频器的分类

变频器按其工作电源的相数分类可分为单相变频器和三相变频器；变频器按变频过程分类可分为：

（1）交流—交流变频。它将 50Hz 的交流电直接变成其他频率（低于 50Hz）的交流电，称为直接变频。

（2）交流—直流—交流变频。将 50Hz 交流电先整流为直流电，再由直流电逆变为所需频率的交流电，称为间接变频。在此过程中将直流电逆变为交流电的装置通常称为逆变器，这种逆变器与前面叙述的有源逆变不同，它不是把逆变得到的电压返送电网，而是直接供给负载使用，因此也称无源逆变，是本章介绍的一个重点。

变频器分类如图 6.1 所示。

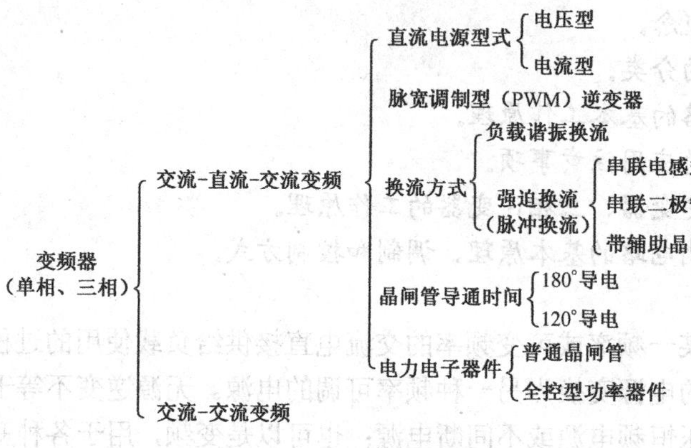

图 6.1　变频器分类

6.1.3　变频器中逆变电路的基本工作原理与换流方式

交—直—交变频器中单相无源逆变电路的电路如图 6.2 所示，其工作原理是：当 VT_1 和 VT_4 触发导通时，负载 R 上得到左正右负的电压 u_o。当 VT_2 和 VT_3 触发导通时，VT_1、VT_4 承受反压关断，则负载电压 u_o 的极性变为右正左负。只要控制两组晶闸管轮流切换，就可将电源的直流电逆变为负载上的交流电。显然，负载交变电压 u_o 的频率等于晶闸管由导通转为关断的切换频率，若能控制切换频率，即可实现对负载电压频率的调节。问题在于如何按时关断晶闸管，且关断后使晶闸管承受一段时间的反向电压，让管子完全恢复正向阻断能力，即逆变电路中的晶闸管如何可靠地换流。

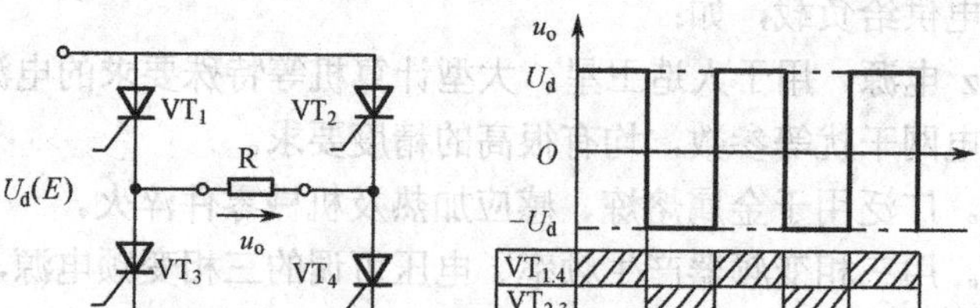

图 6.2　单相无源逆变电路的工作原理图

目前，在逆变电路中常用的换流方式有以下三种。

1．元器件换流

利用电力电子元器件自身的自关断能力（如全控型元器件）进行换流。采用自关断元器件组成的逆变电路就属于这种类型的换流方式。

2. 负载换流

当逆变器输出电流超前电压（即带电容性负载）时，且流过晶闸管中的振荡电流自然过零时，则晶闸管将继续承受负载的反向电压，如果电流的超前时间大于晶闸管的关断时间，就能保证晶闸管完全恢复阻断能力，实现可靠换流。目前使用较多的并联和串联谐振式中频电源就属于此类换流，这种换流，主电路不用附加换流环节，也称自然换流。

3. 脉冲换流

脉冲换流亦称强迫换流。当负载所需交流电频率不是很高时，可采用负载谐振式换流，但需要在负载回路中接入容量很大的补偿电容，这显然是不经济的，这时可在变频电路中附加一个换流回路。进行换流时，由于辅助晶闸管或另一主控晶闸管的导通，使换流回路产生一个脉冲，让原导通的晶闸管因承受一段时间的反向脉冲电压而可靠关断，这种换流方式称为强迫换流。图 6.3（a）为强迫换流电路原理图，电路中的换流环节由 VT_2、C 与 R_1 构成。当主控晶闸管 VT_1 触发导通后，负载 R 被接通，同时直流电源经 R_1 对电容器 C 充电（极性为右正左负），直到电容电压 $U_C=-U_d$ 为止。换流时，可触发辅助晶闸管 VT_2，这时电容电压通过 VT_2 加到 VT_1 管两端，迫使 VT_1 管两端承受反向电压而关断。同时，电容 C 还经 R、VT_2 向直流电源放电后又被直流电源反充电。U_C 反充电波形如图 6.3（b）所示。由波形可见，VT_2 触发导通至 t_0 期间，VT_1 均承受反向电压，在此期间内 VT_1 必须恢复到正向阻断状态。只要适当选取电容 C 的容值，使主控晶闸管 VT_1 承受反向电压的时间大于 VT_1 的恢复关断时间，即可确保可靠换流。

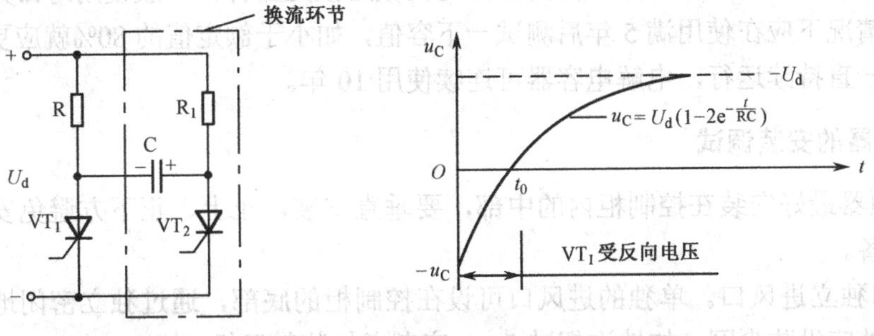

图 6.3　强迫换流原理图

6.1.4　变频器的安装、调试与故障检修

1. 变频器使用注意事项

① 严禁将变频器的输出端子（U、V、W）连接到 AC 电源上。

② 变频器要正确接地，接地电阻要小于 10Ω。

③ 存放两年以上的变频器，通电时应先用调压器逐渐升高电压。存放半年或一年的变频器应通电试运行一天。

④ 变频器断开电源后，过几分钟方可进行维护操作，直流母线电压（P+，P−）应不高

于 25V。

⑤ 变频器应避免被安装在有水滴飞溅的场所。

⑥ 不准将 P+、P−、PB 任何两端短路。

⑦ 主回路端子与导线必须牢固连接。

⑧ 变频器驱动三相交流电动机长期低速运转时，建议选用变频电动机。

⑨ 变频器驱动电动机长期超过 50Hz 运行时，应保证电动机轴承等机械装置在使用的速度范围内，注意观察电动机和设备的振动和噪声。

⑩ 变频器驱动减速箱、齿轮等需要润滑的机械装置时，如果长期处于低速运行状态，应注意润滑效果。

⑪ 变频器在某一确定频率工作时，如遇到负载装置的机械共振点，应设置跳频避开共振点。

⑫ 变频器与电动机之间连线如过长，应加输出电抗器。

⑬ 严禁在变频器的输入侧使用接触器等开关器件进行频繁启停操作。

⑭ 不能在变频器端子之间或控制电路端子之间用兆欧表进行测量。

⑮ 对进行电动机绝缘检测时必须将变频器与电动机之间的连线断开。

⑯ 严禁在变频器的输出侧连接功率因数补偿器、电容器、防雷压敏电阻。

⑰ 变频器的输出侧严禁安装接触器或开关器件。

⑱ 变频器在海拔超过 1km 地区使用时，须降额使用。

⑲ 变频器输入侧与电源之间应安装空气开关和熔断器。

⑳ 影响变频器使用寿命的元器件大致分自身冷却风扇、上电时限流电阻短路接触器和中间环节大容量电解电容器三部分。前两部分是机械磨损元器件，一般使用寿命为 5 年，最后一部分一般情况下应在使用满 5 年后测试一下容值，如小于额定值的 80%就应更换，实际上如果变频器一直持续运行，电解电容器可连续使用 10 年。

2. 变频器的安装调试

① 变频器最好安装在控制柜内的中部，要垂直安装，正上、正下方避免安装可能阻挡通风的大设备。

② 采用独立进风口。单独的进风口可设在控制柜的底部，通过独立密闭地沟与外部连通，在进风处应设防尘网，如地沟超过 5m，应考虑加装鼓风机。

③ 密闭控制柜内可加装吸湿或吸附其他有害物质的活性材料，并定期更换。

④ 变频器对工作环境要求较高，应避免在不满足要求的环境中使用变频器。

⑤ 逆变器要良好接地，否则可能导致变频器运行不可靠甚至损坏。

3. 变频器的故障检修

（1）整流电路的检修。找到变压器内部直流电源的 P（Positive）端和 N（Negative）端，将万用表调至电阻×10Ω 挡，红表笔接 P 端，黑表笔分别接 R、S、T 端，应测得约几十欧，且基本平衡。相反，如果将黑表笔接到 P 端，红表笔依次接 R、S、T 端，则应测得阻值为无穷大。将红表笔再接至 N 端，重复以上步骤，所得结果应相同。

如所得结果与上述不符，可能原因如下：

① 阻值三相不平衡，可能是整流桥发生故障。

② 红表笔接P端时阻值为无穷大，应为整流桥或启动电阻出现故障。

此外，如果发现进线有冲击电压，或后续电路出现故障，或进线电压不平衡，也可能是整流桥损坏。

（2）滤波电路的检修如图6.4所示，滤波电路损坏可能的原因如下：

① 有交流电压窜入。

② 电容上的电压分配不均。

③ 变频器主电路中漏电流过大。

④ 充电限流电阻损坏。

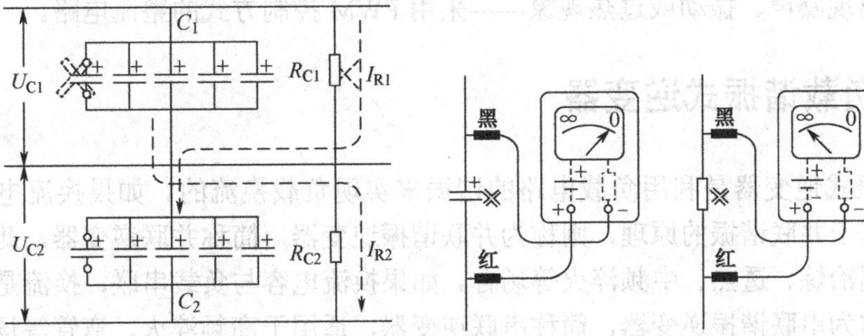

图6.4 滤波电路的检测

（3）逆变电路的检修。将红表笔接到P端，黑表笔分别接U、V、W上，此时示数应该有几十欧，且各相阻值应基本相同，反相应该为无穷大。将黑表笔接到N端，重复以上步骤应得到相同结果，否则可确定逆变模块有故障。

（4）变频器的动态测试。确认静态测试结果正常后，才可进行动态测试，即上电测试，在上电前后必须注意以下几点：

① 上电前应确认输入电压，如将380V电源接入220V级的变频器之中会导致炸机。

② 检查变频器各接驳口是否已正确连接，连接是否松动。连接异常有时可能导致变频器出现故障，严重时甚至导致炸机。

③ 上电后查看故障检测显示内容，并初步判断故障及原因。如未显示故障信息，先检查参数是否有异常，确认无误后，在空载（不接电动机）状态下启动变频器，并测试三相输出电压值。如出现缺相、三相不平衡等情况，则模块或驱动板可能有故障。

④ 空载状态下确定输出电压正常后，再进行带载测试，测试时最好是满负载测试。

4. 变频器的常见故障及处理

（1）外部有噪声。可能由与变频器处于同一控制柜内或与变频器使用同一供电电源的其他设备通过辐射或电源线传导干扰导致。此时可考虑：

① 在带内部线圈的设备旁并联接入浪涌吸收器。

② 控制电路用线采用屏蔽线和双绞线。

③ 接地线尽可能使用较粗的线，并按照要求与接地端连接。

④ 在变频器的输入端插入噪声滤波器和交流电抗器。

（2）电源异常。可能的原因及对应处理办法如下：

由电源波形畸变带来的控制电路误动作——在各个变压器或整流器的输入端分别插入交流电抗器。

因为遭受雷击或者电源变压器开闭时的浪涌电压等造成的半导体开关器件的损坏——在变压器内加浪涌吸收器。

由于电源电压不足、缺相或停电导致的控制电路误动作——将门极脉冲移位或增加变频器输出功率。

(3)变频器产生的高次谐波对周围设备产生不良影响。可能的原因及对应处理办法如下：

引起电网电源波形畸变——插入电抗器。

产生无线电干扰波——插入滤波器。

电动机出现噪声、振动或过热现象——采用 PWM 控制方式的整流电路。

6.2 负载谐振式逆变器

负载谐振式逆变器是利用负载电路的谐振来实现负载换流的。如果换流电容与负载并联，换流是基于并联谐振的原理，则称为并联谐振逆变器，简称并联逆变器，此类逆变器广泛应用于金属冶炼、透热、中频淬火等场合。如果换流电容与负载串联，换流是基于串联谐振原理，则称为串联谐振逆变器，简称串联逆变器，适用于高频淬火、弯管等场合。

6.2.1 并联谐振逆变器

如图 6.5（a）所示为 KGPS100/1 型中频电源装置中所采用的并联谐振逆变器主电路，它由三相可控整流获得电压连续可调的直流电源 U_d，经 L_d 滤波，通过并联逆变电路将直流电逆变为中频电流（通常为 1000～2000Hz）供给负载（如中频加热炉的感应线圈），它属于电流型逆变器。

逆变桥由四个晶闸管桥臂 VT_1～VT_4 组成，因工作频率较高，故采用 KK 型快速晶闸管。L_1～L_4 为四只电感量较小的桥臂电感，用于限制电流上升率 di/dt。感应线圈 L、电阻 R 和电容 C 并联组成负载谐振电路。与负载并联的补偿电容 C（即换流电容）主要作用是：

（1）与感性负载构成并联谐振，为负载提供无功功率，提高装置的功率因数。

（2）电容容值一般都要求过补偿一些，使等效负载呈现容性，这样 i_a 就会超前 u_a 一定电角度，达到自然换流及可靠关断晶闸管的目的。

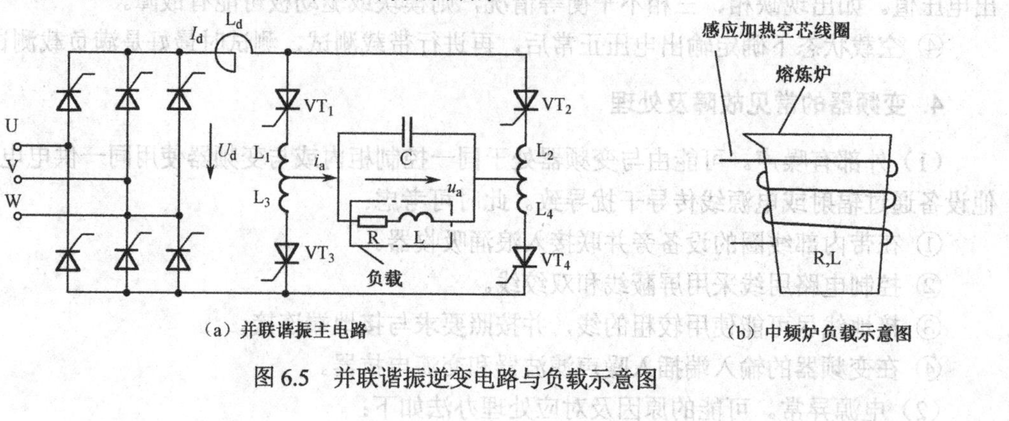

（a）并联谐振主电路　　（b）中频炉负载示意图

图 6.5　并联谐振逆变电路与负载示意图

当逆变桥对角晶闸管（VT_1，VT_4或VT_2，VT_3）以接近电路谐振的频率交替触发时，负载感应线圈通过中频电流，线圈中产生中频交变磁通。熔炼炉内的金属（铁、铜、锌、铝等）在交变磁场作用下产生涡流，使金属发热熔化，如图 6.5（b）所示。由于晶闸管交替触发的频率与负载回路的谐振频率相接近，负载电路工作在谐振状态，这样不仅可得到较高的功率因数与效率，而且电路对外加矩形波电压的基波分量（其电流的频率恰好是电路的谐振频率）呈现高阻抗，对其他高次谐波电压可视为短路，所以负载两端电压 U_a 的波形是很好的中频正弦波。而负载电流 i_a 在大电感 L_d 的作用下为近似交变的矩形波。并联电容 C 不仅参与谐振，而且还提供负载无功功率，使负载电路呈现容性，i_a 超前 u_a 一定电角度，达到自动换流关断晶闸管的目的。

并联谐振逆变器一周期工作过程大致可分为导通和换流两个阶段，如图 6.6 所示。

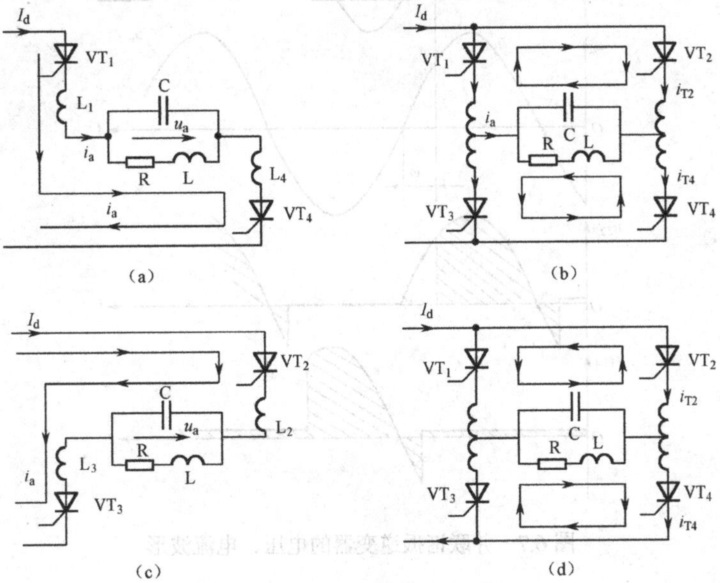

图 6.6　并联谐振逆变器的工作过程

（1）导通阶段。当晶闸管 VT_1、VT_4 触发导通时，负载电流 i_a 流通的路径如图 6.6（a）所示，负载两端得到正弦半波电压 u_a，极性为左正右负。

（2）换流阶段。为使已导通晶闸管 VT_1、VT_4 关断，实现换流，必须使整个负载电路呈现容性，使流入负载电路的电流的基波分量 i_{a1} 超前 u_a（中频电压）φ 角度。经过一段时间触发 VT_2、VT_3，开始进行换流，由于此时负载两端电压尚未到零，仍有 u_{a1} 值，极性仍为左正右负，当 VT_2、VT_3 导通时，u_{a1} 电压经 VT_2、VT_3 分别反向加到原导通的 VT_1 与 VT_4 管，迫使 VT_1、VT_4 管关断，完成换流，如图 6.6（b）所示。在换流期间四个晶闸管同时导通，由于大电感 L_d 的恒流作用，电源不会短路。

VT_2 与 VT_3 导通工作过程如图 6.6（c）所示，VT_1 与 VT_4 导通工作过程以及 VT_2 与 VT_3 关断工作过程如图 6.6（d）所示，读者可自行分析。

为了保证电路可靠换流，必须在中频电压 u_a 过零前 t_f 时刻触发 VT_2 与 VT_3 管，t_f 称为触发引前时间，为保证可靠换流，必须使

$$t_f=t_v+kt_q$$

式中，t_v 为换相重叠时间；t_q 为关断时间；k 为大于 1 的安全系数，一般取 2～3。

并联谐振逆变器的电压、电流波形如图 6.7 所示。

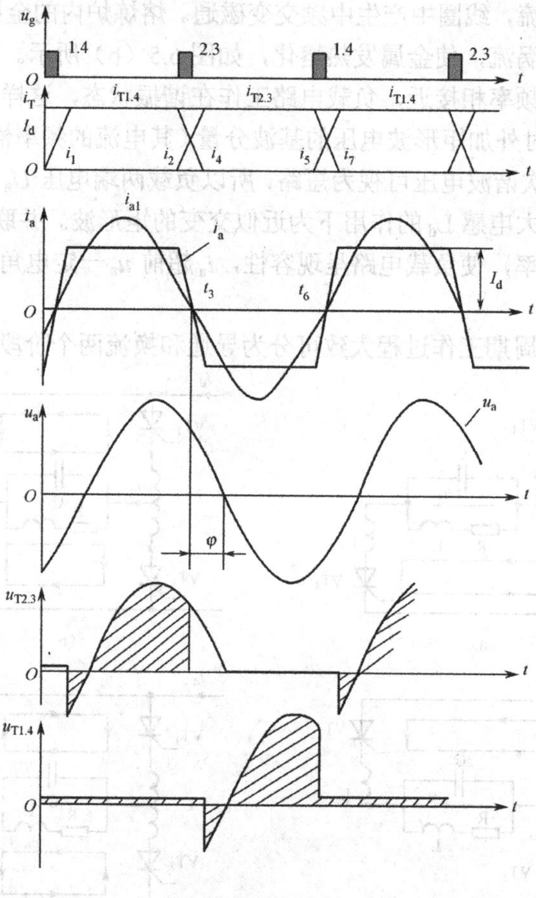

图 6.7　并联谐振逆变器的电压、电流波形

6.2.2　串联谐振逆变器

如图 6.8 所示为串联谐振逆变电路。负载由不可控三相整流桥整流后经大电容 C_d 滤波获得平稳的直流电压 U_d，属于电压型逆变电路，逆变器输出的电压为双极性矩形波。电路为了续流，设置了反极二极管 VD_1～VD_4，逆变器输出功率只能靠小范围调节触发脉冲的频率来控制，所以它仅适用于不变的固定负载。该种电路的特点是采用不可控整流，电路简单，功率因数高。

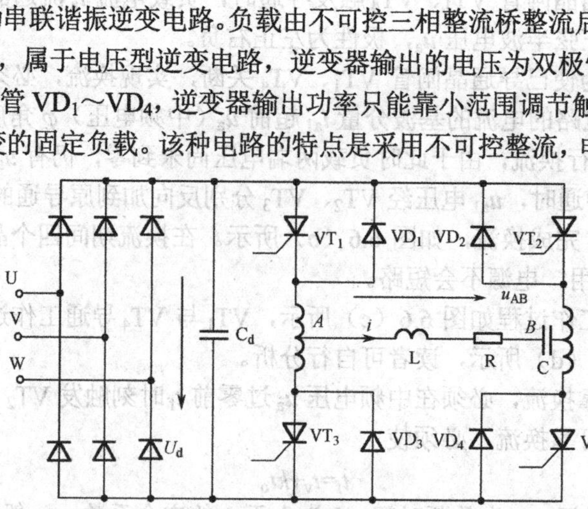

图 6.8　串联谐振逆变电路

当负载满足 $R \leqslant 2\sqrt{L/C}$ 时，电感线圈 L 与电容 C 构成串联谐振电路，触发晶闸管 VT_1 与 VT_4，电流经 L, R 对电容 C 充电，当电容 C 被充到最大值（$2U_d$）时，流过负载的正弦正半波电流 i 结束，VT_1 与 VT_4 自行关断。接着电容通过负载、反馈二极管 VD_1 与 VD_4 向电源放电，构成放电振荡。当电容电压放电到 $u_C \leqslant U_d$ 时，流过负载的正弦负半波结束，此时刻负载两端得到正向矩形电压。同理，触发 VT_2 与 VT_3 管，负载上得到负向矩形电压。逆变器输出电压、电流的波形如图 6.9 所示。

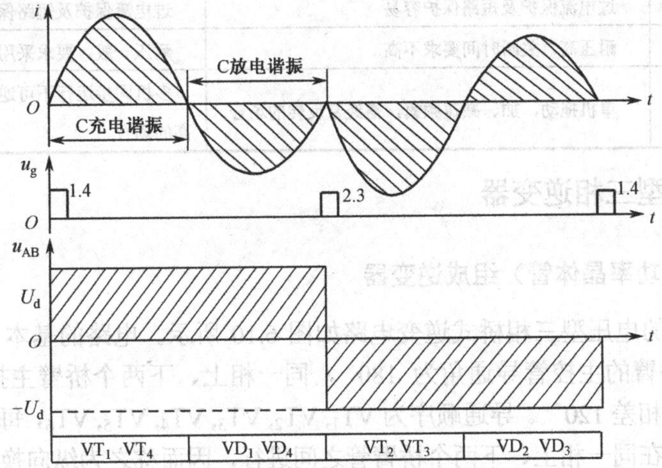

图 6.9　串联谐振逆变器输出的电压、电流波形

串联逆变器启动和关断较容易，但对负载的适应性较差，当负载参数变动较大配合不当时，会影响功率输出或引起电容电压过高。因此，串联逆变器适用于负载性质变化不大，且频繁启动和工作频率较高的场合，如热锻、弯管、淬火等。

6.3　三相逆变器

三相逆变器广泛应用于三相交流电动机变频调速系统，它可由普通晶闸管组成，依靠附加换流环节进行强迫换流。如果用自关断电力电子元器件组成，换流关断则全靠对元器件的控制，不用附加换流环节。

逆变器按直流侧的电源是电压源还是电流源可分为：

（1）直流侧是由电压源供电的（通常由可控整流输出接大电容滤波）称为电压型逆变器。

（2）直流侧是由电流源供电的（通常由可控整流输出经大电抗器 L_d 对电流滤波）称为电流型逆变器。

两种逆变器的性能、特点及适用范围如表 6.1 所示。

表 6.1　电流型、电压型逆变器比较

	电流型逆变器	电压型逆变器
电路结构	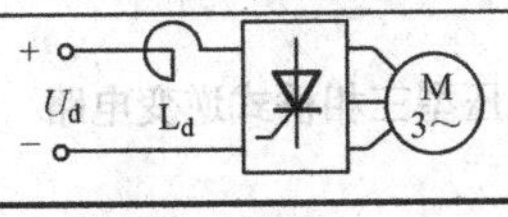	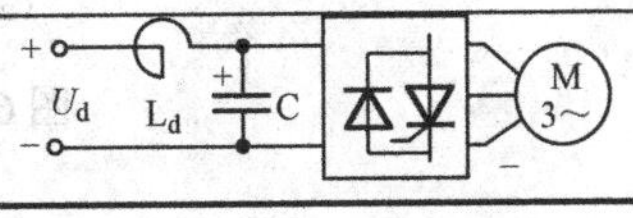

续表

	电流型逆变器	电压型逆变器
负载无功功率	用换流电容处理	通过反馈二极管返还
逆变输出波形	电流为矩形波，电压近似为正弦波	电压为矩形波，电流近似为正弦波
电源阻抗	大	小
再生制动	方便，不附加设备	需在主电路设置反向并联逆变器
电流保护	过电流保护及短路保护容易	过电流保护及短路保护困难
对晶闸管的要求	耐压高，关断时间要求不高	耐压一般，要求采用 KK 型快速管
适用范围	单机拖动，加、减速频繁，需经常反转的场合	多机同步运行不可逆系统、快速性要求不高的场合

6.3.1 电压型三相逆变器

1. 由 GTR（功率晶体管）组成逆变器

由 GTR 组成的电压型三相桥式逆变电路如图 6.10 所示。电路的基本工作方式是 180°导电方式，每个桥臂的主控管导通角为 180°，同一相上、下两个桥臂主控管轮流导通，各相导通的时间依次相差 120°。导通顺序为 $VT_1, VT_2, VT_3, VT_4, VT_5, VT_6$，每隔 60°换相一次，由于每次换相总是在同一相上、下两个桥臂管之间进行，因而称之为纵向换相。这种 180°导电的工作方式，在任一瞬间电路总有三个桥臂管同时导通工作。顺序为第①区间 VT_1, VT_2, VT_3 同时导通，第②区间 VT_2, VT_3, VT_4 同时导通，第③区间 VT_3, VT_4, VT_5 同时导通等，依此类推。在第①区间 VT_1, VT_2, VT_3 导通时，电动机端线电压 $U_{UV}=0$，$U_{VW}=U_d$，$U_{WU}=-U_d$。在第②区间 VT_2, VT_3, VT_4 同时导通，电动机端线电压 $U_{UV}=-U_d$，$U_{VW}=U_d$，$U_{WU}=0$，依此类推。若是上面的一个桥臂管与下面的两个桥臂管配合工作，这时上面桥臂负载的相电压为 $2U_d/3$，而下面并联桥臂的每相负载相电压为 $-U_d/3$。若是上面两个桥臂管与下面一个桥臂管配合工作，则此时三相负载的相电压极性和数值刚好相反，其电压、电流波形如图 6.11 所示。

对 GTR 的控制要求是：为防止同一相上、下桥臂管子同时导通而造成电源短路，对 GTR 的基极控制应采用“先断后通”的方法，即先给应关断的 GTR 基极关断信号，待其关断后再延时给应导通的 GTR 基极信号，两者之间留有一个短暂的死区。

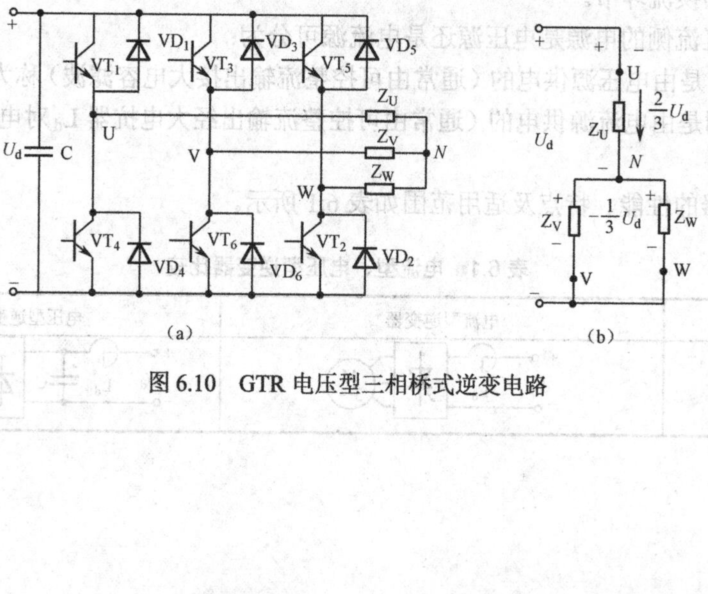

图 6.10 GTR 电压型三相桥式逆变电路

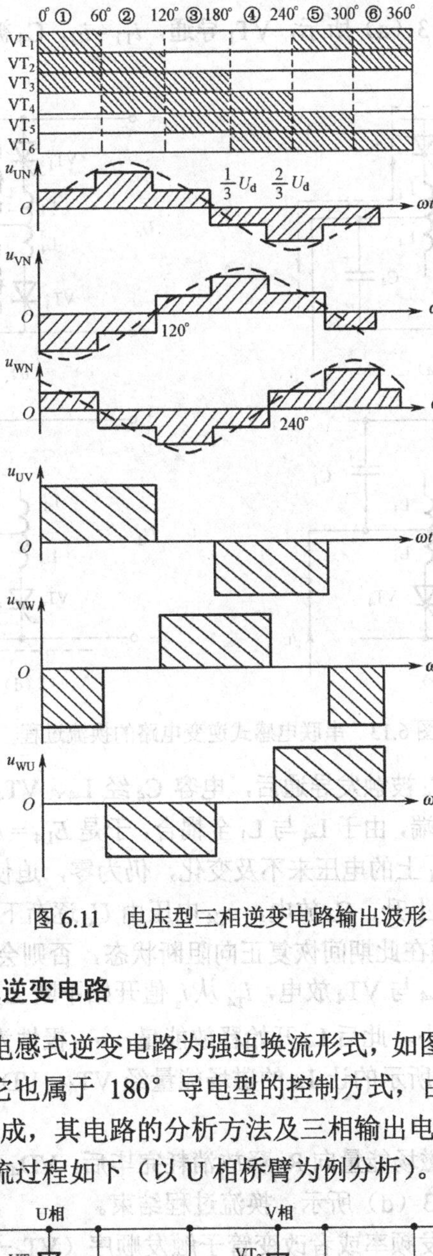

图 6.11　电压型三相逆变电路输出波形

2．晶闸管串联电感式逆变电路

目前应用的三相串联电感式逆变电路为强迫换流形式，如图 6.12 所示，它由普通晶闸管外加附加换流环节构成，它也属于 180° 导电型的控制方式，由三个单相麦克墨莱的改进型电路按 120° 相位差连接组成，其电路的分析方法及三相输出电压波形与用 GTR 组成的逆变电路完全相同。其强迫换流过程如下（以 U 相桥臂为例分析）。

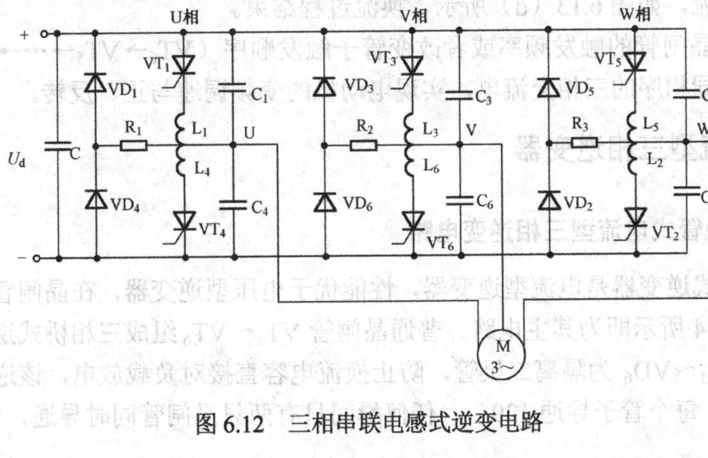

图 6.12　三相串联电感式逆变电路

（1）导通工作。如图 6.13（a）所示，VT_1 导通，$i_{T1}=i_U$，C_4 被充电至 U_d，极性为上正下负。

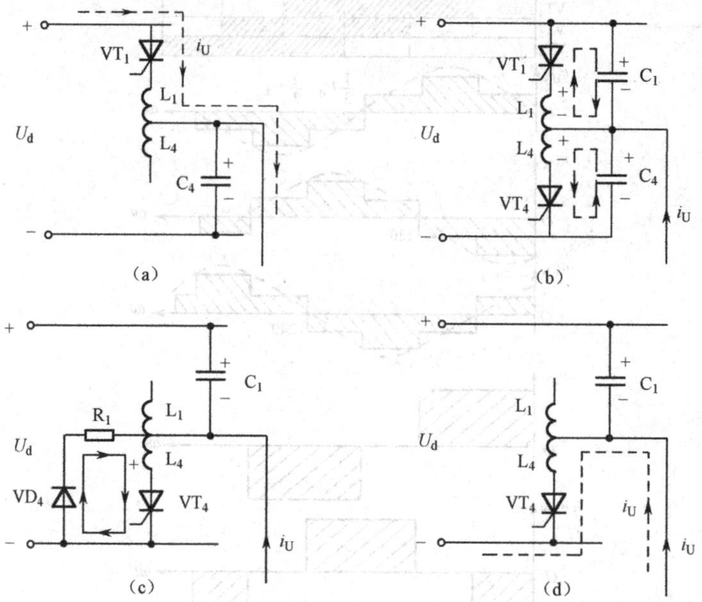

图 6.13　串联电感式逆变电路的换流过程

（2）触发 VT_4 换流。VT_4 被触发导通后，电容 C_4 经 L_4、VT_4 放电，忽略 VT_4 压降，C_4 电容电压瞬间全部加到 L_4 两端，由于 L_4 与 L_1 全耦合，于是 $E_{L4}=E_{L1}=U_d$，极性为上正下负，如图 6.13（b）所示，电容 C_1 上的电压来不及变化，仍为零，迫使 VT_1 承受反压而关断。C_1 即被充电，u_{C1} 电压由零逐渐上升，C_4 放电，u_{C4} 电压由 U_d 逐渐下降，当 $u_{C1}=u_{C4}=U_d/2$ 时，VT_1 不再承受反压，VT_1 必须在此期间恢复正向阻断状态，否则会造成换流失败。

（3）L_4 释放能量。C_4 对 L_4 与 VT_4 放电，i_{T4} 从 i_a 值开始不断上升，当 C_4 放电结束，$u_{C4}=0$ 时，i_{T4} 达到最大值并开始减小，此后 L_4 开始释放能量，u_{L4} 极性为下正上负，使二极管 VD_4 导通，构成了如图 6.13（c）所示的让 L_4 的磁场能量经 VT_4、VD_4 和 R_1 释放，被 R_1 所消耗的情况。

（4）换流结束。当 L_4 的磁场能量向 R_1 释放消耗完毕后，VD_4 关断，VT_4 流过的电流为 U 相负载的反向电流，如图 6.13（d）所示，换流过程结束。

改变逆变桥晶闸管的触发频率或者改变管子触发顺序（$VT_6 \rightarrow VT_5 \rightarrow \cdots \rightarrow VT_1$），即能得到不同频率和不同相序的三相交流电，实现电动机的变频调速与正、反转。

6.3.2　电流型三相逆变器

1. 串联二极管式电流型三相逆变电路

串联二极管式逆变器是电流型逆变器，性能优于电压型逆变器，在晶闸管变频调速中应用最多。如图 6.14 所示即为其主电路。普通晶闸管 VT_1～VT_6 组成三相桥式逆变器，C_1～C_6 为换流电容，VD_1～VD_6 为隔离二极管，防止换流电容直接对负载放电，该逆变器工作方式为 120° 导电式，每个管子导通 120°，任何瞬间只有两只晶闸管同时导通，电动机正转时，

管子的导通顺序为 $VT_1 \to VT_2 \to VT_3 \to VT_4 \to VT_5 \to VT_6$，触发脉冲间隔为 60°。

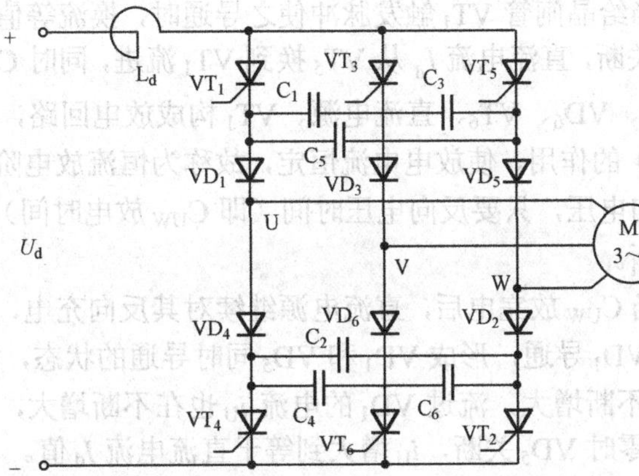

图 6.14　串联二极管式电流型三相逆变电路

与串联电感式不同，逆变输出相电压为交变矩形波，线电压为交变阶梯波，每一阶梯电压值为 $U_d/2$。其输出的电流波形与电压型一样，可按照 120° 导电控制方式画出，如图 6.15 所示。

在 0°～60° 区间，导通的晶闸管为 VT_1 和 VT_6，所以 $i_U=i_d$，$i_V=-i_d$，同样在 60°～120° 区间，导通晶闸管为 VT_1 和 VT_2，所以 $i_U=i_d$，$i_W=-i_d$。对其他区间可用同样方法画出。

现以 VT_5 和 VT_6 稳定导通，触发 VT_1 使 VT_5 关断的过程为例来说明其换流过程。

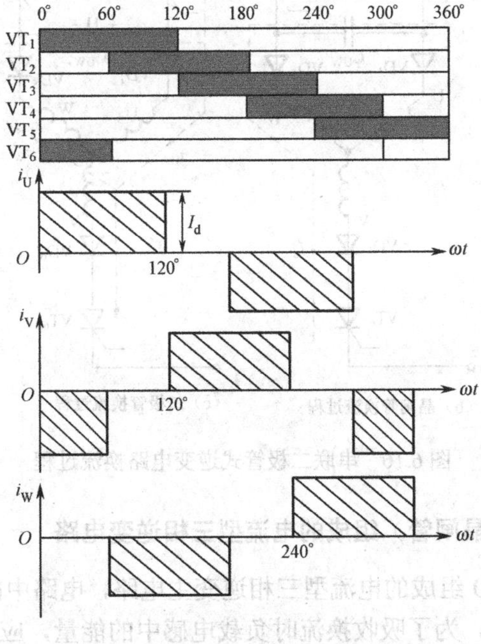

图 6.15　电流型三相逆变电路输出波形

（1）换流前。VT_5 和 VT_6 稳定导通，直流电流 I_d 从 W 相流进电动机，由 V 相流出回到直流电源；电容 C_1, C_3, C_5 均被充电。C_1, C_3, C_5 三个电容用等效电容 $C_{UW}=\frac{C_1C_3}{C_1+C_3}+C_5$ 来表

示，充电极性为右正左负，等值电路如图 6.16（a）所示。

（2）晶闸管换流。当给晶闸管 VT_1 触发脉冲使之导通时，换流等值电容 C_{UW} 上的电压反向加到 VT_5 上，使 VT_5 关断，直流电流 I_d 从 VT_5 换到 VT_1 流进，同时 C_{UW} 上的电压通过 VD_5 与 W 相负载、V 相负载、VD_6、VT_6、直流电源、VT_1 构成放电回路，如图 6.16（b）所示。由于电感 L_d（见图 6.14）的作用，使放电电流恒定，故称为恒流放电阶段。在 C_{UW} 放电到零之前，VT_5 一直承受反向电压，只要反向电压时间（即 C_{UW} 放电时间）大于晶闸管关断时间 t_q 就能保证 VT_5 可靠关断。

（3）二极管换流。当 C_{UW} 放完电后，直流电源继续对其反向充电，使 C_{UW} 两端电压极性变为左正右负，二极管 VD_1 导通，形成 VD_1 和 VD_5 同时导通的状态，如图 6.16（c）所示。随着 C_{UW} 反充电电压的不断增大，流过 VD_1 的电流 i_U 也在不断增大，而流过 VD_5 的电流在不断减小，当 i_W 减小至零时 VD_5 关断，i_U 增大到等于直流电流 I_d 值。

（4）正常运行。二极管换流结束后，等效电容 C_{UW} 已充满电荷，极性为左正右负，进而为下一次换流储蓄电能做好准备，电路进入 VT_6 和 VT_1 稳定导通状态，如图 6.16（d）所示。

本节所讨论的 180° 导电工作方式与 120° 导电工作方式两种逆变电路，在同样的直流电压 U_d 时，采用 180° 导电工作方式比 120° 的输出电压高，电路利用率高，故三相逆变器采用 180° 导电工作方式控制的比较多。但从换流安全角度考虑，120° 导电工作方式控制较为有利。

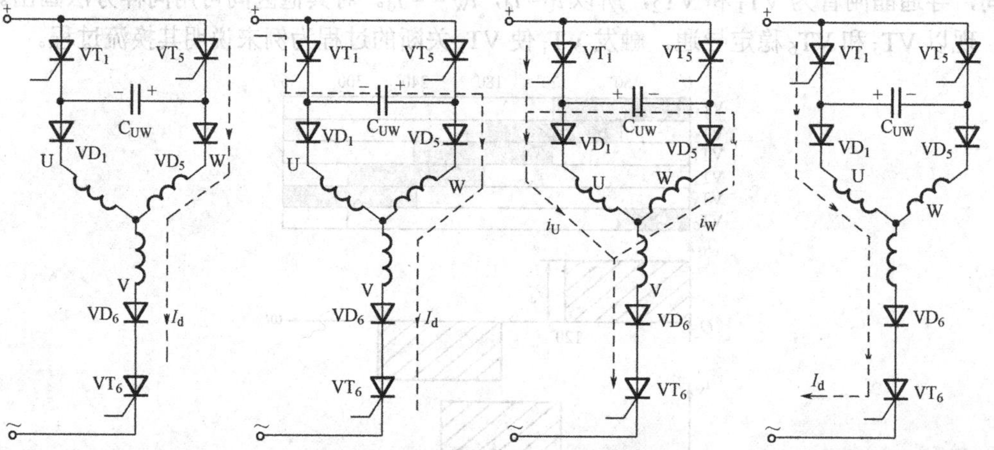

（a）换流前　（b）晶闸管换流过程　（c）二极管换流过程　（d）换流后

图 6.16　串联二极管式逆变电路换流过程

2. 由 GTO（可关断晶闸管）组成的电流型三相逆变电路

如图 6.17 所示为 GTO 组成的电流型三相逆变主电路，电路中的六只 GTO（可关断晶闸管）是反向阻断型元器件，为了吸收换流时负载电感中的能量，应在交流输出侧设置三相星形连接的电容器。其基本工作方式也是 120° 导电方式，即每个桥臂的 GTO 导通 120°，按 $VT_1 \to VT_2 \to VT_3 \to VT_4 \to VT_5 \to VT_6$ 的顺序依次导通，每隔 60° 换流一次，门极关断信号也按 $VT_1 \to VT_2 \to VT_3 \to VT_4 \to VT_5 \to VT_6$ 顺序依次每隔 60° 发出，使 GTO 依次关断。而同一只 GTO 的触发正脉冲与关断负脉冲间隔 120°，这样在工作时仅有两只 GTO 导通，其中一个在上桥臂，另一个在下桥臂。换流是在上桥臂内（或下桥臂内）相邻管子间进行。由于电路中没有反馈二极管，因此电感性负载电流不能通过反馈二极管反馈回电源，所以要在电路中加设电容吸收电路。其输出电压和电流波形可按照 120° 导电控制方式画出，如图 6.15 所示。其工作原理与串联二极管式电流型三相逆变电路相似，不再另行分析。

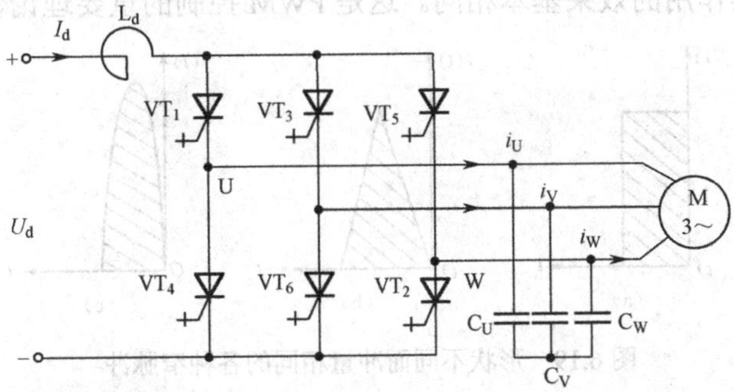

图 6.17　由 GTO 组成的电流型三相逆变电路

6.4　脉宽调制（PWM）型逆变电路

在如图 6.18 所示交—直—交变频电路中，通常直流电源要求采用可控整流电路，如图 6.18（a）所示，通过改变 U_d 达到控制逆变输出电压大小的目的。控制逆变电路触发频率，可改变输出电压 u_o 的频率。这种变频电路其输出电压为矩形波，其中含有较多的谐波，对负载和交流电网不利，且输入功率因数低，系统响应慢，如果采用如图 6.18（b）所示的变频电路，则能较好地克服以上不足。这种电路是通过对逆变电路中开关元器件的通断进行有规律的控制，使输出端得到等幅但不等宽的脉冲列，用这些脉冲列来代替正弦波，通过对脉冲列的各脉冲宽度进行调制，就可改变逆变电路输出电压的大小和频率，这种电路通常称为脉宽调制（PWM）型逆变电路，它输入的直流电源 U_d 可采用不可控整流电路，开关元器件通常采用全控型高频大功率的新型功率元器件。

由于近年来新型元器件的不断出现以及微机控制技术的发展，为 PWM 控制技术的发展制造了有利条件，现在大量应用的逆变电路中，多数都是 PWM 型逆变电路，且大多是电压型的，本节简要介绍电压型单相和三相 PWM 型逆变电路的工作原理及调制、控制技术。

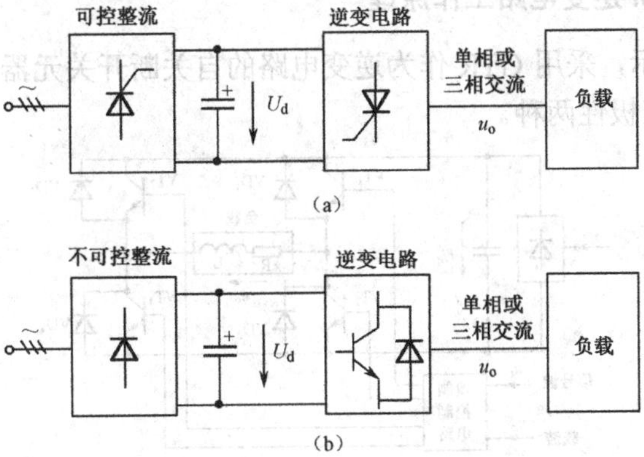

图 6.18　电压型交—直—交变频电路示意图

6.4.1 脉宽调制（PWM）型逆变电路的基本原理

根据采样控制理论：冲量（脉冲面积）相等而形状不同的窄脉冲（如图 6.19 所示）分别加在具有惯性的环节上时，其输出响应波形基本相同。也就是说，尽管脉冲形状不同，但只要脉冲面积相等，其作用的效果基本相同。这是 PWM 控制的重要理论依据。

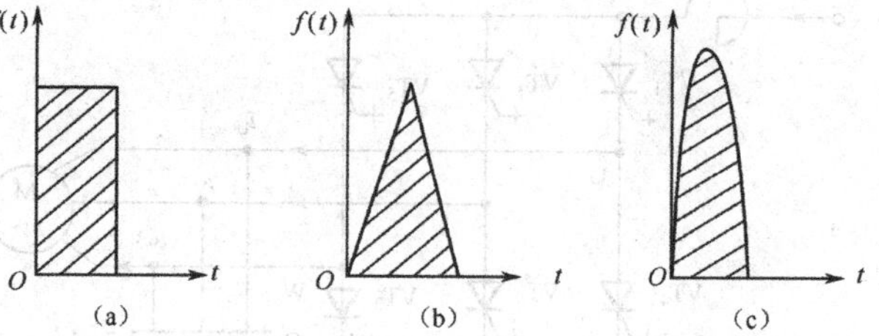

图 6.19　形状不同而冲量相同的各种窄脉冲

如图 6.20 所示，我们将一个正弦半波划分成等宽的六块面积，然后用一列脉冲列来等效，该脉冲列的幅度相同，但宽度不一，面积与所对应的正弦半波面积相等，其作用效果基本相同；对于正弦负半波，用同样方法可得到 PWM 波形来取代。如果要获得不同的输出电压（即正弦波的幅值），只要按同一比例改变脉冲的宽度即可。直流电源 U_d 采用不可控整流电路获得，电路输入功率因数接近 1，整个装置控制简单，可靠性高。

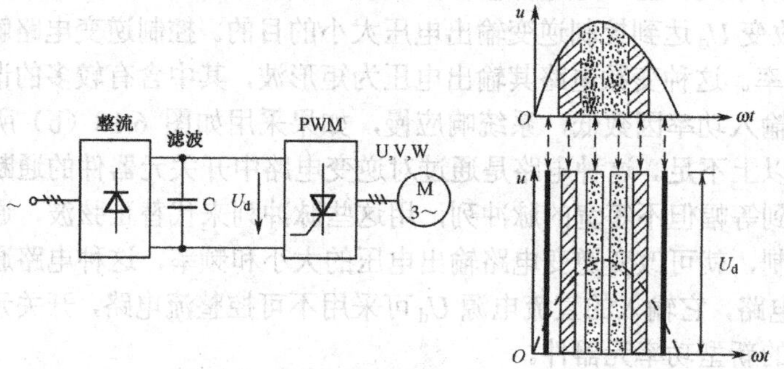

（a）电路　　（b）波形

图 6.20　PWM 控制基本原理示意图

1. 单相桥式 PWM 逆变电路工作原理

电路如图 6.21 所示，采用 GTR 作为逆变电路的自关断开关元器件。设负载为电感性，控制方法有单极性与双极性两种。

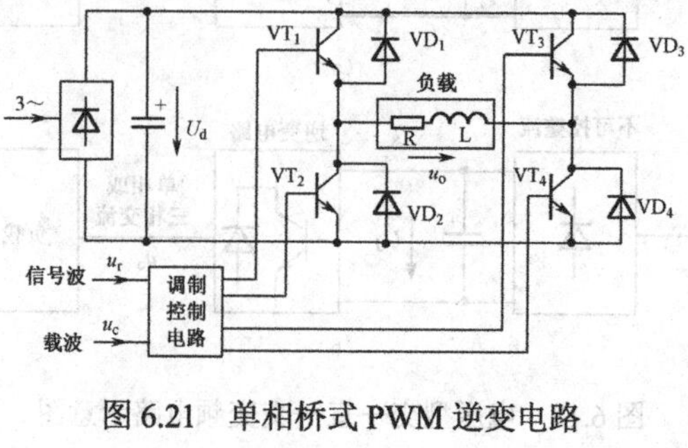

图 6.21　单相桥式 PWM 逆变电路

1）单极性 PWM 控制方式工作原理

按照 PWM 控制的基本原理，如果给定了正弦波频率、幅值和半个周期内的脉冲个数，PWM 波形各脉冲的宽度和间隔就可以准确地计算出来。依据计算结果来控制逆变电路中各开关元器件的通断，就可以得到所需要的 PWM 波形，但是这种计算很烦琐。较为实用的方法是采用调制控制，如图 6.22 所示，把所希望输出的正弦波作为调制信号 u_r，把接受调制的等腰三角形波作为载波信号 u_c。对逆变桥 VT_1 ～ VT_4 的控制方法如下。

（1）当 u_r 正半周时，让 VT_1 一直保持通态，VT_2 保持断态。在 u_r 与 u_c 正极性三角波交点处控制 VT_4 的通断，在 $u_r > u_c$ 各区间控制 VT_4 为通态，输出负载电压 $u_o=U_d$。在 $u_r < u_c$ 各区间，控制 VT_4 为断态，输出负载电压 $u_o=0$，此时负载电流可以经过 VD_3 与 VT_1 续流。

（2）当 u_r 负半周时，让 VT_2 一直保持通态，VT_1 保持断态。在 u_r 与 u_c 负极性三角波交点处控制 VT_3 的通断。在 $u_r < u_c$ 各区间控制 VT_3 为通态，输出负载电压 $u_o=-U_d$。在 $u_r > u_c$ 各区间控制 VT_3 为断态，输出负载电压 $u_o=0$，此时负载电流可以经过 VD_4 与 VT_2 续流。

逆变电路输出的 u_o 为 PWM 波形，如图 6.22 所示，u_{of} 为基波分量。由于在这种控制方式中 PWM 波形只能在一个方向变化，故称为单极性 PWM 控制方式。

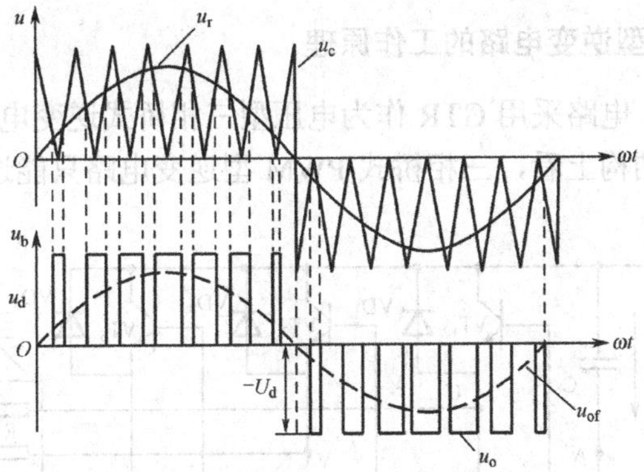

图 6.22　单极性 PWM 控制方式原理波形

2）双极性 PWM 控制方式工作原理

电路仍然如图 6.21 所示，调制信号 u_r 仍然是正弦波，而载波信号 u_c 改为正、负两个方向变化的等腰三角形波，如图 6.23 所示。逆变桥中 VT_1～VT_4 的控制规律如下。

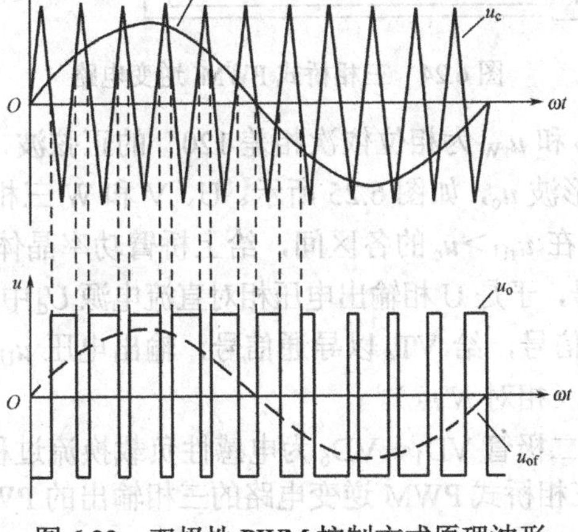

图 6.23　双极性 PWM 控制方式原理波形

在 u_r 的正负半周内，对各晶体管控制规律相同，同样在调制信号 u_r 和载波信号 u_c 的交点时刻控制各开关元器件的通、断。在 $u_r>u_c$ 的各区间给 VT_1 和 VT_4 导通信号，而给 VT_2 和 VT_3 关断信号，输出负载电压 $u_o=U_d$；在 $u_r<u_c$ 的各区间，给 VT_2 和 VT_3 导通信号，而给 VT_1 和 VT_4 关断信号，输出负载电压 $u_o=-U_d$。

双极性 PWM 控制的输出 u_o 波形如图 6.23 所示，它为两个方向变化等幅不等宽的脉冲列。这种控制方式特点是：

① 同一半桥上、下两个桥臂晶体管的驱动信号极性恰好相反，处于互补工作方式。

② 带电感性负载时，若 VT_1 和 VT_4 处于导通态，给 VT_1 和 VT_4 以关断信号，则 VT_1 和 VT_4 立即关断，而给 VT_2 和 VT_3 以导通信号，由于电感性负载电流不能突变，电流减小，感应得到的电动势使 VT_2 和 VT_3 不可能立即导通，而是二极管 VD_2 和 VD_3 导通续流，如果续流能维持到下一次 VT_1 与 VT_4 重新导通，则负载电流方向始终没有变，VT_2 和 VT_3 始终未导通。只有在负载电流较小无法连续续流的情况下，负载电流下降至零，VD_2 和 VD_3 续流完毕，VT_2 与 VT_3 导通，负载电流才反向流过负载。但是不论是 VD_2、VD_3 导通还是 VT_2 和 VT_3 导通，u_o 均为 $-U_d$。从 VT_2 与 VT_3 导通向 VT_1 与 VT_4 切换情况也类似。

2．三相桥式 PWM 型逆变电路的工作原理

电路如图 6.24 所示，电路采用 GTR 作为电压型三相桥式逆变电路的自关断开关元器件，负载为电感性。从电路结构上看，三相桥式 PWM 型逆变电路只能选用双极性控制方式，其工作原理如下。

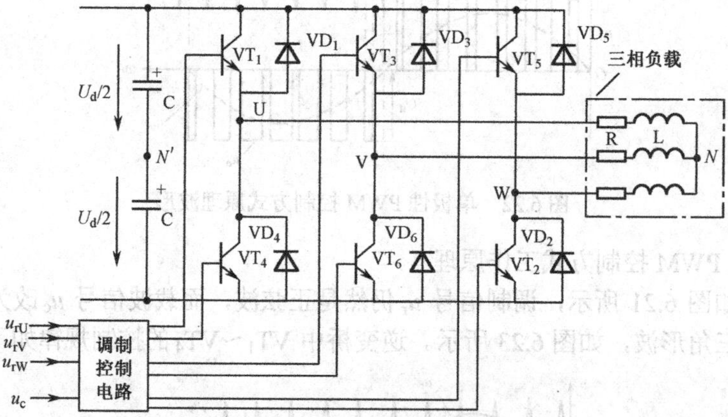

图 6.24　三相桥式 PWM 逆变电路

三相调制信号 u_{rU}、u_{rV} 和 u_{rW} 为相位依次相差 120° 的正弦波，而三相载波信号则共用一个正、负方向变化的三角形波 u_c，如图 6.25 所示。U、V 和 W 三相自关断开关元器件的控制方法相同。以 U 相为例，在 $u_{rU}>u_c$ 的各区间，给上桥臂功率晶体管 VT_1 以导通驱动信号，而给下桥臂 VT_4 以关断信号，于是 U 相输出电压相对直流电源 U_d 中性点 N' 为 $U_d/2$。在 $u_{rU}<u_c$ 的各区间，给 VT_1 以关断信号，给 VT_4 以导通信号，输出电压 $u_{UN'}$ 波形就是三相桥式 PWM 逆变电路 U 相输出的波形（相对 N' 点）。

如图 6.24 所示电路中二极管 VD_1～VD_6 为电感性负载换流过程提供续流回路，其他两相的控制原理与 U 相相同。三相桥式 PWM 逆变电路的三相输出的 PWM 波形分别为 $u_{UN'}$、$u_{VN'}$、

$u_{\mathrm{WN'}}$，如图 6.25 所示。U、V 和 W 三相之间的线电压 PWM 波形以及输出三相相对于负载中性点 N 的相电压 PWM 波形，读者可按下列计算求得：

三相线电压分别为：
$$\begin{cases} u_{\mathrm{UV}} = u_{\mathrm{UN'}} - u_{\mathrm{VN'}} \\ u_{\mathrm{VW}} = u_{\mathrm{VN'}} - u_{\mathrm{WN'}} \\ u_{\mathrm{WU}} = u_{\mathrm{WN'}} - u_{\mathrm{UN'}} \end{cases}$$

三相相电压分别为：
$$\begin{cases} u_{\mathrm{UN}} = u_{\mathrm{UN'}} - \dfrac{1}{3}(u_{\mathrm{UN'}} + u_{\mathrm{VN'}} + u_{\mathrm{WN'}}) \\ u_{\mathrm{VN}} = u_{\mathrm{VN'}} - \dfrac{1}{3}(u_{\mathrm{UN'}} + u_{\mathrm{VN'}} + u_{\mathrm{WN'}}) \\ u_{\mathrm{WN}} = u_{\mathrm{WN'}} - \dfrac{1}{3}(u_{\mathrm{UN'}} + u_{\mathrm{VN'}} + u_{\mathrm{WN'}}) \end{cases}$$

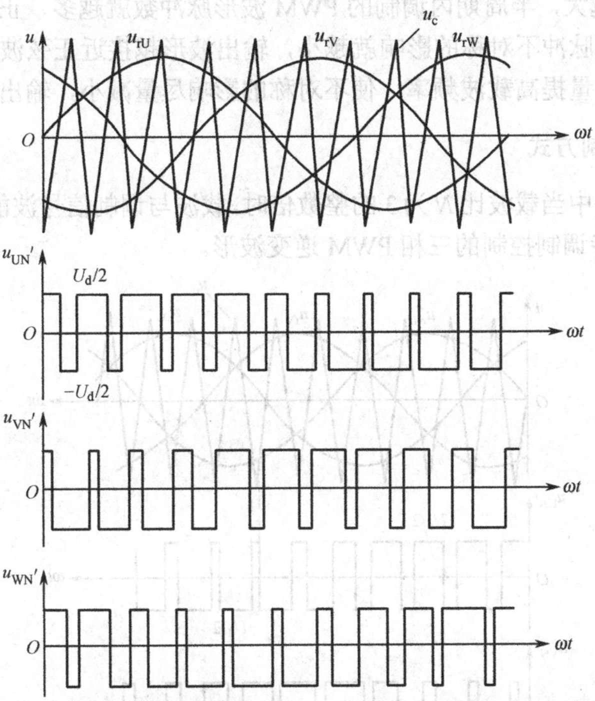

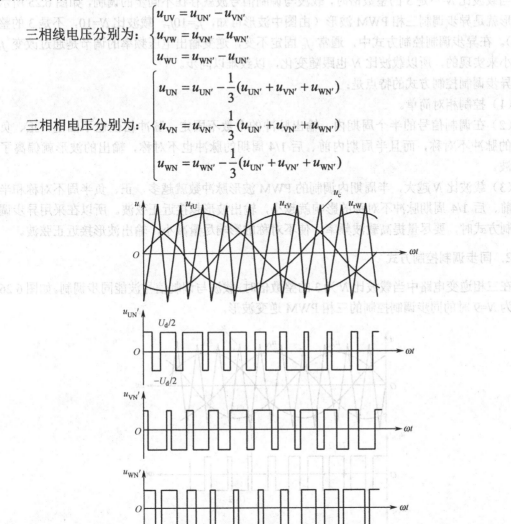

图 6.25　三相桥式 PWM 逆变电路输出波形

在双极性 PWM 控制方式中，理论上要求同一相上、下两个桥臂的开关管驱动信号相反。但实际上，为了防止上、下两个桥臂直通造成直流电源的短路，通常要求先施加关断信号，经过 Δt 的延时才给另一个开关元器件施加导通信号。延时时间的长短主要由自关断功率开关元器件的关断时间决定。这个延时将会给输出 PWM 波形带来偏离正弦波的不利影响，所以在保证安全可靠换流的前提下，延时时间应尽可能短。

6.4.2　脉宽调制（PWM）型逆变电路的调制、控制方式

在 PWM 逆变电路中，载波频率 f_c 与调制信号频率 f_r 之比称为载波比，即 $N=f_c/f_r$。根据载波和调制信号波是否同步，PWM 逆变电路有异步调制和同步调制两种控制方式，现分别介绍如下。

1．异步调制控制方式

当载波比 N 不是 3 的整数倍时，载波与调制信号波就存在不同步的调制，如图 6.25 所示的波形就是异步调制三相 PWM 波形（由图中波形可知，$f_c=10f_r$，载波比 $N=10$，不是 3 的整数倍）。在异步调制控制方式中，通常 f_c 固定不变，逆变输出电压频率的调节是通过改变 f_r 的大小来实现的，所以载波比 N 也跟随变化，以致难以同步。

异步调制控制方式的特点是：

（1）控制相对简单。

（2）在调制信号的半个周期内，输出脉冲的个数不固定，脉冲相位也不固定，正、负半周的脉冲不对称，而且半周期内前、后 1/4 周期的脉冲也不对称，输出的波形就偏离了正弦波。

（3）载波比 N 越大，半周期内调制的 PWM 波形脉冲数就越多，正、负半周不对称和半周内前、后 1/4 周期脉冲不对称的影响就越小，输出波形越接近正弦波。所以在采用异步调制控制方式时，要尽量提高载波频率，使不对称的影响尽量减小，输出波形接近正弦波。

2．同步调制控制方式

在三相逆变电路中当载波比 N 为 3 的整数倍时，载波与调制信号波能同步调制。如图 6.26 所示为 $N=9$ 时的同步调制控制的三相 PWM 逆变波形。

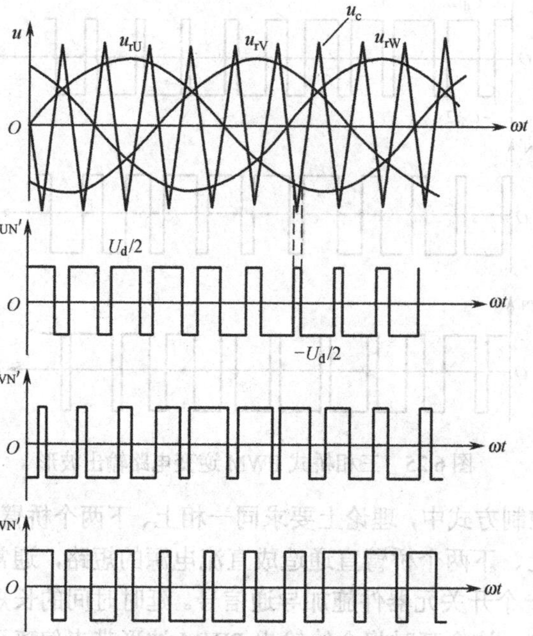

图 6.26　同步调制的三相 PWM 逆变波形

在同步调制控制方式中，通常保持载波比 N 不变，若要增高逆变输出电压的频率，必须同时增高 f_c 与 f_r，且保持载波比 N 不变，保持同步调制不变。

同步调制控制方式的特点是：

（1）控制相对复杂，通常采用微机控制。

（2）在调制信号的半个周期内，输出脉冲的个数是固定不变的，脉冲相位也是固定的，正、负半周的脉冲对称，而且半个周期脉冲排列是左右对称的，输出波形等效于正弦波。

（3）当逆变电路要求输出频率 f_0 很低时，由于半周期内输出脉冲的个数不变，所以由 PWM 调制而产生的 f_0 附近的谐波频率也相应很低，这种低频谐波通常不易滤除，而对三相异步电动机造成不利影响，例如电动机噪声变大，振动加强等。

为了克服同步调制控制方式低频段的缺点，通常采用“分段同步调制”的方法，即把逆变电路的输出频率范围划分成若干个频率段，每个频率段内都保持载波比恒定，而不同频率段所取的载波比不同。

① 在输出频率在高频率段时，取较小的载波比，这样载波频率不致过高，能在功率开关元器件所允许的频率范围内。

② 在输出频率在低频率段时，取较大的载波比，这样载波频率不致过低，谐波频率也较高且幅值也小，也易滤除，从而减小了对异步电动机的不利影响。

综上所述，同步调制方式效果比异步调制方式好，但同步调制控制方式复杂，一般用微型计算机进行控制。也有的电路在输出低频率段时采用异步调制方式，而在输出高频率段时换成同步调制控制方式。这种综合调制控制方式，其效果与分段同步调制方式接近。

*6.5 无源逆变电路的应用

无源逆变技术在交流电动机调速、不间断电源、交流—直流—交流变频电路等方面已经有了非常广泛的应用，而脉宽调制技术更是以其谐波抑制、动态响应、频率和效率等方面的明显优势取得了很大的发展。特别是在自关断元器件出现以后，逆变电路越来越多地采用脉宽调制控制方式。

6.5.1 变频调速装置

在本章开始讲到逆变电路在变频调速中的应用。近年来，由于电力电子技术的发展，由电力电子装置构成的交流调速装置日趋成熟并得到广泛应用，在现代调速系统中，交流调速已占主要地位。

由交流电动机的转速公式 $n = 60 \cdot f \cdot (1-s)/p$ 可以看出，若均匀地改变定子频率 f，则可以平滑地改变电动机的转速。因此，在各种异步电动机调速系统中，变频调速的性能最好，同时效率最高，使得交流电动机的调速性能可与直流电动机相媲美，它是交流调速的主要发展方向。

1．变频调速的基本控制方式

把交流电动机的额定频率称为基频。变频调速可以从基频往下调，也可以从基频往上调。频率改变，不仅可以改变交流电动机的同步转速，而且也会使交流电动机的其他参数发生相应的变化，因此，针对不同的调速范围及使用场所，为了使调速系统具有良好的调速性能，变频调速装置必须采取不同的控制方式。

（1）基频以下的变频调速。

三相异步电动机的每相电动势为：

$$E = 4.44 f N K_{\omega 1} \Phi_m \tag{6-1}$$

式中，E——定子每相感应电动势的有效值；

f——定子电源频率；

N——定子每相绕组串联匝数；

$K_{\omega1}$——基波绕组系数；

Φ_m——每极气隙磁通量。

如果忽略定子阻抗压降，则外加电源电压 $U=E$。由此可见，当 U 不变时，随着电源输入频率 f 的降低，Φ_m 将会相应增加。由于电动机在设计制造时，已使气隙磁通接近饱和，如果 Φ_m 增加，就会使磁路过饱和，相应的励磁电流增大，铁损急剧增加，严重时将导致绕组过热烧坏。所以，在调速的过程中，随着输入电源的频率降低，必须相应地改变定子电压 U，以保证气隙磁通 Φ_m 不超过设计值。根据式（6-1）可知，如果使 U/f 为常数，则在调速过程中可维持 Φ_m 近似不变，这就是恒压频比控制方式。

（2）基频以上的变频调速。电源频率从基频向上提高，可使电动机的转速增加。由于电动机的电压不能超过其额定电压，因此在基频以上调频时，U 只能保持在额定值。根据式（6-1），当电压 U 一定时，电动机的气隙磁通量 Φ_m 随着频率 f 的升高成比例下降，类似直流电动机的弱磁调速，因此，基频以上的调速属于恒功率调速。

除了上述两种基本控制方式外，变频调速装置的频率控制方式还有转差频率控制、矢量控制、直接转矩控制等。

2. SPWM 变频调速装置

图 6.27 给出了一种开环控制的 SPWM（正弦脉宽调制）变频调速系统结构简图。它由二极管整流电路、能耗制动电路、逆变电路和控制电路组成。逆变电路采用 IGBT 元器件，为三相桥式 SPWM 逆变电路，其电路结构和工作原理在本章 6.4 节已经详细介绍，下面主要介绍能耗制动电路和控制电路的工作原理。

（1）能耗制动电路。在图 6.27 中，R 为外接能耗制动电阻，当电动机正常工作时，电力晶体管 T 截止，R 中没有电流流过。当快速停机或逆变器输出频率急剧降低时，电动机将处于再生发电状态，并向滤波电容 C 充电，直流电压 U_d 升高，当 U_d 升高到最大允许电压 U_{dmax} 时，T 导通，接入电阻 R，电动机进行能耗制动，以防止 U_d 过高危害逆变器的开关元器件。

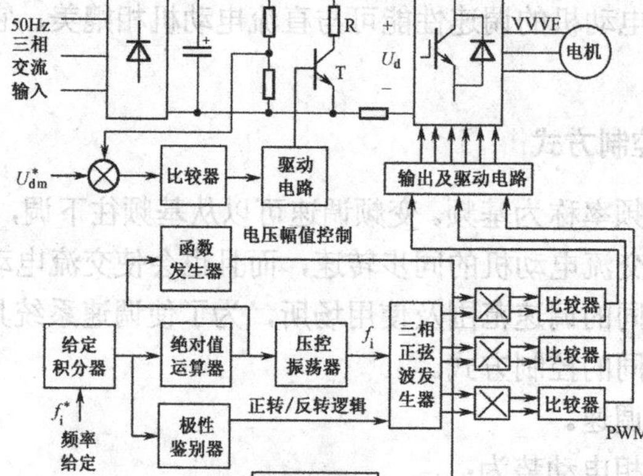

图 6.27　SPWM 变频调速装置结构简图

(2) 控制电路。输出频率给定信号 f_1^* 首先经过给定积分器，以限定输出频率的升降速度。给定积分器的输出信号的极性决定电动机正、反转，当输出为正时，电动机正转；反之，电动机反转。给定积分器的输出信号的大小控制电动机转速的高低。不论电动机是正转还是反转，输出频率和电压的控制都需要正的信号，因此要加一个绝对值运算器。绝对值运算器的输出，一路去函数发生器，函数发生器用来实现低频电压补偿，以保证在整个调频范围内实现输出电压和频率的协调控制。绝对值运算器输出电压的另一路经过压控振荡器，形成频率为 f_1 的脉冲信号，由此信号控制三相正弦波发生器，产生频率与 f_1 相同的三相标准正弦波信号，该信号同函数发生器的输出相乘后形成逆变器输出指令信号。同时，给定积分器的输出经极性鉴别器确定正、反转逻辑后，去控制三相标准正弦波的相序，从而决定输出指令信号的相序。输出指令信号与三角波比较后形成三相 PWM 控制信号，再经过输出电路和驱动电路，控制逆变器中 IGBT 的通断，使逆变器输出所需频率、相序和大小的交流电压，从而控制交流电动机的转速和转向。

6.5.2 变速恒频发电技术

变速恒频发电是电力电子技术在发电系统、发电机励磁技术中的应用。对于风力发电来说，一台确定的风力发电机在一种风速下只有一个最佳的转轴速度可获得最大风能，为在变化的风速下随时能捕获最大风能，风力发电机必须以变速运行，这样对并入电网的风力发电机而言就有变速恒频发电的运行要求。同样对于水力发电而言，丰水期、枯水期、建坝初期、建坝后期水头落差各不相同，为获得最高发电效率，不同落差水头应有不同的水轮机转速，这样对并网的水力发电机而言也有变速恒频发电要求。此外在飞机、舰船等发电机使用变速主轴驱动的场合也有变速恒频发电的需要。

实现变速恒频发电有多种技术方案，这里介绍一种采用双 PWM 交—直—交变频器构成的交流励磁双馈发电系统。

1. 交流励磁双馈发电

交流励磁变速恒频发电系统原理示意图如图 6.28 所示。发电机采用双馈型异步发电机，定子绕组并网发电，转子绕组外接三相转差频率变频器实现交流励磁。当发电机变速运行、转子机械旋转频率 f_Ω 变化时，应控制转子励磁电流频率 f_2 以确保定子输出频率 f_1 恒定。设 P 为发电机极对数，则有

$$f_1 = Pf_\Omega + f_2 \tag{6-2}$$

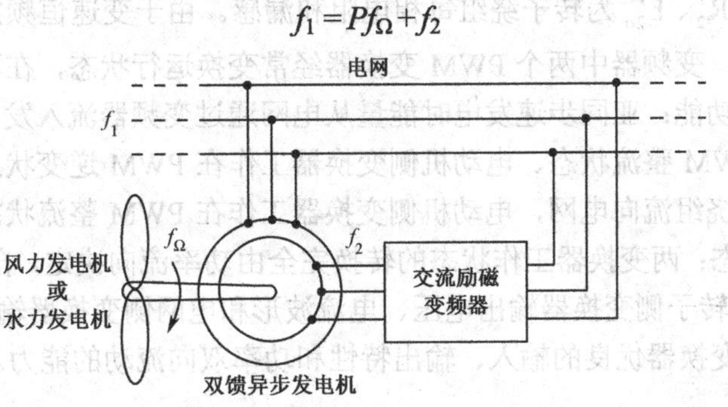

图 6.28 交流励磁双馈发电系统

这样，当发电机转速低于气隙旋转磁场转速时，发电机亚同步速运行，$f_2=f_1-Pf_\Omega>0$，变频器向发电机转子提供正相序励磁电流；当发电机转速高于气隙旋转磁场转速时，发电机超同步运行，$f_2=f_1-Pf_\Omega<0$，变频器向发电机转子提供负相序励磁电流；当发电机转速等于气隙旋转磁场转速时，发电机同步速运行，$f_2=0$，变频器应向发电机转子提供直流励磁。

此外，在不计损耗的理想条件下，可以得到励磁变频器的容量：

$$P_2 \approx SP_1 \tag{6-3}$$

式中，P_2为转子励磁电功率；

P_1为定子输出电功率。

由此可知，交流励磁方案中变频器提供部分功率即可，其大小与变速范围有关。此式还表明，当发电机处于亚同步速运行时，$S>0$，$P_2>0$，变频器向转子绕组送入有功功率；当发电机处于超同步速运行时，$S<0$，$P_2<0$，转子绕组向变频器送入有功功率；只有当发电机处于同步速运行时，$S=0$，$P_2=0$，变频器与转子绕组间无功率传送关系。

通过以上分析可以看出，作为交流励磁变速恒频发电机用励磁变频器有如下要求：

（1）为了追踪最大风能或提高变水头状态下的发电效率，同时最大限度地减小励磁变频器容量，发电机应在同步速上下变速运行，此时双馈电动机励磁绕组中能量将双向流动，因而要求变频器具有能量双向流动的能力。

（2）为确保发出电能质量符合电网要求，励磁变频器要有优良的输出特性：输出基波电压大，谐波电压小且频率高，便于滤除。

（3）为了防止作为非线性负载的变频器对电网产生谐波电流污染，要求变频器有良好的输入特性。

采用当前电力电子技术制造可满足交流励磁要求的变频器主要有交—交变频器和双PWM交流—直流—交流变频器。

2．双 PWM 交流—直流—交流变频器

采用PWM整流—PWM逆变的双PWM交流—直流—交流变频器具有优良的输入输出特性：输出电压正弦脉宽调制，输入电流为正弦波形，与电网电压基本同相位，能量可双向流动。在应用商品化自关断功率元器件的条件下，可以构成满足兆瓦级变速恒频风电动机组的励磁电源，有着工程现实意义。如图 6.29 所示为交流励磁用双 PWM 变频器主电路结构，u_a,u_b,u_c 为三相电网电压，L_s、R_s 为交流进线电抗器的电感和等效电阻；e_a',e_b',e_c'为发电机转子中三相反电势，R_2'、$L_{2\sigma}'$为转子绕组每相电阻和漏感。由于变速恒频发电运行时转子绕组内能量会双向流动，变频器中两个 PWM 变换器经常变换运行状态，在不同的能量流向时交替实现整流和逆变功能：亚同步速发电时能量从电网通过变频器流入发电机转子绕组，电网侧变换器工作在 PWM 整流状态、电动机侧变换器工作在 PWM 逆变状态；超同步发电时，能量从发电机转子绕组流向电网，电动机侧变换器工作在 PWM 整流状态、电网侧变换器工作在 PWM 逆变状态；两变换器工作状态的转换完全由功率流向决定，自动完成。如图 6.30、图 6.31 所示分别为转子侧变换器输出电压、电流波形和电网侧变换器输入电压、电流波形，可以看出双 PWM 变换器优良的输入、输出特性和功率双向流动的能力。

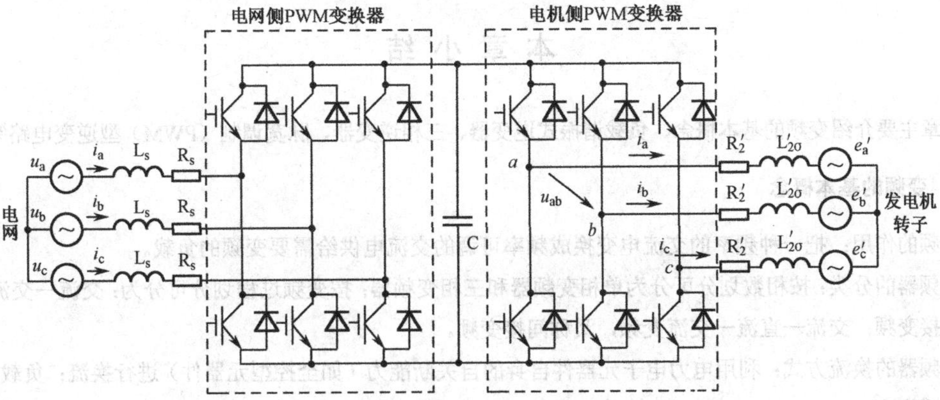

图 6.29　交流励磁用双 PWM 交流—直流—交流变频器

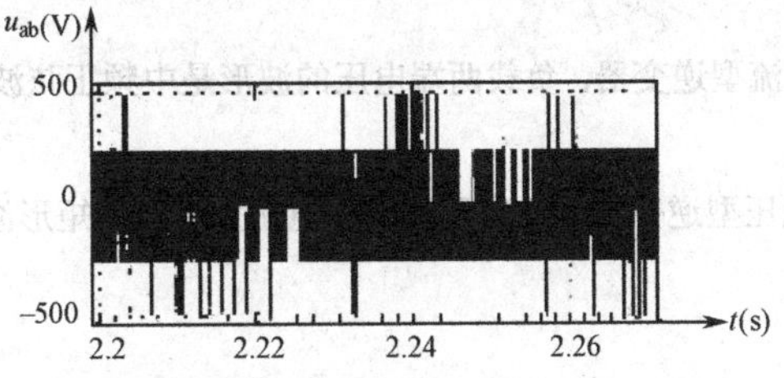

（a）线电压波形

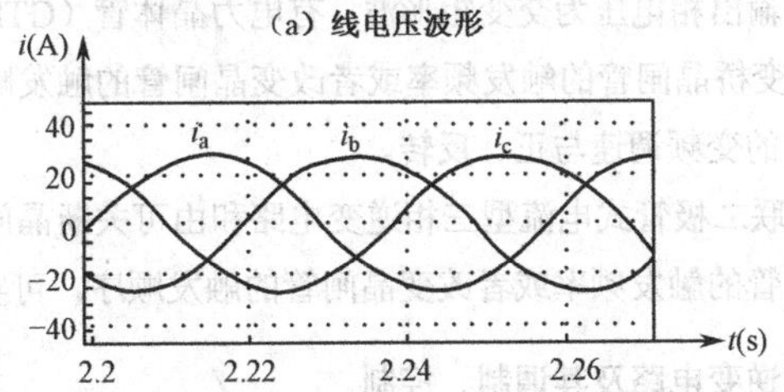

（b）输出三相电流波形

图 6.30　转子侧变换器输出电压、电流波形

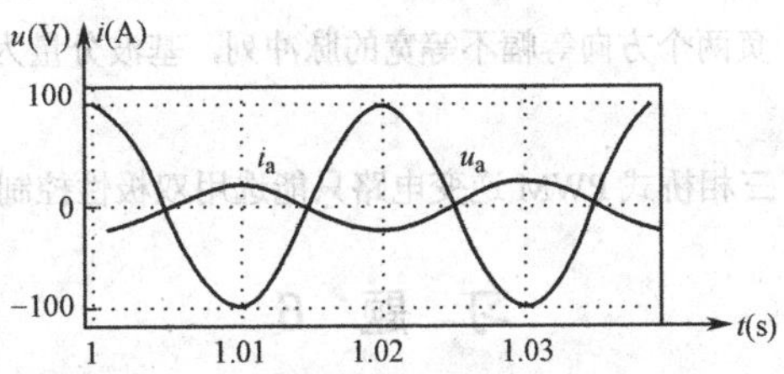

（a）

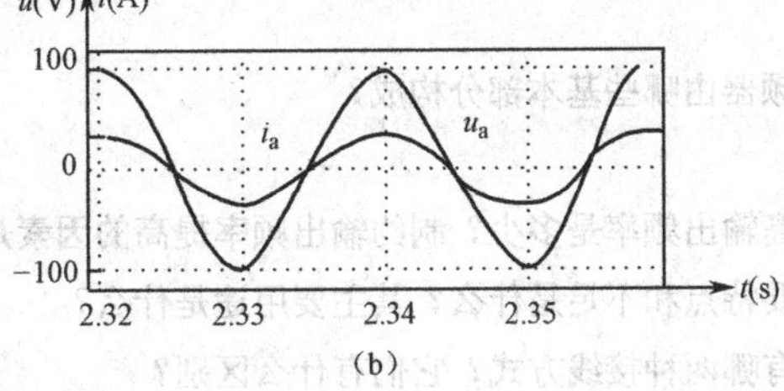

（b）

图 6.31　电网侧变换器不同运行状态下输入电压、电流波形

本 章 小 结

本章主要介绍变频的基本概念、负载谐振式逆变器、三相逆变器、脉宽调制（PWM）型逆变电路等内容。

1. 变频的基本概念

变频的作用：把一种频率的交流电变换成频率可调的交流电供给需要变频的负载。

变频器的分类：按相数划分可分为单相变频器和三相变频器；按变频过程划分可分为：交流—交流变频，又称直接变频；交流—直流—交流变频，又称间接变频。

变频器的换流方式：利用电力电子元器件自身的自关断能力（如全控型元器件）进行换流；负载换流方式；强迫换流。

2. 负载谐振式逆变器

并联谐振逆变器：属于电流型逆变器，负载两端电压的波形是中频正弦波，流过负载的电流为交变的矩形波。

串联谐振逆变器：属于电压型逆变器，逆变器输出的电压为双极性矩形波，流过负载的电流为正弦波。

3. 三相逆变器

电压型三相逆变器：逆变输出相电压为交变矩形波。有电力晶体管（GTR）组成的逆变电路、晶闸管串联电感式逆变电路等，改变逆变桥晶闸管的触发频率或者改变晶闸管的触发顺序，能得到不同频率和不同相序的三相交流电，实现电动机的变频调速与正、反转。

电流型三相逆变器：有串联二极管式电流型三相逆变电路和由可关断晶闸管（GTO）组成的电流型三相逆变电路等。改变逆变桥晶闸管的触发频率或者改变晶闸管的触发顺序，可实现变频调速。

4. 脉宽调制（PWM）型逆变电路及其调制、控制

单相桥式 PWM 逆变电路：包括单极性 PWM 控制方式和双极性 PWM 控制方式。单极性 PWM 控制方式中，PWM 波形只能在一个方向上变化，面积与所对应的正弦波面积相等，基波分量为正弦波。双极性 PWM 控制方式中，PWM 波形为正、负两个方向等幅不等宽的脉冲列，基波分量为正弦波。将正弦波电压提供给负载即可实现变频调速。

三相桥式 PWM 逆变电路：三相桥式 PWM 逆变电路只能选用双极性控制方式，各相输出波形为正弦波。

习 题 6

一、简答题

（1）什么叫无源逆变？变频器由哪些基本部分构成？

（2）简述变频的作用。

（3）交—交变频电路的最高输出频率是多少？制约输出频率提高的因素是什么？

（4）交—交变频电路的主要特点和不足是什么？其主要用途是什么？

（5）三相交—交变频电路有哪两种接线方式？它们有什么区别？

（6）无源逆变电路和有源逆变电路有何区别？

二、填空题

（1）变频电路所采取的换流方式有____________、____________、____________。

（2）变流电路工作在逆变状态时，如果把变流器的交流侧和电网连接，将直流电能逆变为同频率的交流电能反馈回电网中去，称为______逆变；如果变流器的交流侧直接接到负载，把直流电能逆变为某一频率或可调频率的交流电能供给负载，则称为______逆变，用于直流电动机可逆调速、交流绕线式异步电动机串级调速的是_______逆变，用于交流电动机变频调速的是______逆变。

（3）电压源型变频器采用_________滤波，电流型变频器采用________滤波。

（4）改变 SPWM 逆变器中的调制比，可以改变________的幅值。

（5）在 PWM 控制电路中，根据载波和调制信号波是否同步及载波比的变化情况，PWM 调制可分为______与______两种类型，采用________调制可以综合二者的优点。

三、选择题

（1）SPWM 逆变器有两种调制方法：双极性和（　　）

A. 单极性　　B. 多极性　　C. 三极性　　D. 四极性

（2）若增大 SPWM 逆变器的输出电压基波频率，可采用的控制方法是（　　）

A. 增大三角波幅度　　B. 增大三角波频率

C. 增大正弦调制波频率　　D. 增大正弦调制波幅度

四、判断题（正确的打√，错误的打×）

（1）电压型逆变电路为了反馈感性负载上的无功能量，必须在电力开关元器件上反向并联反馈二极管。（　　）

（2）无源逆变电路是把直流电能逆变成交流电能，送给电网。（　　）

（3）无源逆变指的是不需要逆变电源的逆变电路。（　　）

（4）并联谐振逆变电路采用负载换流方式时，谐振回路不一定呈电容性。（　　）

（5）电压型并联谐振逆变电路负载电压波形是很好的正弦波。（　　）

第7章　交流变换电路

本章重点：

（1）了解交流开关的基本形式和工作原理。

（2）了解单向交流调功器的基本工作原理。

（3）掌握交流调压电路的基本工作原理和电阻性、电感性负载情况下的波形和参数变化过程。

（4）了解交—交变频电路的基本工作原理。

7.1　晶闸管交流开关

晶闸管交流开关是一种比较理想的快速交流开关，与传统的接触器—继电器系统相比，其主回路（甚至包括控制回路）没有触头及可动的机械机构，所以不存在电弧、触头磨损和熔焊等问题。由于晶闸管总是在电流过零时关断，所以关断时不会因负载或线路中电感储能而造成瞬态电压的现象。晶闸管交流开关特别适用于操作频繁、可逆运行及有易燃易爆气体的场合。特别是用双向晶闸管组成的交流开关，因其线路简单，得到了越来越广泛的应用。

7.1.1　简单交流开关的基本形式

晶闸管交流开关的电路基本形式如图 7.1 所示。触发电路的毫安级电流通断可以控制晶闸管阳极大电流的通断。交流开关的工作特点是晶闸管在电压正半周时触发导通，而它的关断则利用电压负半周在管子上加反向电压来实现，在电流过零时自然关断。

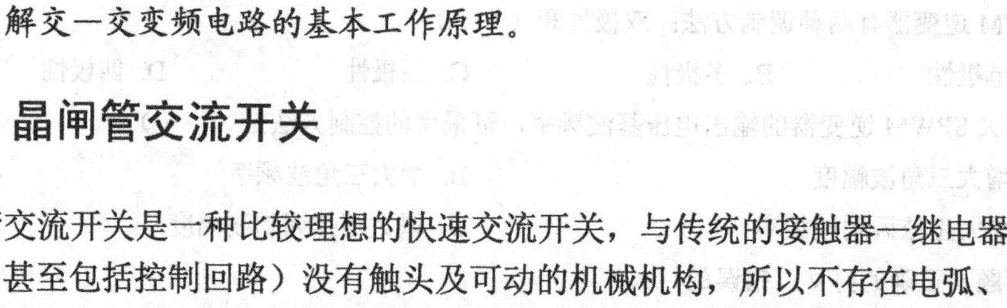

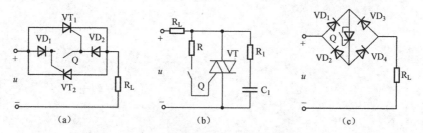

图 7.1　晶闸管交流开关的基本形式

如图 7.1（a）所示为普通晶闸管反向并联的交流开关。当开关 Q 合上时，靠管子本身的阳极电压作为触发电源，具有强触发性质，即使触发电流比较大的管子也能可靠触发。负载 R_L 上得到的基本上是正弦电压。如图 7.1（b）所示为采用双向晶闸管的交流开关，其线路简单，但工作频率比反向并联电路低（小于 400Hz）。如图 7.1（c）所示为只用一只普通晶闸管的电路，管子只承受正电压，但由于串联元器件多，其压降损耗较大。

7.1.2 晶闸管交流开关应用举例

实例 7-1 如图 7.2 所示为采用光电耦合器的交流开关电路。主电路由两只晶闸管 VT_1、VT_2和两只二极管 VD_1、VD_2组成。当控制信号未接通，即不需要主电路工作时，1,2 端没有信号，光电耦合器 B 中的光敏管截止，晶体管 VT 处于导通状态，晶闸管门极电路被晶体管 VT 旁路，因而 VT_1和 VT_2晶闸管处于截止状态，负载未接通。当 1,2 端接入控制信号，光电耦合器 B 中的光敏管导通，晶体管 VT 截止，晶闸管 VT_1和 VT_2控制极得到触发电压而导通，主回路被接通。电源电压正半波时（例如 U_+,V_-），通路为 $U_+ \to VT_1 \to VD_2 \to R_L \to V_-$。电源负半波时（$U_-$,$V_+$），通路为 $V_+ \to R_L \to VT_2 \to VD_1 \to U_-$。负载上得到交流电压，因而只要控制光电耦合器的通断就能方便地控制主电路的通断。

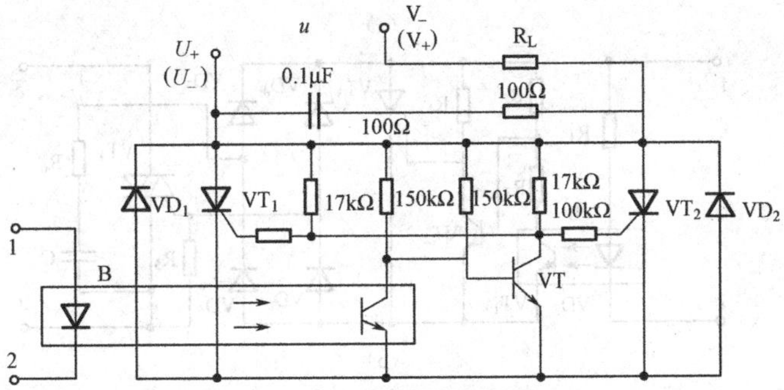

图 7.2 采用光电耦合器的交流开关电路

实例 7-2 如图 7.3 所示为双向晶闸管控制三相自动控温电热炉的典型电路。当开关 Q 拨到“自动”位置时，炉温就能自动保持在给定温度。若炉温低于给定温度，温控仪 KT（调节式毫伏温度计）使常开触点 KT 闭合，双向晶闸管 VT_4触发导通，继电器 KA 通电，使主电路中 VT_1～VT_3管导通，负载电阻 R_L接入交流电源，炉子升温。若炉温到达给定温度，温控仪的常开触点 KT 断开，VT_4关断，断电器 KA 断电，双向晶闸管 VT_1～VT_2关断，电阻 R_L与电源断开，炉子降温。因此电炉在给定温度附近小范围内波动。

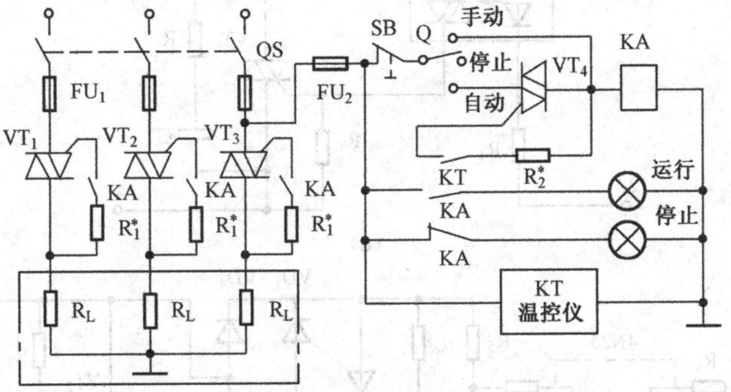

图 7.3 自动控温电热炉电路图

双向晶闸管仅用一只电阻（主电路为 R_1*、控制电路为 R_2*）各自构成本相强触发电路，其阻值可由试验决定。用电位器代替 R_1*或 R_2*，调节电位器阻值，使双向晶闸管两端电压（用交流电压表测量）减到 2～5V，此时电位器阻值即为触发电阻值。通常为 75Ω～3kΩ，功率小于 2W。

实例 7-3 如图 7.4 所示为近几年来开发的一种固态开关，也称为固态继电器（Solid State Relay，简称 SSR），或固态接触器（Solid State Contactor，简称 SSC）。它们是一种以双向晶闸管为基础构成的无触点通断组件。如图 7.4（a）所示为各种固态交、直流开关的外形图，固态交流开关分为零压型开关（见图 7.4（b）、（c））和非零压型开关（见图 7.4（d）、（e））。

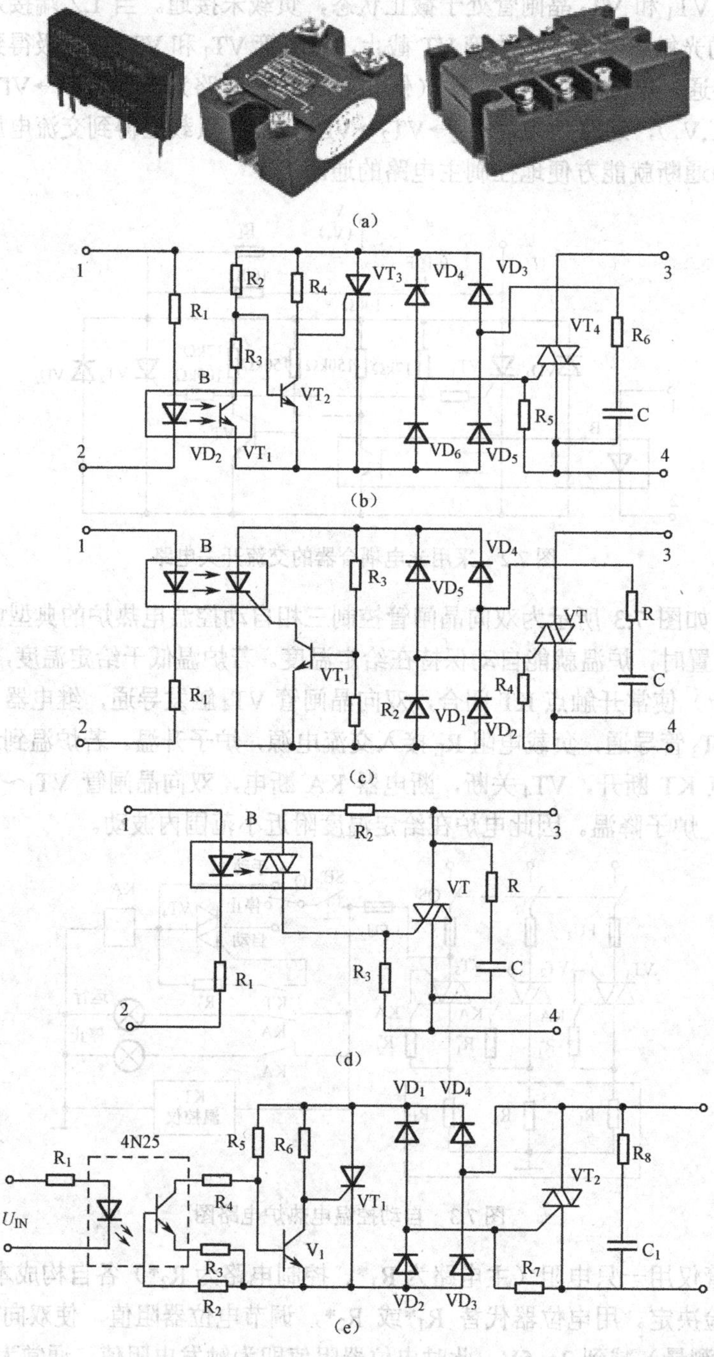

图 7.4 固态开关

图 7.4（b）为采用光电三极管耦合器的零压固态开关内部电路。1, 2 为输入端，相当于继电器或接触器的线圈；3, 4 为输出端，相当于继电器或接触器的一对触点，与负载串联后接到交流电源上。

输入端接上控制电压，使发光二极管 VD_2 发光。紧靠着的光敏管 VT_1 阻值减小，使原来导通的晶体管 VT_2 截止，原来阻断的晶闸管 VT_1 通过 R_4 被触发导通。输出交流电源通过负载、二极管 VD_3～VD_6、VT_1 以及 R_5，在 R_5 上产生电压降作为双向晶闸管 VT_2 的触发信号，使 VT_2 导通，负载得电。由于 VT_2 的导通区域处于电源电压的零点附近，因而具有零压开关功能。

如图 7.4（c）所示为光电晶闸管耦合器的零压开关。由输入端 1、2 输入信号，光电晶闸管耦合器 B 中的光控晶闸管导通，电流经 $3 \to VD_4 \to B \to VD_1 \to R_4 \to 4$ 构成回路，借助 R_4 上的电压降向双向晶闸管 VT 的控制极提供电流，使 VT 导通。由 R_3、R_2 和 VT_1 组成零压开关功能电路，即当电源电压过零并升至一定幅值时，VT_1 导通，光控晶闸管被关断。

如图 7.4（d）所示为光电双向晶闸管耦合器非零压开关。当输入端 1、2 输入信号时，光电双向晶闸管耦合器 B 导通，$3 \to R_2 \to B \to R_3 \to 4$ 回路有电流通过，R_3 提供双向晶闸管 VT 的触发信号。这种电路相对于输入信号的任意相应交流电源均可同步接通，因而称为非零压开关。

如图 7.4（e）所示为非零压固态交流开关，左边为交流开关控制端，右边为交流开关接线端，当有 U_{IN} 输入时，4N25 中的光敏三极管导通，迫使 V_1 截止，从而由 R_6 提供触发电流使普通晶闸管 VT_1 导通。VT_1 的导通使 VT_1 与桥路 VD_1～VD_4 组成的交流开关接通，在串联在回路中的电阻 R_7 上产生压降，从而又进一步触发大功率双向晶闸管 VT_2，形成固态交流开关的导通状态。非零压固态交流开关中只要 U_{IN} 幅值足够大，即可成为通态，无须考虑接线端电压是否在交流电压波形的过零点附近。

实例 7-4 如图 7.5 所示为带断相保护的可逆交流开关，电路中用五只双向晶闸管作为无触点开关，这种开关的主电路中无触点，控制电路中有触点，其可靠性远比继电器一接触器控制系统高。与全无触点式开关相比，它又具有电路结构简单、对维修技术要求不高和成本低等优点。

当 VT_1、VT_2、VT_3 导通时，电机正转；当 VT_2、VT_4、VT_5 导通时，电机反转。指示灯 HL_4 为电源指示，HL_1、HL_2、HL_3 为运转指示。快速熔断器 FU 对双向晶闸管进行过电流保护。双向晶闸管两端并联 RC 吸收装置，对双向晶闸管起过电压保护和抑制 du/dt 的作用。

双向晶闸管的导通采用本相电压强触发电路，由交流继电器 KA_1 和 KA_2 的常开触点来接通门极电路，使电路简单可靠，调试维修方便。

控制电路中，SA 为主令开关，KA_4 为零位继电器。合上自动开关 Q_M 和电源开关 Q 后，若 SA 在零位，则 KA_4 得电吸合并自锁；当电源断电又重新来电时，要待 SA 回到零位，使 KA_4 重新得电吸合并自锁，电机才能重新启动、运行，这样便不会在电源供电或供电中断后又重新来电时，因 SA 置于开的位置而出现电机自行启动的不安全情况，从而实现了零位保护。为防止电机换向时正向组元器件和反向组元器件同时导通造成相间短路，本电路设置了延时电路，延时时间 0.6s。

当 SA 转到"正"位置时，SA_1 闭合，经延时回路延时后，KA_1 吸合并自锁，将延时回路电源短路；与此同时，KA_1 的常开触点接通正向组双向晶闸管 VT_1、VT_2、VT_3 的触发电路，使其导通，电机正向运转。当 SA 转到“反”位置时，SA_1 断开，KA_1 释放，VT_1、VT_2、VT_3 过零截止，SA_2 闭合，经延时回路延时后，KA_2 吸合并自锁，将延时回路电源短接，与此同时，KA_2 的常开触点接通反向组双向晶闸管 VT_2、VT_4、VT_5 的触发电路，使其导通，电机先经反接制动、反向启动，最后转入稳定运行。

断相保护信号取自 $C_{11}R_{11}$、$C_{12}R_{12}$、$C_{13}R_{13}$ 三条支路的公共交点 Q_x。当三相输出无断相时，Q_x 与电源零线 N 之间电压理论上为零，实际只有几伏，三相中有一相或两相断相时，该电压将显著升高，其值随负载电机等的参数变化而变化。此电压经 VD_{13} 整流后作用于稳压管 V_6 上使之击穿。V_6 击穿后，晶体管 V_5 导通，继电器 KA_3 吸合并自锁，其常闭触点断开，切断 KA_1、KA_2 控制回路，同时 HL_5 灯亮发出缺相事故信号，此时双向晶闸管过零关断，切断交流电机电源，避免电机缺相运行。断相保护电路的动作由电位器 RP 整定。

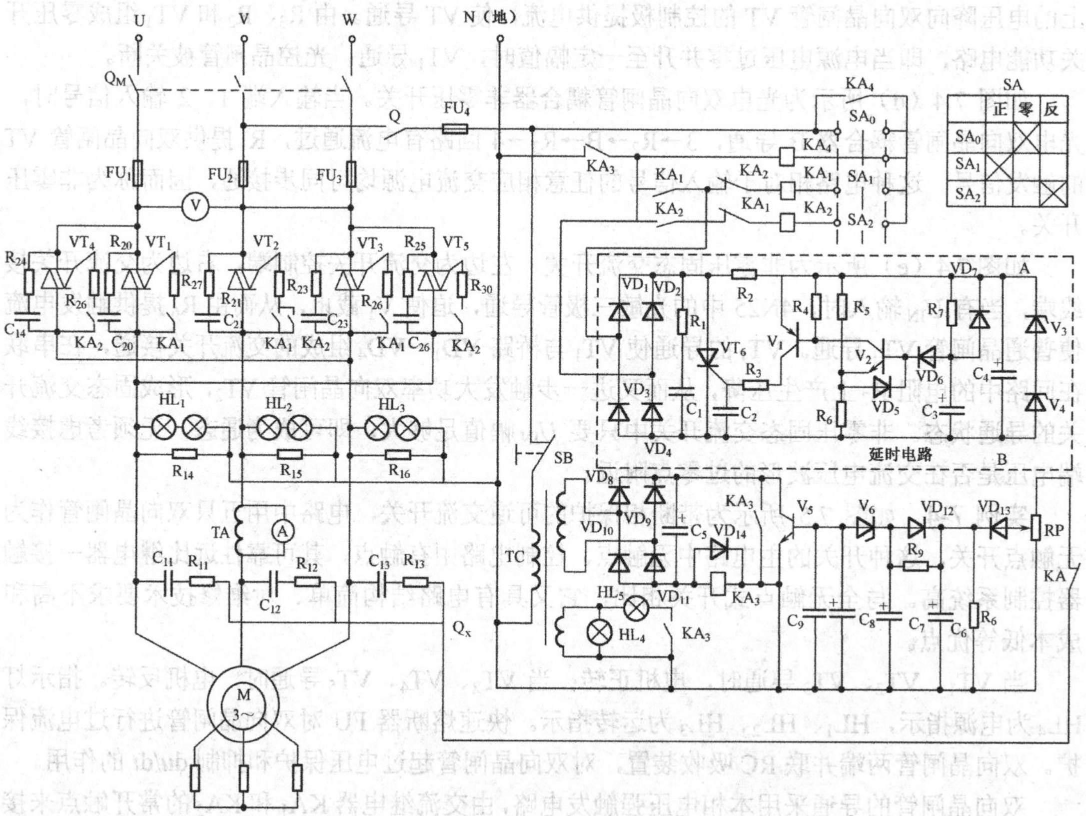

图 7.5 带断相保护的可逆交流开关

实例 7-5 如图 7.6 所示为晶闸管投切电容器（TSC，Thytistor Switched Capacitor），因为电网中大多数用电设备是感性负载，它们工作时要消耗无功功率，从而造成电力负荷的功率因数较低。负荷的功率因数低对供电系统和电力系统的经济运行不利，如果电力系统的无功不平衡还会造成电网电压降低（当需求＞供给时）或升高（当需求<供给时）。所以要对电网进行无功补偿。传统的补偿方式是采用机械开关的电容器投切补偿装置，但它有个比较严重的缺点，就是反应速度比较慢，即从控制器测量电路判定需要补偿的电容器，再到相应的电容器投入补偿，这个过程需要一定的时间，特别是某个或某几个电容器从电路中切除后，

要隔一定的时间间隔（在这个时间内电容器放电，让电容器两端电压降下来），才可以再次投入电路，而有的负载变化比较快，这时电容切除、投入的速度跟不上负载的变化，这种补偿方式称为静态补偿；而用反应速度很快的晶闸管代替静态补偿装置中的交流接触器，则可以快速跟踪负载变化，快速进行补偿，这种补偿方式称为动态补偿。

TSC 可以提高功率因数，稳定电网电压，改善用电质量，是一种很好的无功补偿方式。TSC 实际上为断续可调的动态无功功率补偿器。

如图 7.6（a）所示是单相 TSC 的基本原理图，两个反向并联的晶闸管起着把电容器 C 并入电网或从电网中断开的作用。串联电感很小，用来抑制电容器投入电网时的冲击电流。实际工程中，为避免电容器组投切造成较大电流冲击，一般把电容器分成几组，如图 7.6（b）所示，可根据电网对无功的需求而改变投入电容器的容量。实际中经常使用三相 TSC，可采用三角形连接，也可采用星形连接。

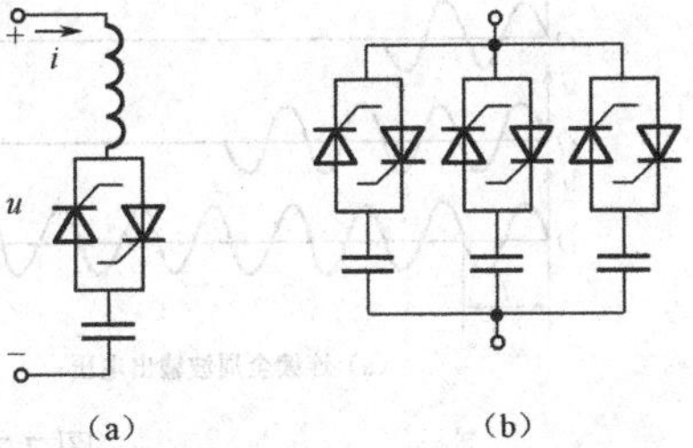

图 7.6　TSC 的原理图

7.2　由过零触发开关电路组成的单相交流调功器

前面已经讲过，在电压过零时给晶闸管加触发脉冲，使晶闸管工作状态始终处于全导通或全阻断，这称为过零触发。交流过零触发开关电路就是利用过零触发方式来控制晶闸管导通与关断的。在设定的周期范围内，将电路接通几个周波，然后断开几个周波，通过改变晶闸管在设定周期内通断时间的比例，达到调节负载两端交流平均电压即负载功率的目的。因而这种装置也称为调功器或周波控制器。

调功器是在电源电压过零时触发晶闸管导通的，所以负载上得到的是完整的正弦波，调节的只是在设定周期 T_C 内导通的电压周波数。如图 7.7 所示为全周波过零触发输出电压波形的两种工作方式。如在设定周期 T_C 内导通的周波数为 n，每个周波的周期为 T（50Hz，T=20ms），则调功器的输出功率为：

$$P=\frac{nT}{T_C}P_n$$

调功器输出电压有效值为：

$$U=\sqrt{\frac{nT}{T_C}}U_n$$

上式中 P_n、U_n 为设定周期 T_C 内全导通时，装置的输出功率与电压有效值。因此，改变导通周波数 n 即可改变电压或功率。

调功器可以用双向晶闸管，也可以用二只普通晶闸管反向并联连接，其触发电路可以采用集成过零触发器，也可利用分立元器件组成的过零触发电路。如图 7.8 所示为全波连续式的过零触发电路。电路由锯齿波发生、信号综合、直流开关、同步电压与过零脉冲输出五个环节组成，工作原理如下：

（1）锯齿波是由单结晶体管 VT_8、R_1、R_2、R_3、RP_1 和 C_1 组成弛张振荡器产生的，经射极跟随器（VT_1、R_4）输出，其波形如图 7.9（a）所示。锯齿的底宽对应着一定的时间间隔

(T_C)，调节电位器 RP_1 即可改变锯齿波的斜率。由于单结晶体管的分压比确定，故电容 C_1 放电电压确定，放电曲线斜率的减小，就意味着锯齿波底宽增大（T_C 增大），反之底宽减小（T_C减小）。

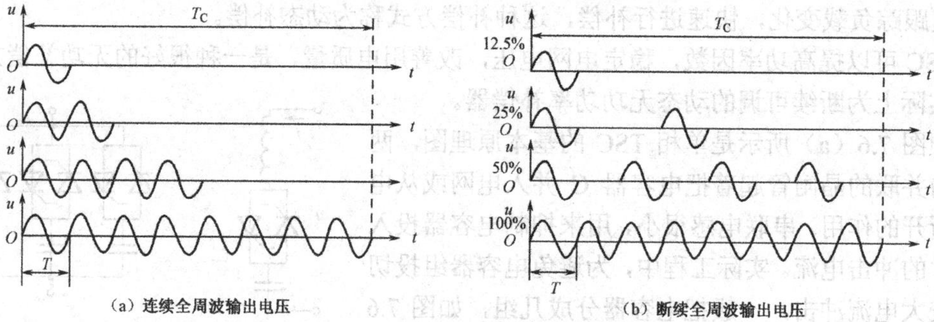

（a）连续全周波输出电压　　（b）断续全周波输出电压

图 7.7　全周波过零触发输出电压波形

（2）控制电压（U_C）与锯齿波电压进行电流叠加后送至 VT_2 基极，合成电压为 u_s。当 u_s 大于“0”（0.7V），则 VT_2 导通；u_s 小于 0，则 VT_2 截止，如图 7.9（b）所示。

（3）由 VT_2、VT_3 及 R_8、R_9、VT_6 组成一直流开关。当 VT_2 基极电压 U_{be2} 大于“0”（0.7V）时，VT_2 管导通，U_{be3} 接近零位，VT_3 管截止，直流开关阻断。

当 U_{be2} 小于“0”时，VT_2 截止，由 R_8、VT_6 和 R_9 组成的分压电路使 VT_3 导通，直流开关导通，输出 24V 直流电压，VT_3 通断时刻如图 7.9（c）所示。VT_6 为 VT_3 基极提供一阈值电压，使 VT_2 导通时，VT_3 更可靠地截止。

（4）过零脉冲输出。由同步变压器 Ts、整流桥 VD_1、R_{10}、R_{11} 及 VT_7 组成一斩波同步电源，如图 7.9（d）所示。它与直流开关输出电压共同控制 VT_4 和 VT_5，只有当直流开关导通期间，VT_4 和 VT_5 集电极和发射极之间才有工作电压，才能进行工作。在这期间，同步电压每次过零时，VT_4 截止，其集电极输出一正电压，使 VT_5 由截止变为导通，经脉冲变压器输出触发脉冲，此脉冲使晶闸管导通，如图 7.9（e）所示。于是在直流开关导通期间，便输出连续的正弦波，如图 7.9（f）所示。增大控制电压可加长开关导通的时间，即增多了导通的周波数，从而增加了输出的平均功率。

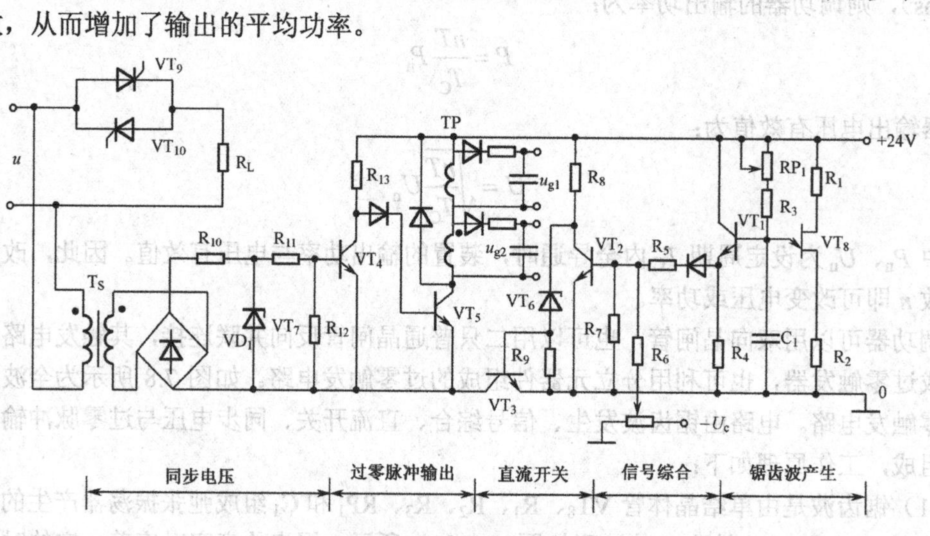

图 7.8　过零触发电路

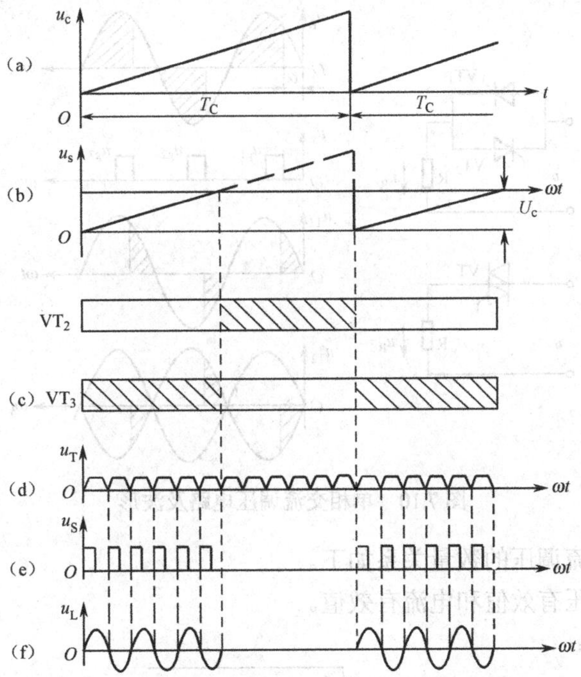

图 7.9　过零触发电路的电压波形

过零触发虽然没有移相触发时高频干扰的问题，但其通断频率比电源频率低，特别是当通断比太小时，会出现低频干扰，使照明出现人眼能感觉到的闪烁、电表指针的摇摆等，所以调功器通常用于热惯性较大的电热负载。

7.3　交流调压电路

7.3.1　单相交流调压电路

单相交流调压电路可以用两只普通晶闸管反向并联，也可以用一只双向晶闸管构成，后一种因其线路简单，成本低，故用得越来越多。交流调压广泛应用于工业加热、灯光控制、感应电机的调速以及电解电镀的交流侧调压等场合。下面对其工作原理进行分析。

1. 电阻负载

电路如图 7.10 所示，用两只普通晶闸管反向并联或一只正向晶闸管组成主电路，接电阻性负载。

在普通晶闸管反并联电路中，当电源电压为正半波时，在$\omega t=\alpha$时触发 VT_1 导通。于是有电流 i 流过负载，电阻通电，有电压 u_R。当$\omega t=\pi$ 时，电源电压过零，$i=0$，VT_1 自行关断，$u_R=0$。在电源的负半波$\omega t=\pi+\alpha$时，触发 VT_2 导通，负载电阻得电，u_R 变为负值。在$\omega t=2\pi$时，$i=0$，VT_2 自行关断，$u_R=0$。下个周期重复上述过程，在负载电阻上就得到缺角的交流电压波形。u_R、u_{T1}、u_{T2} 的波形如图 7.10 所示。通过改变α可得到不同的输出电压的有效值，从而达到交流调压的目的。由双向晶闸管组成的电路，只要在正、负半周的对称的相应时刻（$\omega t=\alpha$，$\omega t=\pi+\alpha$）给出触发脉冲，则和反向并联电路一样可得到同样的可调交流电压。

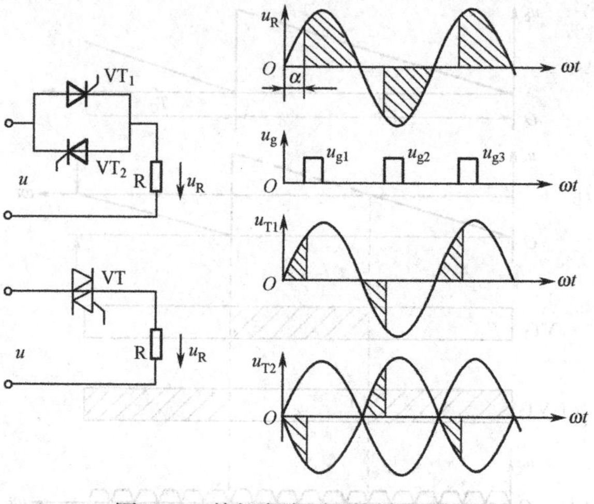

图 7.10　单相交流调压电路及波形

单相电阻负载交流调压的数量关系如下。

（1）输出交流电压有效值和电流有效值。

电压有效值 U 为：

$$U = U_2 \sqrt{\frac{1}{2\pi}\sin 2\alpha + \frac{\pi - \alpha}{\pi}}$$

电流有效值 I 为：

$$I = \frac{U}{R} = \frac{U_2}{R}\sqrt{\frac{1}{2\pi}\sin 2\alpha + \frac{\pi - \alpha}{\pi}}$$

（2）反向并联电路流过每个晶闸管的电流平均值为：

$$I_{\mathrm{d}} = \frac{U_2}{R}\frac{\sqrt{2}}{2\pi}(1+\cos\alpha)$$

（3）功率因数 $\cos\varphi$ 为：

$$\cos\varphi = \frac{P}{S} = \frac{U_{\mathrm{R}} I}{UI} = \frac{U_{\mathrm{R}}}{U} = \sqrt{\frac{2(\pi-\alpha)+\sin 2\alpha}{2\pi}}$$

交流调压电路的触发电路完全可以套用整流移相触发电路，但是脉冲的输出必须通过脉冲变压器，其两个二次线圈之间要有足够的绝缘。

如图 7.11（a）所示为常见的小功率调光台灯外形图，其调光电路通常采用由双向晶闸管（或普通晶闸管）和触发二极管组成的交流调压电路，如图 7.11（b）所示。该电路中采用了双向晶闸管 VS 作为主控元器件，触发电路的特点是使用了双向二极管 SB，这种元器件为 PNP 三层结构，两个 PN 结有对称的电压击穿特性，击穿电压一般在 30 V 左右，SB 与 R_W、R、C_1、C_2 共同组成了 VS 的移相调节触发电路。分析调光电路时，可以先省略 R 和 C_2，并将 R_W 直接与 SB、C_1 连接，此时如果交流电源电压超过零点，电源就会通过 R_W 给 C_1 充电，当 C_1 两端电压超过触发二极管的击穿电压与双向晶闸管的门极触发电压之和时，SB 被击穿，VS 触发导通。另外，通过调节 R_W 的阻值可以改变 C_1 的充电时间常数，即相当于改变了控制角。

由于 SB 能够双向击穿，因此 VS 在正、负半周均可被触发，属 I^+、III^-触发方式，在负载上得到的是缺角的受控正弦波。如果在上述电路的基础上接入 R 和 C_2。就构成了改进型调光电路，它克服了在大控制角触发时，由于电源电压已超过峰值并下降到较低的程度，此时如果 R_W 阻值过大，则会造成 C_1 充电电压不足而 SB 无法击穿。改进的原理是：在电源电压很低时利用电路中增加的电容 C_2。通过电阻 R 放电，为 C_1 增加一个充电电路，以保证可靠地触发，增大交流调压的范围。

如图 7.11（c）所示是一种低成本小功率白炽灯调光实用电路，电路除了采用普通晶闸管 VT 和二极管整流桥替代双向晶闸管 VS 外，其他工作原理完全相同。

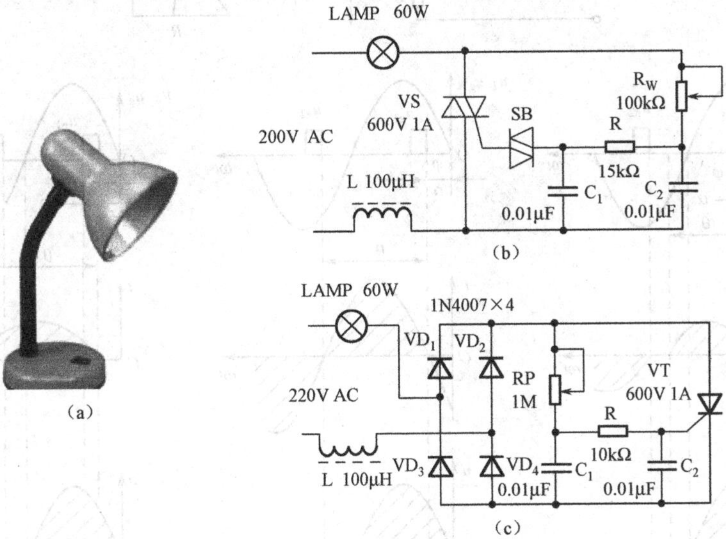

图 7.11　小功率调光台灯

2．电感性负载

如图 7.12 所示为普通晶闸管反向并联接电感负载的单相交流调压电路。由于电感性负载电路中电流的变化要滞后于电压的变化，因而和电阻负载相比有一些新的特点。当电源电压由正半波过零反向时，由于负载电感中产生感应电动势阻止电流变化，电流还未到零，即电压过零时晶闸管不能关断，故还要继续导通到负半周。晶闸管导通角 θ 的大小不但与控制角 α 有关，而且与负载功率因数角 $\varphi=\arctan(\omega L/R)$ 有关。如图 7.13 所示为导通角 θ、控制角 α 及功率因数角 φ 的关系。从图中明显可见，控制角越小则导通角越大。负载功率因数角 φ 越大，表明负载感抗大，自感电势电流过零的时间越长，因而导通角 θ 越大。

下面分三种情况进行讨论。

（1）$\alpha>\varphi$。由图 7.12 可见，$\alpha>\varphi$，$\theta<180°$，正、负半波电流断续。α 越大，θ 越小。即 α 的相位在（$180°-\varphi$）范围内，可以得到连续可调的交流电压。电流电压波形如图 7.12（a）所示。

（2）$\alpha=\varphi$。由图 7.12 可见，当 $\alpha=\varphi$ 时，$\theta=180°$，即正、负半周电流的临界连续，相当于晶闸管失去控制，如图 7.12（b）所示。

（3）$\alpha<\varphi$。此种情况，若开始给 VT_1 管加触发脉冲，VT_1 管导通，而且 $\theta>180°$。如果触发脉冲为窄脉冲，当 u_{g2} 出现时，VT_1 管的电流还未到零，VT_1 管不能关断。VT_2 管不能导通。当 VT_1 管电流到零关断时，u_{g2} 脉冲已消失，此时 VT_2 管虽已受正压，但也无法导通。

到第 3 个半波时，u_{g1} 又触发 VT_1 导通。这样负载电流只有正半波部分，出现很大直流分量，电路不能正常工作，因而带电感性负载时，晶闸管不能用窄脉冲触发，可采用宽脉冲或脉冲列触发。这样即使$\alpha<\varphi$，电流仍能得到对称连续的正弦波，电流滞后电压φ 角度。

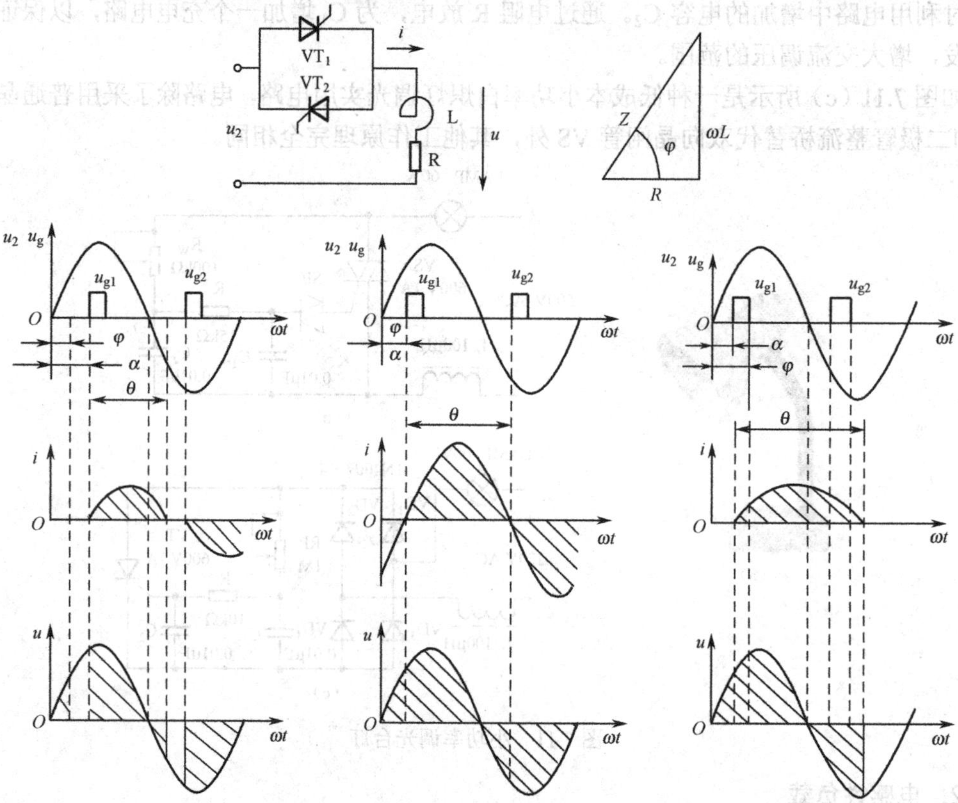

（a）$\alpha>\varphi$　　（b）$\alpha=\varphi$　　（c）$\alpha<\varphi$

图 7.12　单相交流调压电感负载电路及波形

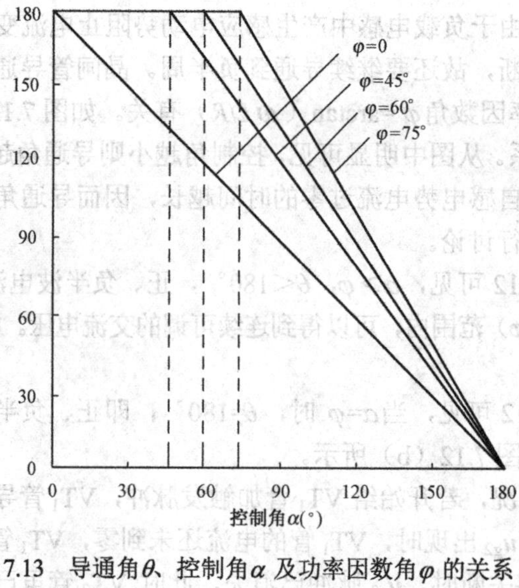

图 7.13　导通角θ、控制角α 及功率因数角φ 的关系

综上所述，单相交流调压有如下特点：

（1）带电阻负载时，负载电流波形与单相桥式可控整流电路交流侧电流波形一致。改变控制角α可以连续改变负载电压有效值，达到交流调压的目的。单相交流调压的触发电路完全可以套用整流触发电路。

（2）带电感性负载时，不能用窄脉冲触发。否则当$\alpha<\varphi$时，会使一个晶闸管无法导通，产生很大直流电流分量，烧毁熔断器或晶闸管。

（3）带电感性负载时，最小控制角$\alpha_{min}=\varphi$（功率因数角），所以α的移相范围为φ～180°。电阻负载时移相范围为0°～180°。

7.3.2　晶闸管交流稳压电路

作为交流调压的一个应用实例，介绍如图7.14所示的简单交流稳压电路。

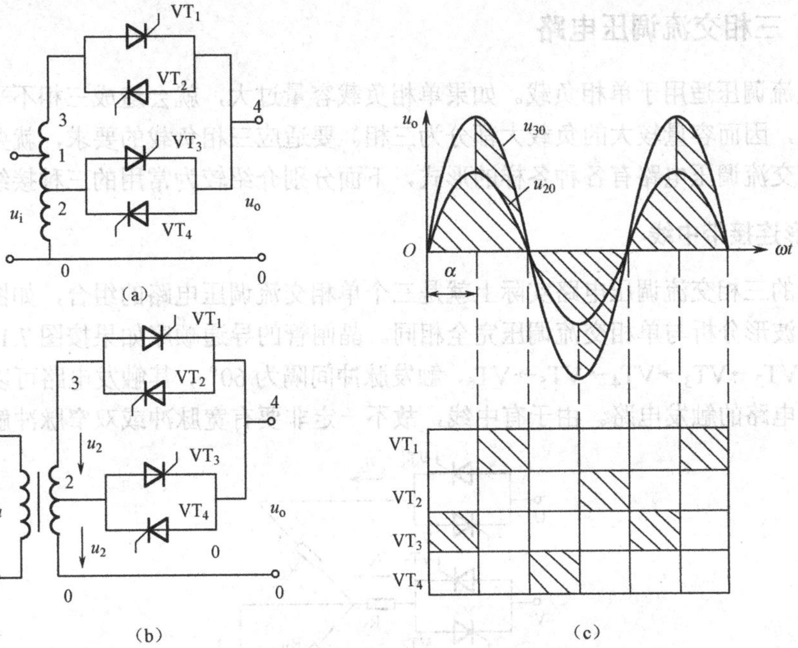

图7.14　单相交流稳压电路及中心抽头换接电路

图7.14（a）中，带抽头的自耦变压器的1和0端为输入端；变压器高电压的3端接反向并联晶闸管VT_1和VT_2；低电压的抽头2端接反向并联晶闸管VT_3和VT_4；4和0端为接负载的输出端。当输入电压u_{10}在±10%变化时，适当设置1-3，1-2间的匝数，u_{40}可稳定在交流220V附近。其稳压原理如下所述。

晶闸管VT_3和VT_4的触发脉冲分别加在交流电源电压的正半周的过零点，VT_3和VT_4交替导通。当电源电压波动+10%时，u_{10}=242V，VT_1、VT_2管脉冲封锁或α=180°，输出电压$u_{40}=u_{10}-u_{12}\approx$220V。当电源电压波动−10%时，$u_{10}$=198V，调节$VT_1$和$VT_2$管触发脉冲（$\alpha$=0°），$VT_1$和$VT_2$管全导通，输出电压$u_{40}=u_{10}+u_{31}\approx$220V。以上两种极端情况输出波形都是正弦波。当电源电压u_i在198～242V之间变化时，可控制VT_1、VT_2管的控制角在0°～180°之间变化，保证输出电压为220V不变。如图7.14（c）所示即为α=90°时输出电压的波形，这种电路能自动稳压，当电源电压波动或负载变化时，可由输出电压取样反馈，自动调整 VT_1、VT_2 管的控制角的大小，达到自动稳压的目的。由于这种稳压电路输出的电压波动不是完全正弦波，因此在对波形要求较高的场合，若采用此装置，应在输出端增加电容、电感滤波环节。

如果将如图 7.14（a）所示的 2 端抽头设在单相变压器二次侧的中点，如图 7.14（b）所示，即为单相变压器抽头换接电路，它也是单相交流调压的一种应用形式。如果 VT_1、VT_2 阻断，VT_3、VT_4 导通，按上述一般交流调压的方法调压，输出电压 u_{40} 有效值的变化范围为 $0\leqslant U_{40}\leqslant U_2$。如果 VT_3、VT_4 阻断，控制 VT_1、VT_2 导通时刻，电压有效值 U_{40} 的变化范围为 $0\leqslant U_{40}\leqslant 2U_2$。当 VT_3、VT_4 触发脉冲 $\alpha=0°$ 时，处于全开放状态，控制 VT_1、VT_2 导通时刻，例如 $\omega t=\alpha$ 时，VT_1 导通，因此时 VT_3 承受反向电压（$\sqrt{2}\times U_2\sin\alpha$）而关断。在 $\omega t=\pi+\alpha$ 时，VT_2 导通，迫使 VT_4 关断。如果同时控制 VT_1、VT_2、VT_3、VT_4，输出电压有效值可以在 $0\leqslant U_{40}\leqslant 2U$ 之间变化，输出电压波形就能得到改善，谐波分量有所减小。

7.3.3 三相交流调压电路

单相交流调压适用于单相负载。如果单相负载容量过大，就会造成三相不平衡，影响电网供电质量，因而容量较大的负载大都分为三相。要适应三相负载的要求，就要用三相交流调压。三相交流调压电路有各种各样的形式，下面分别介绍较为常用的三种接线方式。

1. 星形连接带中线

带中线的三相交流调压电路实际上就是三个单相交流调压电路的组合，如图 7.15 所示。工作原理和波形分析与单相交流调压完全相同。晶闸管的导通顺序如果按图 7.15 所示排列。则为 $VT_1\rightarrow VT_2\rightarrow VT_3\rightarrow VT_4\rightarrow VT_5\rightarrow VT_6$，触发脉冲间隔为 60°，其触发电路可以套用三相全控桥式整流电路的触发电路。由于有中线，故不一定非要有宽脉冲或双窄脉冲触发。

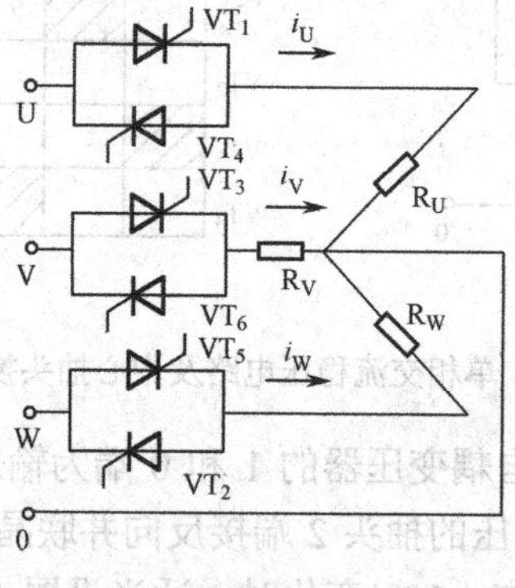

图 7.15　带中线星形连接的交流调压电路

在三相正弦交流电路中，由于各相电流（i_U，i_V，i_W）相位互差 120°，故中线电流为零。在交流调压电路中，每相负载电流为正、负对称的缺角正弦波，这包含有较大的奇次谐波电流，主要是三次谐波电流。这种缺角正弦波的谐波分量与控制角 α 有关。当 $\alpha=90°$ 时，三次谐波电流最大。在三相电路中各相三次谐波是同相的，因此中线电流 i_0 为一相三次谐波电流的三倍，数值较大。如果电源变压器为三相芯式，则三次谐波磁通不能在铁芯中形成通路。出现较大的漏磁通，引起变压器的发热和噪声，带来干扰，因此这种电路应用受到一定局限。

2．晶闸管与负载连接成内三角形

其接线如图7.16所示，它实际上也是三个单相交流调压电路的组合，其优点是由于晶闸管串联在三角形内部，流过晶闸管的电流是相电流，故在同样线电流情况下，晶闸管电流容量可以降低。另外，线电流中无3的整数倍的谐波分量。缺点是负载必须能拆成三个部分才能接成此种电路。

3．用三对反向并联晶闸管连接成三相三线交流调压电路

电路如图7.17所示，负载可以连接成星形，也可以连接成三角形。触发电路和三相全控式整流电路一样，要采用宽脉冲或双窄脉冲。

现以电阻负载连接成星形为例，分析其工作原理。

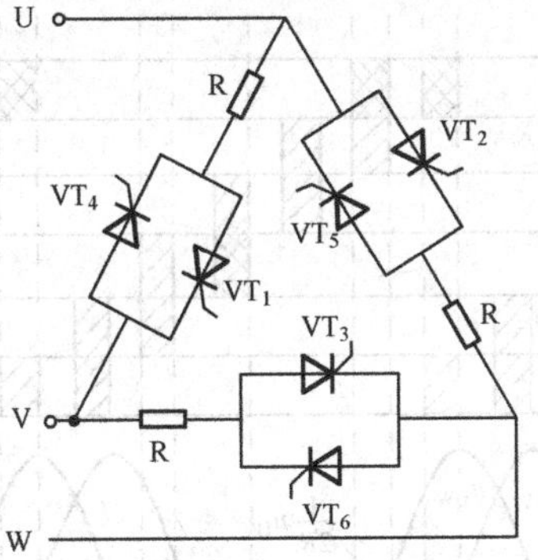

图7.16 连接成内三角形的交流调压电路

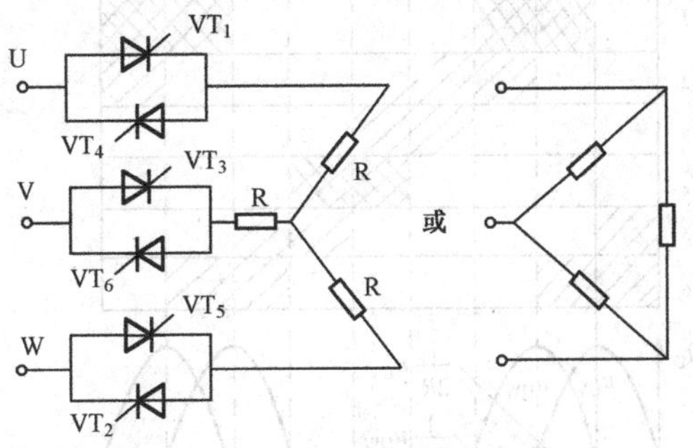

图7.17 三相三线交流调压电路

（1）控制角α=0°。α=0°即在相应的每相电压过零处给晶闸管触发脉冲，这就相当于将六只晶闸管换成六只整流二极管，因而三相正、反向电流都畅通，相当于一般的三相交流电路。当每相的负载电阻为R时，各相的电流为：

$$i_{\varphi}=\frac{u_{2\varphi}}{R}$$

晶闸管的导通顺序在图7.17排列的情况下为$VT_1 \to VT_2 \to VT_3 \to VT_4 \to VT_5 \to VT_6$，触发电路的脉冲间隔为60°；每只管子的导通角为$\theta$=180°，除换流点外，每时刻均有三只晶闸管导通。

（2）控制角α=60°。U相晶闸管导通情况与电流波形如图7.18所示。ωt时刻触发VT_1管导通，与导通的VT_6管构成电流回路，此时在线电压u_{UV}的作用下有：

$$i_U=\frac{u_{UV}}{2R}$$

ωt_2时刻，VT_2管被触发，承受u_{UW}电压，此时U相电流为：

$$i_U=\frac{u_{UW}}{2R}$$

ωt_3时刻，VT_1管关断，VT_4管还未导通，所以i_U=0。ωt_4时刻，VT_4管被触发，i_U在u_{UV}电压作用下，经VT_3和VT_4构成回路。同理在ωt_5～ωt_6期间，电压u_{UW}经VT_4和VT_5构成回路，i_U电流波形如图7.18剖面线所示。同样分析可得到i_V，i_W波形，其形状与i_U相同，只是相位互差120°。当α=90°时，电流开始断续，如图7.19所示为α=120°时电流波形。注意，

当ωt_1时刻触发VT_1管时，与VT_6管构成电流回路，导通到ωt_2时，由于u_{UV}电压过零反向（即$\varphi_U<\varphi_V$），强迫VT_1管关断（VT_1管先导通了30°）。当ωt_3时，VT_2管触发导通，此时由于采用了脉宽大于60°的宽脉冲或双窄脉冲触发方式，故VT_1管仍有脉冲触发，此时在线电压u_{UW}作用下。经VT_1和VT_2管构成回路，使VT_1管又重新导通30°。从图7.19可见，当α增大至150°时，$i_U=0$，故带电阻负载时电路的移相范围为0°～150°，导通角$\theta=180°-\alpha$。

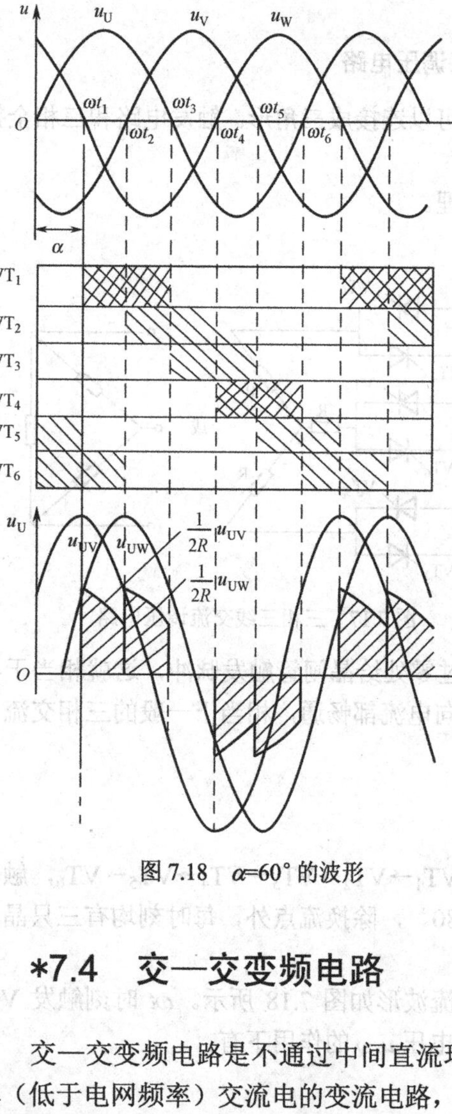

图 7.18 α=60°的波形

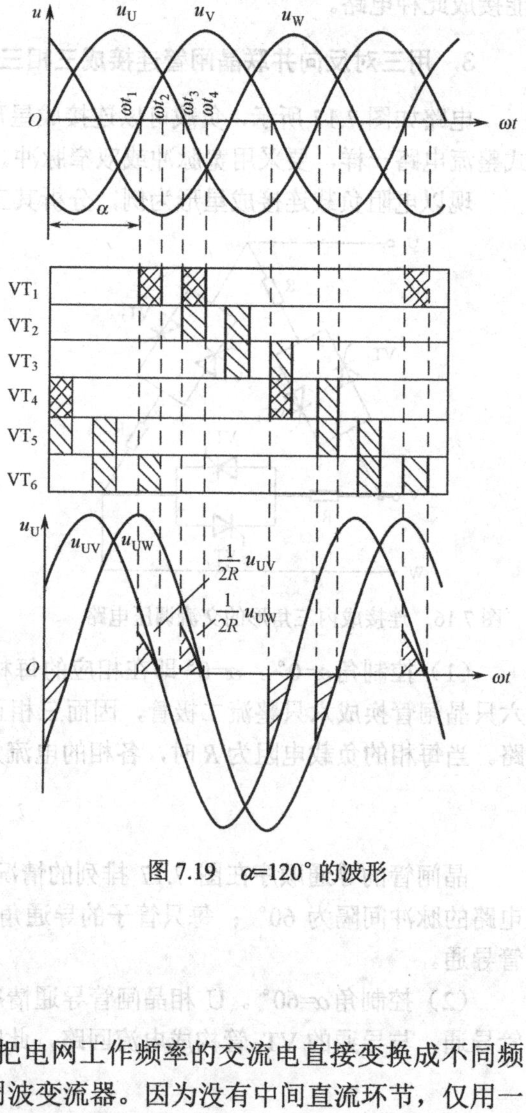

图 7.19 α=120°的波形

*7.4 交—交变频电路

交—交变频电路是不通过中间直流环节而把电网工作频率的交流电直接变换成不同频率（低于电网频率）交流电的变流电路，也叫周波变流器。因为没有中间直流环节，仅用一次变换就实现了变频，所以效率较高。交—交变频器主要用于大功率低转速的交流调速系统中，如矿石破碎机、水泥球磨机、卷扬机、鼓风机及轧机主传动装置等。实际系统所用的交—交变频电路主要是三相输出交—交变频电路，单相输出交—交变频电路是基础。

7.4.1 单相输出交—交变频电路

如图7.20所示为单相输出交—交变频电路的原理图。电路由具有相同特征的两组反向并联的晶闸管整流电路构成，将其中一组整流器称为正组整流器，另外一组称为反组整流器。

如果正组整流器工作，反组整流器被封锁，负载端输出电压为上正下负；如果反组整流器工作，正组整流器被封锁，则负载端得到输出电压为上负下正。这样，只要让两组整流电路按一定的频率交替工作，就可以给负载输出该频率的交流电。改变两组整流电路的切换频率，就可以改变输出频率。改变整流电路工作时的控制角α，就可以改变交流输出电压的幅值。

如果在一个周期内控制角α是固定不变的，则输出电压波形为矩形波，如图 7.21 所示。矩形波中含有大量的谐波，对电动机的工作很不利。如果控制角α不固定，而是如图 7.22 所示，在半个周期内让正组整流器的控制角α按正弦规律从 90° 逐渐减小到 0°，然后再由 0° 逐渐增加到 90°，那么正组整流电路的输出电压的平均值就按正弦规律从零增大到最大，然后从最大减小到零，如图 7.22 中虚线所示。在另外半个周期内，对反组整流器进行同样的控制，就可以得到接近正弦波的输出电压。与可控整流电路一样，交—交变频电路的换相属电网换相。

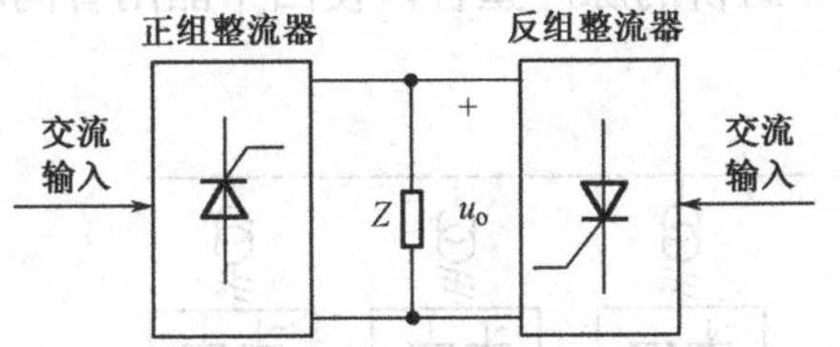

图 7.20 单相交—交变频电路的原理图

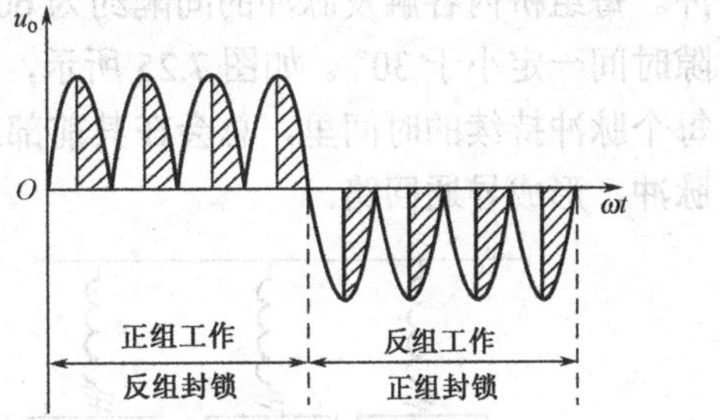

图 7.21 交—交变频电路的输出波形（α 固定不变）

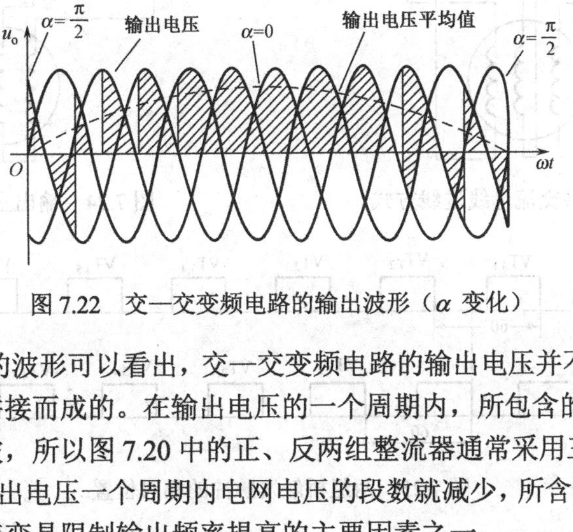

图 7.22 交—交变频电路的输出波形（α 变化）

从如图 7.22 所示的波形可以看出，交—交变频电路的输出电压并不是平滑的正弦波，而是由若干段电网电压拼接而成的。在输出电压的一个周期内，所包含的电网电压段数越多，其波形就越接近正弦波，所以图 7.20 中的正、反两组整流器通常采用三相桥式电路。此外，当输出频率升高时，输出电压一个周期内电网电压的段数就减少，所含的谐波分量就要增加。这种输出电压波形的畸变是限制输出频率提高的主要因素之一。

7.4.2 三相输出交—交变频电路

1. 公共交流母线进线方式

如图 7.23 所示是采用公共交流母线进线方式的三相交—交变频电路原理图，它由三组彼此独立的、输出电压相位相互错开 120° 的单相交—交变频电路组成，它们的电源进线通过进线电抗器接在公共的交流母线上。因为电源进线端共用，所以三组单相变频电路的输出端必须隔离，为此，交流电动机的三个绕组必须拆开，共引出六根线。公共交流母线进线三相交—交变频电路主要用于中等容量的交流调速系统。

2. 输出星形连接方式

如图 7.24 所示是输出为星形连接方式的三相交—交变频电路原理图，三组单相交—交变频电路的输出端采用星形连接，电动机的三个绕组也是星形连接，电动机中点不和变频器中点接在一起，电动机只引出三根线即可。因为三组单相变频器连接在一起，其电源进线就必须隔离，所以三组单相变频器分别用三个变压器供电。

由于变频器输出中点不和负载中点相连接，所以在构成三相变频器的六组桥式电路中，至少要有不同相的两组桥中的四个晶闸管同时导通才能构成回路，形成电流。同一组桥内的两个晶闸管靠双脉冲保证同时导通。两组桥之间依靠足够的脉冲宽度来保证同时有触发脉冲。每组桥内各触发脉冲的间隔约为 60°，如果每个脉冲的宽度大于 30°，那么无脉冲的间隙时间一定小于 30°。如图 7.25 所示，尽管两组桥脉冲之间的相对位置是任意变化的，但在每个脉冲持续的时间里，总会在其前部或后部与另一组桥的脉冲重合，使四个晶闸管同时有脉冲，形成导通回路。

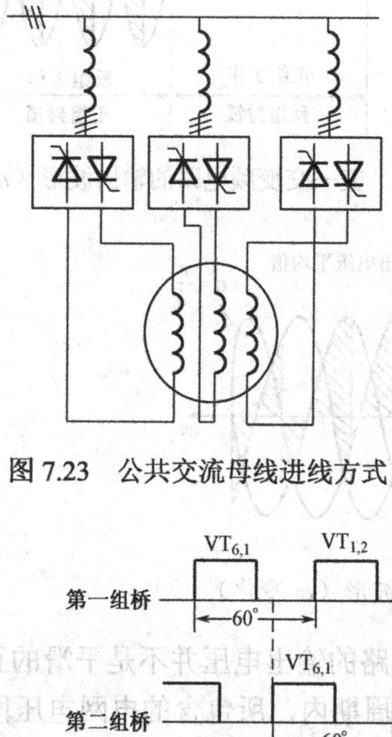

图 7.23 公共交流母线进线方式

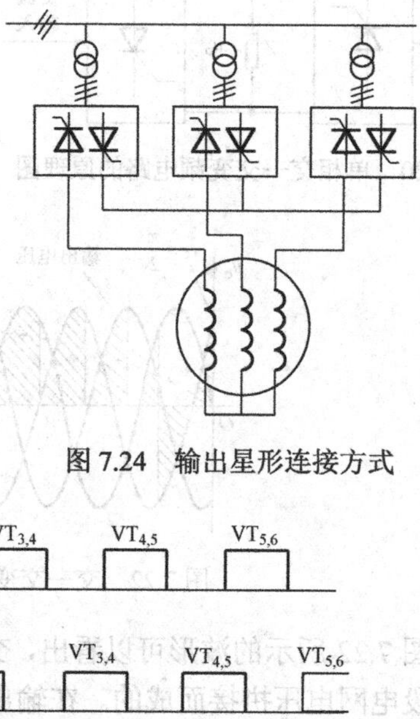

图 7.24 输出星形连接方式

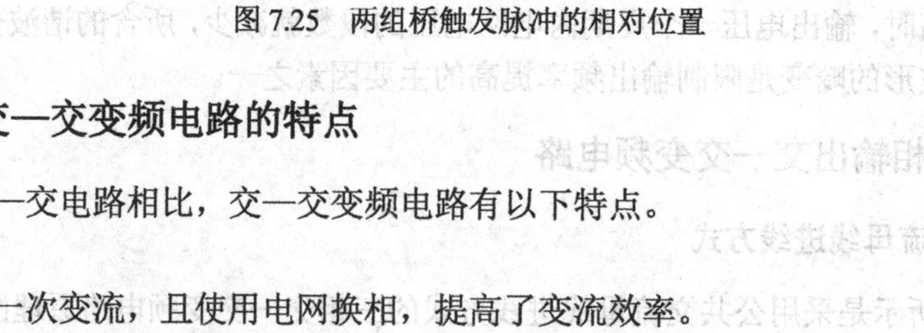

图 7.25 两组桥触发脉冲的相对位置

7.4.3 交—交变频电路的特点

与交—直—交电路相比，交—交变频电路有以下特点。

优点：

（1）只有一次变流，且使用电网换相，提高了变流效率。

（2）可以很方便地实现四象限工作。

（3）低频时输出波形接近正弦波。

缺点：

（1）接线复杂，使用的晶闸管数目较多。

（2）受电网频率和交流电路各脉冲数的限制，输出频率较低。一般认为，交流电路采用6脉波的三相桥式电路时，最高输出频率不高于电网频率的1/3～1/2。

（3）采用相控方式，功率因数较低。

本章小结

交流电力控制电路中，由晶闸管组成的交流开关与接触器、继电器相比，没有触头及可动的机械结构，不存在电弧、触头磨损和熔焊等问题，适用于操作频繁、可逆运行及有易燃易爆气体的场合，特别是双向晶闸管组成的交流开关，其线路简单，已得到越来越多的应用。

交流调压电路通过控制晶闸管在每一个电源周期内的导通角的大小（即相位）来调节输出电压的大小。单相交流调压电路常用于小功率台灯、电动机和电热丝的控制。带中线星形连接的交流调压电路相当于三个单相交流调压电路的组合，输出电压、电流波形对称，中线电流含有谐波电流，该电路适用于中小容量可接中性线的场合。晶闸管与负载连接成内三角形的三相交流调压电路，流过晶闸管的电路是相电流，在同样线电流情况下，晶闸管电流容量可以降低，其缺点是负载必须能拆成三个部分才能接成此种电路。当三相负载对称时，可采用三相三线交流调压电路，该电路相当于三个单相电路组合，采用双窄或单宽脉冲触发，无三次谐波电流。

晶闸管开关器件也常采用整周波的通断控制方式，例如，以一定的电源周波数为一个大周期，改变导通周波数与阻断周波数的比值来改变电力变换器的输出平均功率，称为交流调功器。

交—交变频电路因为没有中间直流环节，仅用一次变换就实现了变频，所以效率较高。因为受电网频率和交流电路脉冲数的限制，交—交变频电路输出频率低于电网频率，通常用于大功率变频调速系统中。

习 题 7

一、填空及选择

（1）单相带交流调压电路带电感负载，设负载阻抗角为φ，则控制角α的移相范围应为________。

（2）对于带电阻负载单相交流调压电路，下列说法错误的是（　　）

A. 输出负载电压与输出负载电流同相　　B. α的移相范围为$0^\circ<\alpha<180^\circ$

C. 输出负载电压U_o的最大值为U_i　　D. 以上说法均是错误的

二、简答

（1）交流调压电路和交流调功电路有什么区别？二者各运用于什么样的负载？

（2）交—交变频电路的最高输出频率是多少？制约输出频率提高的因素是什么？

（3）交—交变频电路的主要特点和不足是什么？其主要用途是什么？

（4）单相交—交变频电路和直流电机传动用的反并联可控整流电路有什么不同？

三、计算

（1）如图7.26所示为单相交流调压电路，U_2=220V，L=5.516mH，R=1Ω，试求：

① 控制角移相范围。

② 负载电流最大有效值。

③ 最大负载功率和功率因数。

④ 画出负载电压与电流的波形。

（2）一台 220V、10kW 的电炉，采用单相晶闸管交流调压，现调节α 使输出电压 u 降低，负载实际消耗功率为 5kW，试求电路的控制角α 、工作电流及电源侧功率因数。

（3）如图 7.27 所示为一单相交流调压电路，试分析当开关 Q 置于位置 1、2、3 时电路的工作情况并画出开关置于不同位置时，负载上得到的电压波形。

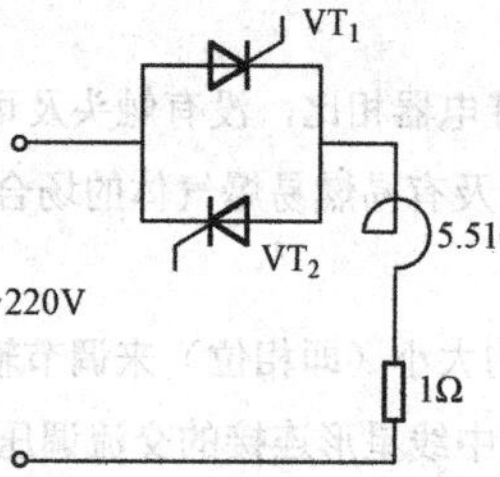

图 7.26

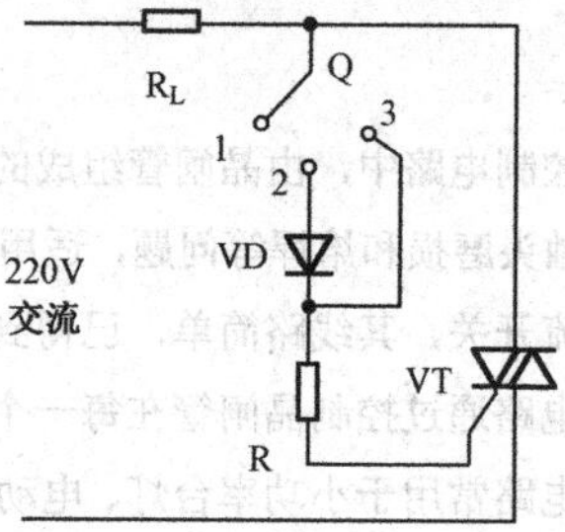

图 7.27

第 8 章　直流变换电路

本章重点：

（1）了解直流斩波器的工作原理。

（2）掌握不同类型直流斩波的工作电路和工作方式。

（3）了解脉宽调制（PWM）控制技术在斩波电路中的应用。

直流变换电路（即 DC/DC）的功能是将大小固定的直流电压变换为另一固定或可调的直流电压。它利用电力开关器件周期性导通与关断来改变输出电压的大小，也称为直流斩波器。它具有效率高、体积小、重量轻、成本低等优点，较多用于直流牵引调速，例如电力机车、地铁、城市电车、电瓶叉车等，在直流开关稳压电源中直流变换电路常常采用变压器实现电隔离。

直流斩波器按输入输出间电压关系主要分为降压式、升压式和升降压式，直流变换系统的电路如图 8.1 所示。

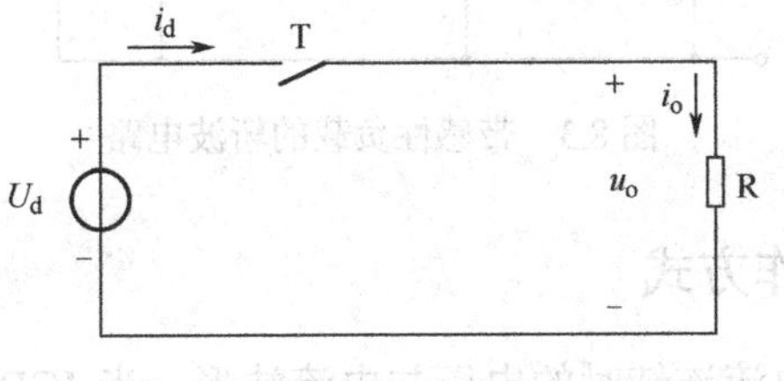

图 8.1　直流变换系统的电路图

8.1　降压式斩波电路

8.1.1　基本斩波器的工作原理

基本斩波器的原理电路如图 8.2（a）所示，Q 为斩波开关，R 为负载。斩波开关可用普通晶闸管、可关断晶闸管或自关断器件来实现。若采用普通晶闸管，应设置使晶闸管关断的辅助电路。采用自关断器件则省去了辅助电路，利于提高斩波器的频率，是今后发展的方向。

如图 8.2（a）所示电路工作原理是：通过连续地接通和关断斩波开关，使直流电源电压间断地接到负载上。当开关 Q 合上时，直流电压加到 R 上，并持续 t_{on} 时间，当开关切断时，负载上电压为零，并持续 t_{off} 时间，斩波器的输出波形如图 8.2（b）所示，$T = t_{on} + t_{off}$ 为工作周期。$k = t_{on}/T$ 定义为占空比。通常斩波器的工作方式有两种：

（1）脉宽调制（PWM）。改变 t_{on}，维持 T 不变。

（2）频率调制（PFM）。改变 T，维持 t_{on} 不变。脉宽调制工作方式应用较普遍。

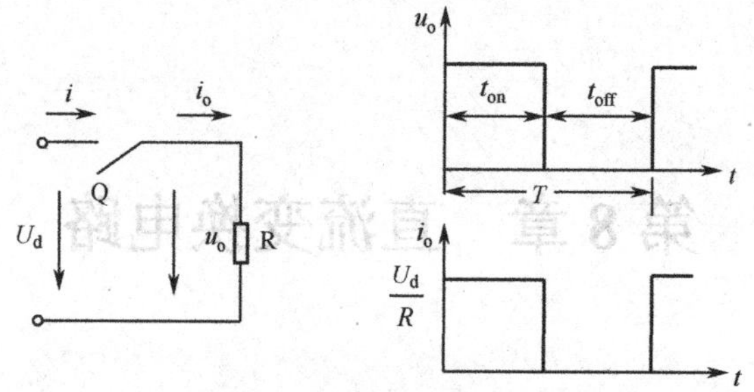

（a）　　　　　　　　　　　　（b）

图 8.2　基本的斩波电路及波形

如图 8.3 所示是利用 IGBT 作为直流开关的降压式斩波电路。图中负载多为感性负载。C_d为滤波电容，VD 为续流二极管（当 IGBT 关断时，为感性负载提供电流通路），电感 L 和电容 C 组成低通滤波器。电路进入稳态以后，可认为输出电压 U_o为常数，电容 C 的平均电流为零，因而电感中的平均电流等于输出平均电流。下面分别对电感中电流连续与不连续（间断）两种情况进行分析。

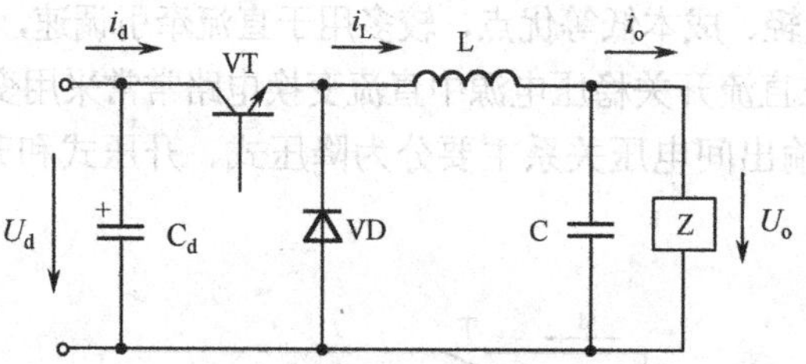

图 8.3　带感性负载的斩波电路

8.1.2　电流连续工作方式

如图 8.4 所示为电感电流连续时的电压与电流波形。当 IGBT 导通时（即 t_{on}阶段），二极管反偏截止，电感上电压为$u_L = U_d - U_o = L\dfrac{di_L}{dt}$，电感中的电流线性上升，上式可写为：

$$U_d - U_o = L\frac{di_L}{dt} = L\frac{i_{omax} - i_{omin}}{t_{on}} \tag{8-1}$$

当 IGBT 关断时（即 t_{off}阶段），由于电感中电流不能突变，电感的储能使得 i_L经过二极管而继续流通，电感上呈现负电压 $u_L = -U_o = L\dfrac{di_L}{dt}$。电感电流线性下降，上式可写为：

$$U_o = -L\frac{di_L}{dt} = -L\frac{i_{omin} - i_{omax}}{t_{off}} = L\frac{i_{omax} - i_{omin}}{t_{off}} \tag{8-2}$$

在电路工作于稳态时，负载电流在一个周期的初值和终值相等，电感电压在一个周期 T 内的平均值为零，若忽略所有电路元器件的功耗，则输入功率 P_d 等于输出功率 P_o。即

$$P_d = P_o = U_d I_d = U_o I_o$$

因此

$$U_o = kU_d \tag{8-3}$$

$$I_o = I_d / k \tag{8-4}$$

由此可知，给定输入电压不变而输出电压随占空比线性变化，与其他电路参数无关，输出电压 $U_o \leq U_d$。故将该电路称为降压斩波电路。

由以上分析可知，每当 IGBT 变为关断时，输入电压总是瞬间从峰值跃变为零，将产生输入电流的高频谐波分量。为了抑制电流谐波的影响，常在输入端加一个滤波电容（图 8.3 中的 C_d）。

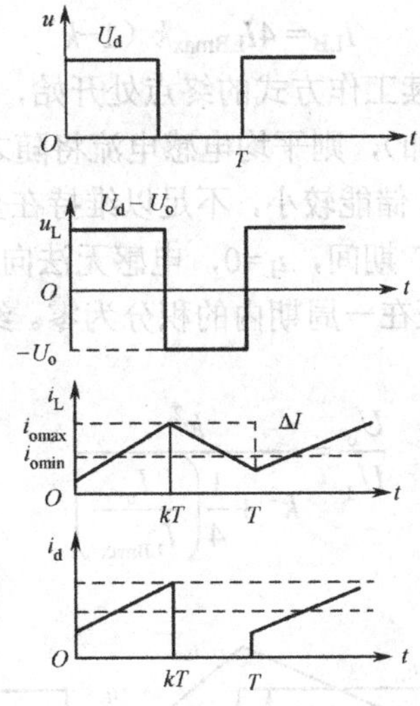

图 8.4　降压式斩波器的电路工作状态

8.1.3　电流不连续工作方式

当电路参数变化时可导致电感电流发生变化，即电感电流由连续变为不连续。电流不连续工作方式有输入电压 U_d 不变和输出电压 U_o 不变两种情况，下面主要介绍输入电压 U_d 不变的情况。U_d 保持不变，通过调整斩波器的占空比 k 可对输出电压 U_o 进行控制，常用于直流电动机的速度控制。

如图 8.5（a）所示为电流临界连续状态时的 u_L 和 i_L 波形。设临界连续时的平均电流为 I_{LB}，负载平均电流为 I_{oB}，若 $I_{oB} < I_{LB}$。则 i_L 将不再连续。因临界连续时 $i_{omin}=0$，故有

$$I_{LB} = \frac{1}{2}\left(i_{omax} - i_{omin}\right) = \frac{1}{2}i_{omax}$$

根据式（8-1）、式（8-3），上式可写为：

$$I_{LB} = \frac{t_{on}}{2L}\left(U_d - U_o\right) = \frac{kT}{2L}\left(U_d - U_o\right) = \frac{TU_d}{2L}k\left(1-k\right) \tag{8-5}$$

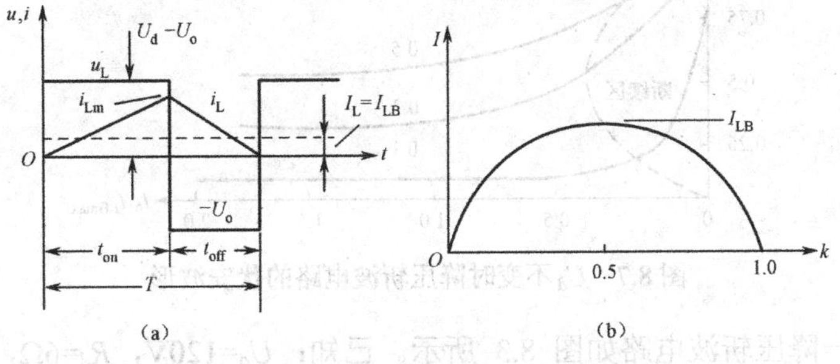

图 8.5　临界连续时的电压、电流波形

由上式可见，临界连续电流与占空比的关系为二次函数，电感电流与占空比的关系如图 8.5（b）所示。假定 U_d 和所有参数不变，当 $k=1/2$ 时，临界电流达到最大，其值为：

$$I_{LBmax} = \frac{TU_d}{8L} \tag{8-6}$$

由式（8-5）和式（8-6）可得：

$$I_{LB} = 4I_{LBmax}k(1-k) \tag{8-7}$$

分析非连续工作方式要从连续工作方式的终点处开始，在 T、L、U_d 和 k 不变化时，若负载电流减小（即负载电阻值增加），则平均电感电流将随之而减小。当 $I_L < I_{oB}$ 时，i_L 的波形如图 8.6 所示。图中表明电感 L 储能较小，不足以维持在全部关断时间 t_{off} 内导通，因此出现电感电流不连续的现象。在 $\Delta_2 T$ 期间，$i_L=0$，电感无法向负载提供能量，负载电阻上功率由滤波电容提供；$u_L=0$，电感电压在一周期内的积分为零。经推导得 U_d 不变时降压式斩波器的伏安特性关系式为：

$$\frac{U_o}{U_d} = \frac{k^2}{k^2 + \frac{1}{4}\left(\frac{I_o}{I_{LBmax}}\right)} \tag{8-8}$$

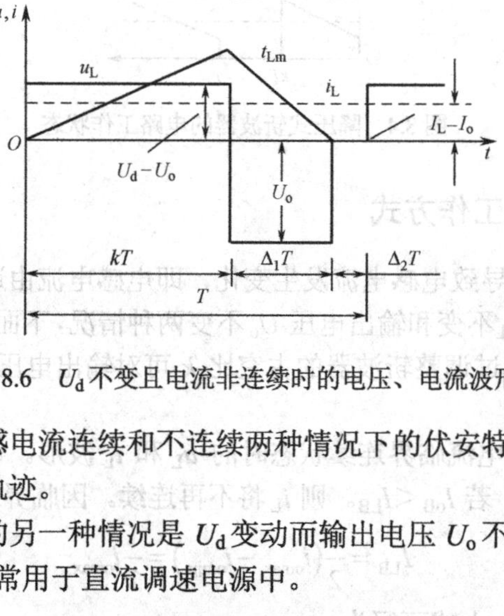

图 8.6　U_d 不变且电流非连续时的电压、电流波形

降压式斩波电路在电感电流连续和不连续两种情况下的伏安特性如图 8.7 所示，图中虚线为临界连续曲线的边界轨迹。

电流不连续工作方式的另一种情况是 U_d 变动而输出电压 U_o 不变，通过调整占空比 k 可使输出电压 U_o 维持不变，常用于直流调速电源中。

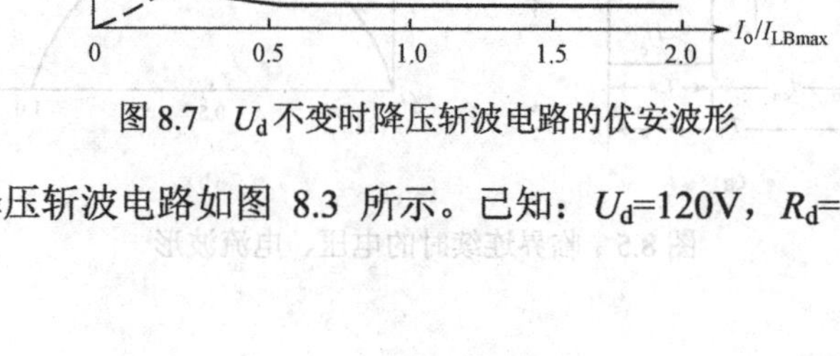

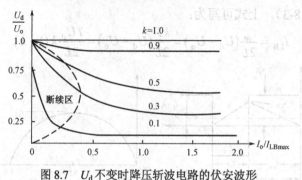

图 8.7　U_d 不变时降压斩波电路的伏安波形

例 8-1　有一降压斩波电路如图 8.3 所示。已知：U_d=120V，R_d=6Ω，开关周期通断，

t_{on}=30μs，t_{off}=20μs，忽略开关导通压降，电感 L 足够大。试求：

（1）负载电流 I_o 及负载上的功率 P_o。

（2）若要求负载电流在 4A 时仍能维持，则电感 L 最小应取多大？

解：依题意，开关通断周期 $T= t_{on}+ t_{off}$=30+20 =50μs

占空比为：$k = \frac{t_{on}}{T} = \frac{30}{50} = 0.6$

（1）负载电压的平均值：$U_o= kU_d$=0.6×120=72V

负载电流的平均值：$I_o= U_o / R_d$=72/6=12A

负载功率的平均值：$P_o= U_oI_o$=0.864 kVA

（2）设占空比 k 不变，当负载电流为 4A 时，处于临界连续状态，则电感量 L 为：

$$L = \frac{TU_d}{2I_{LB}}k(1-k) = \frac{50\times120}{2\times4}\times0.6\times(1-0.6) = 180\mu H$$

8.2 升压式斩波电路

如图 8.8（a）所示是利用 IGBT 作为直流开关的升压式斩波电路，图中 L 为储能元器件、VD 为升压二极管，C 为滤波电容。当 IGBT 导通时，隔离二极管 VD 承受反向电压而截止，电源向电感中储能，电感电流增加，感应电动势极性左“+”右“−”，同时电容 C 向负载放电。当 IGBT 关断时，电感电流减小，感应电动势极性为右“+”左“−”，电感电动势与电源叠加，迫使 VD 导通，共同向电容 C 充电并向负载供电。在下面的稳态分析中，仍假定滤波电容很大，并使输出电压保持不变。

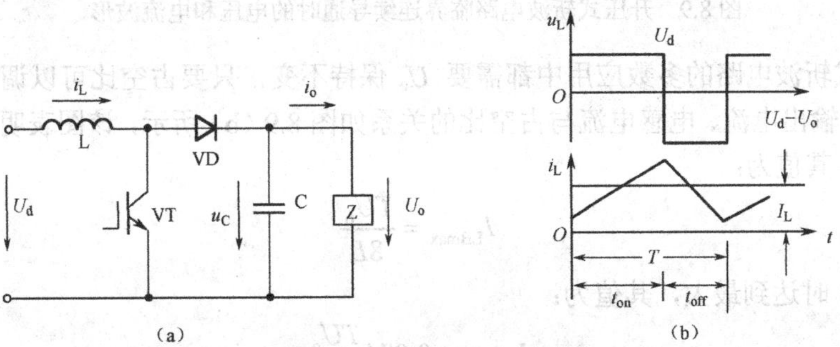

图 8.8　升压式斩波电路及波形

8.2.1 电流连续工作方式

如图 8.8（b）所示为电感电流连续时的电压、电流波形。与降压式斩波电路的分析类似，在电路工作于稳态时，电感电压在一个周期 T 内的平均值为零，可用下式表示：

$$U_d t_{on} + (U_d - U_o)t_{off} = 0$$

得

$$U_d T = U_o t_{off}$$

若忽略所有电路元器件的功耗，则输入功率 P_d 等于输出功率 P_o，即 $U_dI_d = U_oI_o$。

因此

$$U_o = \frac{U_d}{1-k} \tag{8-9}$$

$$I_o = (1-k) I_d \tag{8-10}$$

由此可知，给定输入电压不变而输出电压随占空比线性变化，与其他电路参数无关，输出电压 $U_o \geqslant U_d$，故将该电路称为升压斩波电路。

如图 8.9（a）所示为电流临界连续状态时的 u_L 和 i_L 波形，i_L 在关断结束时刚好变为零，电感电流平均值为：

$$I_{LB} = \frac{1}{2} i_{Lm} = \frac{1}{2}\frac{U_d}{L} t_{on} = \frac{TU_o}{2L} k(1-k) \tag{8-11}$$

在升压式斩波电路中，由电路结构决定电感电流和输入电流相等，即 i_d=i_L。在连续工作方式的终点处，由式（8-10）和式（8-11）可得输出电流的平均值为：

$$I_{oB} = \frac{TU_o}{2L} k(1-k)^2$$

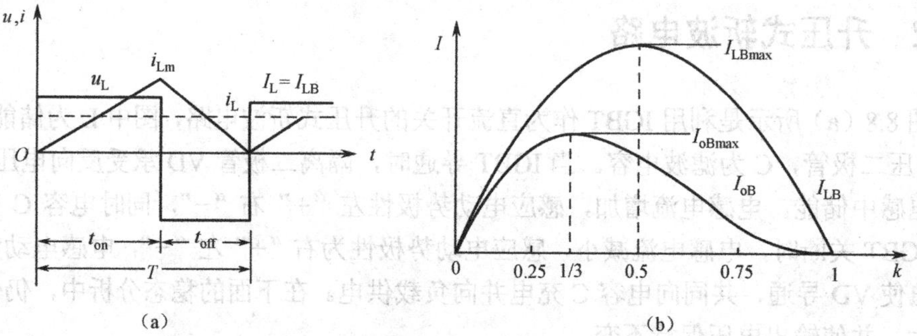

图 8.9 升压式斩波电路临界连续导通时的电压和电流波形

在升压式斩波电路的多数应用中都需要 U_o 保持不变，只要占空比可以调整，就允许输入电压变动。输出电流、电感电流与占空比的关系如图 8.9（b）所示，该图表明，I_{LB} 在 k=1/2 时达到最大，其值为：

$$I_{LBmax} = \frac{TU_o}{8L}$$

而 I_o 在 k=1/3 时达到最大，其值为：

$$I_{oBmax} = 0.074 \frac{TU_o}{L}$$

I_{LB} 和 I_{oB} 可用它们的最大值表示为：

$$I_{LB} = 4k(1-k) I_{LBmax}$$

$$I_{oB} = \frac{27}{4} k(1-k)^2 I_{oBmax}$$

如果 $I_{LB} < I_{oB}$，则 i_L 将不再连续。

8.2.2 电流不连续工作方式

当 U_d 和 k 不变时，可使输出负载功率逐步减小，观察升压式斩波电路从电流连续向不连续变化的过程，如图 8.10 所示为两种情况时电感中电压与电流的波形。

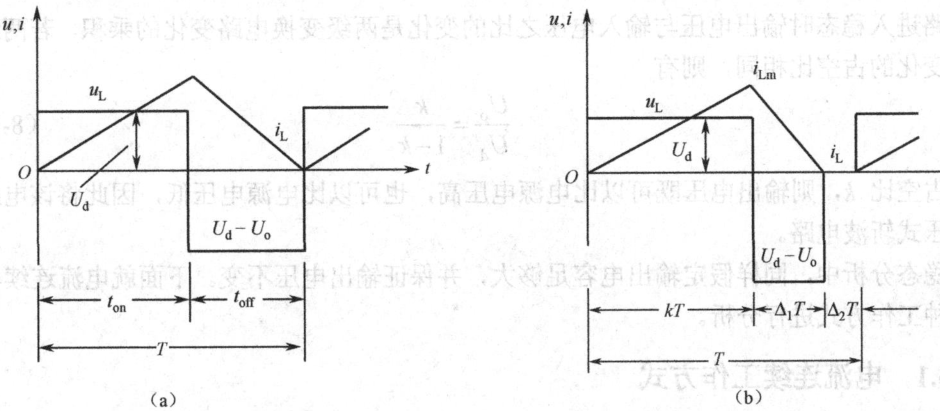

图 8.10　升压式斩波电路的电压与电流波形

如图 8.11 所示为不同 U_o/U_d 条件下升压式斩波电路占空比与输出电流的关系，图中虚线为临界连续曲线的边界轨迹。

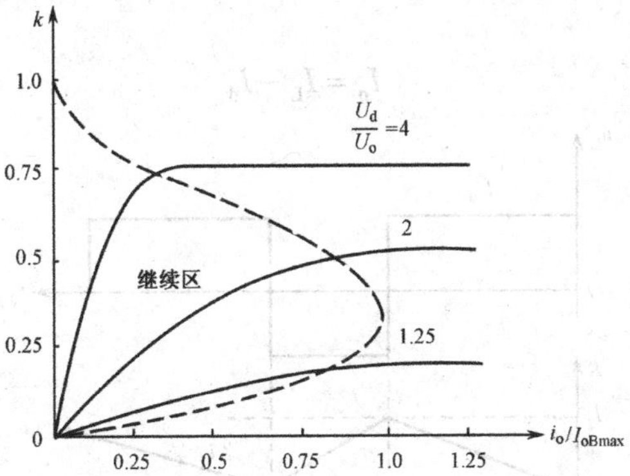

图 8.11　升压式斩波电路 *k-I* 关系曲线

8.3　升降压式斩波电路

如图 8.12 所示是利用 IGBT 作为直流开关的升降压式斩波电路，它由降压式和升压式两种基本变换电路混合而成，电路组成及元器件功能与升压式相同，主要用于可调直流电源。当 IGBT 导通时，电能存储于电感中，二极管截止，输出由滤波电容 C 供电。当 IGBT 截止时，电感产生感应电动势维持原电流方向不变，迫使二极管导通，电感电流向负载供电，同时也向电容充电，输出负电压。

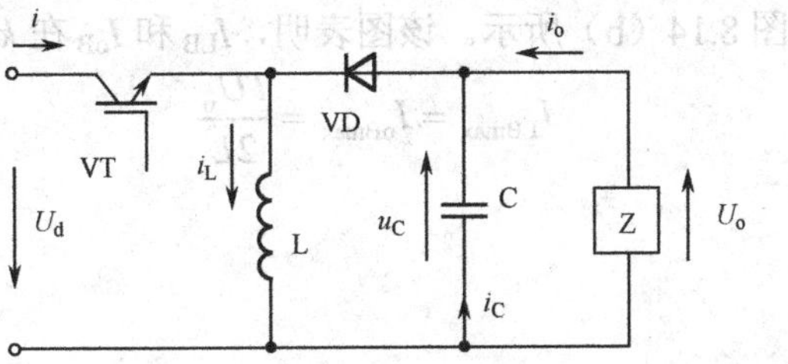

图 8.12　升降压式斩波电路图

电路进入稳态时输出电压与输入电压之比的变化是两级变换电路变化的乘积，若两级变换电路变化的占空比相同，则有

$$\frac{U_o}{U_d}=\frac{k}{1-k} \tag{8-12}$$

若改变占空比 k，则输出电压既可以比电源电压高，也可以比电源电压低，因此将该电路称为升降压式斩波电路。

在稳态分析中，同样假定输出电容足够大，并保证输出电压不变。下面就电流连续与不连续两种工作方式进行分析。

8.3.1 电流连续工作方式

如图 8.13 所示为电感电流连续时的电压与电流波形。如图 8.14（a）所示为电流临界连续状态时的 u_L 和 i_L 波形，i_L 在关断结束时刚好变为零，电感电流平均值为：

$$I_{LB}=\frac{1}{2}i_{Lm}=\frac{TU_d}{2L}k\,I_{LB}=1/2 \tag{8-13}$$

由图 8.13 可得：

$$I_o=I_L-I_d \tag{8-14}$$

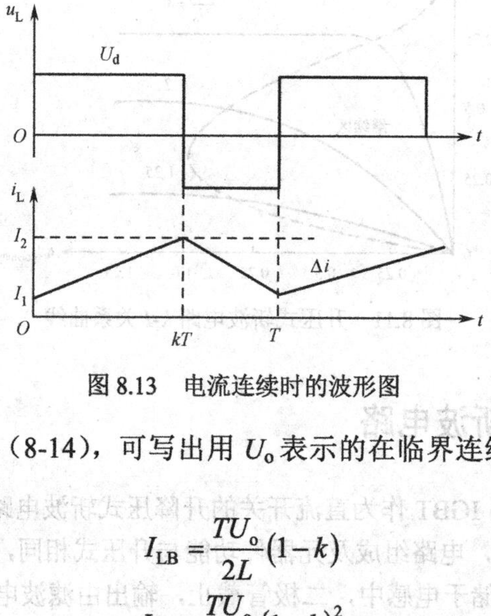

图 8.13　电流连续时的波形图

根据式（8-13）和式（8-14），可写出用 U_o 表示的在临界连续导通时电感电流和输出电流：

$$I_{LB}=\frac{TU_o}{2L}(1-k)$$

$$I_{oB}=\frac{TU_o}{2L}(1-k)^2$$

在升降压式斩波电路的多数应用中都需要 U_o 保持不变，U_d 可以变化。输出电流、电感电流与占空比的关系如图 8.14（b）所示。该图表明，I_{LB} 和 I_{oB} 在 $k=0$ 时达到最大，其值为：

$$I_{LBmax}=I_{oBmax}=\frac{TU_o}{2L}$$

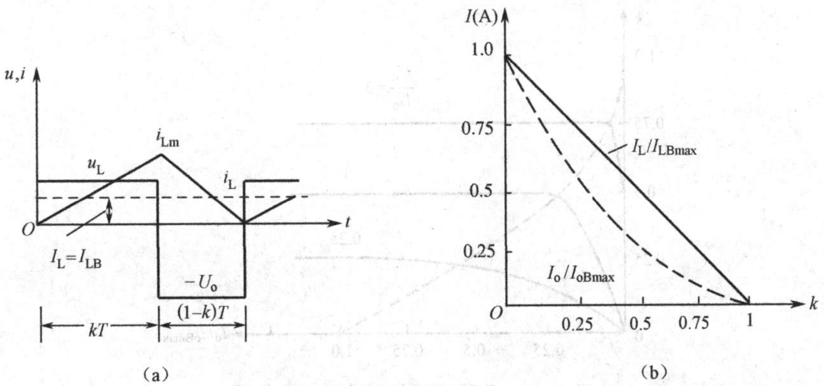

图 8.14　电流临界连续时的波形及电流与 k 关系曲线

I_{LB} 和 I_{oB} 可用它们的最大值表示为：

$$I_{LB} = I_{LBmax}(1-k)$$

$$I_{oB} = I_{oBmax}(1-k)^2$$

8.3.2　电流断续工作方式

升降压式斩波电路在非连续工作方式时，电感上电压和电流波形如图 8.15 所示。

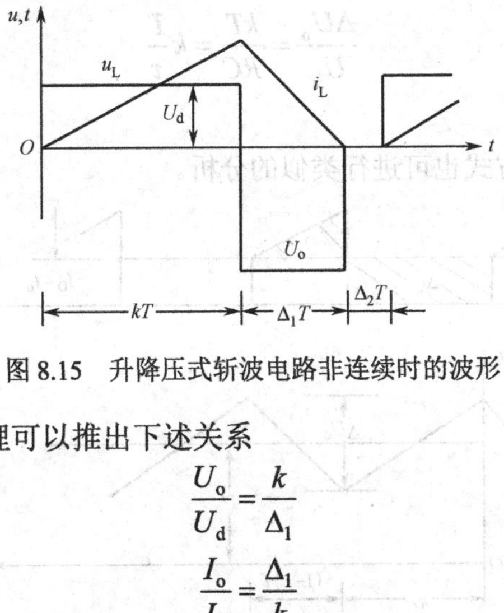

图 8.15　升降压式斩波电路非连续时的波形

根据与前述同样的道理可以推出下述关系

$$\frac{U_o}{U_d} = \frac{k}{\Delta_1} \tag{8-15}$$

$$\frac{I_o}{I_d} = \frac{\Delta_1}{k} \tag{8-16}$$

由图 8.15 可知，电感中平均电流为：

$$I_L = \frac{U_d}{2L} kT(k + \Delta_1) \tag{8-17}$$

如图 8.16 所示为升降压式斩波电路占空比与输出电流的关系，图中虚线为临界连续曲线的边界轨迹。

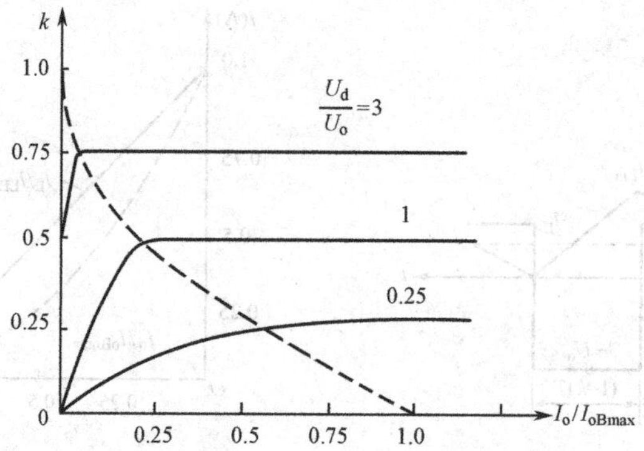

图 8.16　升降压式斩波电路 *k-I* 曲线

8.3.3　输出电压的纹波

升降压式斩波电路输出电压的纹波可用如图 8.17 所示的连续工作方式时的波形来计算。假设 I_d 的全部纹波电流分量流过电容 C，而其直流分量流过负载电阻。如图 8.17 所示阴影面积用来表示电荷ΔQ，纹波电压的峰—峰值ΔU_o为：

$$\Delta U_o=\frac{\Delta Q}{C}=\frac{I_o kT}{C}=\frac{U_o}{R}\frac{kT}{C}$$

电压的峰—峰相对值为：

$$\frac{\Delta U_o}{U_o}=\frac{kT}{RC}=k\frac{T}{\tau}$$

式中，$\tau=RC$ 是时间常数。

对于电流不连续工作方式也可进行类似的分析。

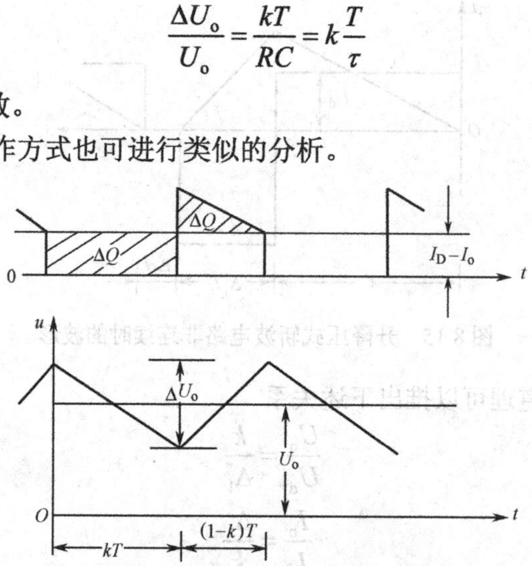

图 8.17　输出电压的纹波示意图

8.4　带隔离变压器的直流变换器

在基本的直流变换器中引入隔离变压器，可以使变换器的输入电源与负载之间实现电气隔离，并提高变换运行的安全可靠性和电磁兼容性。同时，选择变压器的变比还可匹配电源电压 U_d 与负载所需的输出电压 U_o，即使 U_d 与 U_o 相差很大，也能使直流变换器的占空比 k 数值适中而不至于接近于零或接近于 1。此外引入变压器还可以设置多个二次绕组输出几个大小不同的直流电压。如果变换器只需一个开关管，变换器中变压器的磁通只在单方向上变化，称为单端变换器，仅用于小功率电源变换电路。如正激式变换器和反激式变换器。采用两个或四个开关管的带隔离变压器的多管变换器中，变压器的磁通可在正、反两个方向上变化，铁芯的利用率高，这使变换器铁芯体积减小为等效单管变压器的一半，如半桥式变换电路和全桥式变换电路等。

8.4.1 反激式变换器

反激式变换器原理电路如图 8.18 所示。

图 8.18 中的反激式变换器用变压器代替了升降压变换器中的储能电感，因此，变压器除了起输入电隔离的作用外，还起着储能电感的作用。当开关管 VT 导通后，输入电压 U_d 加到变压器一次侧上，根据变压器同名端的极性，可得二次侧中的感应电动势极性为下正上负，二极管 VD 截止，二次侧中没有电流流过，变压器一次侧储存能量。当开关管 VT 截止时，变压器一次侧储能不能突变，变压器二次侧产生极性上正下负的感应电动势，二极管 VD 导通，变压器中储存的磁场能量便通过二极管 VD 向负载释放。

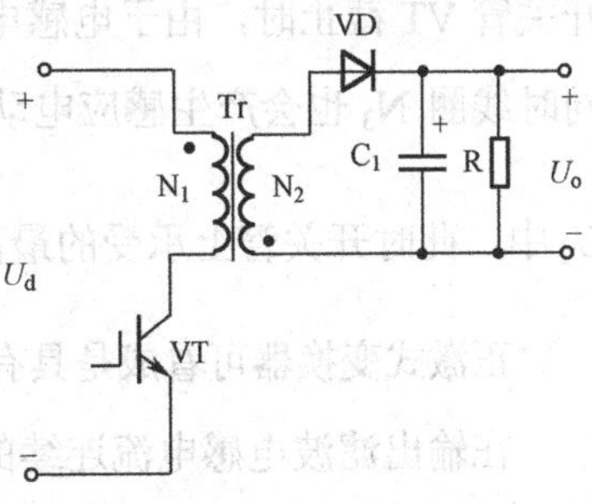

图 8.18 反激式变换器电路原理图

反激式变换器可看成是具有隔离变压器的升降压变换器，因而具有升降压变换器的一些特性。

反激式变换器可以工作在电流连续和电流断续两种模式：

当开关管 VT 导通后，变压器二次侧中的电流尚未下降到零，则电路工作于电流连续模式，此时输出电压 $U_o=\dfrac{N_2}{N_1}\dfrac{k}{1-k}U_d$。一般情况下，反激式变换器的工作占空比 k 要小于 0.5。

当开关管 VT 截止后，变压器二次侧中的电流已经下降到零，则称电路工作于电流断续模式，此时输出电压高于上式的计算值，并随负载减小而升高，在负载电流为零的极限情况下，$U_o\to\infty$，这将损坏电路中的器件，因此反激式变换器不应工作于负载开路状态。

理论上反激式变换器的输出无需电感，但是在实际应用中，往往需要在电容器 C 之前加一个电感量小的平波电感来降低开关噪声。反激式变换器已经广泛应用于几百瓦以下的计算机电源等小功率 DC/DC 变换电路。反激式变换器的缺点是磁芯磁场直流成分大，为防止磁芯饱和，磁芯磁路气隙制作得较大，磁芯体积相对较大。

8.4.2 正激式变换器

在降压变换器中引入隔离变压器 Tr 即得如图 8.19 所示的正激式变换器。图中，在开关信号驱动下，当开关管 VT 导通时，它在高频变压器一次绕组中储存能量，同时将能量传递到二次绕组，根据变压器对应端的感应电压极性，二极管 VD_1 导通，VD_2 截止，把能量储存到电感 L 中，同时提供负载电流 I_o；当开关管 VT 截止时，变压器二次绕组中的电压极性变反，使得续流二极管 VD_2 导通，VD_1 截止，存储在电感中的能量继续提供电流给负载。

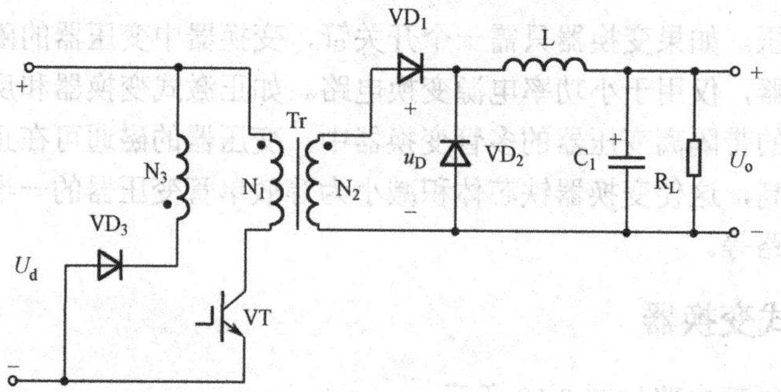

图 8.19　正激式变换器电路原理图

在这种工作方式下，变压器的铁芯极易饱和，励磁电感饱和，励磁电流迅速增长，最终损坏电路中的开关器件。为此，主电路中还应考虑变压器铁芯防饱和措施，即应如何使铁芯复位（变压器铁芯磁场周期性复位）。如图 8.19 所示是利用变压器的第 3 个绕组 N_3 和二极管 VD_3 组成复位电路。其工作原理是：开关管 VT 导通时，电源能量经变压器传递到负载侧；开关管 VT 截止时，由于电感电流不能突变，线圈 N_1 会产生极性下正上负的感应电动势 e_1，同时线圈 N_3 也会产生感应电动势 $e_3=\frac{N_3}{N_1}e_1$，当 $e_3=U_d$ 时，VD_3 导通，磁场储能转移到电源 U_d 中，此时开关管上承受的最高电压为：$u_{VT}=(1+\frac{N_1}{N_3})U_d$。

正激式变换器可看成是具有隔离变压器的降压变换器，因而具有降压变换器的一些特性。

在输出滤波电感电流连续的情况下，变换器的输出电压为：$U_o=\frac{N_2}{N_1}kU_d$。

在输出电感电流不连续的情况下，输出电压 U_o 将高于上式的计算值，并随负载减小而升高，在负载为零的极限情况下，$U_o=\frac{N_2}{N_1}U_d$。

正激式变换器适用的输出功率范围较大（数瓦至数千瓦），广泛应用在通信电源等电路中。

8.4.3　半桥式变换器

在反激式和正激式变换器中变压器原边通过的是单向脉动电流，为防止变压器磁场饱和，要求磁路上留有一定的气隙或加上必要的磁芯复位电路，因而磁芯材料未得到充分利用；另外，主开关器件承受的电压高于电源电压，所以对器件的耐压要求较高。半桥式和全桥式变换器能克服上述缺点。

如图 8.20 所示电路为带隔离变压器的半桥式降压变换器。电容 C_1、C_2 的容量相同，中点 A 的电位为 $U_d/2$。开关管 VT_1 导通、VT_2 关断时，电源及 C_1 上储能经变压器传递到二次侧，二极管 VD_3 导通，此时电源经 VT_1、变压器向 C_2 充电，C_2 储能增加；反之，开关管 VT_2 导通、VT_1 关断时，电源及 C_2 上储能经变压器传递到二次侧，二极管 VD_4 导通，此时电源经 VT_2、变压器向 C_1 充电，C_1 储能增加。VT_1 与 VT_2 关断时承受的峰值电压均为 U_d。VT_1 与 VT_2 交替导通与关断，使变压器一次侧形成幅值为 $U_d/2$ 的交流电压。变压器二次侧电压经 VD_3 及 VD_4 整流、LC 滤波后即得直流输出电压。改变开关的占空比，就可改变二次整流电压的平均值，也即改变了输出电压的大小。

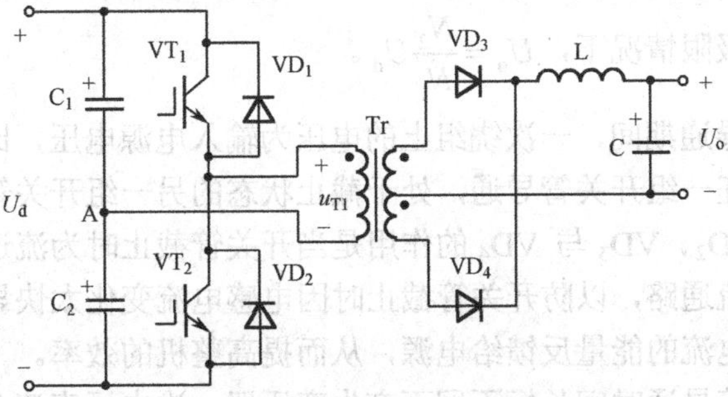

图 8.20　半桥式降压变换器电路原理图

在输出滤波电感电流连续的情况下，变换器的输出电压为$U_o = \frac{N_2}{N_1} kU_d$。

在输出电感电流不连续的情况下，输出电压 U_o 将高于上式的计算值，并随负载减小而升高，在负载为零的极限情况下，$U_o = \frac{N_2}{N_1} \frac{U_d}{2}$。

VD_1与VD_2的作用是当开关管截止时为流过变压器原边漏感及线路电感的电流提供续流通路，以防开关管截止时因电感电流变化太快导致感应电压过高而损坏。

由于电容C_1、C_2具有隔直作用，会抑制由于两个开关管导通时间长短不同而造成的变压器一次电压的直流分量，因此不容易发生变压器的偏磁和直流磁饱和。半桥电路常适用于中、小功率的开关电源。

8.4.4　全桥式变换器

如图 8.21 所示电路为带隔离变压器的全桥式降压变换器。图中，开关管 VT_1、VT_4 的驱动信号 u_{g1}、u_{g4} 同相，开关管 VT_2、VT_3 的驱动信号 u_{g2}、u_{g3} 同相，u_{g1}、u_{g4} 与 u_{g2}、u_{g3} 交替控制两组开关管导通与关断，即可利用变压器将电源能量传递到二次侧。变压器二次侧电压经整流二极管整流、LC 滤波后即得直流输出电压。控制开关的占空比即可控制输出电压的大小。

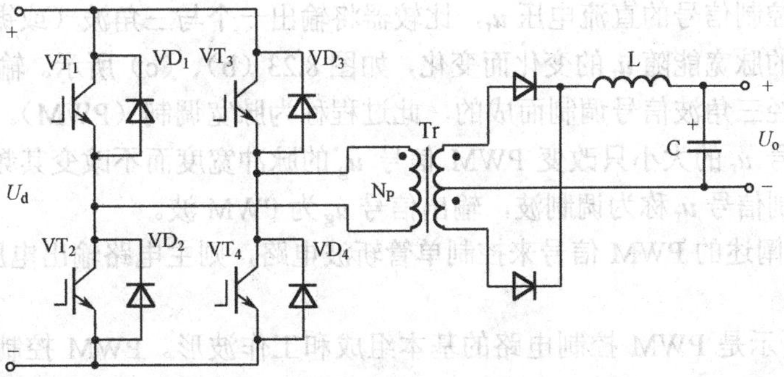

图 8.21　全桥式降压变换器电路原理图

在输出滤波电感电流连续的情况下，变换器的输出电压为$U_o = \frac{N_2}{N_1} 2kU_d$。

在输出电感电流不连续的情况下，输出电压 U_o 将高于上式的计算值，并随负载减小而升高，在负载为零的极限情况下，$U_o = \frac{N_2}{N_1}U_d$。

当任一组开关管导通期间，一次绕组上的电压为输入电源电压，比半桥电路一次侧绕组上电压增加一倍。当任一组开关管导通，处于截止状态的另一组开关管上承受的电压仍为输入电源电压。VD_1、VD_2、VD_3与VD_4的作用是当开关管截止时为流过变压器原边漏感及线路电感的电流提供续流通路，以防开关管截止时因电感电流变化太快导致感应电压过高而损坏，同时还可将磁化电流的能量反馈给电源，从而提高整机的效率。

为避免两组开关管导通时间长短不同而产生变压器一次电压直流分量，也可在一次侧回路中串联一个电容。全桥电路常适用于大、中功率的开关电源。

*8.5 直流变换器的脉宽调制（PWM）控制技术及应用

上述介绍的是DC/DC变换主电路，对于同一个主电路，只要改变对其开关元器件的控制方式，电路的功能就不同。它可以用于直流电动机的驱动、变压器隔离式直流开关电源等。

8.5.1 直流PWM控制的基本原理及控制电路

在几种开关元器件的控制方式中，直流脉宽调制（直流PWM）控制方式应用较为普遍。什么是直流脉宽调制控制方式呢？

直流脉宽调制控制方式就是用一系列如图8.22所示的等幅矩形脉冲u_g对DC/DC变换主电路的开关器件的通断进行控制，使主电路的输出端得到一系列幅值相等的脉冲，保持这系列脉冲的频率不变而宽度变化就能得到大小可调的直流电压。如图8.22所示的等幅矩形脉冲u_g即称为脉宽调制（PWM）信号。

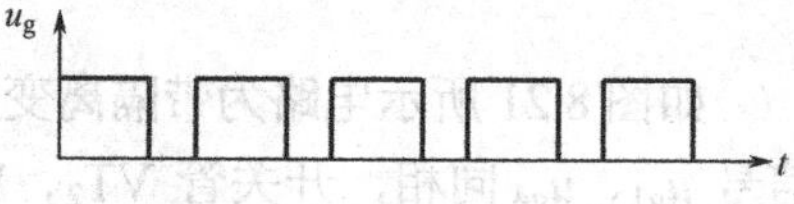

图8.22　等幅矩形脉冲

脉宽调制信号u_g是如何产生的呢？

图8.23（a）是产生PWM信号的一种原理电路图。在比较器A的反相端加频率和幅值都固定的三角波（或锯齿波）信号u_c，而在比较器A的同相端加上作为控制信号的直流电压u_r，比较器将输出一个与三角波（或锯齿波）同频率的脉冲信号u_g。u_g的脉宽能随u_r的变化而变化，如图8.23（b）、（c）所示。输出信号u_g的脉冲宽度是控制信号经三角波信号调制而成的，此过程称为脉宽调制（PWM）。由图8.23可见，改变直流控制信号u_r的大小只改变PWM信号u_g的脉冲宽度而不改变其频率。三角波信号u_c称为载波，控制信号u_r称为调制波，输出信号u_g为PWM波。

若用图8.23阐述的PWM信号来控制单管斩波电路，则主电路输出电压的波形与PWM信号的波形一致。

如图8.24所示是PWM控制电路的基本组成和工作波形。PWM控制电路由以下几部分组成：

（1）基准电压稳压器。提供一个供输出电压进行比较的稳定电压和一个内部IC电路的电源。

（2）振荡器。为PWM比较器提供一个锯齿波和与该锯齿波同步的驱动脉冲，控制电路的输出。

（3）误差放大器。使电源输出电压与基准电压进行比较。

（4）以正确的时序使输出开关管导通的脉冲倒相电路。

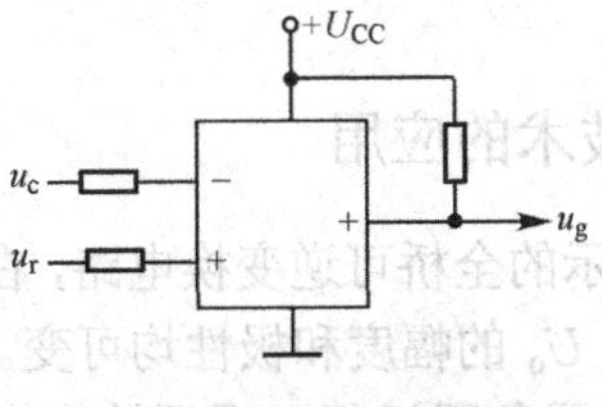

（a）产生PWM信号的电路原理图

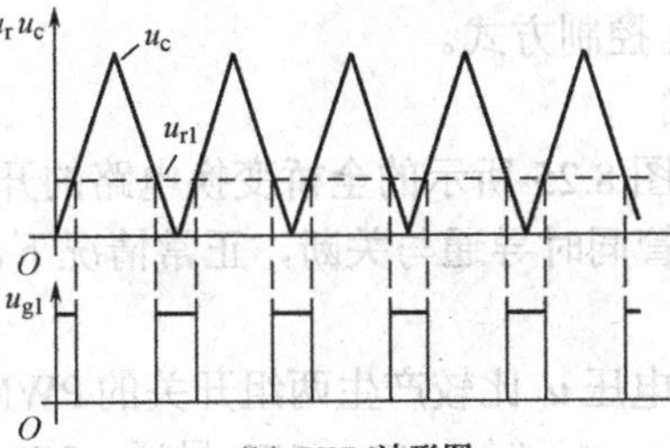

（b）PWM波形图

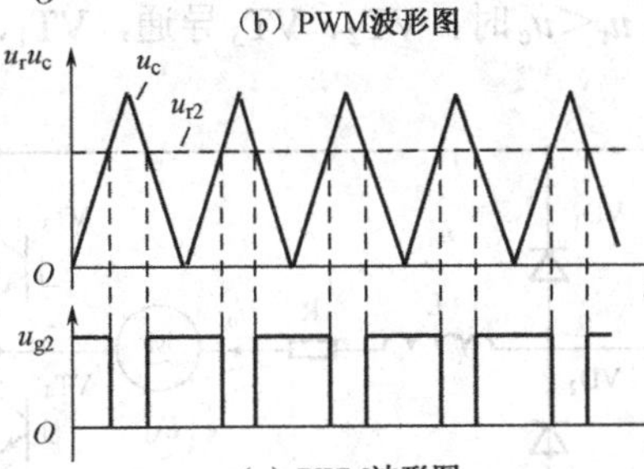

（c）PWM波形图

图 8.23

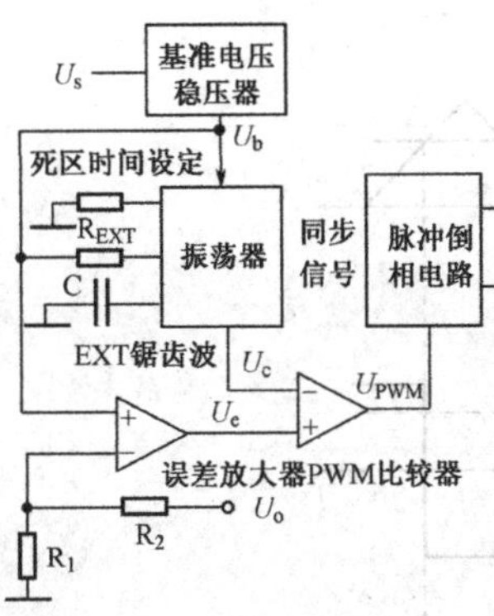

（a）电路组成

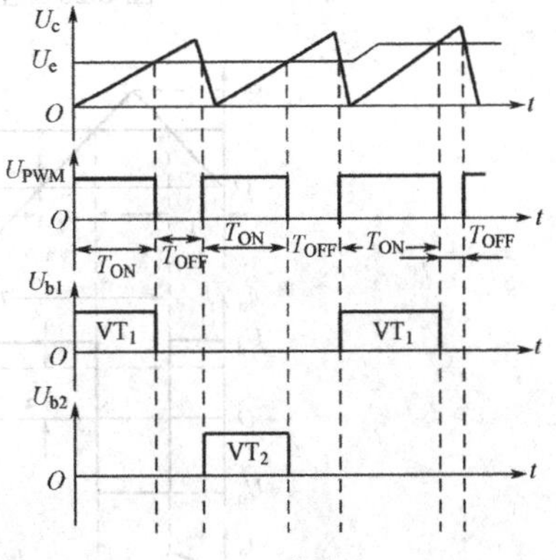

（b）工作波形

图 8.24　PWM 控制电路

其基本工作过程是：输出开关管在锯齿波的起始点被导通。由于锯齿波电压比误差放大器的输出电压低，所以 PWM 比较器的输出电压较高，因为同步信号已在斜坡电压的起始点使倒相电路工作，所以脉冲倒相电路将这个高电位输出使 VT_1 导通，当斜坡电压比误差放大器的输出电压高时，PWM 比较器的输出电压下降，通过脉冲倒相电路使 VT_1 截止，下一个斜坡周期则重复这个过程。

目前，PWM 控制器集成芯片应用广泛，如 SG1524/2524/3524 系列 PWM 控制器，它们主要由基准电源、锯齿波振荡器、电压比较器、逻辑输出、误差放大以及检测和保护环节等部分组成。

8.5.2 直流 PWM 控制技术的应用

实例 8-2 对于如图 8.25 所示的全桥可逆变换电路，在输入直流电压 U_d 不变时，采用不同的控制方式，输出的直流电压 U_o 的幅度和极性均可变。该特点应用于直流电动机的调速时，可方便地实现直流电动机的四象限运行。根据输出电压波形的极性特点可分为双极性 PWM 控制方式和单极性 PWM 控制方式。

1）双极性 PWM 控制方式

在这种控制方式中，将如图 8.25 所示的全桥变换电路的开关管分为 VT_1、VT_4 和 VT_2、VT_3 两组，每组中的两个开关管同时导通与关断，正常情况下，只有其中的一对开关处于导通状态。

直流控制电压 u_r 与三角波电压 u_c 比较产生两组开关的 PWM 控制信号。当 $u_r>u_c$ 时，VT_1、VT_4 导通，VT_2、VT_3 关断；当 $u_r<u_c$ 时，VT_2、VT_3 导通，VT_1、VT_4 关断，负载上电压、电流的波形如图 8.26 所示。

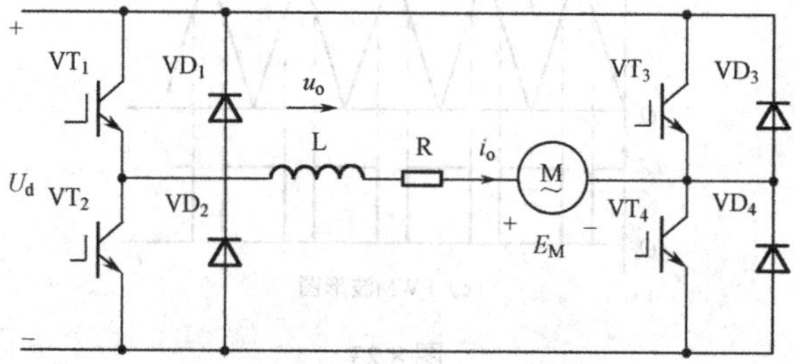

图 8.25　全桥可逆变换电路

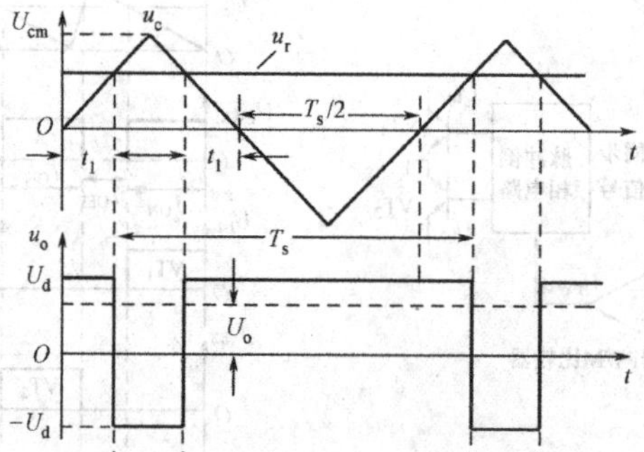

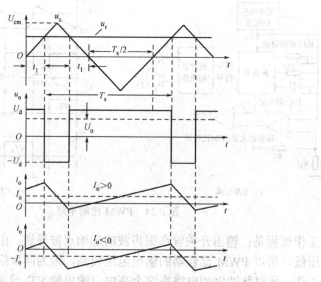

图 8.26　双极性 PWM 控制波形图

输出电压的平均值 U_o 为：

$$U_o = \frac{t_{on}}{T_s}U_d - \frac{T_s - t_{on}}{T_s}U_d = \left(2\frac{t_{on}}{T_s} - 1\right)U_d = (2k_1 - 1)U_d$$

式中，$k_1 = t_{on}/T_s$，是第 1 组开关的占空比（第 2 组开关的占空比为 $k_2 = 1 - k_1$）。

当 $t_{on} = T_s/2$ 时，变换器的输出电压 U_o 为零；当 $t_{on} < T_s/2$ 时，U_o 为负；当 $t_{on} > T_s/2$ 时，U_o 为正。可见这种变换电路的输出电压可在 $-U_d$ 到 $+U_d$ 之间变化，故该控制方式被称为双极性 PWM 控制方式。

在理想情况下，U_o 的大小和极性只受占空比 k_1 控制，而与输出电流无关。输出电流平均值 I_o 可正可负。

$$U_o = \frac{U_d}{U_{cm}}u_r = cu_r$$

式中，U_{cm} 是三角波的峰值；

$c = U_d/U_{cm}$，为定值。

当该变换电路输入电压不变时，其平均输出电压 U_o 随输入控制信号 u_r 进行线性变化。

可见在这种控制方式下，桥式电路的输出电压和输出电流都是双极性的，应用于直流电动机的调速时，可方便地实现直流电动机的四象限运行。

在实际应用中，为避免开关通断转换中直流电源短路，同一桥臂对的两个开关管应有很短时间的同时关断期，这段时间称为空隙时间。但在理论上，假设开关都是理想的，具有瞬时开断能力，认为同一桥臂对的两个开关管互补导通，即不存在两个开关管同时断开、同时导通的现象。这时输出电流将是连续的。

2）单极性 PWM 控制方式

对于如图 8.25 所示的全桥变换电路，若改变控制方式，使开关管 VT_1 和 VT_3 同时接通，或者 VT_2 和 VT_4 同时接通，则不管输出电流 i_o 的方向如何，输出电压 $U_o=0$。针对该特点，可由三角波电压 u_c 与控制电压 u_r 或 $-u_r$ 相比较，以确定 VT_1、VT_2 和 VT_3、VT_4 的驱动信号。如图 8.27 所示。

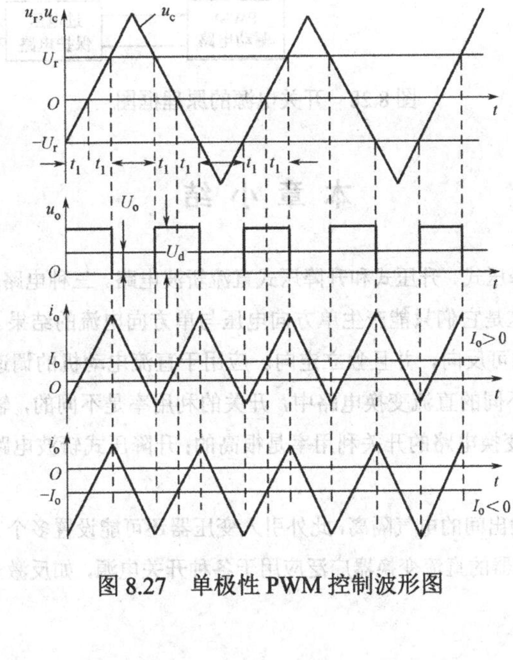

图 8.27　单极性 PWM 控制波形图

如电路在工作过程中，保持 VT_4 导通，VT_3 关断。若$|-u_r|>u_c$，则 VT_1 触发导通，VT_2 关断，$u_o=U_d$；若$|-u_r|<u_c$，则 VT_2 触发导通，VT_1 关断，$u_o=0$。如图 8.27 所示，在这种 PWM 控制方案中，变换电路平均输出电压 U_o 与上述双极性 PWM 方案中完全相同，上述表达式在这里同样均适用。

从图 8.27 可见，输出电压 u_o 的波形在$+U_d$ 与 0 之间变化，故该控制方式被称为单极性 PWM 控制方式。

在单、双极型 PWM 电压开关控制方式中，若开关频率相同，则单极性控制方式中输出电压的谐波频率是开关频率的两倍，因此其输出电压与频率响应更好，纹波幅度小。

实例 8-3 传统的直流稳压电源（如串联式线性稳压电源）效率低，损耗大，温升高，且难以解决多路不同等级电压输出的问题。随着电力电子技术的发展，开关电源因其具有高效率，高可靠性，小型化，轻型化的特点而成为电子、电气自动化设备的主流电源。

图 8.28 为 IBM PC/XT 系列 PC 主机开关电源的原理框图，输入为 220V，50Hz 的交流电，经过滤波、整流后变为 300V 左右的高压直流电，然后通过功率开关管的导通与截止将直流电压变成连续的脉冲，再经变压器隔离降压及输出滤波后变为低压的直流电。开关管的导通与截止由 PWM 控制电路发出的驱动信号控制。

PWM 驱动电路在提供开关管驱动信号的同时，还要实现对输出电压的稳定调节，并对电源负载提供保护，为此设有检测放大电路、过电流保护及过电压保护等环节，通过自动调节开关管的占空比来实现。

图 8.28 中，高压直流到低压多路直流（一般有四路输出，分别是+5V、−5V、+12V、−12V）的 DC/DC 变换电路及 PWM 控制电路是开关电源的关键环节。

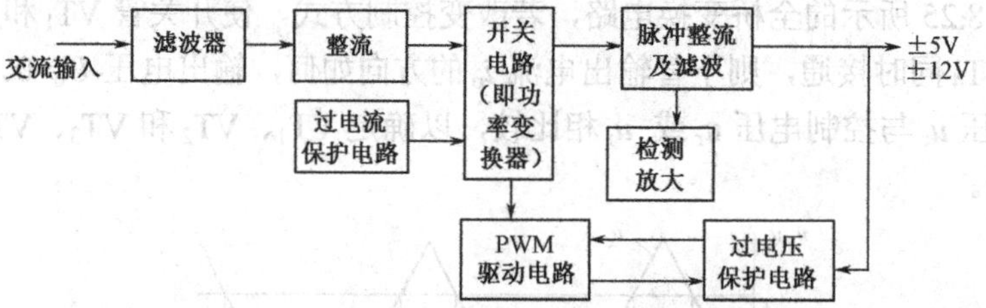

图 8.28 开关电源的原理框图

本 章 小 结

本章先介绍了非隔离型降压式、升压式和升降压式直流斩波电路。三种电路基本形式是一样的，都只能进行单一方向的能量传输，这是它们只能产生单方向电压与单方向电流的结果。全桥可逆变换电路能使功率双向流动，U_o 与 I_o 两者均可反向，并且独立定向。应用于直流电动机的调速时，可方便地实现直流电动机的四象限运行。在各种不同的直流变换电路中，开关的利用率是不同的，输入与输出电压的大小具有同样数量级时的降压与升压变换电路的开关利用率是很高的；升降压式斩波电路和全桥变换电路开关利用率是很低的。

采用变压器能实现输入输出间的电气隔离，此外引入变压器还可能设置多个二次绕组输出几个大小不同的直流电压，因而带隔离变压器的直流变换器广泛应用于各种开关电源，如反激式变换器已经广泛应用于几百瓦以下的计算机电源等小功率DC/DC变换电路。正激式变换器适用的输出功率范围较大(数瓦至数千瓦)，广泛应用在通信电源等电路中。半桥电路常适用于中、小功率的开关电源。全桥电路常适用于大、中功率的开关电源。

本章所介绍的DC/DC变换电路，控制开关管在开、关瞬间都要承受较高的电压和电流，这种状态下工作的开关通常称为“硬开关”。若变换电路中控制开关管在开、关瞬间所承受的电压或电流为零，则相应的开关称为“软开关”，具体内容将在第9章介绍。

习 题 8

一、填空

(1) 在升压斩波器中，已知电源电压 U_d=16V，占空比 $k=\frac{1}{3}$，则输出电压 U_o=______V。

(2) 根据对输出电压平均值进行调制的方式不同，直流斩波电路有三种控制方式，它们是____________、______________和________________。

二、选择

(1) 对于升降压直流斩波器，当其输出电压小于其电源电压时，有(　　)(注：下列选项中的 k 为占空比)

A. k 无法确定　　B. $0.5<k<1$　　C. $0<k<0.5$　　D. 以上说法均是错误的

(2) 直流斩波电路是一种(　　)变换电路。

A. AC/AC　　B. DC/AC　　C. DC/DC　　D. AC/DC

(3) 下面哪种功能不属于变流的功能(　　)

A. 有源逆变　　B. 交流调压　　C. 变压器降压　　D. 直流斩波

(4) 降压斩波电路中，已知电源电压 U_d=16V，负载电压 U_o=12V，斩波周期 T=4ms，则开通时间 T_{on}=(　　)

A. 1ms　　B. 2ms　　C. 3ms　　D. 4ms

三、简答

(1) 直流斩波器有哪几种调制方式？

(2) 用自关断电力电子器件组成的斩波器，比普通晶闸管组成的斩波器有哪些优点？

(3) 试以降压式斩波电路为例，简要说明斩波器具有直流变压器效果。

(4) 根据表8.1中各栏目要求，归纳有关参量表达式并填入表中。

表8.1

参量表达 / 斩波电路	占空比 k	输出与输入电压之比 U_o/U_d	临界连续性电流 I_{LB}
降压式			
升压式			

(5) 试述正激式变换器的工作原理，为什么正激式变换器需要磁场复位电路？

(6) 试分析正激电路和反激电路中的开关和整流二极管在工作时承受的最大电压。

(7) 试比较几种隔离型变换电路的优缺点。

（8）试说明直流斩波器主要有哪几种电路结构？它们各有什么特点？

四、计算

（1）降压式斩波电路见图 8.3，输入电压为（27±10%）V，输出电压为 15V，最大输出功率 120W，最小输出功率为 10W。轻载时关断时间为 5μs，电路的工作频率为 30 kHz。试求：

① 占空比的变化范围。

② 保证整个工作范围内电感电流连续的电感值。

③ 若取电感临界连续电流值为 4A，求对应的电感值。

（2）如图 8.29 所示降压斩波电路，VT 在 t=0 时导通，$t=t_1$ 时断开，$t=t_1+t_2$ 时又导通，以后重复上述过程，试求：

① 输出电压的平均值 U_o。

② 斩波器的输入功率 P_i。

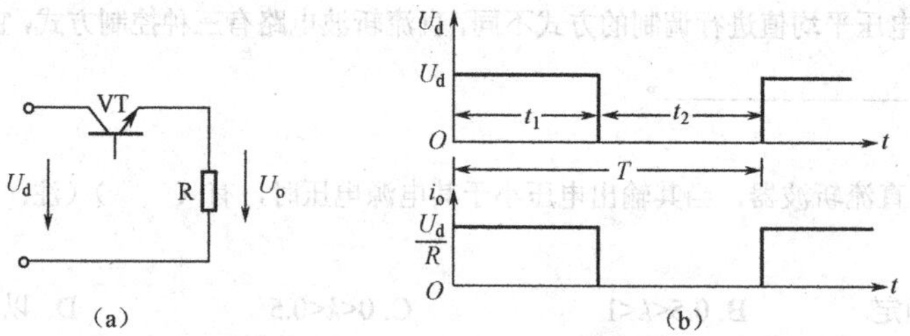

图 8.29

（3）在上题的斩波电路中，负载电阻 R=10Ω，U_s=220V，斩波开关导通时产生 2V 的压降 U_T，斩波频率为 1kHz，如果 k=0.5，试求：

① 平均输出电压 U_o。

② 斩波效率 $\eta=P_o/P_i$。

（4）升压式斩波电路见图 8.8（a），输入电压为 27V±10%，输出电压为 45V，输出功率为 750W，效率为 95%，负载电阻 R=0.05Ω（设电路中 L 和 C 值足够大且忽略电路中的损耗）。

试求：

① 最大占空比是多少？

② 若要求输出电压为 60V，是否可能？为什么？

（5）升压调节器电路如图 8.30 所示，U_s=100V，R=50Ω，t_{on}=80μs，t_{off}=20μs，设电感和电容的值均较大，可忽略 i_d 和负载的纹波，电路稳态工作。试求：

① 计算负载电压 U_o。

② 画出 U_o 和 i_C 的波形。

③ 计算 100V 直流电源输出的功率。

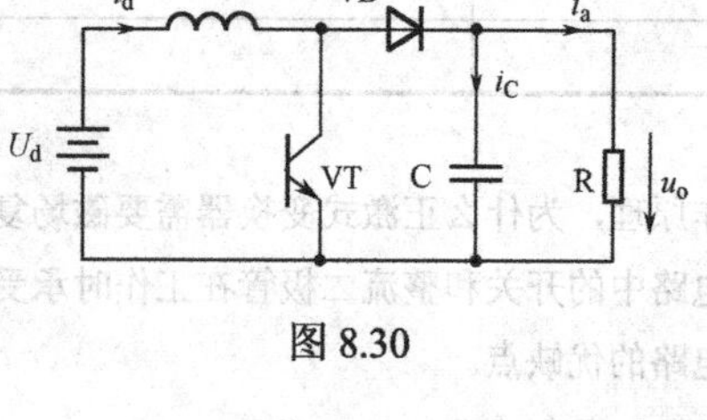

图 8.30

（6）在如图 8.31 所示的升压斩波电路中，已知 E=50V，L 值和 C 值极大，R=20Ω，采用脉宽调制控制方式，当 T=40μs，t_{on}=25μs 时，计算输出电压平均值 U_o、输出电流平均值 I_o。

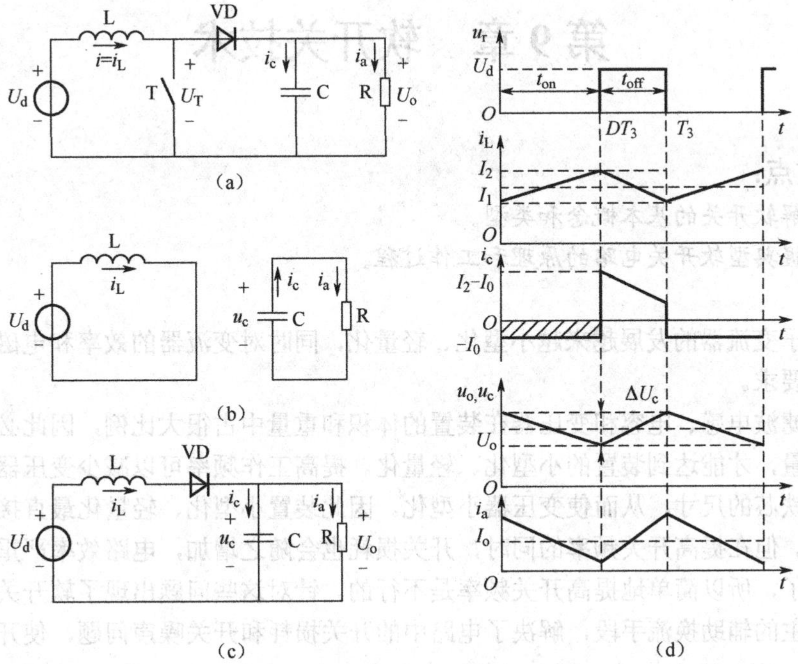

图 8.31　升压变换电路及其波形

第 9 章　软开关技术

本章重点：

（1）了解软开关的基本概念和类型。

（2）掌握典型软开关电路的原理和工作过程。

电力电子变流器的发展越来越小型化、轻量化，同时对变流器的效率和电磁兼容性也提出了更高的要求。

通常，滤波电感、电容和变压器在装置的体积和重量中占很大比例，因此必须设法降低其体积和重量，才能达到装置的小型化、轻量化。提高工作频率可以减少变压器各绕组的匝数，并减小铁芯的尺寸，从而使变压器小型化。因此装置小型化、轻量化最直接的途径是电路的高频化。但在提高开关频率的同时，开关损耗也会随之增加，电路效率严重下降，电磁干扰也增大了，所以简单地提高开关频率是不行的。针对这些问题出现了软开关技术，它利用以谐振为主的辅助换流手段，解决了电路中的开关损耗和开关噪声问题，使开关频率可以大幅度提高。

本章首先介绍软开关的基本概念及其分类，然后详细分析几种典型的软开关电路。

9.1　软开关的基本概念

9.1.1　开关过程器件损耗及硬、软开关方式

如图 9.1（a）所示为降压直流变换电路，其中开关管 T 开通和关断时存在电压和电流的交叠，即开通时 T 两端电压 u_T 很大，关断时流过 T 的电流 i_T 很大，从而产生较大的开关损耗和开关噪声，如图 9.1（b）所示，这样的开关过程称为硬开关过程。

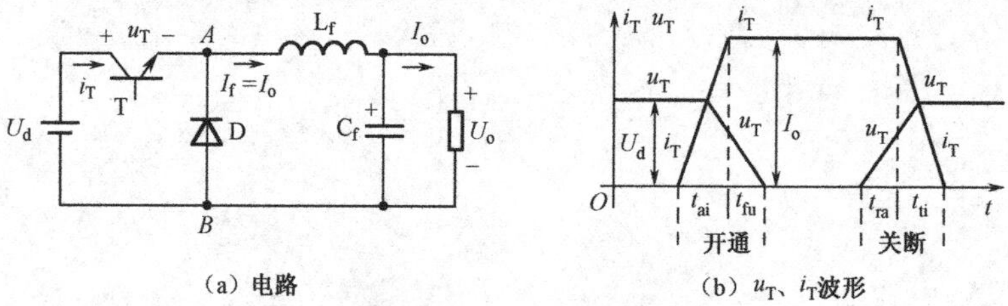

（a）电路　　（b）u_T、i_T波形

图 9.1　降压直流变换电路的硬开关特性

如果通过某种控制方式使如图 9.1（a）所示电路中开关器件开通时，器件两端电压 u_T 首先下降为零，然后施加驱动信号 u_g，器件的电流 i_T 才开始上升；器件关断时，过程正好相反，即通过某种控制方式使器件中电流 i_T 下降为零后，撤除驱动信号 u_g，电压 u_T 才开始上升，如图 9.2（a）所示。由于不存在电压和电流的交叠，开关损耗 P_T 为零，则是一种理想的

软开关。实际中要实现理想的软开关是极为困难的。如果波形如图 9.2（b）所示时，对开关管施加驱动信号 u_g，电流 i_T 上升的开通过程中，电压 u_T 不大且迅速下降为零，这种开通过程的损耗 P_T 不大，称为软开通。撤除驱动信号 u_g 后，电流 i_T 下降的关断过程中，电压 u_T 不大且上升很缓慢，这种关断过程的损耗 P_T 不大，称为软关断。

20 世纪 80 年代迅速发展起来的谐振开关技术为实现上述软开关、降低器件的开关损耗和提高开关频率找到了有效的解决办法，引起了电力电子技术领域和工业界同行的极大兴趣和普遍关注。在开关状态变换过程中，适时地引发一个 LC 谐振过程，利用 LC 谐振特性使变换器中开关器件的端电压 u_T 或电流 i_T 自然地谐振过零。从理论上说，这种谐振开关技术可以使器件的开关损耗降低到零，原则上开关频率的提高不受限制，但是，实际中磁性材料的性能成为提高开关频率的一个主要障碍。单从兆赫级的谐振开关电源投入使用的角度来看，需要解决诸如兆赫级高频变压器的制造技术、电路的封装技术、印制电路板的设计与制造工艺以及发展高频电力电子专用的磁性材料系列、电容系列、电感系列甚至电阻系列等问题。

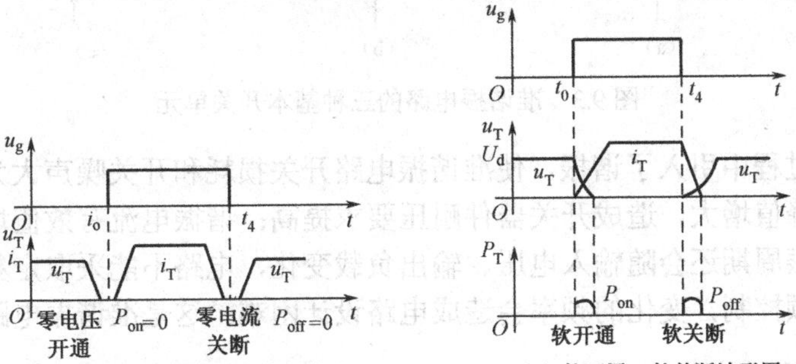

（a）零电压开通，零电流关断波形　　（b）软开通，软关断波形图

图 9.2　软开关特性

9.1.2　零电压开关与零电流开关

所谓“软开关”是指零电压开关或零电流开关。器件导通前两端电压就已为零的开通方式为零电压开通；器件关断前流过的电流就已为零的关断方式为零电流关断，这都是靠电路开关过程前后引入谐振来实现的。一般不用具体区分开通或关断过程，仅称零电压开关和零电流开关。

有两种利用零电压、零电流条件实现器件减耗开关过程应注意：一是利用与器件并联的电容使关断后器件电压上升延缓以降低关断损耗，二是利用与器件串联电感使导通后器件电流增长延缓以降低开通损耗。这两种方法都不是通过谐振，而是简单地利用并联电容实现零电压关断和利用串联电感实现零电流开通，通常会造成电路总损耗增加，关断过电压变大等负面影响，并不经济。

9.1.3　软开关电路类型

根据电路中主要开关元器件是零电压开通还是零电流关断，首先可将软开关电路划分为零电压电路和零电流电路两大类；其次按谐振机理可将软开关电路分成准谐振电路、零开关 PWM 电路和零转换 PWM 电路。

1. 准谐振电路

准谐振电路中电压或电流波形为正弦半波，故称准谐振，这是最早出现的软开关电路。它又可分为：

（1）零电压开关准谐振电路（Zero-Voltage-Switching Quasi-Resonant Converter，ZVSQRC）。

（2）零电流开关准谐振电路（Zero-Current-Switching Quasi-Resonant Converter，ZCSQRC）。

（3）零电压开关多谐振电路（Zero-Voltage-Switching Multi-Resonant Converter，ZVSMRC）。

（4）谐振直流环节电路（Resonant DC Link）。

图 9.3 给出了上述前三种准谐振电路的基本开关单元电路拓扑。

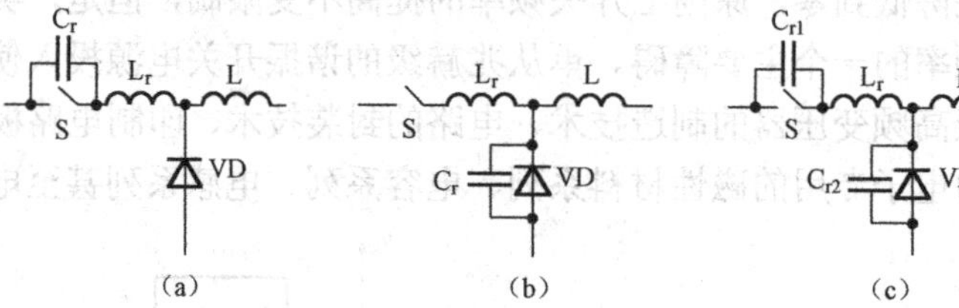

图 9.3　准谐振电路的三种基本开关单元

由于在开关过程中引入了谐振，使准谐振电路开关损耗和开关噪声大为降低，但谐振过程会使谐振电压峰值增大，造成开关器件耐压要求提高；谐振电流有效值增大，导致电路通导损耗增加。谐振周期还会随输入电压、输出负载变化，电路不能采取定频调宽的 PWM 控制而只能采用调频控制，变化的频率会造成电路设计困难。这是准谐振电路的缺陷。

2. 零开关 PWM 电路

这类电路引入了辅助开关来控制谐振开始时刻，使谐振仅发生在开关状态改变的前后。这样开关器件上的电压和电流基本上是方波，仅上升、下降沿变缓，也无过冲，故器件承受电压低，电路可采用定频的 PWM 控制方式。如图 9.4 所示为两种基本开关单元电路：零电压开关 PWM 电路（Zero-Voltage-Switching PWM Converter，ZVSPWM）和零电流开关 PWM 电路（Zero-Current-Switching PWM Converter，ZCSPWM）。

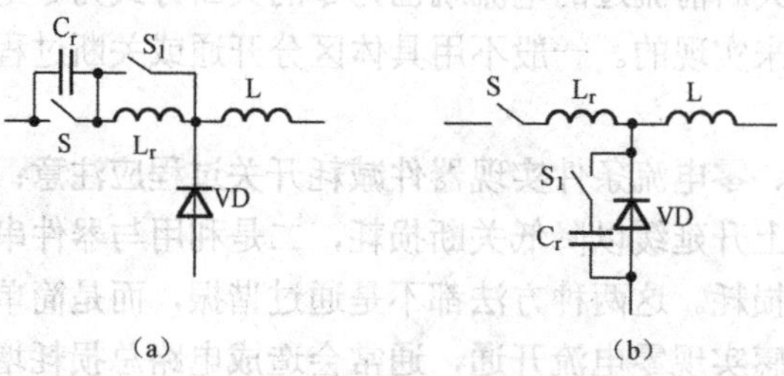

图 9.4　零开关 PWM 电路基本开关单元

3. 零转换 PWM 电路

这类电路也是采用辅助开关来控制谐振开始时刻，但谐振电路与主开关元器件并联，使得电路的输入电压和输出负载电流对谐振过程影响很小，因此电路在很宽的输入电压范围和大幅变化的负载下都能实现软开关工作。电路工作效率因无功功率的减小而进一步提高。如图 9.5 所示为两种基本开关单元电路：零电压转换 PWM 电路（Zero-Voltage-Transition PWM Converter,

ZVTPWM）和零电流转换 PWM 电路（Zero-Current-Transition Converter，ZCTPWM）。

下面分别详细分析零电压和零电流开关准谐振电路、谐振直流环节电路、零电压开关 PWM 电路和零电压转换 PWM 电路等四种电路。

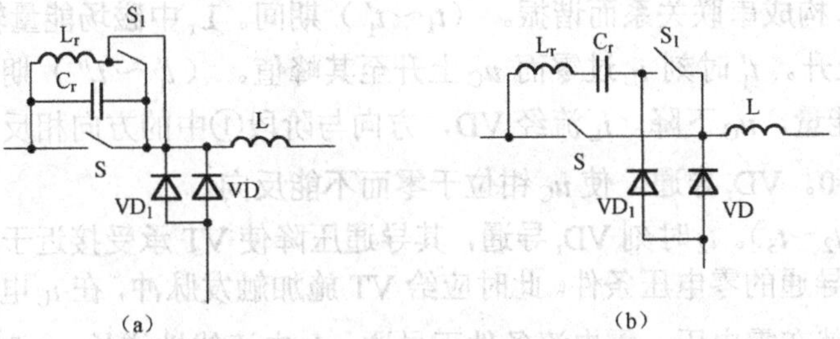

图 9.5　零转换 PWM 电路基本开关单元

9.2　典型的软开关电路

9.2.1　零电压开关准谐振电路（ZVSQRC）

降压型零电压开关准谐振电路结构如图 9.6（a）所示。L_r、C_r 为谐振电感、电容，它们可以由变压器漏感和开关元器件结电容来实现。二极管 VD_r 与功率开关元器件 VT 反向并联。在高频谐振周期的短时间内，可以认为输出电流 $i_o=I_o$ 恒定，可用电流源来表示。ZVSQRC 一个工作周期可分四个阶段，如图 9.6（b）、（c）所示。

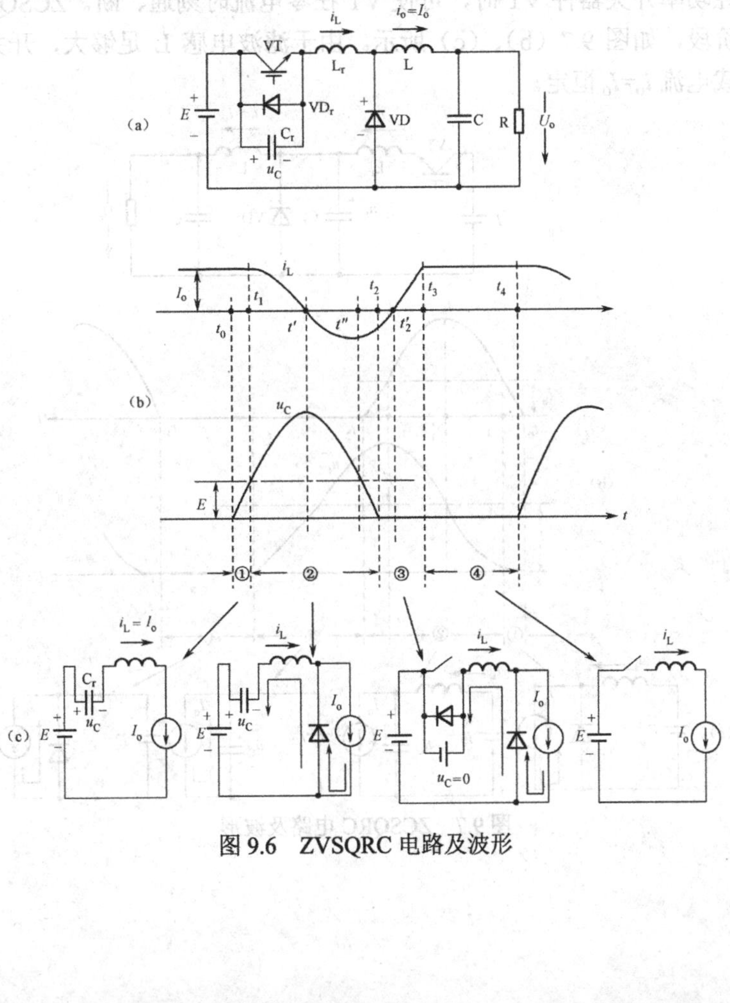

图 9.6　ZVSQRC 电路及波形

（1）阶段①（t_0～t_1）。设 t_0 前 VT 导通，与其并联的 C_r 上电压 u_C=0。t_0 时 VT 在零电压条件下关断，电路以 i_L=I_C 恒流对 C_r 充电。u_C 由零上升。t_1 时刻。u_C=E。

（2）阶段②（t_1～t_2）。t>t_1 后。C_r 充电至 u_C>E，二极管 VD 承受正向电压（u_C−E）>0 而导通，使 C_r、L_r 构成串联关系而谐振。（t_1～t_1'）期间。L_r 中磁场能量转换成 C_r 中电场能量。i_L 减小、u_C 上升。t_1' 时刻 i_L 过零而 u_C 上升至其峰值。（t_1'～t_1''）期间。C_r 中电场能量转换成 L_r 中磁场能量。u_C 下降。i_L 流经 VD，方向与阶段①中的方向相反。t_1'' 时刻。u_C=E，i_L=−I_o。t_2 时刻 u_C=0。VD_r 导通，使 u_C 钳位于零而不能反向。

（3）阶段③（t_2～t_3）。t_2 时刻 VD_r 导通，其导通压降使 VT 承受接近于零的反偏电压而暂不导通，但创造了导通的零电压条件。此时应给 VT 施加触发脉冲，在 i_L 电流回振过零的 t_2' 时刻 VD_r 关断，VT 就在零电压、零电流条件下导通。i_L 电流线性增长。t_3 时刻 i_L=I_o。

（4）阶段④（t_3～t_4）。i_L=I_o 后，负载电流全部由 VT 提供，VD 关断。C_r 两端电压 u_C=0，再次为 VT 关断准备了零电压条件。t_4 时刻关断 VT，进入下一个重复周期。

四个阶段中，阶段④的时间可通过 VT 的触发信号来进行控制，故准谐振电路采用调频控制。从图 9.6（b）u_C 电压波形可以看出，谐振电压峰值高于电源电压 E 的 2 倍以上，故功率开关器件必须要有很高的耐压值，这是 ZVSQRC 的缺点。

9.2.2 零电流开关准谐振电路（ZCSQRC）

零电流开关准谐振电路结构如图 9.7（a）所示。L_r、C_r 为谐振电感、电容，当 LC 谐振产生的电流流经功率开关器件 VT 时，可使 VT 在零电流时刻通、断。ZCSQRC 一个工作周期可分为四个阶段，如图 9.7（b）、（c）所示。由于滤波电感 L 足够大，开关周期足够短，分析时认为负载电流 i_o=I_o 恒定。

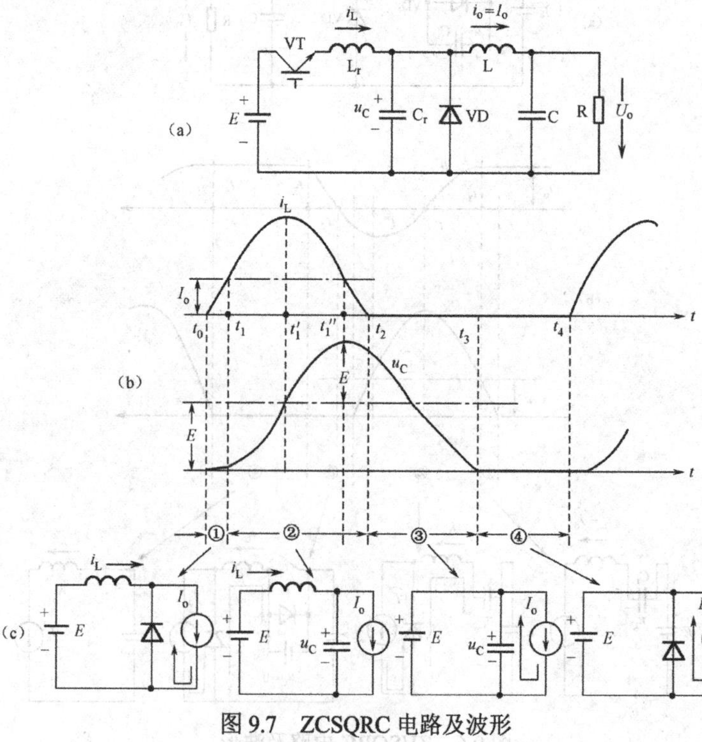

图 9.7　ZCSQRC 电路及波形

（1）阶段①（t_0～t_1）。设 t_0 前 VT 导通。负载电流 $i_o=I_o$ 由续流二极管 VD 提供，与之并联的谐振电容 C_r 两端电压被钳位至 $u_C=0$，这样导致电源电压 E 全部施加在谐振电感上，其上电流 i_L 线性上升。t_1 时刻上升至 $i_L=I_o$，使得负载电流 i_o 转而由 VT 来承担，VD 断流关断。C_r 两端电压 u_C 不再被钳位为零。

（2）阶段②（t_1～t_2）。$t>t_1$ 后 $i_L>I_o$，差值（i_L-I_o）流入 C_r 使之充电，实现 L_r 中磁场能量向 C_r 中电场能量转换过程。u_C 电压振荡上升。t_1' 时刻 i_L 上升至峰值。$u_C=E$；t_1'' 时刻 i_L 从峰值下降至 I_o，$u_C=2E$。t_2 时刻流经 VT 的电流 i_L 下降为零。由于 VT 为单向开关。i_L 不能过零反正为负，此时满足零电流条件，应取消 VT 触发信号。

（3）阶段③（t_2～t_3）。$t>t_2$ 后 VT 零电流关断，谐振电容 C_r 由负载电流 I_o 反向充电。u_C 线性下降。t_3 时刻 $u_C=0$，续流二极管 VD 无反偏开始导通。

（4）阶段④（t_3～t_4）。$t>t_3$ 后，负载电流 $i_o=I_o$ 由 VD 提供，直至 t_4 时刻，一个工作周期结束。若驱动 VT 导通，则开始下一个新的工作周期。

同样，阶段④时间长短，可以通过调整输出电压，以调频控制。谐振电感 L_r、电容 C_r 决定了固有谐振频率 $\omega_0 = 1\Big/\left(2\pi\sqrt{L_rC_r}\right)$，一般可达兆赫级。

ZCSQRC 电路在零电流下开关，理论上减小了开关损耗，但 VT 导通时其上电压为电源电压 E，故仍有开关损耗，只是减小而已，但为提高开关频率创造了条件。此外还要注意到 VT 上电流 i_L 的峰值显著大于负载电流 I_o，意味着开关上通态损耗也显著大于常规开关变换器。

9.2.3 谐振直流环节

在各种 AC-DC-AC 变换电路（如交—直—交变频器）中都存在中间直流环节，DC-AC 逆变电路中的功率器件都将在恒定直流电压下以硬开关方式工作，如图 9.8（a）所示，导致器件开关损耗大，开关频率不高，相应输出特性受到限制。

如果在直流环节中引入谐振，使直流母线电压高频振荡，出现电压过零时刻，如图 9.8（b）所示，就为逆变电路功率器件提供了实现软开关的条件，这就是谐振直流环节电路的基本思想。如图 9.9 所示为用于电压型逆变器的谐振直流环原理电路及其分析用等效电路。

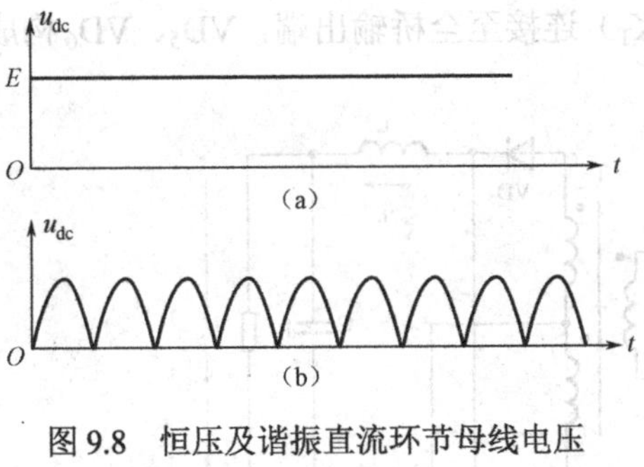

图 9.8　恒压及谐振直流环节母线电压

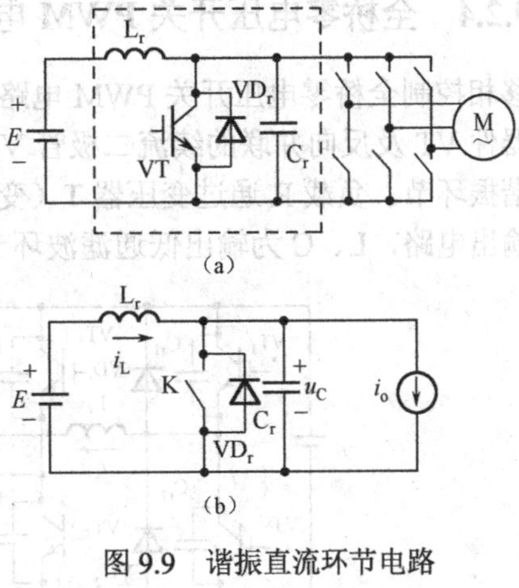

图 9.9　谐振直流环节电路

L_r、C_r 为谐振电感、电容；谐振开关元器件 VT 保证逆变器中所有开关工作在零电压开通方式。实际电路中 VT 的开关动作可用逆变器中开关元器件的开通与关断来代替，无需专门开关。

由于谐振周期相对于逆变器开关周期短得多，故在谐振过程分析中可以认为逆变器的开关状态不变。此外电压源逆变器负载多为感应电动机，感性电动机的电流变化缓慢，分析中可认为负载电流恒定为 I_o，故可导出如图 9.9（b）所示的等效电路，其中 VT 的作用用开关 K 表示。

谐振直流环节工作过程可用如图 9.10 所示波形来说明：

（1）阶段①（t_0～t_1）。设 t_0 前 K 闭合，谐振电感电流 $i_L > I_o$（负载电流）。t_0 时刻 K 打开。L_r、C_r 呈串联谐振。i_L 对 C_r 充电。L_r 中磁场能量转换成 C_r 中电场能量。C_r 上电压 u_C 上升。t_1 时刻 $u_C=E$。

（2）阶段②（t_1～t_2）。$u_C=E$，L_r 两端电压为零，谐振电流 i_L 达最大，全部转回为磁场能量。$t>t_1$ 后。C_r 继续充电，随着 u_C 的上升充电电流 i_L 减小。t_2 时刻再次达 $i_L=I_o$。u_C 达谐振峰值，全部转化为电场能量。

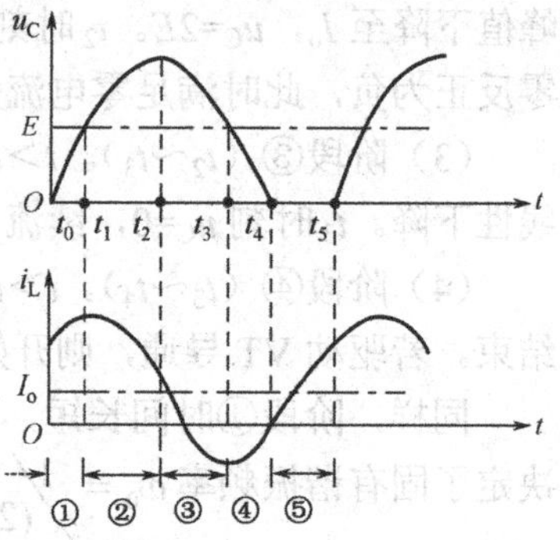

图 9.10　谐振直流环节电路波形图

（3）阶段③（t_2～t_3）。$t>t_2$ 后，由 u_C 提供负载电流 I_o；因 $u_C>E$，同时向 L_r 反向供电，促使 i_L 继续下降并过零反向。t_3 时刻 i_L 反向增长至最大，全部转化为磁场能量，此时 $u_C=E$。

（4）阶段④（t_3～t_4）。$t>t_3$ 后。$|i_L|$ 开始减小。u_C 进一步下降。t_4 时刻 $u_C=0$，使与 C_r 反向并联的二极管 VD_r 导通，u_C 被钳位于零，为 VT 提供了零电压导通（K 闭合）条件。

（5）阶段⑤（t_4～t_0）。K 闭合。i_L 线性增长直至 $t=t_0$，$i_L=I_o$，K 再次打开。

采用这样的谐振直流环节电路后，逆变器直流母线电压不再平直，而是如图 9.10 u_C 电压波形所示。逆变器的功率开关器件应安排在 u_C 过零时刻（t_4～t_0）进行开关状态切换，实现零电压软开关操作。

与零电压开关准谐振电路相似，直流环节谐振电压峰值很高，增加了对开关器件的耐压要求。

9.2.4　全桥零电压开关 PWM 电路

移相控制全桥零电压开关 PWM 电路如图 9.11 所示。H 形全桥各桥臂元器件均由功率开关元器件 VT 及反向并联的续流二极管 VD 构成，各 C_r 为开关器件的结电容，与谐振电感 L_r 构成谐振环节。负载 R 通过变压器 T（变比为 K_T）连接至全桥输出端，VD_5、VD_6 构成全波整流输出电路，L、C 为输出低通滤波环节。

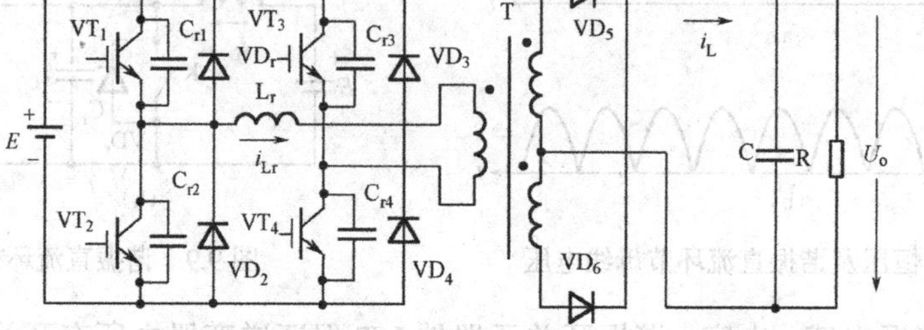

图 9.11　移相控制全桥零电压开关 PWM 电路

各桥臂元器件按以下规律工作：

（1）一个开关周期 T 内，每个开关元器件导通时间略小于 $T/2$，关断时间略大于 $T/2$。

（2）为防止同桥臂上、下元器件直通短路，设置了开关切换死区时间。

（3）两对角元器件中，VT_1 触发信号 u_{g1} 超前 VT_4 触发信号 $u_{g4}(0\sim T/2)$ 时间；VT_2 触发信号 u_{g2} 超前 VT_3 触发信号 $u_{g3}(0\sim T/2)$ 时间。因此常将 VT_1、VT_2 所在桥臂称为超前桥臂，VT_3、VT_4 所在桥臂称为滞后桥臂。

在理想开关器件的假定下，全桥零电压开关 PWM 电路主要工作波形如图 9.12 所示，可以通过分析 $t_0\sim t_5$ 半开关周期内的各过程来了解电路工作机理。

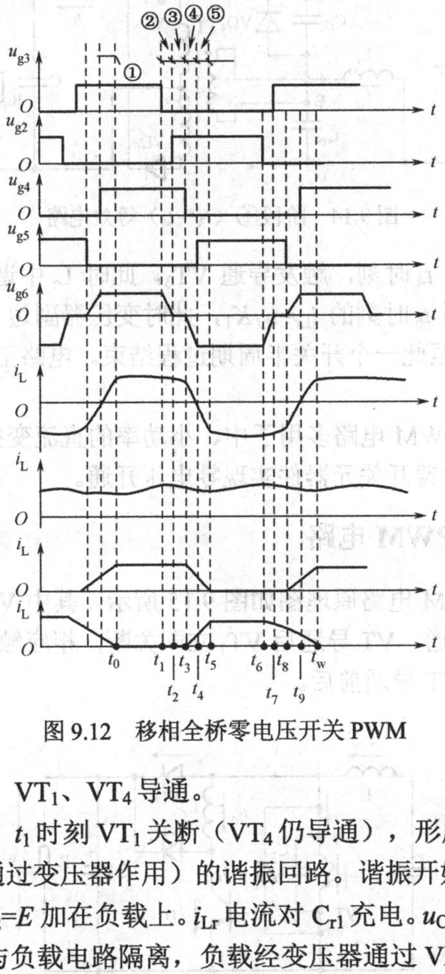

图 9.12　移相全桥零电压开关 PWM

（1）阶段①（$t_0\sim t_1$）。VT_1、VT_4 导通。

（2）阶段②（$t_1\sim t_2$）。t_1 时刻 VT_1 关断（VT_4 仍导通），形成如图 9.13 所示等效电路，构成 C_{r1}、C_{r2} 与 L_r 和 L（通过变压器作用）的谐振回路。谐振开始于 VT_1 关断的 t_1 时刻，此时 $u_{Cr1}=0$，A 点电压 $u_A=u_{Cr2}=E$ 加在负载上。i_{Lr} 电流对 C_{r1} 充电。u_{Cr1} 上升。当 $u_{Cr1}=E$ 时。$u_A=0$，VD_2 将导通，致使电源 E 与负载电路隔离，负载经变压器通过 VD_2 续流。

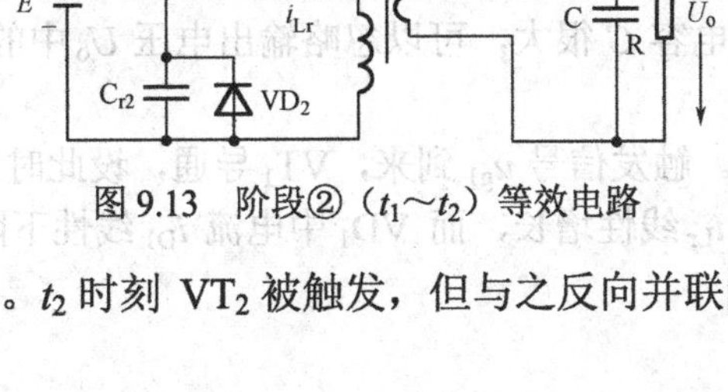

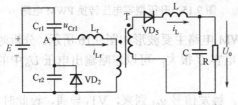

图 9.13　阶段②（$t_1\sim t_2$）等效电路

（3）阶段③（$t_2\sim t_3$）。t_2 时刻 VT_2 被触发，但与之反向并联的 VD_2 处于导通状态，使

VT_2获得零电压条件。一旦VD_2续流结束，VT_2实现零电压开通，如图9.14所示等效电路拓扑不变，直至t_3时刻VT_4关断。

（4）阶段④（t_3～t_4）。t_3时刻VT_4关断后，等效电路如图9.14所示，此时变压器副边由VD_5导通换流至VD_6导通。由于有电感存在引起换流重叠，VD_5、VD_6同时导通，变压器原、副边均呈短路状态，使C_{r3}、C_{r4}与L_r构成谐振。谐振过程中，L_r中电流不断减小，磁场能量转化为电场能量，使C_{r4}上电压不断上升，最终使B点电压达到电源电压E，VD_3导通，将VT_3两端钳位至零电压，为VT_3实现零电压开通创造条件。

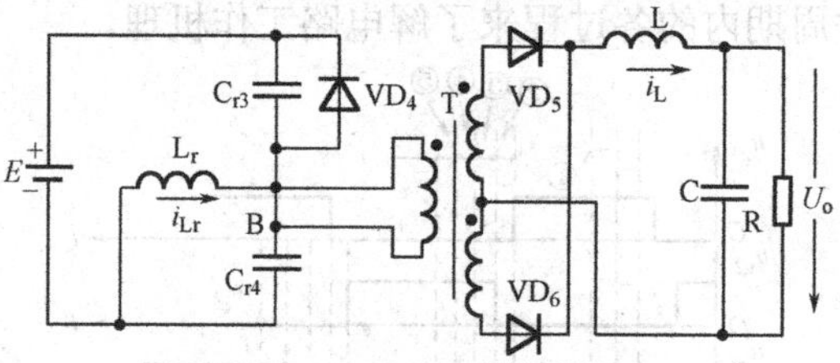

图9.14　阶段④（t_3～t_4）等效电路

（5）阶段⑤（t_4～t_5）。t_4时刻，触发导通VT_3，此时L_r中谐振电流i_{Lr}仍在减小，直至过零反向，然后反向增大至t_5时刻的$i_{Lr}=i_L/K_T$，此时变压器副边VD_5、VD_6换流结束，负载电流i_L全部由VD_6提供，至此一个开关半周期过程结束。电路工作的另一开关半周期t_5～t_0与此完全对称。

移相控制全桥零电压PWM电路多用于中、小功率的直流变换之中，其电路简单，不用增加辅助开关便可使四个桥臂开关元器件实现零电压开通。

9.2.5　零电压转换PWM电路

升压型零电压转换PWM电路原理图如图9.15所示，其中VT为主功率开关，VT_1为辅功率开关。VT_1超前VT导通，VT导通后VT_1立即关断，相应触发信号u_g、u_{g1}如图9.16所示。主要谐振过程发生在VT导通前后。

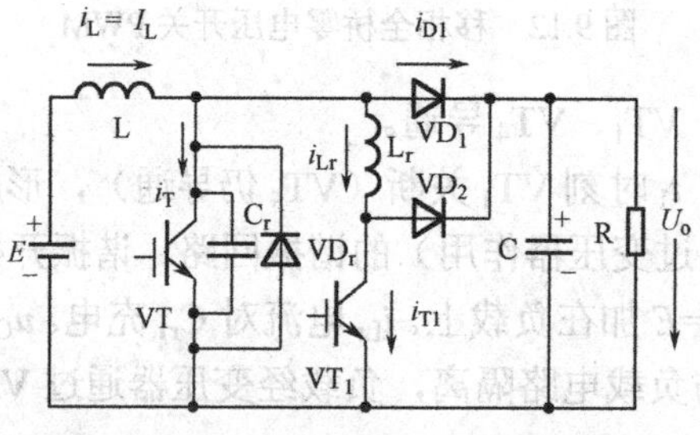

图9.15　升压型零电压转换PWM电路

升压型零电压转换PWM电路主要波形如图9.16所示。分析时假设L很大，可忽略电流纹波认为$i_L=I_L$；输出滤波电容C很大，可以忽略输出电压U_o中的纹波。电路工作过程可按阶段来分析。

（1）阶段①（t_0～t_1）。触发信号u_{g1}到来，VT_1导通，设此时二极管VD_1工作，使L_r两端电压$u_{Lr}=U_o$，电感电流i_{Lr}线性增长，而VD_1中电流i_{D1}线性下降。t_1时刻$i_{Lr}=I_L$，$i_{D1}=0$，VD_1关断。

（2）阶段②（t_1～t_2）。VD_1关断后，整个电路等效成图 9.17 形式。L_r与 C_r构成谐振回路，因 L 很大，谐振时仍保持 $i_L=I_L$ 不变。谐振中 i_{Lr} 增加而 u_{Cr} 下降。t_2 时刻 $u_{Cr}=0$，与 VT 反向并联的二极管 VD_r 导通。u_{Cr} 被钳位至零。

（3）阶段③（t_2～t_3）。$u_{Cr}=0$，i_{Lr} 保持不变，直至 t_3 时刻。

（4）阶段④（t_3～t_4）。t_3 时刻触发脉冲 u_g 到，VT 在 $u_{Cr}=0$ 的零电压条件下无耗开通，其电流 i_T 线性上升。与此同时 VT_1 关断。L_r 中储能通过 VD_2 送至负载。i_{Lr} 线性下降，直至 t_4 时刻 $i_{Lr}=0$。

（5）阶段⑤（t_4～t_5）。t_4 时刻 $i_{Lr}=0$，VD_2 关断，VT 电流上升至稳定值 $i_T=I_L$。t_5 时刻 VT 关断，由于结电容 C_r 存在，VT 两端电压上升速度受限，虽不是零电压关断，但降低了关断损耗。

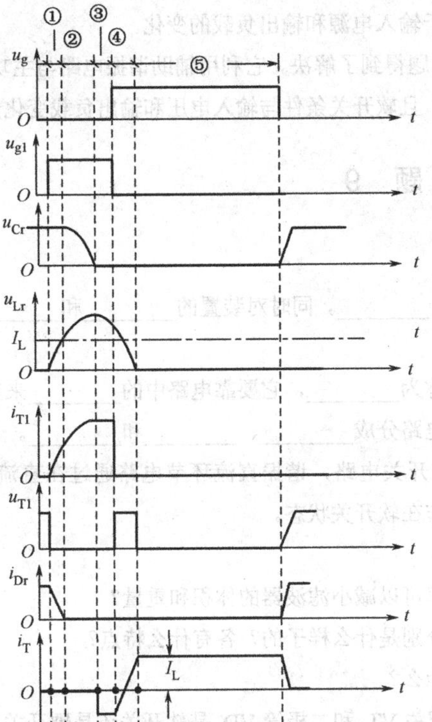

图 9.16 升压型零电压转换 PWM 电路主要波形

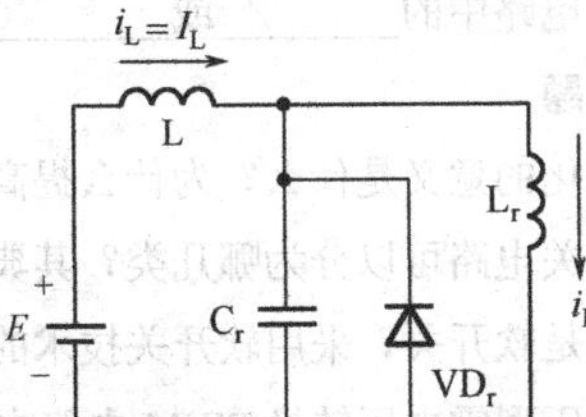

图 9.17 阶段②（t_1～t_2）时等效电路

零电压转换 PWM 电路结构简单，运行效率高，广泛用于功率因数校正（PFC）电路、DC/DC 变换器等场合。

本章小结

谐振软开关技术（或准谐振开关技术）是解决因提高开关工作频率而使开关动态损耗增加这一难题的有效措施。它以近似正弦波的开关波形，软化了开关通断的硬度，同时又采用 ZCS、ZVS 方式解决了由于开关波形近似正弦波所带来的开关转换时的线性损耗增加的问题，使得 DC/DC 功率变换器进一步提高工作频率、减小体积、增加功率密度、提高系统效率成为可能。

本章介绍了谐振软开关技术的基本概念和各种谐振软开关电路的分类，并对零电压开关准谐振电路、零电流开关准谐振电路、零电压开关PWM电路、零电压转换PWM电路和谐振直流环节电路运行原理进行了仔细分析。

（1）准谐振式变换器，是指电路工作在谐振的时间只占一个开关周期内的一部分，而非占整个周期。

（2）在准谐振与多谐振变换器中，输出电压的调节是通过调节开关频率来实现的。当负载和输入电压在大范围变化时，开关频率也大范围变化，这给变压器及滤波器的设计带来了困难，其解决方案是采用ZVSPWM及ZCSPWM变换技术。

（3）ZVSPWM及ZCSPWM是将准谐振变换器与常用PWM变换器相结合，通过附加的辅助有源开关阻断谐振过程，使电路在一个周期内，一部分时间按ZCS或ZVS准谐振方式运行，另一部分时间则按PWM方式运行。这样既具有软开关的特点，又具有PWM恒频、占空比调节电压的特点。但电路中总是存在着很大的环流能量，并使电路的软开关条件极大地依赖于输入电源和输出负载的变化。

（4）ZVTPWM和ZCTPWM的提出，使这一问题得到了解决。它利用辅助谐振电路与主功率开关管相并联，电路中环流能量被自动地保持在较小的数值，且软开关条件与输入电压和输出负载变化无关。

习　题　9

一、填空题

（1）现代电力电子装置的发展趋势是________、________，同时对装置的________和________也提出了更高的要求。

（2）使开关开通前其两端电压为零的开通方式称为________，它要靠电路中的________来完成。

（3）根据软开关技术发展的历程可以将软开关电路分成________、________和________。

（4）谐振直流环节是适用于________的一种软开关电路，谐振直流环节电路通过在直流环节中引入________，使电路中的________或________环节工作在软开关状态。

二、简答题

（1）高频化的意义是什么？为什么提高开关频率可以减小滤波器的体积和重量？

（2）软开关电路可以分为哪几类？其典型拓扑分别是什么样子的？各有什么特点？

（3）什么是软开关？采用软开关技术的目的是什么？

（4）在升压型零电压转换PWM电路中，辅助开关VT_1和二极管VD_1是软开关还是硬开关？为什么？

（5）什么叫准谐振？

（6）零电压和零电流开关电路各有什么特点？

（7）零转换PWM软开关电路的优点是什么？

第10章 电力电子技术实训

10.1 单结晶体管触发电路及单相半波整流电路的研究

1. 实训目的

（1）熟悉单结晶体管触发电路的工作原理及电路中各元器件的作用，观察电路图中各点电压波形。

（2）掌握单结晶体管触发电路的调试步骤和方法。

（3）对单相半波可控整流电路在电阻负载及电阻电感负载时的工作进行全面分析。

（4）了解续流二极管的作用。

（5）熟悉双踪示波器的使用方法。

2. 实训设备

本书以浙江某公司生产的 DJDK-1 型电力电子技术及电力拖动自动控制实训装置为基础，该装置是挂件结构，可根据需要选用相关挂件。本实训需要下列挂件和仪表：

（1）DJK01 电源控制屏：包含“三相电源输出”，“励磁电源”等几个模块。

（2）DJK02 晶闸管主电路：包含“晶闸管”，以及“电感”等几个模块。

（3）DJK03-1 晶闸管触发电路：包含“单结晶体管触发电路”模块。

（4）DJK06 给定及实训器件：包含“二极管”以及“开关”等几个模块。

（5）D42 三相可调电阻。

（6）双踪示波器。

（7）万用表。

3. 实训线路及原理

单结晶体管触发电路原理如图 10.1 所示。

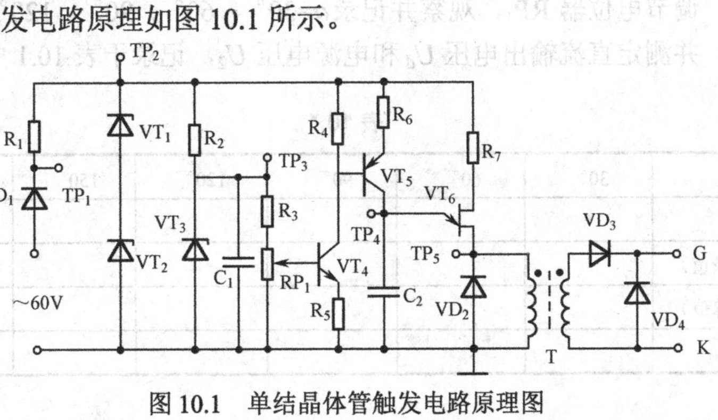

图 10.1 单结晶体管触发电路原理图

（1）单结晶体管触发电路工作原理。由同步变压器副边输出 60V 的交流同步电压，经 VD_1 半波整流，再由稳压管 VT_1、VT_2 进行斩波，从而得到梯形波电压，其过零点与电源电压的过零点同步，梯形波通过 R_6 及等效可变电阻向电容 C_2 充电，当充电电压达到单结晶体管的峰值电压 U_P 时，单结晶体管 VT_6 导通，电容通过脉冲变压器原边放电，脉冲变压器副边输出脉冲。同时由于放电时间常数很小，C_2 两端电压波形的电压很快下降到单结晶体管的谷点电压 U_V，使 VT_6 关断，C_2 再次充电，周而复始，在电容 C_2 两端呈现锯齿波形，在脉冲变压器副边输出尖脉冲。在一个梯形波周期内，VT_6 可能导通、关断多次，但对晶闸管的触发只有第一次输出脉冲起作用。电容 C_2 的充电时间常数由等效电阻等决定，调节 RP_1 可实现脉冲的移相控制。

电位器 RP_1 已装在面板上，同步信号已在内部接好，所有的测试信号都在面板上引出。

（2）单相半波可控整流电路。按图 10.2 接线，其原理参见教材相关的内容。

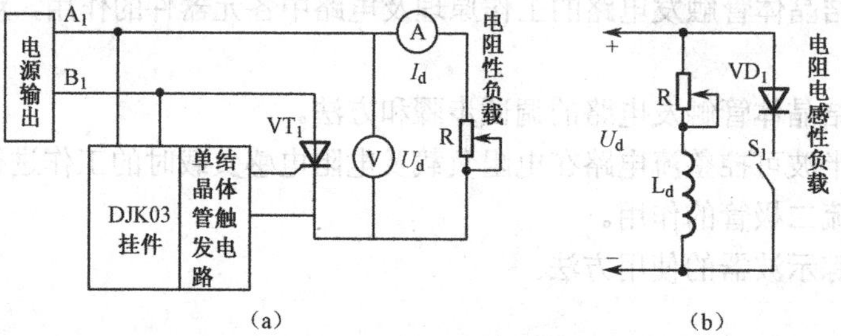

图 10.2　单相半波可控整流电路

4．实训内容及步骤

（1）单结晶体管触发电路的调试。打开 DJK03 低压电源开关，用示波器观察单结晶体管触发电路中整流输出梯形波电压、锯齿波电压及单结晶体管触发电路输出电压等波形。调节移相可变电位器 RP_1，观察锯齿波的周期变化及输出脉冲波形的移相范围能否在 20°～180° 范围内。

（2）单结晶体管触发电路各点波形的记录。将单结晶体管触发电路的各点波形记录下来，并与理论波形进行比较。

（3）单相半波可控整流电路接电阻性负载。如图 10.2（a）所示，负载为双臂滑线电阻（串联接法），触发电路调试正常后，合上电源，用示波器观察负载电压 U_d、晶闸管 VT_1 两端电压 U_T 的波形，调节电位器 RP_1，观察并记录 α=30°、60°、90°、120°、150°、180° 时的 U_d、U_T 波形，并测定直流输出电压 U_d 和电源电压 U_2，记录于表 10.1 中。

表 10.1

α	30°	60°	90°	120°	150°	180°
U_2						
U_d（记录值）						
U_d（计算值）						
U_d/U_2						

（4）单相半波可控整流电路接电阻电感性负载，如图 10.2（b）所示，将负载改接成电阻电感性负载（由滑线电阻器与平波电抗器串联而成）。不接续流二极管 VD_1，在不同阻抗角（改变 R 的电阻值）情况下，观察并记录α=30°、60°、90°、120°、150°、180°时 U_d、U_T 的波形，并测定直流输出电压 U_d 和电源电压 U_2，记录于表 10.2 中。

表 10.2

α	30°	60°	90°	120°	150°	180°
U_2						
U_d（记录值）						
U_d（计算值）						
U_d/U_2						

接入续流二极管 VD_1，重复上述实训，观察续流二极管的作用，并测定直流输出电压 U_d 和电源电压 U_2，记录于表 10.3 中。

表 10.3

α	30°	60°	90°	120°	150°	180°
U_2						
U_d（记录值）						
U_d（计算值）						
U_d/U_2						

5. 实训注意事项

当第 4 点、第 5 点没有波形时，调节 RP_1，波形就会出现；注意观察波形随 RP_1 变化的规律。

6. 实训报告

（1）画出单结晶体管触发电路各点的电压波形。

（2）画出α=90°时，电阻性负载和电阻电感性负载的 U_d、U_T 波形。

（3）画出电阻性负载时 $U_d/U_2=f(\alpha)$ 的实训曲线，并与计算值 U_d 的对应曲线相比较。

（4）分析实训中出现的现象。

（5）写出本实训的心得与体会。

10.2 晶闸管调光电路安装、调试及故障分析、处理

1. 实训目的

（1）熟悉晶闸管调光电路的工作原理及电路中各元器件的作用。

（2）掌握晶闸管调光电路的安装、调试步骤及方法。

（3）对晶闸管调光电路中故障原因能加以分析并能排除故障。

（4）熟悉示波器的使用方法。

2．实训设备

晶闸管调光电路的底板	1块
晶闸管调光电路元器件	1套
万用表	1块
示波器	1台
烙铁	1只

3．实训线路

晶闸管调光实训线路如图10.3所示。该调光电路分主电路和触发电路两大部分，主电路是单相半波整流电路，触发电路是单结晶体管触发电路。

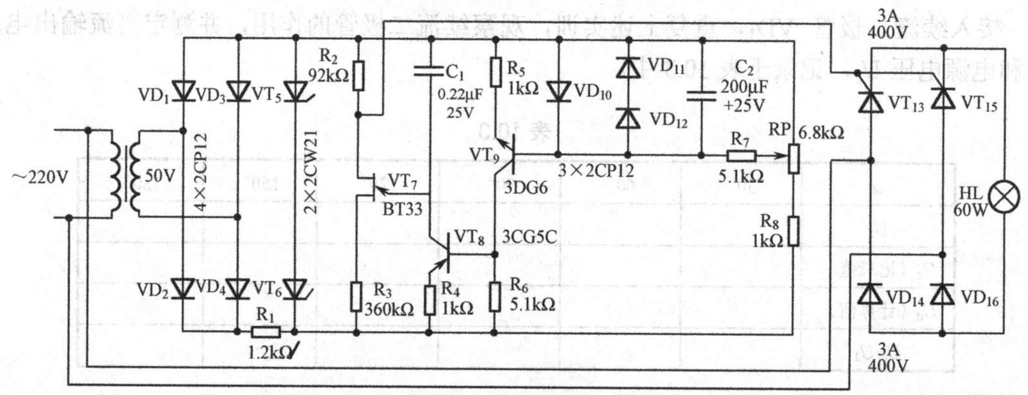

图10.3　晶闸管调光电路原理图

4．实训内容与步骤

（1）晶闸管调光电路的安装。

① 按元器件明细表配齐元器件。

② 元器件选择与测试。根据图10.3所示电路图选择元器件并进行测量，重点对二极管、晶闸管、稳压管、单结晶体管等元器件的性能、管脚进行测试和区分。

③ 焊接前准备工作。将元器件按布置图在电路底板焊接位置上做引线成形。弯脚时，切忌从元器件根部直接弯曲，应将根部留有5～10mm长度以免断裂。清除元器件引脚、连接导线端的氧化层后涂上助焊剂，上锡备用。

④ 元器件焊接安装。根据电路布置图和布线图将元器件进行焊接安装。

（2）晶闸管调光电路的调试。

① 通电前的检查。对已焊接安装完毕的电路根据图10.3所示电路进行详细检查。重点检查二极管、稳压管、单结晶体管、晶闸管等元器件的管脚是否正确，输入、输出端有无短路现象。

② 通电调试。晶闸管调光电路分主电路和单结晶体管触发电路两大部分。因而通电调试亦分成两个步骤，首先调试单结晶体管触发电路，然后再将主电路和单结晶体管触发电路

连接，进行整体综合调试。

（3）晶闸管调光电路故障分析及处理。晶闸管调光电路在安装、调试及运行中，如由元器件及焊接等原因产生故障，可根据故障现象，使用万用表、示波器等仪器进行检查测量，根据电路原理进行分析，找出故障原因，进行处理。

5．实训注意事项

（1）注意元器件布置要合理。

（2）焊接应无虚焊、错焊、漏焊，焊点应圆滑无毛刺。

（3）焊接时应重点注意二极管、稳压管、单结晶体管、晶闸管等元器件的管脚。

6．实训报告

（1）画出单结晶体管触发电路各点的电压波形。

（2）讨论并分析实训中出现的现象和故障。

（3）写出本实训的心得与体会。

10.3　三相桥式全控整流电路及有源逆变电路实训

1．实训目的

（1）加深理解三相桥式全控整流电路和三相桥式有源逆变电路的工作原理。

（2）了解 KC 系列集成触发器的调试方法和各点的波形。

（3）理解 KC 系列触发器的连接方式。

2．实训设备

DJK01 电源控制屏	1 块
DJK02 三相变流桥路	1 块
DJK02-1 三相变流触发电路	1 件
DJK06 给定、负载及吸收电路	1 块
DJK10 变压器实验挂件	1 件
D42 三相可调电阻箱	1 件
双踪示波器	1 只
万用表	1 只

3．实训线路及原理

（1）三相桥式全控整流电路。实训线路如图 10.4 所示，其原理可参见本教材第 2 章相关的内容。

（2）三相桥式有源逆变电路。实训线路如图 10.5 所示，其原理可参见本教材第 3 章相关的内容。

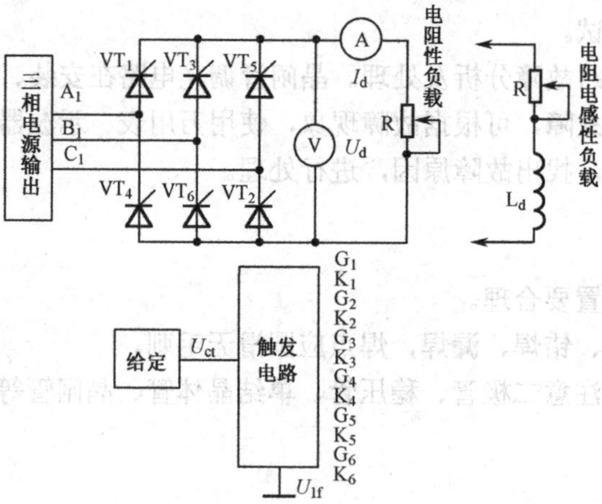

图 10.4　三相桥式全控整流电路实训原理图

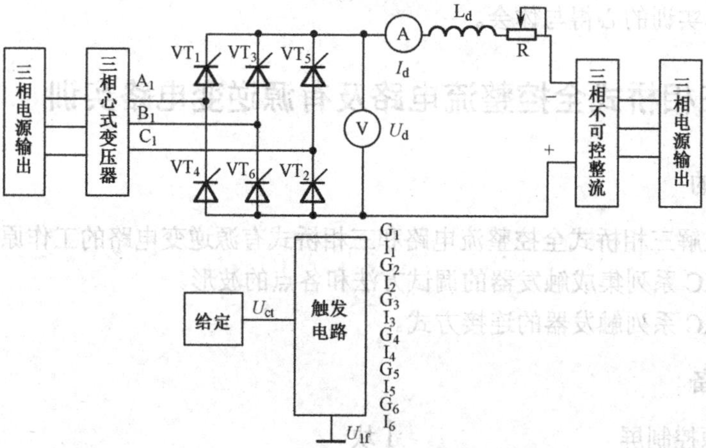

图 10.5　三相桥式有源逆变电路实训原理图

4．实训内容及步骤

（1）将 DJK01“电源控制屏”上“调速电源选择开关”拨至“直流调速”侧。

（2）打开 DJK02 电源开关，拨动“触发脉冲指示”开关至“窄”处。

（3）将 DJK06 上的“给定”输出直接与 DJK02 上的偏移控制电压 U_{ct} 相接，将 DJK02 面板上的 U_{1f} 端接地，将“正桥触发脉冲”的六个开关拨至“通”，适当增加给定的正输出，观察正桥 VT_1～VT_6 晶闸管门极和阴极之间的触发脉冲是否正常。

（4）三相桥式全控整流电路按图 10.4 接线，将 DJK06 上的“给定”输出调到零，使滑线变阻器放在最大阻值处，按下“启动”按钮，调节给定电位器，增加移相电压，使 α 角在 30°～150° 范围内调节，同时，根据需要不断调整负载电阻 R，使得负载电流 I_d 保持在 0.6A 左右，用示波器观察并记录 α=30°、60°、90° 时的整流电压 U_d 和晶闸管两端电压 U_{VT} 的波形，并记录相应的 U_d 数值于表 10.4 中。

表 10.4

α	30°	60°	90°
U_2			
U_d（记录值）			
U_d（计算值）			
U_d/U_2			

计算公式：

$$U_d = 2.34U_2\cos\alpha \qquad (0°\sim60°)$$

$$U_d = 2.34U_2\left[1+\cos\left(\alpha+\frac{\pi}{3}\right)\right] \qquad (60°\sim120°)$$

（5）三相桥式有源逆变电路按图 10.5 接线，将 DJK06 上的“给定”输出调到零，使滑线变阻器放在最大阻值处，按下“启动”按钮，调节给定电位器，增加移相电压，使β角在 30°～90° 范围内调节，同时，根据需要不断调整负载电阻 R，使得负载电流 I_d 保持在 0.6A 左右，用示波器观察并记录β=30°、60°、90° 时的整流电压 U_d 和晶闸管两端电压 U_{VT} 的波形，并记录相应 U_d 的数值于表 10.5 中。

表 10.5

β	30°	60°	90°
U_2			
U_d（记录值）			
U_d（计算值）			
U_d/U_2			

计算公式：

$$U_d=2.34U_2\cos(180°-\beta)$$

5. 实训注意事项

（1）整流电路与三相电源连接时，一定要注意相序。

（2）电压表是双极性的，晶闸管的阳极接电压表的正极，阴极接电压表的负极，当整流时指针正偏，逆变时指针反偏。

6. 实训报告

（1）画出电路的移相特性 $U_d=f(\alpha)$。

（2）画出触发电路的传输特性$\alpha=f(U_{ct})$。

（3）画出α=30°、60°、90°、120°、150° 时的整流电压 U_d 和晶闸管两端电压 U_{VT} 的波形。

（4）写出本次实训的心得与体会。

10.4 直流调速控制电路的触发回路安装、调试及故障分析、处理

1. 实训目的

（1）熟悉控制电路触发回路的工作原理及电路中各元器件的作用。

（2）熟悉元器件的技术参数性能及元器件质量好坏的检测方法。

（3）掌握控制电路触发回路的安装、调试步骤及方法。

（4）对控制电路触发回路中故障原因能加以分析并能排除故障。

（5）熟悉双踪示波器的使用方法。

2. 实训设备

控制电路触发回路的底板　1 块
控制电路触发回路元器件　1 套
万用表　1 块
双踪示波器　1 台
烙铁　1 只

3. 实训线路

控制电路触发回路实训线路如图 10.6 所示。该电路分主电路和触发电路两大部分。主电路是单相半控桥式整流电路，触发电路是单结晶体管触发电路。

4. 实训内容与步骤

（1）控制电路触发回路的安装。

① 按元器件明细表配齐元器件。

② 元器件选择与测试。根据图 10.6 所示电路图选择元器件并进行测量，重点对二极管、晶闸管、稳压管、单结晶体管等元器件的性能、管脚进行测试和区分。

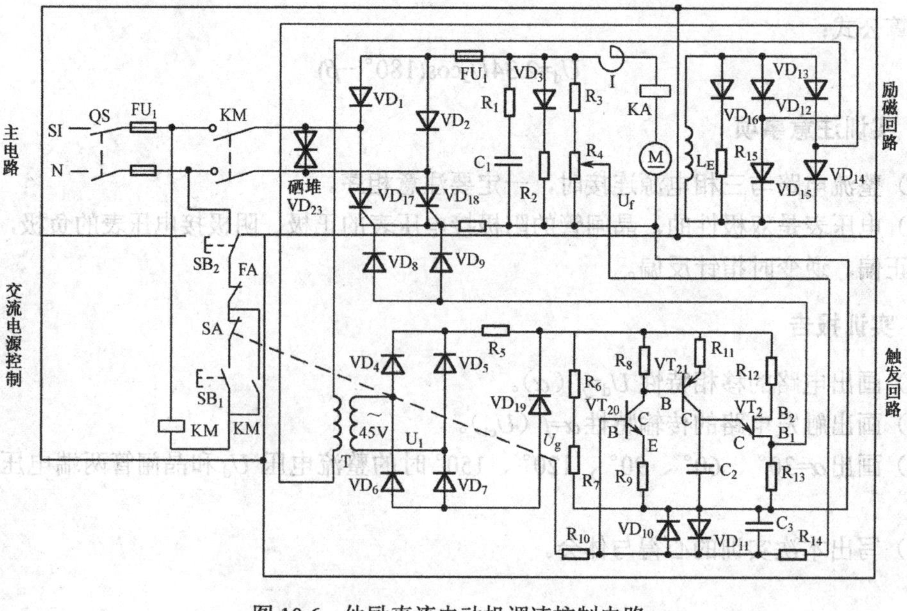

图 10.6　他励直流电动机调速控制电路

③ 焊接前准备工作。将元器件按布置图在电路底板焊接位置上做引线成形。弯脚时，切忌从元器件根部直接弯曲，应将根部留有 5～10mm 长度以免断裂。清除元器件引脚、连接导线端的氧化层后涂上助焊剂，上锡备用。

④ 元器件焊接安装。根据电路布置图和布线图将元器件进行焊接安装。

（2）控制电路触发回路的调试。

① 通电前的检查。对已焊接安装完毕的电路根据图 10.6 所示电路进行详细检查。重点检查二极管、稳压管、单结晶体管、晶闸管等元器件的管脚是否正确。输入、输出端有无短路现象。

② 通电调试。控制电路分主电路和单结晶体管触发电路两大部分。因而通电调试亦分成两个步骤，首先调试单结晶体管触发电路，然后再将主电路和单结晶体管触发电路连接，进行整体综合调试。

（3）控制电路触发回路故障分析及处理。控制电路触发回路在安装、调试及运行中，如由元器件及焊接等原因产生故障，可根据故障现象，用万用表、示波器等仪器进行检查测量并根据电路原理进行分析，找出故障原因并排除。

5. 实训注意事项

（1）注意元器件布置要合理。

（2）焊接应无虚焊、错焊、漏焊，焊点应圆滑无毛刺。

（3）焊接时应重点注意二极管、稳压管、单结晶体管、晶闸管等元器件的管脚。

6. 实训报告

（1）画出触发回路各点的电压波形。

（2）讨论并分析实训中出现的现象和故障。

（3）写出本实训的心得与体会。

10.5 锯齿波同步移相触发电路实训

1. 实训目的

（1）加深理解锯齿波同步移相触发电路的工作原理和各元器件的作用。

（2）熟悉元器件的技术参数性能及元器件质量好坏的检测方法。

（3）掌握锯齿波同步移相触发电路的调试步骤和方法。

（4）掌握锯齿波触发电路双窄脉冲形成的工作原理及调试方法。

2. 实训设备

锯齿波触发电路板	1 块
双踪示波器	1 台
万用表	1 块
电烙铁	1 把
相关电子元器件	若干

3. 实训线路及原理

（1）锯齿波同步移相触发电路如图 10.7 所示。其原理参见教材相关内容。

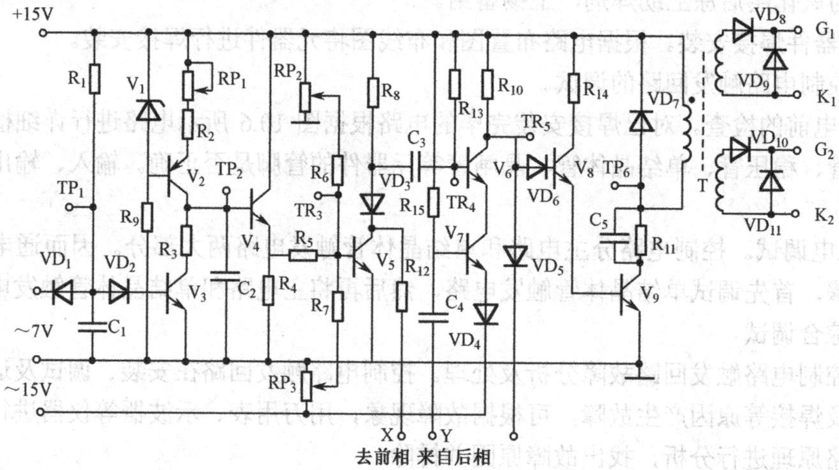

图 10.7　锯齿波同步移相触发电路原理图

（2）锯齿波触发电路双窄脉冲的形成。双窄脉冲的形成原理参见教材相关的内容。

4. 实训步骤

（1）锯齿波同步移相触发电路的安装与制作。

① 按元器件明细表配齐元器件。

② 元器件选择与测试。根据图 10.7 所示电路图选择元器件并进行测量，重点对二极管、三极管等元器件的性能、管脚、极性及电阻的阻值、电容的好坏进行测试和区分。

③ 焊接前准备工作。将元器件按布置图在电路底板焊接位置上做引线成形。弯脚时，切忌从元器件根部直接弯曲，应将根部留有 5～10mm 长度以免断裂。清除元器件引脚、连接导线端的氧化层后涂上助焊剂，上锡备用。

④ 元器件焊接安装。根据电路布置图和布线图将元器件进行焊接安装。焊接应无虚焊、错焊、漏焊，焊点应圆滑无毛刺。焊接时应重点注意二极管、三极管等元器件的管脚。

（2）锯齿波同步移相触发电路的调试。

① 通电前的检查。对已焊接安装完毕的电路根据图 10.7 进行详细检查。重点检查二极管、三极管等元器件的管脚是否正确。

② 通电调试。合上交流电源观察电路有无异常现象。

a. 利用示波器观察并记录电路中关键点的电压波形图。

b. 调节 RP_1 电位器，观察各点波形的变化。

c. 记录波形，进行分析，对错的波形找出其原因，将故障点找出，并修复。

③ 将两块电路板组合，使两块电路板的脉冲输出都为双窄脉冲。两块板（1 号板，2 号板）的同步电压相位要相差 60°，1 号板的 X 点接 2 号板的 Y 点，1 号板的 Y 点接 2 号板的 X 点。

接好电源，利用示波器观察 1 号板和 2 号板的各点波形，体会双脉冲的形成原理。调节两块板的 RP_1 电位器，使输出的双窄脉冲相位相差 60°。

5. 注意事项

（1）实训时应注意安全。出现故障时，应立即切断电源。
（2）实训时应注意保持现场整洁。
（3）爱护设备、工具与仪器仪表，并正确使用与妥善保管。
（4）完成实训以后，切断电源，拆除电源线和连接导线，并且整理好实训台。

6. 实训报告要求

（1）根据实训内容，完成实训报告。
（2）记录实训过程中的经验交流、实训收获，写出实训体会。
（3）记录实训中常见故障点的电压波形及写出处理情况。

10.6 认识全控型元器件

1. 实训目的

（1）了解基本全控型元器件的外形、结构。
（2）认识模块化功率元器件。
（3）了解全控型元器件的型号区分方法。
（4）掌握可关断晶闸管的测量方法。

2. 实训准备

（1）GTR、GTO、功率 MOSFET 或 IGBT 元器件若干（根据各自情况选定，建议保证每组至少 3 个）。
（2）万用表。
（3）通过网络下载《电力电子器件技术手册》，打印备用。

3. 实训内容及步骤

（1）认识元器件的外形和结构。观察元器件，比较异同，认真查看元器件上的文字信息及标志。
（2）对照《电力电子器件技术手册》确认元器件名称、型号及主要参数，填写在表 10.6 中。
（3）在表格下方空白处画出外形简图，并对引脚进行标注，写出散热及安装方式。
（4）测量。由指导教师给出质量未知的可关断晶闸管，学生根据第 1 章所示方法判断管子的质量好坏，再根据下述方法判断好的晶闸管的触发和关断能力。
① 检查触发能力：万用表黑表笔接 A 极，红表笔接 K 极，此时电阻应为无穷大；黑表笔同时接触 G 极，加上正向触发信号，万用表指针向右偏转至低阻值处，说明 GTO 已经导通；脱离 G 极，只要 GTO 保持导通，就说明管子具备触发能力。
② 检查关断能力：先按①步骤使管子导通，再在门极与阳极间加反向触发信号，若此时上述两极间阻值为无穷大，则说明关断能力正常。

表 10.6 实训报告

	型号	额定电压	额定电流	结构类型
元器件 1				
元器件 2				
元器件 3				

4. 实训报告要求

填写表 10.6。

*10.7 变频器操作训练

1. 实训目的

（1）了解变频器外部控制端子的功能，掌握外部运行模式下变频器的操作方法。
（2）熟悉使用变频器外部端子控制电机正、反转的操作方法。
（3）熟悉变频器外部端子的不同功能及使用方法。

2. 知识准备

MM 系列变频器的面板按钮功能见表 10.7。

表 10.7 面板按钮功能表

显示/按钮	功能	功能的说明
	状态显示	LCD 显示变频器当前的设定值
	启动变频器	按此键启动变频器。运行时此键默认是被封锁的。为了使此键起作用应设定 P0700=1
	停止变频器	OFF1：按此键，变频器将按选定的斜坡下降速率减速停车。运行时此键默认被封锁；为了允许此键操作，应设定 P0700=1。 OFF2：按此键两次（或一次，但时间较长），电机将在惯性作用下自由停车。此功能总是“使能”的
	改变电机的转动方向	按此键可以改变电机的转动方向。电机的反向用负号（—）表示或用闪烁的小数点表示。运行时此键默认是被封锁的，为了使此键的操作有效，应设定 P0700=1
	电机点动	在变频器无输出的情况下按此键，将使电机启动，并按预设定的点动频率运行。释放此键时，变频器停车。如果变频器/电机正在运行，按此键将不起作用
	功能	此键用于浏览辅助信息。 变频器运行过程中，在显示任何一个参数时按下此键并保持不动 2 秒钟，将显示以下参数值（在变频器运行中，从任何一个参数开始）： 1）直流回路电压（用 d 表示负数，单位：V）。 2）输出电流（A）。 3）输出频率（Hz）。 4）输出电压（用 o 表示负数，单位：V）。 5）由 P0005 选定的数值，如果 P0005 选择显示上述参数中的任何一个（3，4 或 5），这里将不再显示。 连续多次按下此键，将轮流显示以上参数。 跳转功能：在显示任何一个参数（r×××× 或 P××××）时短时间按下此键，将立即跳转到 r0000。如果需要的话，可以接着修改其他参数。跳转到 r0000 后，按此键将返回原来的显示点
	访问参数	按此键即可访问参数
	增加数值	按此键即可增加面板上显示的参数数值
	减少数值	按此键即可减少面板上显示的参数数值

端子接线操作说明见图 10.8，各端子的功能见表 10.8。

表 10.8　端子的功能

端子号	端子功能	相关参数
1	频率设定电源（+10V）	
2	频率设定电源（0V）	
3	模拟信号输入端 AIN＋	P0700
4	模拟信号输入端 AIN-	P0700
5	多功能数字输入端 DIN1	P0701
6	多功能数字输入端 DIN2	P0702
7	多功能数字输入端 DIN3	P0703
8	多功能数字电源＋24V	
9	多功能数字电源 0V	
10	输出继电器 RL1B	P0731
11	输出继电器 RL1C	P0731
12	模拟输出 AOUT+	P0771
13	模拟输出 AOUT-	P0771
14	RS485 串行链路 P+	P0004
15	RS485 串行链路 N-	P0004

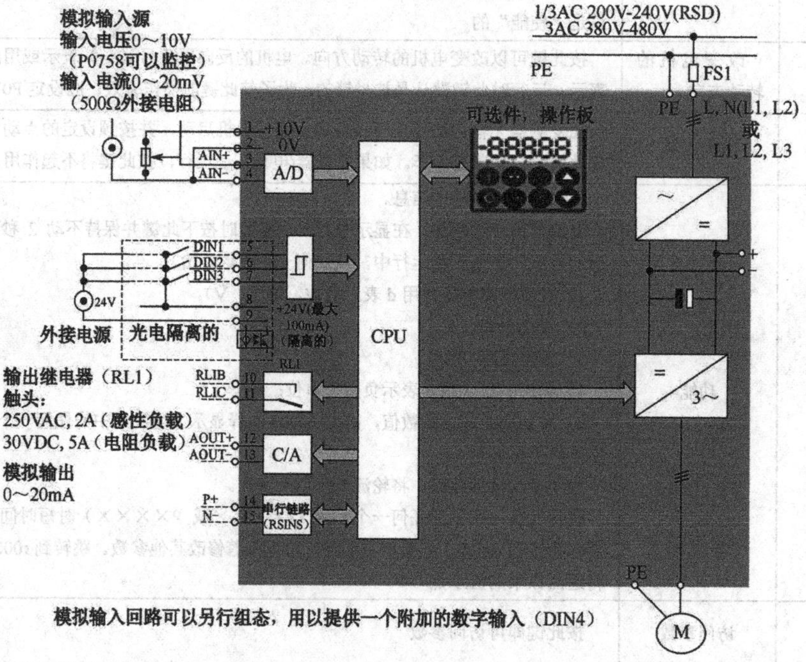

图 10.8　端子接线说明图

西门子变频器参数设置方法：运行时（基本运行）为了快速修改参数的数值，可以单独修改显示出的每个数字，操作步骤如下。

（1）确信已处于某一参数数值的访问级。

（2）按Fn（功能键），最右边的一个数字闪烁。

（3）按▲/▼，修改数值。

（4）再按Fn（功能键），相邻的下一位数字闪烁。

（5）执行前述 2 至 4 步，直到显示出所要求的数值。

（6）按P，退出参数数值的访问级。

表 10.9 以 P0004 及 P0719 为例说明如何改变参数的数值。按照这个方法，可以用“BOP”设定任何一个参数。

表 10.9　改变参数步骤

修改下标参数 P0004		
序号	操作步骤	显示的结果
1	按　访问参数	r0000
2	按　直到显示出 P0004	P0004
3	按　进入参数数值访问级	0
4	按　或　达到所需要的数值	3
5	按　确认并存储参数的数值	P0004
6	使用者只能看到命令参数	
修改下标参数 P0719		
序号	操作步骤	显示的结果
1	按　访问参数	r0000
2	按　直到显示出 P0719	P0719
3	按　进入参数数值访问级	in000
4	按　显示当前的设定值	0
5	按　或　选择运行所需要的最大频率	12
6	按　确认和存储 P0719 的设定值	P0719
7	按　直到显示出右侧结果	r0000
8	按　返回标准的变频器显示（由用户定义）	

提示：功能键也可以用于确认故障的发生。

注意：修改参数的数值时，BOP 有时会显示 P----，这说明变频器正忙于处理优先级更高的任务。

3. 实训设备

（1）西门子 MM 系列变频器，实训用电动机。

（2）K1、K2、K3 用实训台上的控制按钮代替，同时学校也可根据需要自备按钮开关。

4. 实训线路与原理

（1）正确设置变频器输出的额定频率、额定电压、额定电流、额定功率、额定转速。

（2）通过外部端子控制电机启动/停止、正/反转，打开 K1、K3 电机正转，打开 K2 电机反转，关闭 K2 电机正转；在正/反转的同时，关闭 K3，电机停止。

（3）运用操作面板改变电机运行频率和加/减速时间。

（4）参数功能见表 10.10，接线图见图 10.9。设定电机参数时先设定 P0003=2（允许访问扩展参数）以及 P0010=1（快速调试），电机参数设置完成后设定 P0010=0（准备）。

表 10.10　参数功能表

序号	变频器参数	出厂值	设定值	功能说明
1	P0304	230	380	电机的额定电压（380V）
2	P0305	3.25	0.35	电机的额定电流（0.35A）
3	P0307	0.75	0.025	电机的额定功率（25W）
4	P0310	50.00	50.00	电机的额定频率（50Hz）
5	P0311	0	1300	电机的额定转速（1300 r/min）
6	P0700	2	2	选择命令源（由端子排输入）
7	P1000	2	1	用操作面板（BOP）控制频率的升降
8	P1080	0	0	电机的最小频率（0Hz）
9	P1082	50	50.00	电机的最大频率（50Hz）
10	P1120	10	10	斜坡上升时间（10s）
11	P1121	10	10	斜坡下降时间（10s）
12	P0701	1	1	ON/OFF（接通正转/停车命令 1）
13	P0702	12	12	反转
14	P0703	9	4	OFF3（停车命令 3）按斜坡函数曲线快速降速停车

注：设置参数前先将变频器参数复位为出厂的默认设定值。

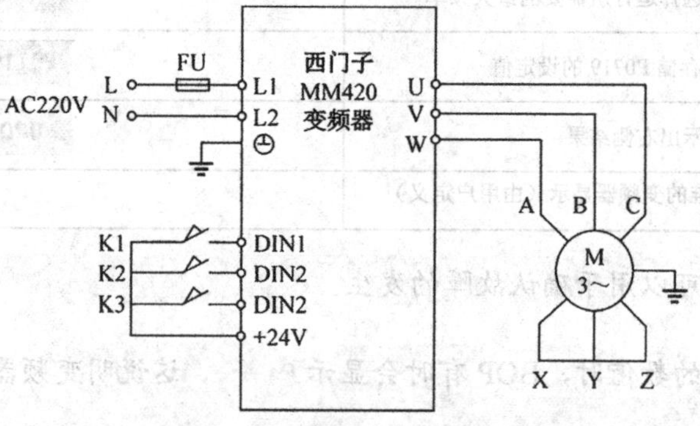

图 10.9　变频器外部接线图

5．实训内容与步骤

（1）检查实训设备中器材是否齐全。

（2）按照变频器外部接线图完成变频器的接线，认真检查，确保正确无误。

（3）打开电源开关，按照参数功能表正确设置变频器参数。

（4）打开开关 K1、K3，观察并记录电机的运转情况。

（5）按下操作面板按钮，增加变频器输出频率。

（6）打开开关K1、K2、K3，观察并记录电机的运转情况。

（7）关闭开关K3，观察并记录电机的运转情况。

（8）改变P1120、P1121的值，重复上述步骤4～7，观察电机运转状态有什么变化。

6．实训报告

（1）根据实训内容，完成实训报告。

（2）记录实训过程中的经验交流、实训收获，写出实训体会。

（3）记录实训中遇到的故障以及处理措施。

10.8 三相交流调压电路的连接与测试

1．实训目的

（1）熟悉三相交流调压电路的工作原理。

（2）了解三相三线制和三相四线制交流调压电路在电阻负载、电阻电感负载时输出电压、电流的波形及移相特性。

2．实训设备

变阻器、电抗器、双踪示波器和万用表。

3．实训线路与原理

实训电路如图 10.10 所示，带中线星形连接的三相交流调压电路实际上就是三个单相交流调压电路的组合，其工作原理及波形均与单相交流调压电路相同。对于三相三线制交流调压电路，由于没有中线，每相电流必须与另一相构成回路。与三相全控桥一样，三相三线制调压电路应采用宽脉冲或双窄脉冲触发，与三相整流电路不同的是，控制角 α=0°为相应相电压过零点，而不是自然换相点。在采用锯齿波同步触发电路时，为满足 α=0°的移相要求，同步电压应超前相应的主电路电源电压 30°。由实训电路图可知，主电路整流变压器采用 yn,yn(y)接法，同步变压器采用 D，yn-yn 接法即可满足上述两种调压电路的需要。

4．实训内容与步骤

（1）按照上述实训电路图接好电路（暂时不接负载），闭合 S，按下启动按钮，主电路接通电源。用示波器检查同步电压是否对应超前主电路电源电压 30°，即 u_{+a} 超前 u_V30°。

（2）切断主电路电源，在带中线星形连接的三相交流调压电路中接上电阻负载，并按下自动按钮接通主电路，用示波器观察 α=0°、30°、60°、90°、120°、150°时 u 的波形，并把波形和输出电压有效值记入表 10.11 中。

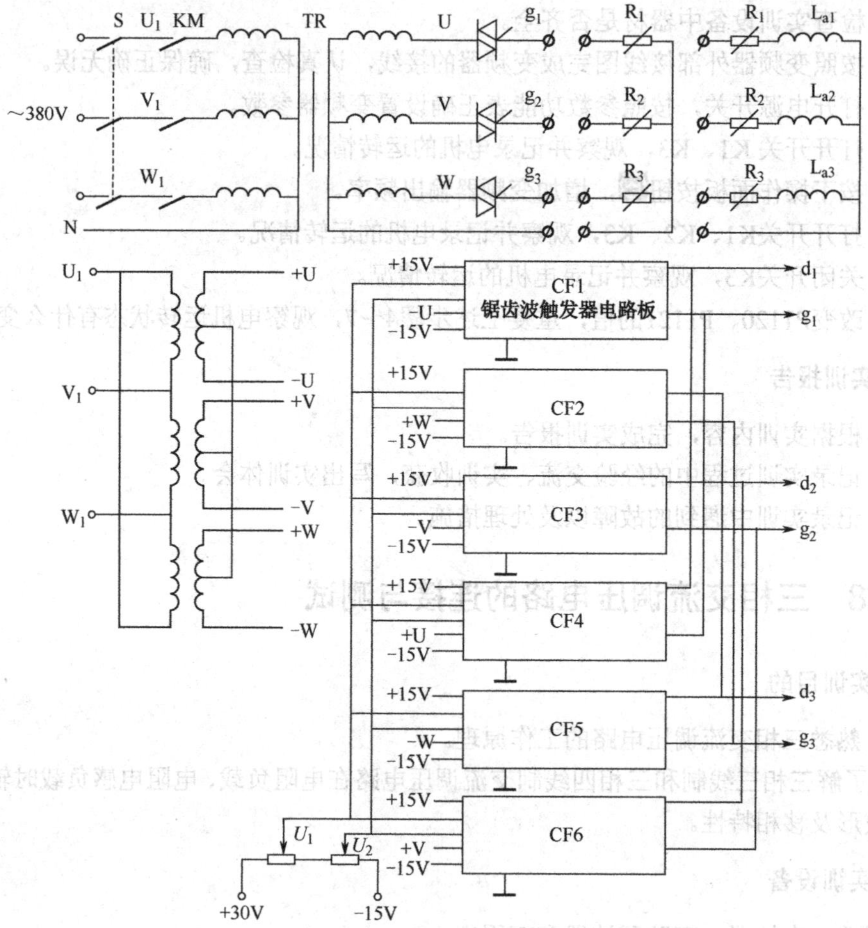

图 10-10　三相交流调压电路

表 10.11　波形和输出电压有效值（1）

接法	α	0°	30°	60°	90°	120°	150°
yn	*U*						
	u 波形						
y	*U*						
	u 波形						

（3）切断主电路电源，在带中线星形连接的三相交流调压电路中换接上电阻电感负载，再接通主电路。调节变阻器（三相一起调），使阻抗角 φ=60°，用示波器观察 α=0°、30°、60°、90°、120°、150°时的波形，并将输出电压 u、电流 i 的波形和输出电压有效值记入表 10.12。

表 10.12　波形和输出电压有效值（2）

接法	α	0°	30°	60°	90°	120°	150°
yn	U						
	u 波形						
	i 波形						
y	U						
	u 波形						
	i 波形						

（4）按停止按钮，切断主电路，断开负载中线，进行三相四线制交流调压实验，其步骤与（1）至（3）相同，并将波形和数值记入表 10.13。

表 10.13　波形和输出电压有效值（3）

接法	α	0°	30°	60°	90°	120°	150°
电阻负载时							
yn	U						
	u 波形						
y	U						
	u 波形						
电阻电感负载时							
yn	U						
	u 波形						
	i 波形						
y	U						
	u 波形						
	i 波形						

5. 实训报告

（1）讨论分析三相三线制交流调压电路中如何确定触发电路的同步电压。

（2）整理、记录波形并画出不同接线方法、不同负载时 $U=f(\alpha)$ 曲线。

（3）对两种接线方式的输出电压、电流波形进行分析比较。

10.9　电风扇无级调速器安装、调试及故障分析、处理

1. 实训目的

（1）熟悉电风扇无级调速器的工作原理及电路中各元器件的作用。

（2）熟悉元器件的技术参数及元器件质量好坏的检测方法。

（3）掌握电风扇无级调速器的安装、调试步骤及方法。

（4）对电风扇无级调速器中故障原因能加以分析并能排除故障。

（5）熟悉双踪示波器的使用方法。

2．实训设备

电风扇无级调速器电路底板	1块
电风扇无级调速器电路元器件	1套
万用表	1块
双踪示波器	1台
烙铁	1只

3．实训线路与原理

如图10.11所示是一种实用的电风扇无级调速电路，图中NC555组成周期固定、脉冲占空比连续可调的振荡器，用它的低电平输出脉冲去控制双向可控硅的导通，使电风扇产生周期为10s的阵风。占空比为0.5左右时，有强烈的自然风的感觉。调节占空比可以使电风扇产生微微的自然风，也可以使电风扇全速运转产生大风。因为它不是通过调节交流电压每半周的导通角来调整交流电压的有效值，故该调速器的工作电流为正弦波，无高次谐波，电动机涡流损失小，也不干扰无线电广播。由于采用非降压式调速，因此转矩大（电动机转矩与其端电压平方成正比），在微风状态下绝不“堵转”。而降压式调速器在微风状态下运行时极易发生“堵转”。该调速器成本低廉，有实用价值。

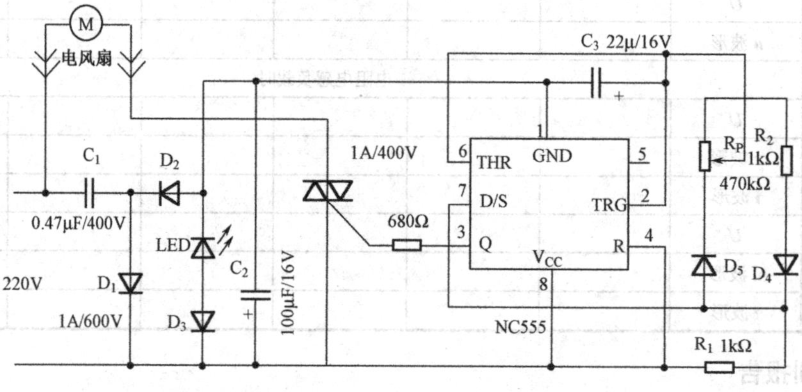

（a）

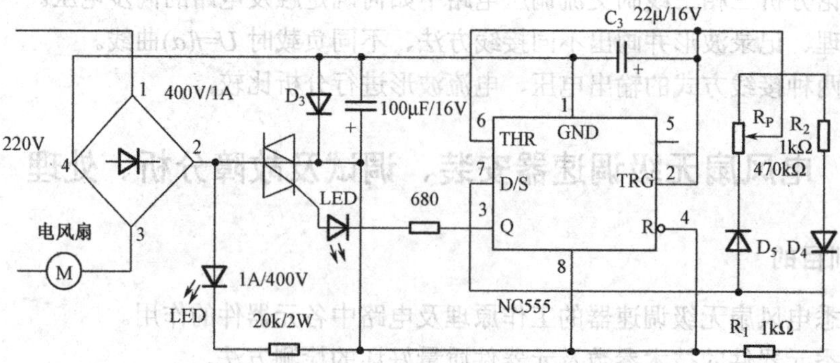

（b）

图10.11 电风扇无级调速器实训线路图

4．实训内容与步骤

（1）电风扇无级调速器的安装。

① 按元器件明细表配齐元器件。

② 元器件选择与测试。根据图 10.11 所示电路图选择元器件并进行测量，重点对双向晶闸管的性能、管脚进行测试和区分。

③ 焊接前准备工作。将元器件按布置图在电路底板焊接位置上做引线成形。弯脚时，切忌从元器件根部直接弯曲，应将根部留有 5～10mm 长度以免断裂。清除元器件引脚、连接导线端的氧化层后涂上助焊剂，上锡备用。

④ 元器件焊接安装。根据电路布置图和布线图将元器件进行焊接安装。焊接应无虚焊、错焊、漏焊，焊点应圆滑无毛刺。焊接时应重点注意双向晶闸管的管脚。

（2）电风扇无级调速器的调试。

① 通电前的检查。对已焊接安装完毕的电路应根据图 10.11 进行详细检查。重点检查元器件的管脚是否正确，输入、输出端有无短路等。

② 通电调试。电风扇无级调速电路分主电路和触发电路两大部分，因而通电调试亦分成两个步骤，首先调试触发电路，然后将主电路和触发电路连接，进行整体综合调试。

（3）电风扇无级调速器故障分析及处理。电风扇无级调速器在安装、调试及运行中，若由元器件及焊接等原因产生故障，可根据故障现象用万用表、示波器等仪器进行检查测量并根据电路原理进行分析，找出故障原因并排除。

5．实训注意事项

（1）注意元器件布置要合理。

（2）焊接应无虚焊、错焊、漏焊，焊点应圆滑无毛刺。

（3）焊接时应重点注意双向晶闸管的管脚。

6．实训报告

（1）阐述电风扇无级调速电路的工作原理和调试方法。

（2）讨论并分析实训中出现的现象和故障。

（3）写出本实训的心得体会。

10.10　升、降压与复合斩波电路实训

1．实训目的

（1）了解直流斩波电路在电动机带负荷时的应用原理。

（2）了解复合斩波器供电的直流电机传动系统中，断流、逆流等工作状态时的电压、电流波形和形成条件。

2．实训所需挂件及附件

DJK01 电源控制屏	1 块
DJK09 单相调压与可调负载	1 块

DJK27 升、降压与复合斩波电路	1 件
DD03-2 电动机导轨、测速发电机及转速表	1 块
DJ13-1 直流发电机	1 件
DJ15 直流并励电动机	1 件
双踪示波器	1 台
万用表	1 只

3．实训线路及其工作原理

直流斩波电路的种类很多，其中斩波电路的典型用途之一是拖动直流电动机。当负载是直流电动机时，电路中会出现反电动势，因而不用另配置大电感和大电容，电路十分简单。

（1）降压斩波电路。如图 10.12 所示为降压斩波电路的原理图及波形。图中 L、R 为负载电动机的等效电路，负载电压的平均值为$U_o=\frac{t_{on}}{t_{on}+t_{off}}E=\frac{t_{on}}{T}E=\gamma E$。因此称为降压斩波电路。若负载中 L 较小，或 t_{on} 较小，或 E 较小，则在可控器件 V 关断后，到了 t_2 时刻负载电流已衰减至零时，将会出现负载电流断续的情况。图（c）表明了电流断续时的波形情况。

（2）升压斩波电路。如图 10.13 所示为升压斩波电路的一般电路，由于电感 L 和电容 C 的存在，从电路原理可分析输出电压$U_o=\frac{t_{on}+t_{off}}{t_{off}}E=\frac{T}{t_{off}}E$。因此称为升压斩波电路。

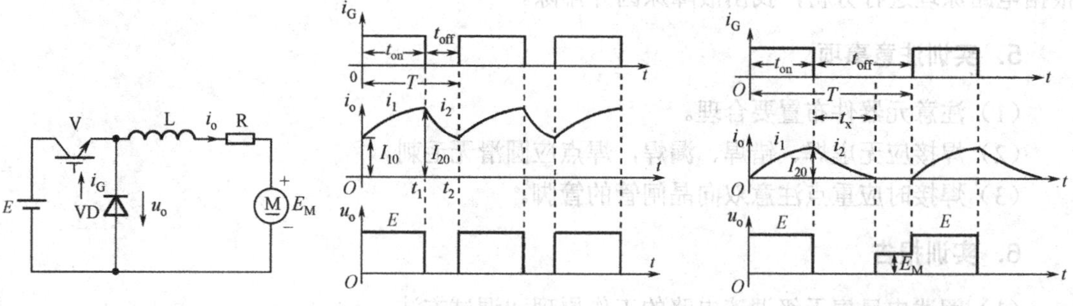

（a）电路图　　（b）电流连续时的波形　　（c）电流断续时的波形

图 10.12　降压斩波电路的原理图及波形

当升压斩波电路用于直流电机传动时。通常是在直流电机再生制动时把电能回馈给直流电源，此时的电路及工作波形如图 10.14 所示，图中的为直流电动机的等效电感，由于实际电路中电感值不可能为无穷大，因此该电路和降压斩波电路一样，也有电机电枢电流连续和断续两种工作状态。还应说明的是，此时电机的反电动势相当于如图 10.13 所示电路中的电源，而此时的直流电源相当于电路中的负载，由于直流电源的电压基本是恒定的，因此不必并联电容器。如图 10.14 所示是用于直流电机回馈能量的升压斩波电路及其波形。

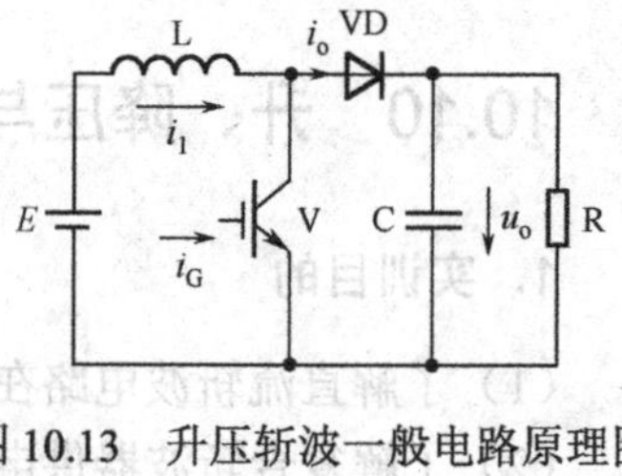

图 10.13　升压斩波一般电路原理图

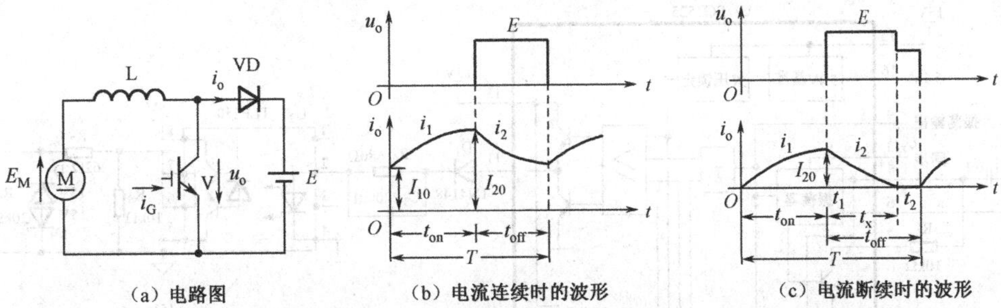

（a）电路图（b）电流连续时的波形（c）电流断续时的波形

图 10.14 用于直流电机回馈能量的升压斩波电路及其波形

从图中可看出，当 $t_x < t_{off}$ 时，电路为电流断续工作，$t_x < t_{off}$ 是电流断续的条件，注意在升压电路中，电流是逆向流动的。

（3）复合电流可逆斩波电路。当斩波电路用于拖动直流电机时，常要使电机既可电动运行，又能再生制动，将能量回馈电源，降压斩波电路在拖动直流电机时，电机工作于第一象限，升压斩波电路中，电机工作于第二象限，复合电流可逆斩波电路将降压斩波电路与升压斩波电路组合在一起，在拖动直流电机时，电机的电枢电流可正可负，但电压只能是一种极性，故其可工作于第一象限和第二象限，如图 10.15 所示为复合电流可逆斩波电路的原理图及其波形。图中 L、R 为电机电枢的等效电感和电阻。在该电路中，V_1 和 VD_1 构成降压斩波电路。由电源向直流电机供电，电机为电动运行，工作于第一象限，V_2 和 VD_2 构成升压斩波电路，把直流电机的动能转变为电能反馈到电源，使电机再生制动运行，工作于第二象限。需要注意的是若 V_1 和 V_2 同时导通，将导致电源短路，因此，V_1 和 V_2 的栅极触发脉冲在时间上必须错开。从图中可看出，当电路工作于复合电流可逆斩波电路时，V_1、VD_1、V_2、VD_2 四个管子将依次导通。

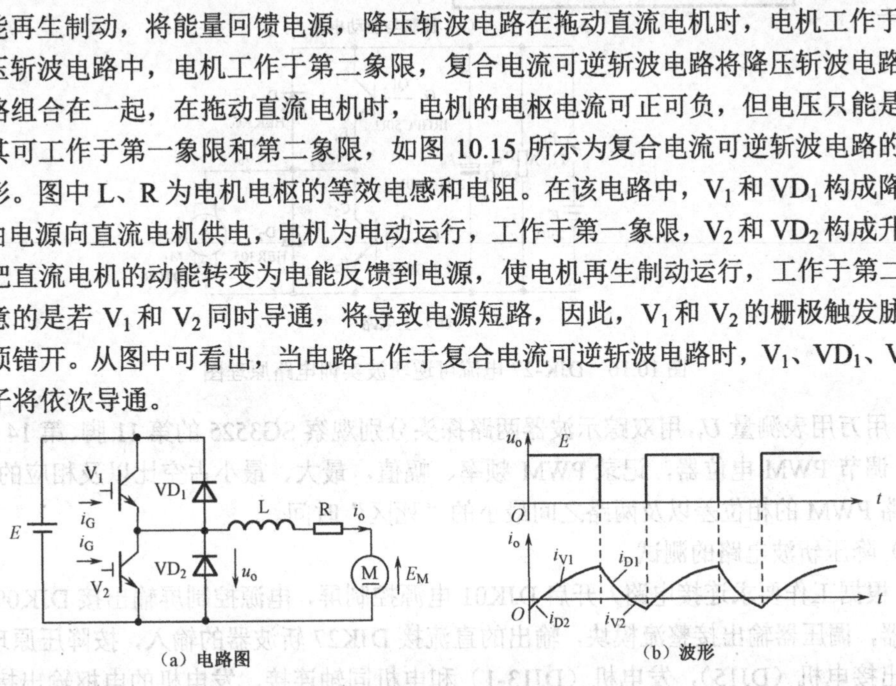

（a）电路图（b）波形

图 10.15 复合电流可逆斩波电路及其波形

（4）实训电路原理图。如图 10.16 所示，PWM 脉宽调节电路部分不再介绍，可参考半桥型开关稳压电源的性能研究试验。

4. 实训内容

（1）控制与驱动电路的测试。

（2）三种直流斩波器的测试。

5. 实训方法

（1）控制与驱动电路的测试。

① 启 DJK-27 控制电路电源开关。

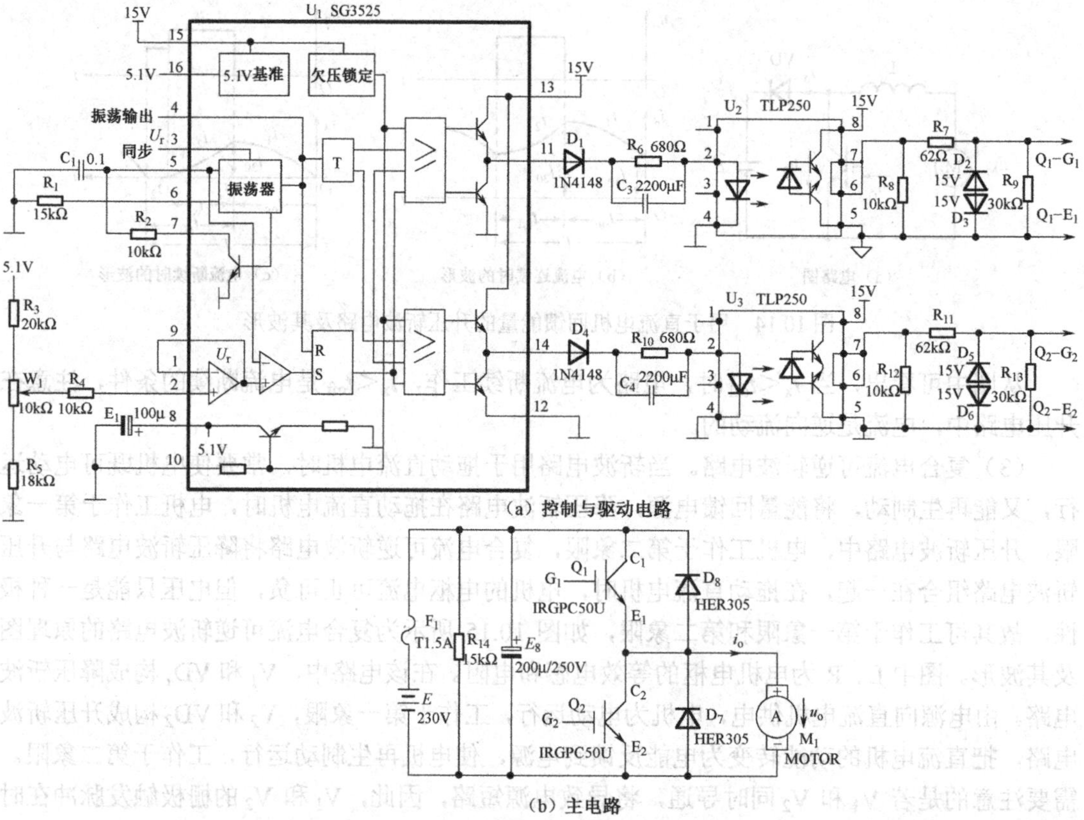

图 10.16　DJK-27 电流可逆斩波实训电路原理图

② 用万用表测量 U_r，用双踪示波器两路探头分别观察 SG3525 的第 11 脚、第 14 脚波形。

③ 调节 PWM 电位器，记录 PWM 频率、幅值，最大、最小占空比以及相应的 U_r 值。记录两路 PWM 的相位差以及两路之间最小的“死区”时间。

（2）降压斩波电路的测试。

① 根据工作要求连接电路，开启 DJK01 电源控制屏，电源控制屏输出接 DJK09 挂件上的调压器，调压器输出接整流模块，输出的直流接 DJK27 斩波器的输入，按降压原理图，斩波器输出接电机（DJ15），发电机（DJ13-1）和电机同轴连接，发电机的电枢输出接负载 R（将两个 900Ω电阻串联）。

② 用双踪示波器两路探头分别观察 U_o 和 i_o。输入的直流电压控制在 230V，记录最大、最小 PWM 占空比时的电动机转速，观察加大负荷时的 U_o 和 i_o 变化情况，记录临界断流时的 PWM 占空比。

③ 在最大占空比的情况下，逐步降低输入的直流电压，记录临界断流时的电压值。

（3）升压斩波电路的测试。

① 根据工作要求连接电路，电源控制屏输出接 DJK09 挂件上的调压器，调压器输出接整流模块，直流输出接电机（DJ15）负载，电机与发电机（DJ13-1）同轴，发电机的电枢输出接直流斩波器的输出端，斩波器的输入接直流输出，调节调压器增加输出的直流电压。注意在实训中要把直流电压控制在 70V 以下。

② 重复降压斩波电路测试步骤的②、③。

（4）复合斩波电路的测试。

① 根据要求连接电路，用电机拖动发电机。

② 重复降压斩波电路测试的步骤②、③。

6. 实训报告

将以上测试整理成实训报告，讨论分析实训中出现的各种波形。

7. 注意事项

（1）双踪示波器有两个探头，可同时观测两路信号，但这两个探头的地线都与示波器的外壳相连，所以两个探头的地线不能同时接在同一电路的不同电位的两个点上，否则这两点会通过示波器外壳发生电气短路。因此，为了保证测量的顺利进行，可将其中一个探头的地线取下或外包绝缘，只使用其中一路的地线，这样从根本上解决了这个问题。当需要同时观察两个信号时，必须在被测电路上找到这两个信号的公共点，将探头的地线接于此处，探头各接至被测信号，只有这样才能在示波器上同时观察到两个信号，而不发生意外。

（2）带直流电机做实训时，必须要先加励磁部分的电源，然后才能加电枢电压启动，停机时要先将电枢电压降到零后，再关闭励磁电源；否则很容易造成飞车或过流，将功率管损坏。

习题答案

第1章

一、填空

（1）螺旋式　平板式（2）额定电流（3）阳极电压上升到正向转折电压

（4）大于（5）小于（6）静态均压（7）维持电流（8）阳极，门极

（9）某电流波形的有效值与平均值之比

二、选择

（1）B（2）B

三、简答

（1）①晶闸管阳极和阴极之间加正向电压。门极和阴极之间加适当的正向电压。②导通后流过晶闸管的电流由主电路电源电压和负载大小决定。③电源电压。④晶闸管的关断条件是：阳极电流小于维持电流。⑤关断晶闸管可以通过降低晶闸管阳极－阴极间电压或增大主电路中的电阻。⑥晶闸管阻断时两端电压由主电路电源电压决定。

（2）图（a）的目的是巩固维持电流和擎住电流概念，擎住电流一般为维持电流的数倍。本题给定晶闸管的维持电流 I_H＝4mA，那么擎住电流必然是十几毫安，而图中数据表明，晶闸管即使被触发导通，阳极电流也只有 100V/50kΩ＝2mA，远小于擎住电流，晶闸管不可能导通，故不合理。

图（b）主要是加强对晶闸管型号的含义及额定电压、额定电流的理解。

本图所给的晶闸管额定电压为 300V、额定电流 100A。图中数据表明，晶闸管可能承受的最大电压为 311V，大于管子的额定电压，故不合理。

图（c）主要是加强对晶闸管型号的含义及额定电压、额定电流的理解。

晶闸管可能通过的最大电流有效值为 150A，小于晶闸管的额定电流有效值 1.57×100＝157A，晶闸管可能承受的最大电压 150V，小于晶闸管的额定电压 300V，在不考虑电压、电流余量的前提下，可以正常工作，故合理。

（3）如图 1 所示。

（4）双向晶闸管的图形符号如图 1.11（c）所示。

双向晶闸管有四种触发方式，即 $Ⅰ^{+}$、$Ⅰ^{-}$、$Ⅲ^{+}$和 $Ⅲ^{-}$，如图 1.12 所示。

通常使用 $Ⅰ^{+}$和 $Ⅲ^{-}$两种触发方式。

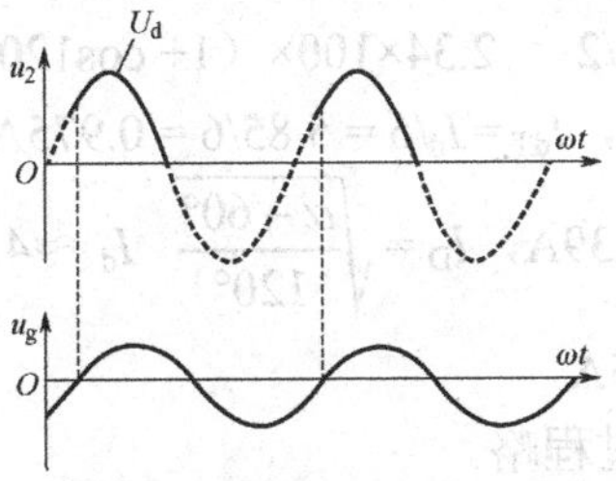

图 1

（5）① 硒堆，抑制交流测浪涌过电压。

② 阻容吸收电路，抑制交流侧操作过电压。

③ 快速熔断器，过电流保护和抑制电流上升率。

④ 电抗器，短路过电流保护。

⑤ RC 保护电路，关断过电压保护和抑制电流上升率。

⑥ 压敏电阻，抑制直流侧过电压。

⑦ 过电流继电器，过电流保护。

（6）应保持各个晶闸上的电流均衡，在并联的各个晶闸管上串均流电阻。应保持各个晶闸上的电压均衡，在串联各个晶闸管上并联均压电阻。

第 2 章

一、判断题

（1）√（2）×（3）×（4）√（5）√（6）×（7）×（8）√（9）√

二、选择题

（1）C（2）A（3）D（4）D（5）B（6）B（7）D（8）B（9）C

三、填空题

（1）触发、电源电压过零点（2）$\pi-\delta-\alpha$（3）0°～120°、0°～90°、0°～180°
（4）82.73V（5）三相桥式全控整流（6）0～150°、0～90°（7）相位控制方式
（8）双窄脉冲、单宽脉冲（9）两相、60°、120°、相反、相反、磁化
（10）120°（11）下降（12）逆变

四、计算题

（1）晶闸管电流有效值 I_T=5A，续流二极管的电流有效值 I_{DR}=8.6A

（2）$U_d=2.34U_2\cos\alpha=2.34\times220\times\cos30°=445.8V$

（3）$U_d=2.34U_2\cos\alpha=2.34\times220\times\cos45°=182V$

$I_d=U_d/R_d=182/2=91A$

$I_{dT}=I_d/3=91/3\approx30.3A$

$I_T=0.577I_d=0.577\times91=52.507A$

（4）$U_d = 2.34U_2$（$1+\cos\alpha$）/2 = 2.34×100×（1+ cos120°）/2 = 58.5V

$I_d = U_d / R_d = 58.5/10 = 5.85A$，$I_{dT} = I_d/6 = 5.85/6 = 0.975A$

$I_T = \sqrt{\frac{1}{6}}\ I_d = \sqrt{\frac{1}{6}} \times 5.85 \approx 2.39A$，$I_D = \sqrt{\frac{\alpha - 60°}{120°}}\ I_d \approx 4.13A$

$I_{dD} = [(\alpha\text{-}60°)/120°]\ I_d = 2.925A$

（5）① 如图 1 所示，具体过程略。

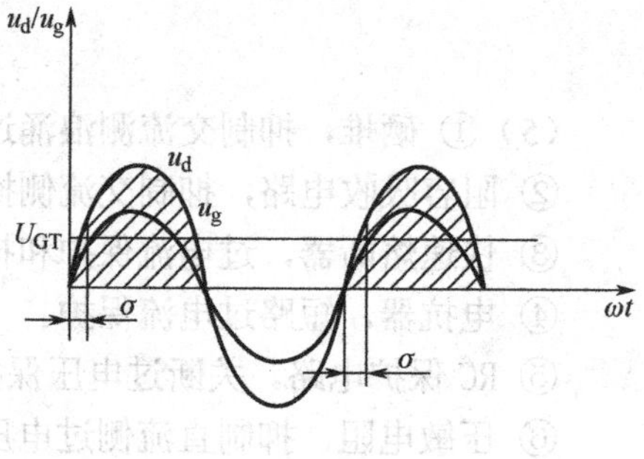

图 1

② 根据晶闸管工作原理分析，波形 u_g 是正弦波，但半波被 VD 截去，当它的瞬时值超过晶闸管门极触发电压 U_{GT} 时，晶闸管因承受正向阳极电压而导通，随着电位器阻值的变化，u_g 幅值变化，晶闸管导通的时刻也在发生改变，达到调光的目的。

开关 Q 打开时，可以调光；开关 Q 闭合时晶闸管 VT 不导通，灯不亮。用 RP 调节延迟角 α 亦即调节输出电压，控制灯光亮暗。

（6）不接续流二极管时，由于是大电感负载，故

$U_d = 0.9U_2\cos\alpha = 0.9 \times 220 \times \cos60° = 99V$

$I_d = U_d / R_d = 99/4 = 24.75A$

接续流二极管时

$U_d = 0.9U_2$（$1+\cos\alpha$）/2 = 0.9×220×(1+cos60°)/2 = 148.5V

$I_d = U_d / R_d = 148.5/4 = 37.125A$

五、绘图题

（1）如图 2 所示。

（2）① 如图 3 所示。

② 如图 4 所示。

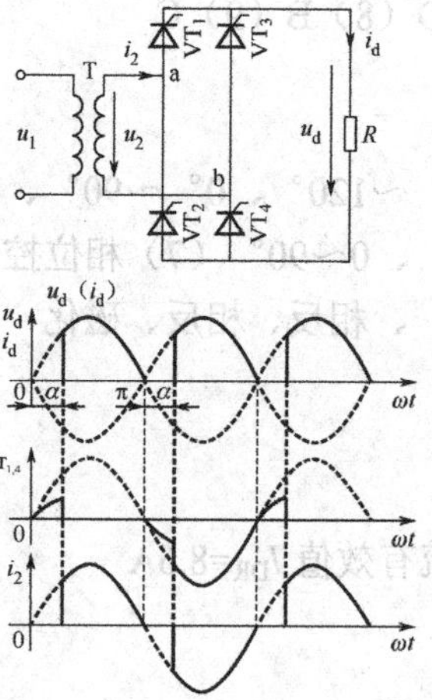

图 2

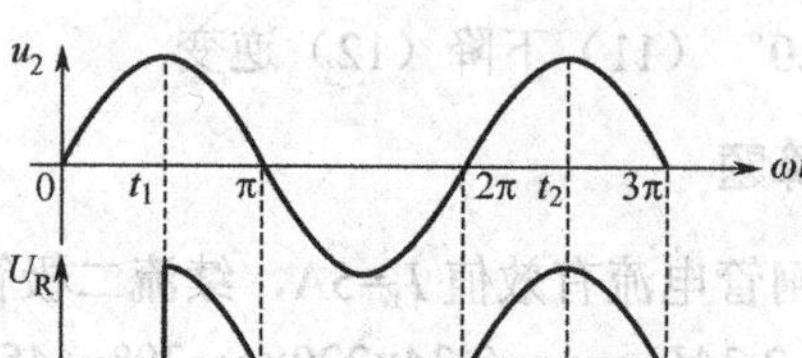

图 3

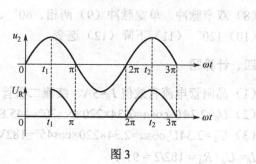

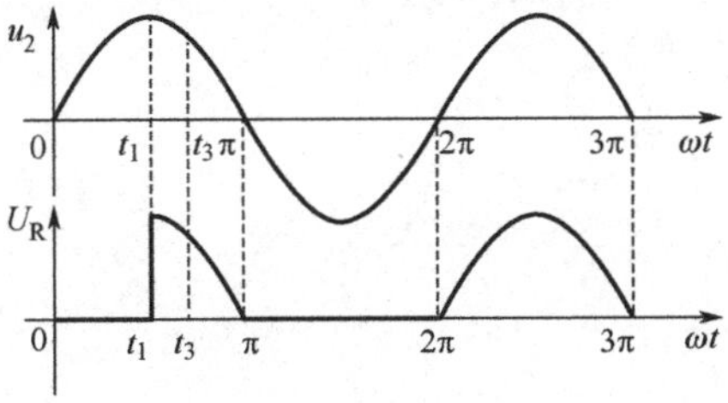

图 4

第 3 章

一、判断题

（1）×（2）×（3）√

二、填空题

（1）有源（2）换相重叠角 γ

三、选择题

（1）A（2）D（3）ABC（4）A

四、简答和计算题

（1）答：整流电动机状态：电流方向从上到下，电压方向上正下负，反电势方向上正下负，U_d 大于 E，控制角的移相范围 0°～90°。

逆变发电机状态：电流方向从上到下，电压 U_d 方向上负下正，发电机电势 E 方向上负下正，U_d 小于 E，控制角的移相范围 90°～150°。

方向如图 1 所示。

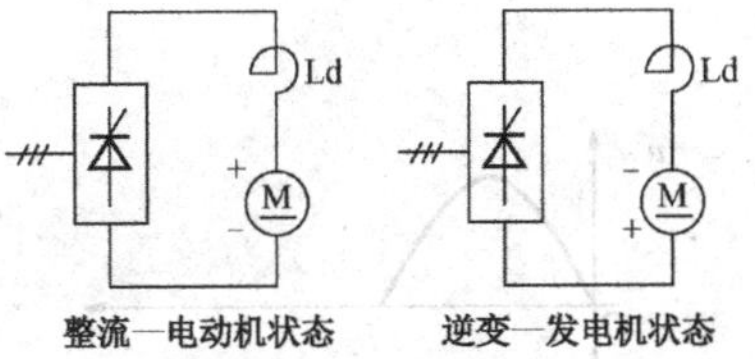

图 1

（2）解：输出相电压的基波幅值 $U_{UN1m} = 2U_d/\pi \approx 0.637\ U_d = 63.7V$

输出相电压基波有效值 $U_{UN1} = U_{UN1m}/\sqrt{2}\ \approx 0.45\ U_d = 45V$

输出线电压的基波幅值 $U_{UN1m} = 2\sqrt{3}\ U_d/\pi \approx 1.1U_d = 110V$

输出线电压基波的有效值 $U_{UV1} = U_{UV1m}/\sqrt{2}\ \approx \sqrt{6}\ U_d/\pi \approx 0.78\ U_d = 78V$

输出线电压中五次谐波 u_{UV5} 的表达式为：$u_{UV5} = (2\sqrt{3}\ U_d/5\pi)\sin 5\omega t$

其有效值为：$U_{UV5} = (2\sqrt{3}\ U_d/5\sqrt{2}\ \pi) \approx 15.59V$

第 4 章

一、填空及选择

（1）A（2）陡

二、简答及计算

（1）：

① 触发脉冲应有足够的功率。触发脉冲的电压和电流应大于晶闸管要求的数值，并留有一定的余量，以保证晶闸管可靠导通。

② 触发脉冲要有足够的宽度，脉冲前沿尽可能陡，使触发导通后，阳极电流能迅速上升超过掣住电流而维持导通。

③ 触发脉冲与晶闸管阳极电压必须同步。两者频率应该相同，而且要有固定的相位关系，使每一周期都能在相同的相位上触发。

④ 触发脉冲的相位应能在规定范围内移动。为满足主电路移相范围的要求。触发脉冲的移相范围与主电路形式、负载性质及变流装置的用途有关。

（2）所谓同步是指触发电路工作频率与主电路交流电源的频率应当保持一致，且每个晶闸管的触发脉冲与施加于晶闸管的交流电压保持合适的相位关系。提供给触发电路合适相位的电压称为同步信号电压。

（3）根据单结晶体管的负阻特性。根据振荡电路的频率 $f=(1-\eta)/TR_eC$ 可以看出，频率与充电电阻 R_e 和电容容量 C 有关。

（4）不能工作。因为单结晶体管触发电路的同步是靠稳压管两端梯形波电压过零实现的，使电容充电的开始时刻与主电路一一对应。如果接上滤波电容，电路就没有过零点，因此电路不能正常工作。

（5）峰值电压 $U_P=\eta U_{bb}+0.7=12.7V$，如果管子的 b_1 脚虚焊，电容两端的电压为 20V，如果是 b_2 脚虚焊，b_1 脚正常，电容两端电压为 0.7V。

（6）如图 1 所示。

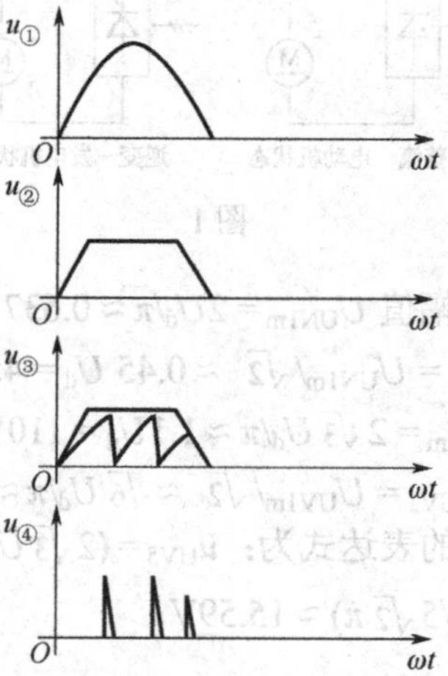

图 1

（7）由同步、锯齿波形成、脉冲移相、脉冲形成和功率放大环节组成。

（8）同步电压为锯齿波电压，负偏移电压为负直流电压，控制电压为直流电压。同步电压的作用保证了触发电路发出的脉冲与主电路电源同步；负偏移电压的目的是为了调整控制电压为零时触发脉冲的初始位置。把负偏移电压调整到某值固定后，改变控制电压，就能改变触发脉冲产生的时刻，达到移相的目的。

（9）同步信号为锯齿波的触发电路受电网电压波动影响较小。锯齿波宽度由同步环节中的 R_1C_1 决定。输出脉冲宽度与时间常数 $R_{14}C_3$ 有关。双窄脉冲触发更可靠，单窄脉冲可能会导致电路失控。

（10）以 VT_1 管的阳极电压与相应的 1CF 触发电路的同步电压定相为例。

① 根据题意，要求同步电压 u_s 相位应滞后阳极电压 u_u 180°。

② 根据相量图（图 2），同步变压器接线组别应为 D 和 yn5 和 D,yn11。

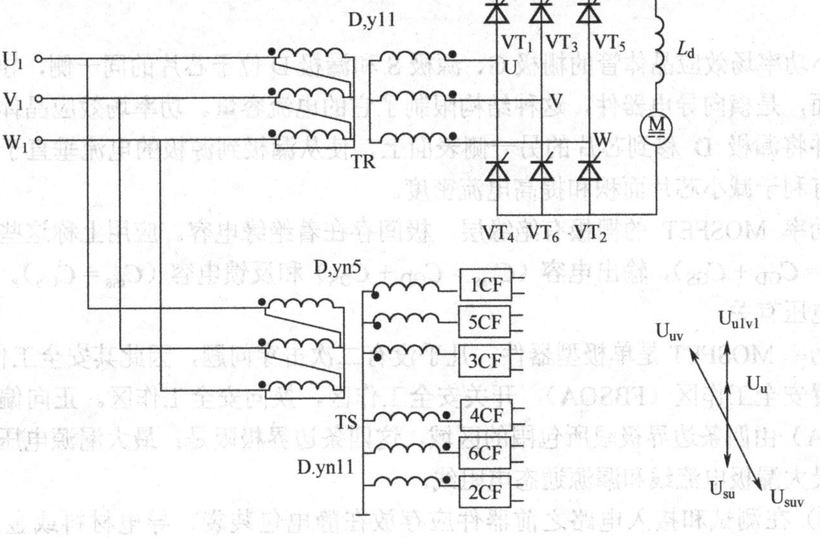

图 2

第 5 章

一、选择及填空

（1）D（2）智能功率集成电路（3）IGBT（4）功率 MOSFET、GTO、IGBT

（5）过电流保护、过电压保护、过热保护（6）较大的负电流（7）储能元件

（8）过电流保护、过电压保护、过热保护、防静电

（9）集电极 C、发射极 E、栅极 G。集电极 C、发射极 E、栅极电压 U_{GE}

二、简答题

（1）小功率晶体管的主要用途是放大信号，要求晶体管的增益适当、本征频率高、噪声系数低、线性度好、温度漂移小、时间漂移小等。可忽略基区注入效应、扩展效应和发射极

电流集边效应三种物理效应影响。

大功率晶体管要求有足够大的容量（大电流、高电压）、适当的增益、较高的开关速度和较低的功率损耗等。不可忽略基区注入效应、扩展效应和发射极电流集边效应三种物理效应影响，在 GTR 的制造过程中采取扩大结片的面积、采用特殊形状的管芯图形、采用精细结构等制造工艺并安装在外加的散热器上。

（2）安全工作区（SOA）指晶体管安全工作运行的电压值、电流值的范围，分为正向偏置安全工作区，反向偏置安全工作区和短路安全工作区。

正向偏置安全工作区是指基极正向偏置时晶体管的 BU_{CEO}、I_{CM}、P_{CM} 与二次击穿触发功率所限制的范围。反向偏置安全工作区表示功率晶体管在反偏下关断的瞬态过程。基极关断反向电流越大其安全工作区越窄。短路安全工作区的短路承受能力是表示在功率控制电路中发生短路时，靠断开的方法来保护晶体管。

（3）单管 GTR 的电流增益低；达林顿 GTR 电流增益高，但饱和压降 U_{CES} 也较高且关断速度较慢。

（4）小功率场效应晶体管的栅极 G、源极 S 和漏极 D 位于芯片的同一侧，导电沟道平行于芯片表面，是横向导电器件，这种结构限制了它的电流容量。功率场效应晶体管采取两次扩散工艺并将漏极 D 移到芯片的另一侧表面上，使从漏极到源极的电流垂直于芯片表面流过，这样有利于减小芯片面积和提高电流密度。

（5）功率 MOSFET 的栅极有绝缘层，极间存在着绝缘电容。应用上称这些电容为输入电容（$C_{iss}=C_{GD}+C_{GS}$），输出电容（$C_{oss}=C_{GD}+C_{DS}$）和反馈电容（$C_{rss}=C_{GS}$）。这些电容大小与偏置电压有关。

（6）功率 MOSFET 是单极型器件，几乎没有二次击穿问题，因此其安全工作区非常宽。有正向偏置安全工作区（FBSOA），开关安全工作区，换向安全工作区。正向偏置安全工作区（FBSOA）由四条边界极限所包围的区域，这四条边界极限是：最大漏源电压线，最大功耗限线，最大漏极电流线和漏源通态电阻线。

（7）① 在测试和接入电路之前器件应存放在静电包装袋、导电材料或金属容器中，不能放在塑料盒或塑料袋中。取用时应拿管壳部分而不是引线部分。工作人员应通过腕带良好接地。

② 将元器件接入电路时，工作台和烙铁都必须良好接地，焊接时烙铁应断电。

③ 在测试器件时，测量仪器和工作台都必须良好接地。元器件的三个电极未全部接入测试仪器或电路前不要施加电压。改换测试范围时，电压和电流都必须先恢复到零。

④ 注意栅极电压不要过限。

（8）GTR，优点：能承受高电压、大电流，开关特性好。缺点是驱动电路复杂，功率损耗大，使用不当会产生二次击穿现象。

功率 MOSFET 与 GTR 相比，优点是：开关速度快、损耗低、驱动电流小、无二次击穿现象等。缺点是电压还不能太高、电流容量也不能太大。

GTO 优点是：电压、电流容量大；能耐受浪涌电流，适用于大功率场合。缺点是门控回路比较复杂，开关速度低。

绝缘栅极晶体管（IGBT）优点是：输入阻抗高、速度快、热稳定性好和驱动电路简单，输入通态电压低，耐压高和承受电流大。缺点是：开关速度不及功率 MOSFET 快，电压电流容量不及 GTO。

(9) IGBT 驱动电路的特点是：驱动电路具有较小的输出电阻，IGBT 是电压驱动型器件，IGBT 的驱动多采用专用的混合集成驱动器。

GTR 驱动电路的特点是：驱动电路提供的驱动电流有足够陡的前沿，并有一定的过冲，这样可加速开通过程，减小开通损耗；关断时，驱动电路能提供幅值足够大的反向基极驱动电流，并加反偏截止电压，以加速关断速度。

GTO 驱动电路的特点是：GTO 要求其驱动电路提供的驱动电流的前沿应有足够的幅值和陡度，且一般要求在整个导通期间施加正向门极电流，关断要求施加负门极电流，幅值和陡度要求更高，其驱动电路通常包括开通驱动电路、关断驱动电路和门极反偏电路三部分。

功率 MOSFET 驱动电路的特点：要求驱动电路具有较小的输入电阻，驱动功率小且电路简单。

(10) 缓冲电路（吸收电路）作用是防止过电压，抑制 du/dt 和 di/dt，以及减小开关损耗。

关断缓冲与开通缓冲在电路上的形式区别有：关断缓冲电路是由电阻和二极管并联再和电容串联所构成，开通缓冲电路是由电阻和二极管串联再和电感并联所构成。其各自的功能是：关断缓冲电路又称为 du/dt 抑制电路，用于吸收器件的关断过电压和换相过电压，抑制 du/dt，减小关断损耗。开通缓冲电路又称为 di/dt 抑制电路，用于抑制器件开通时的电流过冲和 di/dt，减小器件的开通损耗。

(11) 所谓二次击穿是指功率晶体管发生一次击穿（集电极反偏电压增加至 BU_{CEO}，集电极电流 I_C 急剧增大，但此时集电结的电压基本保持不变）后电流 I_C 不断增加，在某一点产生向低阻抗区高速移动的现象，并在功率晶体管内部出现电流集中与过热点，造成晶体管永久性损坏。

(12) 安全工作区是指在输出特性曲线图上 GTR 能够安全运行的电流、电压的极限范围。按基极偏量分类可分为：正偏安全工作区 FBSOA 和反偏安全工作区 RBSOA。正偏工作区又叫开通工作区，它是基极正向偏置条件下由 GTR 的最大允许集电极功耗 P_{CM} 以及二次击穿功率 P_{SB}，I_{CM}，BU_{CEO} 四条限制线所围成的区域。反偏安全工作区又称为 GTR 的关断安全工作区，它表示在反向偏置状态下 GTR 关断过程中电压 U_{CE}，电流 I_C 限制界线所围成的区域。

(13) IGBT 的开关速度快，其开关时间是同容量 GTR 的 1/10，IGBT 电流容量大，是同容量 MOS 的 10 倍；与 VDMOS、GTR 相比，IGBT 的耐压可以做得很高，最大允许电压 U_{CEM} 可达 4500V，IGBT 的最高允许结温 T_{JM} 为 150℃，而且 IGBT 的通态压降在室温和最高结温之间变化很小，具有良好的温度特性；通态压降是同一耐压规格 VDMOS 的 1/10，输入阻抗与 MOS 同。

第 6 章

一、简答题

(1) 变流电路工作在逆变状态时，如果变流器的交流侧直接接到负载，把直流电能逆变为某一频率或可调频率的交流电能供给负载，则称为无源逆变。

变频器由整流器、逆变器、中间直流环节、控制电路组成。

（2）把工频交流电或直流电转换成频率可调的交流电供给负载。

（3）一般来讲，构成交—交变频电路的两组变流电路的脉波数越多，最高输出频率就越高。当交—交变频电路中采用常用的6脉波三相桥式整流电路时，最高输出频率不应高于电网频率的1/3～1/2。当电网频率为50Hz时，交—交变频电路输出的上限频率为20Hz左右。

当输出频率增高时，输出电压一周期所包含的电网电压段数减少，波形畸变严重，电压波形畸变和由此引起的电流波形畸变以及电机的转矩脉动是限制输出频率提高的主要因素。

（4）交—交变频电路的主要特点是：

只用一次变流，效率较高；可方便实现四象限工作；低频输出时的特性接近正弦波。

交—交变频电路的主要不足是：

接线复杂，如采用三相桥式电路的三相交—交变频器至少要用36只晶闸管；受电网频率和变流电路脉波数的限制，输出频率较低；输出功率因数较低；输入电流谐波含量大，频谱复杂。

主要用途：500千瓦或1000千瓦以下的大功率、低转速的交流调速电路，如轧机主传动装置、鼓风机、球磨机等。

（5）三相交—交变频电路有公共交流母线进线方式和输出星形连接方式两种接线方式。

两种方式的主要区别在于：

公共交流母线进线方式中，因为电源进线端共用，所以三组单相交—交变频电路输出端必须隔离。为此，交流电动机三个绕组必须拆开，共引出六根线。

在输出星形连接方式中，因为电动机中性点不和变频器中性点接在一起，电动机只引三根线即可，但是因其三组单相交—交变频器的输出连在一起，其电源进线必须隔离，因此三组单相交—交变频器要分别用三个变压器供电。

（6）有源逆变电路是把逆变电路的交流侧接到电网上，把直流电逆变成同频率的交流电反送到电网去。无源逆变电路的交流侧直接接到负载，将直流电逆变成某一频率或可变频率的交流电供给负载。

二、填空题

（1）自然换流、负载换流、强迫换流

（2）有源、无源、有源、无源

（3）电容，电感

（4）输出电压基波

（5）异步调制、同频调制、分段同步

三、选择题

（1）A（2）C

四、判断题

（1）√（2）×（3）×（4）×（5）×

第 7 章

一、填空及选择

（1）φ-180°　（2）D

二、简答

（1）交流调压电路输出电压较为精确，调速精度较高、快速性好，低速时转速脉动较小。但由于相位控制的导通波形只是工频正弦波一周期的一部分，会产生成分复杂的谐波，对电网造成谐波污染。交流调功电路采用了过零触发的控制方式，几乎不产生谐波污染，但由于在导通周期内电机承受的电压为额定电压，而在间歇周期内电机承受的电压为零，故加在电机上的电压变化剧烈，致使转矩较大，特别是在低速时，影响尤为严重。

交流调压电路广泛用于灯光控制及异步电机的软启动，也用于异步电机调速。在供用电系统中，还常用于对无功功率的连续调节。此外，在高电压小电流或低电压大电流直流电源中，也常采用交流调压电路调节变压器一次电压。交流调功电路常用于热惯性较大的电热负载。

（2）一般来讲，构成交—交变频电路的两组交流电路的脉波数越多，最高输出频率就越高。当交—交变频电路采用常用的 6 脉波三相桥式整流电路时，最高输出频率不应高于电网频率的 1/3～1/2。当电网频率为 50Hz 时，交—交变频电路输出的上限频率为 20Hz 左右。

当输出频率增高时，输出电压一周期内所包含的电网电压段数减少，波形畸变严重，电压波形畸变和由此引起的电流波形畸变以及电机的转矩脉动是限制输出频率提高的主要因素。

（3）交—交变频电路的主要特点是：只有一次变流，效率较高，可以方便地实现四象限工作，低频输出波形接近正弦波。不足之处是：接线复杂，受电网频率和变流电路脉波数的限制，输出频率较低，输入功率因数较低，输入电流谐波含量大，频谱复杂。其主要用在 500～1000kW 大功率、低速的交流调速电路中。

（4）直流电机传动用的反并联可控整流电路是通过对正负组的 α 的控制，在输出端得到一个可变的直流电压 U_d 或 $-U_d$，使直流电动机得到正向或反向电压进行四象限运行。

单向交—交变频电路则是通过对正组或负组的 α 角按正弦规律的变化进行调制，使得正组或负组变流器输出电压在每个控制器间隔内的平均电压按正弦规律从零逐渐增至最高（正半周），负半周从零增至负的最高（由负组输出），然后逐渐减到零，使得电动机负载上得到一个接近正弦波的交流电压。

三、计算

（1）

① $\varphi = \arctan\dfrac{UL}{R} = \arctan\dfrac{2\pi \times 50 \times 5.516 \times 10^{-3}}{1} \approx 60°$

所以控制角的移相范围 $60° \leqslant \alpha \leqslant 180°$

② $Z = R + \mathrm{j}\omega L = 1+1.732\mathrm{j}$

$\alpha=\varphi$ 时，电流连续，电流最大。

$I = U_1/Z = \dfrac{220}{\sqrt{1^2 + 1.732^2}} \approx 110\text{A}$

③ $P = U_1 I\cos\varphi = U_1 I_2 \cos\alpha = 220 \times 110 \times \cos 60° = 12.1\text{kW}$

$\cos\varphi = \cos\alpha = \cos 60° = 0.5$

（2）由题意得 P_1=5kW=50%P_0 可得 $\sin\alpha/2\pi+(\pi-\alpha)/\pi = 0.5$

得 $2\alpha-\pi=\sin 2\alpha$，从而 $\alpha=\pi/2$

由 $P = U^2/R \rightarrow R = 220^2/(10\times10^3) = 4.84\Omega \rightarrow I_0 = U_{\text{i}}\sqrt{\dfrac{\sin a}{2\pi}+\dfrac{\pi-a}{\pi}}/R \approx 0.71\times U_{\text{i}}/R$=32.3A

交流侧功率因数：$\cos\varphi=P/S=U_{\text{R}}I/UI=\sqrt{\dfrac{\sin 2\alpha}{2\pi}+\dfrac{\pi-\alpha}{\pi}}=0.71$

或

电炉是电阻性负载。220V、10kW 的电炉其电流有效值应为 $I = 10000/220 \approx 45.5\text{A}$

要求输出功率减半，即 I^2 值减小 1/2，故工作电流应为 $I = 45.5/\sqrt{2} \approx 32.1\text{A}$

输出功率减半，即 U^2 值减小 1/2，则 α=90°

功率因数 $\cos\varphi \approx 0.707$

（3）Q 置于位置 1：双向晶闸管得不到触发信号，不能导通，负载上无电压。

Q 置于位置 2：正半周，双向晶闸管 I_+触发方式导通。负半周，由于二极管 VD 反偏，双向晶闸管得不到触发信号，不能导通，负载上得到半波整流电压。

Q 置于位置 3：正半周，双向晶闸管 I_+触发方式导通。负半周，双向晶闸管 III_-触发方式导通，负载上得到近似单相交流电压。

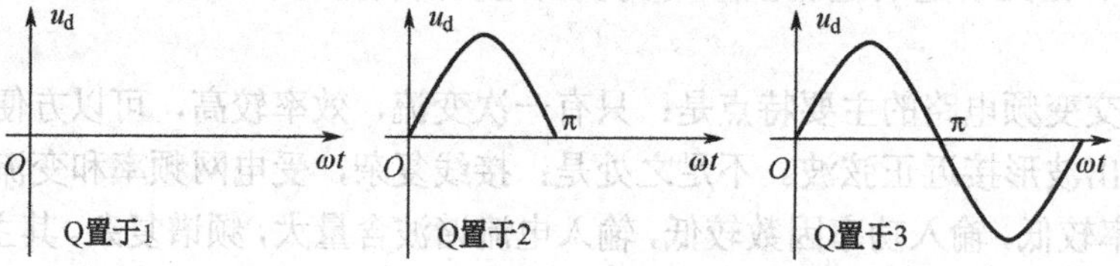

第 8 章

一、填空

（1）$U_\text{o}=U_\text{d}/(1-k)=16/(1-1/3)=24\text{V}$

（2）固定频率调脉宽、固定脉宽调频率、调频调宽

二、选择

（1）C（2）C（3）C（4）C

三、简答

（1）直流斩波器的工作方式有：①定额调宽式，即保持斩波器通断周期 T 不变，改变周

期 T 内的导通时间 τ（输出脉冲电压宽度），来实现直流调压；②定宽调频式，即保持输出脉冲宽度 τ 不变，改变通断周期 T，来进行直流调压；③调频调宽式，即同时改变斩波器通断周期 T 和输出脉冲的宽度 τ，来调节斩波器输出电压的平均值。

（2）开关电路简单、控制灵活，工作频率高，设备的体积和重量小和轻。

（3）直流变压器有输入输出电压成比例的特点，降压式斩波电路的输出与输入电压也成比例（略）。

（4）

参量表达 / 斩波电路	占空比 k	输出与输入电压比 U_o/U_d	临界连续性电流 I_{LB}
降压式	$U_o = kU_d$	k	$I_{LB} = TU_d k(1-k)/2L$
升压式	$U_o = U_d/(1-k)$	$1/(1-k)$	$I_{LB} = TU_o k(1-k)/2L$

（5）如图 1 所示正激式变换器的工作原理如下。

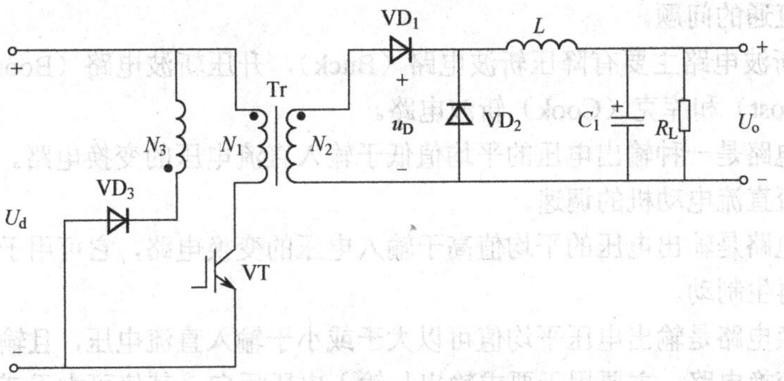

图 1　正激式变换器电路原理图

在开关信号驱动下，当开关管 VT 导通时，它在高频变压器一次绕组中储存能量，同时将能量传递到二次绕组，根据变压器对应端的感应电压极性，二极管 VD_1 导通，VD_2 截止，把能量储存到电感 L 中，同时提供负载电流 I_o；当开关管 VT 截止时，变压器二次绕组中的电压极性变反，使得续流二极管 VD_2 导通，VD_1 截止，存储在电感中的能量继续提供电流给负载。

在这种工作方式下，变压器的铁芯极易饱和，励磁电感饱和，励磁电流迅速增长，最终损坏电路中的开关器件。为此，主电路中还要考虑变压器铁芯防饱和措施，即应如何使铁芯复位（变压器铁芯磁场周期性复位）。图中利用变压器的第 3 个绕组 N_3 和二极管 VD_3 组成复位电路。

（6）解答：① 正激电路：开关在工作时承受的最大电压 $u_s = (1+\dfrac{N_1}{N_3})U_i$

整流二极管在工作时承受的最大电压（电流连续时）$u_{VD1} = \dfrac{N_2}{N_3}U_i$（对于电流断续时，不做要求）。

② 反激电路：开关在工作时承受的最大电压 $u_s = U_i + \dfrac{N_1}{N_3}U_o$。

整流二极管在工作时承受的最大电压 $u_{VD}=U_o+\frac{N_1}{N_2}U_i$

（7）解答：单端反激变换电路具有使用元器件少，结构简单等特点而广泛应用于几百瓦以下的计算机电源等小功率 DC/DC 变换电路，但由于其开关变压器起着电感和变压器的双重作用，其传输能量是间接的，因此不适用于大功率场合的应用。

正激式变换器需要磁场复位电路，磁复位问题使正激变换器的磁利用率降低，但其适用的输出功率范围较大（数瓦至数千瓦），广泛应用在通信电源等电路中。

半桥电路相对于单端正激电路而言，开关管电压为输入电压，变压器为双向磁化，磁芯利用率高，但是，电容 C_1、C_2 电压不对称可能引起变压器偏磁，且必须设置死区时间以避免功率管直通的问题，常适用于中、小功率的开关电源。

全桥电路使用四个开关管，适用于高压输入的大、中功率的开关电源。其优点在于主功率管电压应力较小，为输入电压；相同的功率等级流过功率管的电流是半桥电路的一半；变压器铁芯利用率高。其缺点是开关管的压降或驱动脉冲不对称，会引起变压器铁芯的偏磁而且存在功率管直通的问题。

（8）直流斩波电路主要有降压斩波电路（Buck），升压斩波电路（Boost），升降压斩波电路（Buck-Boost）和库克（Cook）斩波电路。

降压斩波电路是一种输出电压的平均值低于输入直流电压的变换电路。它主要用于直流稳压电源和直流直流电动机的调速。

升压斩波电路是输出电压的平均值高于输入电压的变换电路，它可用于直流稳压电源和直流电动机的再生制动。

升降压变换电路是输出电压平均值可以大于或小于输入直流电压，且输出电压与输入电压极性相反的变换电路。主要用于要求输出与输入电压反向，其值可大于或小于输入电压的直流稳压电源。

库克电路也属升降压型直流变换电路，但输入端电流纹波小，输出直流电压平稳，降低了对滤波器的要求。

四、计算

（1）：① 占空比的变化范围：0.505～0.617。

② 保证整个工作范围内电感电流连续的电感值为 10.23μH。

$$L=\frac{U_o t_{off}}{i_{omax}-i_{omin}}=\frac{15\times5\times10^{-6}}{\frac{P_{omax}}{U_{omax}}-\frac{P_{omin}}{U_{omin}}}=\frac{15\times5\times10^{-6}}{\frac{120}{15}-\frac{10}{15}}=10.23\mu\text{H}$$

③ 若取整个工作范围内电感电流连续的电流值为 4A：

$$L=\frac{TU_d}{2I_{LB}}k(1-k)=\frac{29.7}{2\times4\times30\times10^3}\times0.505\times(1-0.505)\approx30.93\mu\text{H}$$

（2）：① 输出电压的平均值 U_o

$$U_o=\frac{t_1}{t_1+t_2}U_d$$

② 若忽略所有电路元件的功耗，则输入功率 P_i 等于输出功率 P_o。即

$$P_i = P_o = U_o I_o = \frac{U_o^2}{R} = (\frac{t_1}{t_1 + t_2})^2 \frac{U_d^2}{R}$$

（3）：① 平均输出电压 U_o

$$U_o = kU_d = 0.5 \times (220 - 2) = 109\text{V}$$

② 斩波效率 η

$$\eta = \frac{P_o}{P_i} = \frac{U_o I_o}{U_i I_i} = \frac{U_o^2 / R}{U_i^2 / R} = \frac{109^2}{220^2} \approx 0.245$$

（4）：① 最大占空比是

$$k_{max} = 1 - \frac{U_{d\min}}{U_o} = 1 - \frac{24.3}{45} \approx 0.46$$

② 要求输出电压为 60V 不可能。因为若 U_o=60V，则 $k = 1 - \frac{U_d}{U_o} = 1 - \frac{24.3}{60} = 0.595 > 0.46$

（5）：① $U_o = \frac{U_s}{1-k} = \frac{U_s}{1 - \frac{t_{on}}{t_{on} + t_{off}}} = \frac{100}{1 - \frac{80}{80+20}} = 500\text{V}$

② 如图 2 所示。

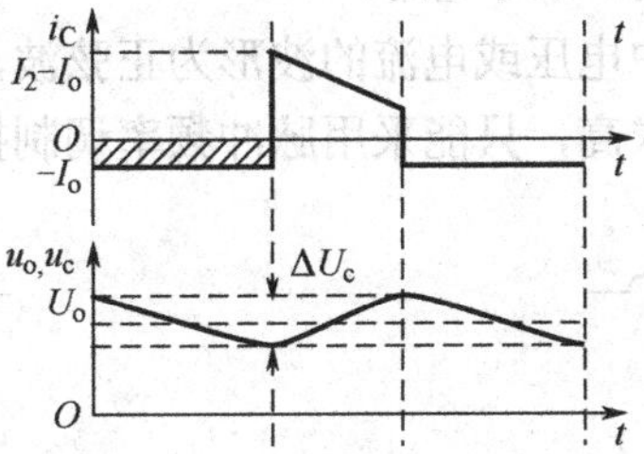

图 2

③ $P = \frac{U_o^2}{R} = \frac{500^2}{50}$=5000W

（6）解：输出电压平均值为：

$$U_o = \frac{T}{t_{off}} E = \frac{40}{40-25} \times 50 \approx 133.3(\text{V})$$

输出电流平均值为：

$$I_o = \frac{U_o}{R} = \frac{133.3}{20} = 6.667(\text{A})$$

第 9 章

一、填空题

（1）小型化、轻量化、效率、电磁兼容性

（2）零电压开通、谐振

（3）准谐振变换电路、零开关 PWM 变换电路、零转换 PWM 变换电路

（4）交流—直流—交流变换电路、谐振、整流、逆变

二、简答题：

（1）高频化可以减小滤波器的参数，并使变压器小型化，从而有效降低装置的体积和重量，使装置小型化，轻量化是高频化的意义所在。提高开关频率，周期变短，可使滤除开关频率中谐波的电感和电容的参数变小，从而减轻了滤波器的体积和重量；对于变压器来说，当输入电压为正弦波时，$U=4.44fNBS$，当频率 f 提高时，可减小 N、S 参数值，从而减小了变压器的体积和重量。

（2）根据电路中主要的开关元器件开通及关断时的电压电流状态，可将软开关电路分为零电压电路和零电流电路两大类；根据软开关技术发展的历程可将软开关电路分为准谐振电路、零开关 PWM 电路和零转换 PWM 电路。

准谐振电路：准谐振电路中电压或电流的波形为正弦波，电路结构比较简单，但谐振电压或谐振电流很大，对器件要求高，只能采用脉冲频率调制控制方式。

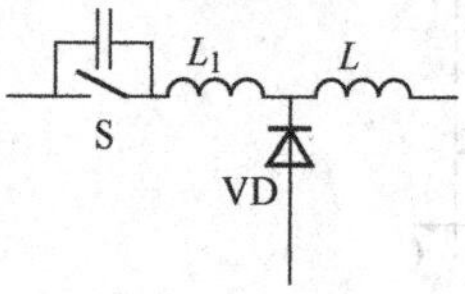

零电压开关准谐振电路的基本开关单元

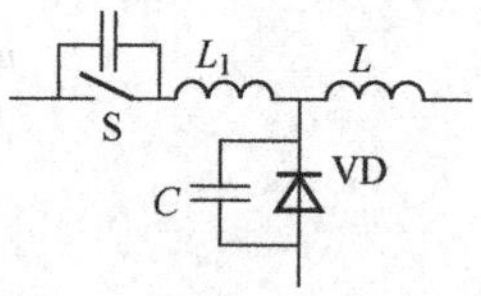

零电流开关准谐振电路的基本开关单元

零开关 PWM 电路：这类电路中引入辅助开关来控制谐振的开始时刻，使谐振仅发生于开关过程前后，此电路的电压和电流基本上是方波，开关承受的电压明显降低，电路可以采用开关频率固定的 PWM 控制方式。

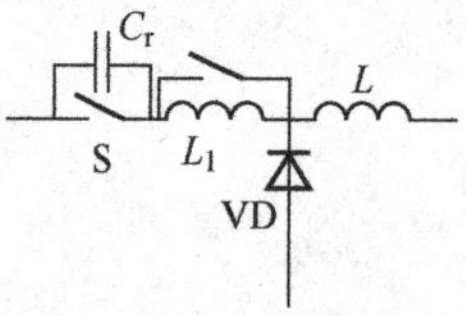

零电压开关 PWM 电路的基本开关单元

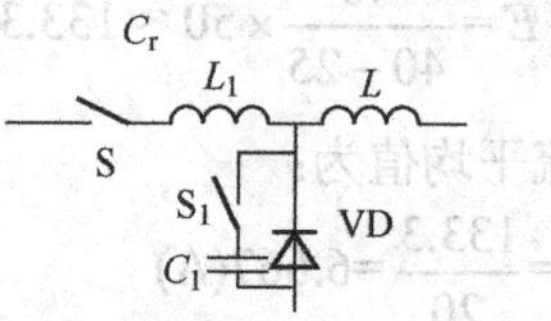

零电流开关 PWM 电路的基本开关单元

零转换 PWM 电路：这类软开关电路还是采用辅助开关控制谐振的开始时刻，所不同的是，谐振电路是与主开关并联的，输入电压和负载电流对电路的谐振过程的影响很小，电路在很宽的输入电压范围内工作，并从零负载到满负载都能工作在软开关状态。电路工作效率因无功功率的减小而进一步提高。

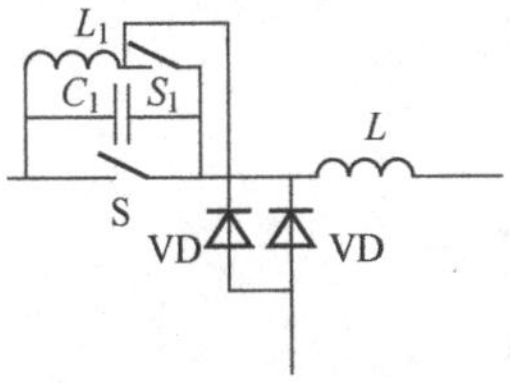

零电压转换 PWM 电路的基本开关单元

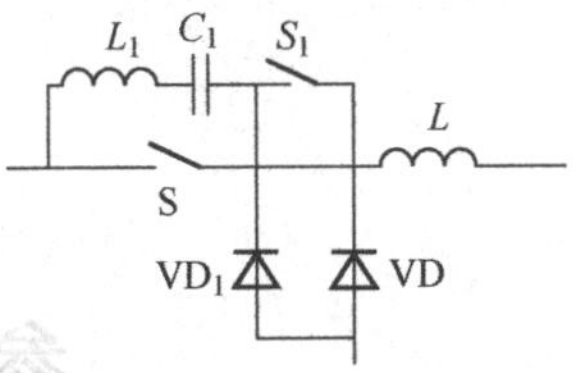

零电流转换 PWM 电路的基本开关单元

（3）软开关技术是使功率变换器得以高频化的重要技术之一，它应用谐振的原理，使开关器件中的电流（或电压）按正弦或准正弦规律变化。当电流自然过零时，使器件关断（或电压为零时，使器件开通），从而减少开关损耗。它不仅可以解决硬开关变换器中的硬开关损耗问题、容性开通问题、感性关断问题及二极管反向恢复问题，而且还能解决由硬开关引起的 EMI 等问题。还可以降低开关噪声，进一步提高开关频率。

（4）在升压型零电压转换 PWM 电路中，辅助开关 VT_1 和二极管 VD_1 是软开关，因为它们都采用零电流关断。

（5）准谐振是开关技术的一次飞跃，其特点是谐振元件参与能量变换的某一个阶段，不是全程参与。由于正向和反向 LC 回路数值不一样，即振荡频率不同，电流幅值不同，所以振荡不对称。一般正向正弦半波大过负向正弦半波，所以常称为准谐振。无论是串联 LC 或并联 LC 都会产生准谐振。利用准谐振现象，使电子开关器件上的电压或电流按正弦规律变化，从而创造了零电压或零电流的条件，以这种技术为主导的变换器称为准谐振变换器。准谐振变换器分为零电流开关准谐振变换器和零电压开关准谐振变换器。

（6）零电压开关：使开关开通前其两端电压为零，则开关开通时就不会产生损耗和噪声，这种开通方式称为零电压开通。

零电流开关：使开关关断前其电流为零，则开关关断时也不会产生损耗和噪声，这种关断方式称为零电流关断。

（7）零转换 PWM 电路也是采用辅助开关来控制谐振开始时刻，但谐振电路与主开关元件并联，使得电路的输入电压和输出负载电流对谐振过程影响很小，因此电路在很宽的输入电压范围和负载大幅变化的情况下都能实现软开关工作。电路工作效率因无功功率的减小而进一步提高。

参 考 文 献

[1] 莫正康. 电力电子应用技术. 北京：机械工业出版社，2000.

[2] 林忠岳. 电力电子变换技术. 重庆：重庆大学出版社，1991.

[3] 林渭勋. 电力电子技术基础. 北京：机械工业出版社，1990.

[4] 王兆安，黄俊. 电力电子技术. 北京：机械工业出版社，2000.

[5] 郑忠杰，吴作海. 电力电子交流技术. 北京：机械工业出版社，1999.

[6] 黄家善，王廷才. 电力电子技术. 北京：机械工业出版社，2000.

[7] 何希才，江云霞. 现代电力电子技术. 北京：国防工业出版社，1996.

[8] 丁道宏. 电力电子技术. 北京：航空工业出版社，1992.

[9] 栗书贤. 晶闸管变流技术试验. 北京：机械工业出版社，1989.

[10] 王文郁，石玉等. 晶闸管变流技术应用图集. 北京：机械工业出版社，1988.

[11] 贺益康，潘再平. 电力电子技术基础. 杭州：浙江大学出版社，1995.

[12] 应建平，林渭勋，黄敏超. 电力电子技术基础. 北京：机械工业出版社，2003.

[13] 华伟，周文定. 现代电力电子器件及其应用. 北京：清华大学出版社，2002.

[14] 马宏骞. 电力电子技术及应用项目教程（第 2 版）. 北京：电子工业出版社，2011.

[15] 熊宇. 实用电力电子技术. 北京：电子工业出版社，2015.

[16] 王晓芳. 电力电子技术及应用. 北京：电子工业出版社，2013.